Alfred Russel Wallace

Der malaiische Archipel

Die Heimat des Orang-Utan und des Paradiesvogels - 1. Band

Alfred Russel Wallace

Der malaiische Archipel
Die Heimat des Orang-Utan und des Paradiesvogels - 1. Band

ISBN/EAN: 9783743642249

Hergestellt in Europa, USA, Kanada, Australien, Japan

Cover: Foto ©berggeist007 / pixelio.de

Weitere Bücher finden Sie auf **www.hansebooks.com**

Orang-Utan von Dajaks angegriffen.

Der
Malayische Archipel.

Die Heimath des Orang-Utan und des Paradiesvogels.

Reiseerlebnisse
und
Studien über Land und Leute

von

Alfred Russel Wallace,
Verfasser von „Reisen auf dem Amazonenstrom und dem Rio Negro", „Palmen des
Amazonenstromes" u. s. w.

Autorisirte deutsche Ausgabe
von
Adolf Bernhard Meyer.

Erster Band.
Mit 27 Original-Illustrationen in Holzschnitt und 5 Karten.

Braunschweig,
Druck und Verlag von George Westermann.
1869.

Charles Darwin,

dem Verfasser der „Entstehung der Arten",

widme ich dieses Buch,
nicht nur
als ein Zeichen persönlicher Achtung und Freundschaft,
sondern auch
als Ausdruck meiner tiefen Bewunderung
für
seinen Genius und seine Werke.

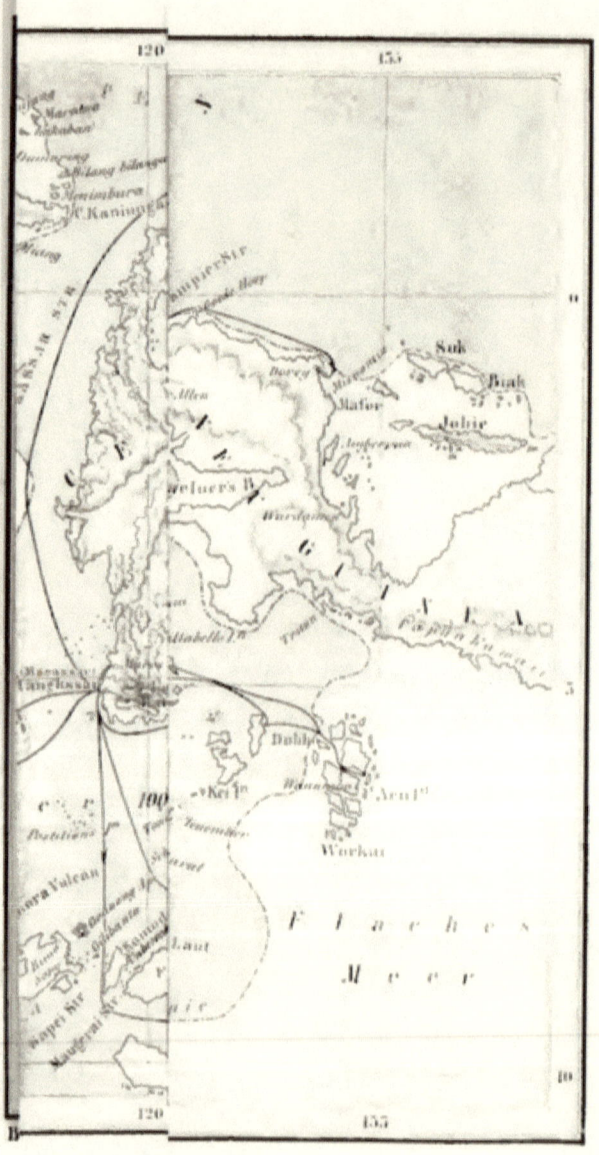

Vorrede.

Meine Leser werden natürlich die Frage an mich richten, weshalb ich nach meiner Rückkehr sechs Jahre gezögert habe, ehe ich dieses Buch geschrieben, und ich fühle mich verpflichtet ihnen vollen Aufschluß über diesen Punkt zu geben.

Als ich England im Frühjahr 1862 erreicht hatte, sah ich mich von einer Unmasse gepackter Kisten umstanden, welche die Sammlungen enthielten, die ich von Zeit zu Zeit für meinen Privatgebrauch nach Hause gesandt. Diese umfaßten nahezu 3000 Vogelbälge von etwa 1000 Arten, und wenigstens 20,000 Käfer und Schmetterlinge von etwa 7000 Arten; außerdem einige Vierfüßer und Landmuscheln. Einen großen Theil derselben hatte ich seit Jahren nicht gesehen, und bei meinem damaligen schwachen Gesundheitszustande nahm das Auspacken, das Sortiren und Ordnen einer solchen Menge von Exemplaren eine lange Zeit in Anspruch.

Ich entschloß mich sehr bald, nicht eher meine Reisebeschreibung zu veröffentlichen, als bis ich nicht wenigstens die wichtigsten Gruppen meiner Sammlung benannt und beschrieben und einige der interessanteren Probleme der Abänderung und geographischen Verbreitung, über die mir beim Sammeln Lichtblicke geworden, ausgearbeitet haben würde. Ich hätte allerdings sofort meine Notizen und Tagebücher drucken lassen und alle Beziehungen auf Fragen der Naturgeschichte einem späteren Werke vorbehalten können, allein ich empfand, daß das ebenso wenig zufriedenstellend für mich selbst sein würde, wie es enttäuschend für meine Freunde und wenig lehrreich für das Publicum gewesen wäre.

Seit meiner Rückkehr bis zum heutigen Tage habe ich achtzehn Abhandlungen in den „Transactions or Proceedings of the Linnaean Zoological and Entomological Societies" veröffentlicht, in denen ich von Theilen meiner Sammlungen Beschreibungen und Kataloge gebe; außerdem zwölf andere in verschiedenen wissenschaftlichen Zeitschriften über allgemeinere damit in Zusammenhang stehende Gegenstände.

Nahezu 2000 meiner Käfer und viele Hunderte meiner Schmetterlinge sind von verschiedenen hervorragenden britischen und ausländischen Naturforschern schon beschrieben worden; allein eine viel größere Anzahl bleibt noch zu beschreiben. Unter denen, welchen die Wissenschaft für diese mühsame Arbeit Dank schuldet, muß ich Herrn F. P. Pascoe, den früheren Präsidenten der entomologischen Gesellschaft in London, namhaft machen, welcher die Classification und Beschreibung meiner großen (jetzt in seinem Besitze sich befindenden) Sammlung von Bockkäfern, welche mehr als 1000 Arten umfaßt, von denen wenigstens 900 vorher unbeschrieben und den europäischen Kabinetten neu waren, fast vollendet hat.

Die übrigen Insecten-Ordnungen, die wahrscheinlich mehr als 2000 Arten umfassen, befinden sich in der Sammlung des Herrn William Wilson Saunders, welcher dafür Sorge getragen hat, daß der größere Theil derselben von guten Entomologen beschrieben wird. Die Hautflügler allein beliefen sich auf mehr als 900 Arten, darunter 280 verschiedene Arten Ameisen, von denen 200 neu waren.

Der sechsjährige Aufschub der Veröffentlichung meiner Reisebeschreibung setzt mich daher in den Stand, eine, wie ich hoffe, interessante und lehrreiche Skizze der Hauptresultate, zu welchen ich durch das Studium meiner Sammlungen gekommen bin, zu geben; und da die Gegenden, welche ich zu beschreiben habe, nicht stark besucht werden und über dieselben nicht viel geschrieben ist, auch ihre socialen und physischen Verhältnisse einem schnellen Wechsel nicht unterworfen sind, so glaube und hoffe ich, daß meine Leser viel mehr gewinnen werden, als sie dadurch verloren haben, daß sie mein Buch nicht schon vor sechs Jahren gelesen, in welchem Falle sie es bis heute vielleicht schon wieder ganz vergessen hätten.

Ich muß nun einige Worte über den Plan meines Werkes sagen.

Meine Reisen nach den verschiedenen Inseln hin wurden durch die Jahreszeiten und die Beförderungsgelegenheiten geregelt.

Ich besuchte einige Inseln zwei oder drei Mal in verschiedenen Zwischenräumen und mußte in einigen Fällen dieselbe Strecke vier Mal zurücklegen. Eine chronologische Anordnung hätte meine Leser verwirrt. Sie hätten nie gewußt, wo sie sich befinden, und meine häufigen Beziehungen auf Inselgruppen, welche den Eigenthümlichkeiten ihrer thierischen Producte und menschlichen Bewohner gemäß classificirt sind, wären kaum verständlich gewesen. Ich habe daher eine geographische, zoologische und ethnologische Anordnung getroffen, indem ich von Insel zu Insel in ihrer scheinbar natürlichsten Aufeinanderfolge fortschreite, während ich die Ordnung, in welcher ich sie selbst besucht habe, so wenig als möglich berücksichtige.

Ich theile den Archipel in die fünf folgenden Inselgruppen:

I. Die indo-malayischen Inseln: sie umfassen die Halbinsel Malaka und Singapore, Borneo, Java und Sumatra.

II. Die Timor-Gruppe: sie umfaßt die Inseln Timor, Floris, Sumbawa, Lombok und mehre kleinere.

III. Celebes — die Sula Inseln und Buton mit inbegriffen.

IV. Die Molukken-Gruppe: sie umfaßt Buru, Ceram, Batchian, Dschilolo und Morotai; ferner die kleineren Inseln Ternate, Tidor, Makian, Kaióa, Amboina, Banda, Goram und Mattabello.

V. Die Papua-Gruppe: sie umfaßt die große Insel Neu Guinea mit den Aru Inseln, Misole, Salwatti, Wageu und mehre andere. Die Kei Inseln sind in Folge ihrer ethnologischen Beziehungen zu dieser Gruppe gestellt, obschon sie zoologisch und geographisch zu den Molukken gehören.

Auf die Capitel, welche den verschiedenen Inseln jeder dieser Gruppen gewidmet sind, folgt eines über die Naturgeschichte der betreffenden Gruppe, und es zerfällt demnach das Buch in fünf Abschnitte, von denen jeder eine natürliche Abtheilung des Archipels behandelt.

Das erste Capitel ist ein einleitendes: über die physische Geographie der ganzen Region; und das letzte giebt eine allgemeine Skizze der Menschenracen des Archipels und der umliegenden Länder. Mit dieser Erläuterung und einem Hinweis auf die Karten, welche dieses Werk begleiten, hoffe ich, daß meine Leser stets wissen werden, wo sie sich befinden und in welcher Richtung sie wandeln.

Ich bin mir sehr wohl bewußt, daß mein Buch für die Bedeutung der Gegenstände, welche es berührt, viel zu wenig umfangreich ist. Es ist lediglich eine Skizze; aber so weit das Thema behandelt wird, habe ich danach getrachtet, es genau zu thun. Fast der ganze erzählende und beschreibende Theil wurde an Ort und Stelle niedergeschrieben und hat wenig mehr als Wortänderungen erlitten. Sowohl die Capitel über die Naturgeschichte als auch viele Auslassungen an anderen Stellen des Buches sind in der Hoffnung geschrieben worden, Interesse für die verschiedenen Fragen, welche mit der Entstehung der Arten und ihrer geographischen Verbreitung verknüpft sind, anzuregen.

In einigen Fällen war ich in der Lage meine Ansichten im Einzelnen darzulegen; in anderen dagegen hielt ich es wegen der größeren Complicirtheit des Gegenstandes für besser, mich auf eine Angabe der interessanteren, die Probleme betreffenden Thatsachen zu beschränken, Probleme, deren Lösung in den Principien zu suchen ist, welche Herr Darwin in seinen verschiedenen Werken entwickelt hat. Die vielen Abbildungen werden, wie ich hoffe, viel zur Hebung und zu dem Werthe des Buches beitragen. Sie sind nach meinen eigenen Skizzen, nach Photographien oder nach aufbewahrten Exemplaren angefertigt worden; und nur solche Gegenstände wurden ausgewählt, welche in Wirklichkeit die Erzählung oder die Beschreibung erläutern.

Ich habe den Herren Walter und Henry Woodbury, deren Bekanntschaft ich auf Java zu machen das Vergnügen hatte, meinen Dank abzustatten für eine Anzahl von Photographien der Gegenden und der Eingeborenen, welche mir von größtem Nutzen gewesen sind. Herr William Wilson Saunders gestattete mir in entgegenkommender Weise die seltsamen gehörnten Fliegen abzubilden; und Herrn Pascoe bin ich verpflichtet für die Darleihung von zweien der sehr seltenen Bockkäfer, welche auf der Tafel der borneonischen Käfer dargestellt sind. Alle anderen abgebildeten Specimina befinden sich in meiner eigenen Sammlung.

Da der Hauptzweck aller meiner Reisen der war, naturgeschichtliche Gegenstände sowohl für meine Privatsammlung zu erhalten, als auch Museen und Liebhaber mit Duplicaten zu versorgen, so will ich eine zusammenfassende Angabe über die Zahl der Exemplare machen, welche ich gesammelt habe und welche in gutem Zustande angekommen sind. Ich muß vorausschicken, daß ich gewöhnlich einen oder zwei und manchmal auch drei malayische Diener zu meiner Unterstützung hatte, und fast während der Hälfte der Zeit half mir ein englischer Assistent, Charles Allen. Ich war gerade acht Jahre von England fort, aber da ich ungefähr 14,000 Meilen innerhalb des Archipels durchreis't und 60 bis 70 einzelne Ausflüge gemacht habe, von denen jeder einige Vorbereitungen und etwas Zeitverlust involvirte, so denke ich, daß ich nicht mehr als sechs Jahre wirklich mit Sammeln zubrachte.

Ich finde, daß sich meine östlichen Sammlungen auf Folgendes belaufen:

310 Exemplare von Säugethieren.
100 — Reptilien.
8,050 — Vögeln.
7,500 — Muscheln.
13,100 — Schmetterlingen.
83,200 — Käfern.
13,400 — anderen Insecten.
_____
125,660 naturgeschichtliche Gegenstände.

Es bleibt mir jetzt nur noch übrig allen jenen Freunden meinen Dank auszusprechen, denen ich für ihre Hülfe und ihre Auskünfte verpflichtet bin. Besonders gebührt mein Dank dem Council of the Royal Geographical Society, durch dessen werthvolle Empfehlungen ich gewichtige Unterstützung bei unserer eigenen Regierung und bei der holländischen erhielt; ferner Herrn

William Wilson Saunders, dessen liebenswürdige und liberale Aufmunterung am Anfang meiner Reise mir von großem Nutzen gewesen ist. Ich fühle mich auch Herrn Samuel Stevens (welcher als mein Agent thätig gewesen) für die Sorgfalt in hohem Maße verpflichtet, welche er meinen Sammlungen schenkte, und für die unermüdliche Ausdauer, mit welcher er mich sowohl mit nützlichen Auskünften als auch mit allen Dingen, welche ich nothwendig brauchte, versorgt hat.

Ich hoffe zuversichtlich, daß diese und alle anderen Freunde, welche auf irgend eine Weise an meinen Reisen und Sammlungen Interesse genommen haben, beim Durchlesen meines Buches einen schwachen Widerschein der Freuden empfinden werden, welche ich selbst bei den darin beschriebenen Erlebnissen und Dingen genossen habe.

Inhalt.

Capitel		Seite
I.	Physische Geographie	1

Indo-malayische Inseln.

II.	Singapore	28
III.	Malaka und der Berg Ophir	35
IV.	Borneo. Der Orang-Utan	49
V.	Borneo. Reise ins Innere	90
VI.	Borneo. Die Dajaks	124
VII.	Java	131
VIII.	Sumatra	173
IX.	Naturgeschichte der indo-malayischen Inseln	195

Die Timor-Gruppe.

X.	Bali und Lombok	212
XI.	Lombok. Sitten und Gebräuche des Volkes	231
XII.	Lombok. Wie der Rajah die Volkszählung vornahm	251
XIII.	Timor	261
XIV.	Naturgeschichte der Timor-Gruppe	286

Die Celebes-Gruppe.

| XV. | Celebes. Mangkassar | 300 |

Capitel		Seite
XVI.	Celebes. Manglassar	325
XVII.	Celebes. Menado	343
XVIII.	Naturgeschichte von Celebes	385

Die Molukken.

XIX.	Banda	406
XX.	Amboina	417

Verzeichniß der Abbildungen.

		Auf Holz gezeichnet von	Seite
1.	Orang-Utan von Dajaks angegriffen	Wolf (Titelbild)	
2.	Seltene Farne auf dem Berge Ophir (nach der Natur)	Fitch	43
3.	Bemerkenswerthe borneonische Käfer	Robinson	52
4.	Fliegender Frosch (nach einer Zeichnung des Autors)	Keulemans	54
5.	Weiblicher Orang-Utan (nach einer Photographie von Woodbury)	Wolf	58
6.	Porträt eines jungen Dajak (nach einer Skizze und Photographien)	Baines	93
7.	Dajak-Hängebrücke (nach einer Skizze des Autors)	Fitch	110
8.	Vanda Lowii (nach der Natur)	Fitch	115
9.	Bemerkenswerthe Waldbäume (nach einer Skizze des Autors)	Fitch	117
10.	Altes Bas-Relief (nach einem im Besitze des Autors befindlichen Stücke)	Baines	144
11.	Porträt eines javanischen Häuptlings (nach einer Photographie)	Baines	155
12.	Zirkelschmetterling (Charaxes kadenii)	T. W. Wood	161
13.	Primula imperialis (nach der Natur)	Fitch	166

		Auf Holz gezeichnet von	Seite
14.	Haus eines Häuptlings und Reisschuppen in einem sumatranischen Dorfe (n. e. Photogr.)	Robinson	178
15.	Weibchen von Papilio memnon	Robinson	182
16.	Papilio coön	Robinson	183
17.	Blattschmetterling, fliegend und sitzend	T. W. Wood	186
18.	Weiblicher und junger Hornvogel	T. W. Wood	193
19.	Grammatophyllum, eine riesige Orchidee (nach einer Skizze des Autors)	Fitch	196
20.	Gewehr-Bohren auf Lombok (nach einer Skizze des Autors.)	Baines	240
21.	Timoresen (nach einer Photographie)	Baines	277
22.	Inländischer Holzpflug, Manglassar (nach einer Skizze des Autors)	Baines	320
23.	Zuckerpalmen (Arenga saccharifera) (nach einer Skizze des Autors)	Fitch	328
24.	Schädel des Babirussa	Robinson	394
25.	Eigenthümliche Form der Flügel bei celebensischen Schmetterlingen	Wallace	401
26.	Hinauswerfen eines Eindringlings	Baines	425
27.	Rackett-schwänziger Königfischer	Robinson	426

Karten.

Karte, welche Herrn Wallace's Reiseroute zeigt (colorirt)	Vorrede
Die britischen Inseln und Borneo nach dem gleichen Maßstab	4
Physische Karte (colorirt)	12
Karte der Minahassa	351
Karte von Amboina	418

Erstes Capitel.

Physische Geographie.

Bei einem Blick auf den Globus oder auf eine Karte der östlichen Hemisphäre fällt uns zwischen Asien und Australien eine Anzahl großer und kleiner Inseln auf, welche eine zusammenhängende, von jenen bedeutenden Ländermassen geschiedene und mit ihnen nur in loser Verbindung stehende Gruppe bilden. Unter dem Aequator liegend und bespült von dem lauen Wasser des großen tropischen Oceans, erfreut sich diese Gegend eines gleichmäßiger heißen und feuchten Klimas als fast irgend ein anderer Theil der Erdkugel und ist fruchtbar an anderswo unbekannten Naturproducten. Früchte in reichstem Maße und die werthvollsten Gewürze sind in derselben zu Hause. Sie bringt die Riesenblumen der Rafflesia hervor, die großen grün beschwingten Ornithoptera (Fürsten des Schmetterlingsgeschlechtes), den menschenähnlichen Orang-Utan und die schimmernden Paradiesvögel. Sie ist bewohnt von einer ihr eigenthümlichen, interessanten und nirgend sonst als auf diesem Inselzuge vorkommenden Menschenrace, den Malayen, und ist nach diesen der malayische Archipel genannt worden.

Derselbe ist für die meisten Engländer vielleicht der mindest bekannte Theil der Erde. Unsere Besitzungen darin sind gering an Zahl und dürftig; selten werden von uns Erforschungsreisen dorthin unternommen und in vielen Kartenwerken wird er beinahe nicht beachtet und theils dem Festlande von Asien, theils den Inseln des großen Oceans beigefügt. So gewinnen wenige Menschen die Vorstellung, daß er als großes Ganzes den Haupterdtheilen verglichen werden kann und daß einige der einzelnen Inseln größer sind als Frankreich oder Oesterreich. Der Reisende aber wird bald anderer Meinung. Er segelt Tage, selbst Wochen längs den Ufern einer dieser Inseln, die oft so groß sind, daß deren Bewohner sie für ein ausgedehntes Festland halten. Er erfährt, daß man Touren zwischen diesen Inseln meist nur nach Wochen und Monaten berechnet und daß ihre verschiedenen Einwohner oft so wenig unter einander bekannt sind wie die Eingebornen des nördlichen Festlandes von Amerika denen des südlichen. Bald gelangt er dahin diese Region als eine von der ganzen übrigen Welt gesonderte anzusehen, mit ihren eigenen Menschenracen und ihren eigenen Ansichten der Natur; mit ihren eigenen Ideen, Empfindungen, Sitten und Sprechweisen, mit einem Klima, einer Vegetation, einer Thierwelt, Alles von durchaus ihr eigenthümlichem Charakter.

Von vielen Gesichtspunkten aus bilden diese Inseln ein geschlossenes geographisches Ganzes und als solches sind sie stets von Reisenden und Männern der Wissenschaft behandelt worden; aber ein sorgsameres und mehr ins Einzelne gehendes Studium derselben von verschiedenen Seiten aus offenbart die unerwartete Thatsache, daß man sie in zwei Theile von fast gleicher Ausdehnung trennen muß, welche weit auseinander gehen in ihren Naturproducten und in Wirklichkeit zu zweien der Haupterdtheile

gehören. Ich bin in der Lage gewesen, dieses in bemerkenswerthen
Einzelheiten durch meine Beobachtungen über die Naturgeschichte
der verschiedensten Theile des Archipels darzuthun; und da ich
bei der Beschreibung meiner Reisen und meines Aufenthaltes
auf den verschiedenen Inseln mich beständig auf diesen Gesichtspunkt beziehe und Thatsachen zu seiner Stütze beibringe, so halte
ich es für rathsam mit einer allgemeinen Skizze derjenigen der
wichtigsten Charaktere der malayischen Region zu beginnen, welche
die später darzulegenden Thatsachen interessanter erscheinen lassen
und ihre Tragweite für die allgemeine Frage leichter verständlich
machen. Ich beginne daher damit die Grenzen und die Ausdehnung des Archipels zu skizziren und die wesentlicheren Charaktere seiner Geologie, physischen Geographie, Vegetation und
seines animalischen Lebens zu bezeichnen.

Begriffsbestimmung und Grenzen. — Aus Gründen, welche
sich vornehmlich auf die Verbreitung des Thierlebens stützen,
betrachte ich als in den malayischen Archipel eingeschlossen die
malayische Halbinsel* bis zu Tenasserim und die nikobarischen
Inseln im Westen, die Philippinen im Norden und die Salomons
Inseln jenseit Neu Guinea's im Osten. Alle großen Inseln, die
innerhalb dieser Grenzen liegen, sind durch unzählige kleinere
mit einander verknüpft, so daß keine einzige derselben von den
andern gänzlich geschieden zu sein scheint. Mit nur wenigen
Ausnahmen erfreuen sie sich alle eines gleichmäßigen und sehr
ähnlichen Klimas und sind bedeckt von einer üppigen Waldvegetation. Ob wir nun ihre Form und Vertheilung auf Karten
studiren oder wirklich von Eiland zu Eiland reisen, unser erster
Eindruck wird der sein, daß sie ein zusammenhängendes

---

* Die Halbinsel Malaka. A. d. Uebers.

Ganzes bilden, dessen Theile alle aufs nächste mit einander verwandt sind.

Ausdehnung des Archipels und der Inseln. — Der malayische Archipel erstreckt sich auf mehr als viertausend Meilen*

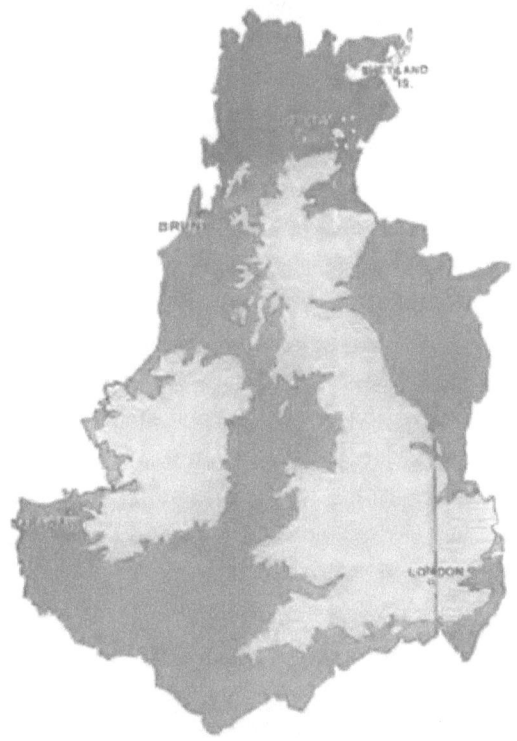

Die britischen Inseln und Borneo nach dem gleichen Maßstab.

Länge von Ost nach West und ist über dreizehnhundert Meilen breit von Nord nach Süd. Er würde sich über einen Flächenraum gleich dem von Europa vom äußersten Westen bis tief nach Centralasien

---

* Englische Meilen. A. d. Uebers.

hinein ausdehnen oder würde die breitesten Theile Südamerika's bedecken und noch weit jenseit des Landes bis in den großen und atlantischen Ocean hinein reichen. Er enthält drei Inseln, die größer sind als Großbritannien, und auf eine derselben, Borneo, könnte man alle britischen Inseln legen und sie würden noch von einer See von Wäldern eingerahmt werden. Neu Guinea, wenn es auch eine weniger geschlossene Figur bildet, ist wahrscheinlich größer als Borneo. Sumatra ist ungefähr von gleicher Ausdehnung wie Großbritannien; Java, Luzon und Celebes sind jede etwa von dem Umfang Irlands. Achtzehn weitere Inseln sind durchschnittlich so groß wie Jamaica; mehr als hundert sind so groß wie die Insel Wight, und Eilande und Inselchen von geringerem Umfange giebt es unzählige.

Die absolute Ausdehnung des Landes im Archipel ist nicht größer als die, welche in Westeuropa eine Strecke von Ungarn bis Spanien umfaßt; aber gemäß der Art, nach welcher das Land unterbrochen und zertheilt ist, verhält sich die Verschiedenartigkeit seiner Producte mehr in Proportion zu der bedeutenden Oberfläche, über welche die Inseln ausgebreitet liegen, als zu der Masse von Land welche sie darbieten.

Geologische Gegensätze. — Einer der Hauptvulcangürtel auf der Erdoberfläche streicht durch den Archipel und ruft einen schlagenden Gegensatz in der Scenerie der vulcanischen und nicht vulcanischen Inseln hervor. Eine gebogene Linie, besetzt von einer großen Anzahl thätiger und von Hunderten ausgebrannter Vulcane, kann durch die ganze Länge von Sumatra und Java gezogen werden und von da durch die Inseln Bali,* Lombok,

---

* Die Namen der Inseln, Städte, Berge ꝛc sind nach den Kiepert'schen Karten geändert. A. d. Ueberf.

Sumbawa, Floris, die Sermatta Inseln, Banda, Amboina, Batian, Matian, Tidor, Ternate und Dschilolo bis nach Morotai. Hier ist eine nicht bedeutende, aber gut zu erkennende Lücke oder Schicht von ungefähr zweihundert Meilen nach Westen hin, wo der Vulcangürtel wieder beginnt, in Nord Celebes, und durch Sjao und Sangir auf die Philippinen übergeht, auf deren Ostseite er sich in einer gebogenen Linie bis auf die nördlichste Spitze fortsetzt. Von der äußersten östlichen Krümmung dieses Gürtels bei Banda schreiten wir an tausend Meilen weiter über einen nicht vulcanischen District zu den von Dampier im Jahre 1699 beobachteten Vulcanen an der Nordostküste von Neu Guinea und können von da einen andern vulcanischen Gürtel ziehen durch Neu Britannien, Neu Irland und die Salomons Inseln an die östlichen Grenzen des Archipels.

In der ganzen von dieser weit ausgedehnten Linie von Vulcanen besetzten Gegend und innerhalb einer beträchtlichen Breite an jeder Seite derselben kehren Erdbeben beständig wieder; leichte Erschütterungen werden in Zwischenräumen von wenigen Wochen oder Monaten gespürt, während stärkere, welche ganze Dörfer verwüsten und mehr oder weniger Lebens- und Eigenthumsbeschädigungen verursachen, sicherlich fast jedes Jahr in einem oder dem andern Theil dieses Districtes vorkommen. Auf vielen der Inseln bilden die Jahre der großen Erdbeben die chronologischen Zeiträume der Eingebornen, nach denen sie das Alter ihrer Kinder dem Gedächtniß einprägen und die Daten vieler wichtiger Ereignisse bezeichnen.

Ich kann nur kurz einiger furchtbarer Eruptionen, welche in dieser Gegend statt hatten, Erwähnung thun. Was die Höhe der Verluste an Leben und Eigenthum und die Bedeutung ihrer Wirkungen betrifft, so sind sie von keinen geschichtlich auf-

gezeichneten übertroffen worden. Vierzig Dörfer wurden durch
den Ausbruch des Papandajan auf Java im Jahre 1772 zerstört;
der ganze Berg wurde gesprengt und ein großer See trat an
seine Stelle. Durch den großen Ausbruch des Tambora auf
Sumbawa im Jahre 1815 wurden zwölftausend Menschen getödtet,
die Asche verdunkelte den Himmel und fiel dick nieder auf Erde
und See im Umkreis von dreihundert Meilen. Selbst ganz kürzlich,
seitdem ich das Land verlassen habe, gerieth ein Berg, der mehr
als zweihundert Jahre ruhig gewesen, wieder in Thätigkeit. Die
Insel Makian, eine der Molukken, wurde im Jahre 1646 durch
eine heftige Eruption aufgerissen, welche auf der einen Seite des
Berges eine ungeheure sich bis in sein Herz hinein erstreckende
Kluft hinterließ. Er war, als ich ihn zuletzt besuchte im Jahre
1860, bis zum Gipfel mit Vegetation bekleidet und mit zwölf
bevölkerten malayischen Dörfern bebaut. Am 29. December 1862,
nach 215 Jahren vollständiger Ruhe, brach er plötzlich wieder
auf, er zerriß, und das Ansehen des Berges veränderte sich vollständig; der größere Theil der Einwohner kam um und solche
Massen von Asche wurden ausgeworfen, daß der Himmel über
Ternate, vierzig Meilen von da, sich verdunkelte und die Ernte
auf dieser und auf den umliegenden Inseln fast gänzlich zerstört wurde.

Die Insel Java besitzt mehr Vulcane, thätige und erloschene,
als irgend ein anderer bekannter District von gleicher Größe.
Es sind an fünfundvierzig und viele derselben geben sehr schöne
Beispiele vulcanischer Kegel im Großen, einzelner oder doppelter,
mit vollständigen oder abgestumpften Gipfeln von durchschnittlich
zehntausend Fuß Höhe.

Es ist jetzt festgestellt, daß fast alle Vulcane sich langsam
aufgethürmt haben durch die Anhäufung der von ihnen selbst

ausgeworfenen Massen — Schlamm, Asche und Lava. Die Oeffnungen oder Krater aber verändern oft ihre Lage; so daß ein Land von einer mehr oder weniger unregelmäßigen Reihe von Hügeln in Ketten und Massen, die nur hier und da bis zu stattlichen Kuppen aufsteigen, bedeckt und doch das Ganze durch wirkliche vulcanische Thätigkeit hervorgerufen sein kann. Auf diese Weise entstand der größte Theil Java's. Wohl fanden dort einige Erhebungen statt, hauptsächlich an der Südküste, wo ausgedehnte Klippen von korallenartigem Kalkstein gefunden werden; auch mag dort eine Unterlage von geschichteten Felsen vorkommen; aber dennoch ist Java im wesentlichen vulcanischen Ursprunges und diese herrliche und fruchtbare Insel — dieser Garten des Ostens und vielleicht im Großen und Ganzen die reichste, die best cultivirte und best regierte tropische Insel der Erde — verdankt ihre eigentliche Existenz jener selben furchtbaren vulcanischen Thätigkeit, welche noch jetzt dann und wann ihre Oberfläche verwüstet.

Die große Insel Sumatra zeigt im Verhältniß zu ihrer Ausdehnung eine viel kleinere Anzahl von Vulcanen und ein beträchtlicher Theil derselben hat wahrscheinlich einen nicht vulcanischen Ursprung.

Die lange Reihe von Inseln östlich von Java, die nordwärts von Timor nach Banda hinstreift, ist wahrscheinlich durchaus vulcanischer Thätigkeit entsprossen. Timor selbst besteht aus alten geschichteten Felsen, aber man erzählt von einem Vulcane nahe der Mitte der Insel.

Nach Norden sind Amboina, ein Theil von Buru und das westliche Ende von Ceram, der nördliche Theil von Dschilolo und alle kleinen Inseln in der Nachbarschaft, die nördliche Spitze von Celebes und die Inseln Sjao und Sangir gänzlich vulcanisch.

Der philippinische Archipel enthält viele thätige und erloschene Vulcane und hat wahrscheinlich seine jetzige zerrissene Gestalt durch Senkungen in Folge von vulcanischer Thätigkeit erlangt.

Längs dieser großen Vulcanreihe findet man mehr oder weniger handgreifliche Zeichen von Hebungen und Senkungen des Landes. Die Inseln im Süden von Sumatra, ein Theil der Südküste Java's und der Inseln im Osten, das westliche und östliche Ende von Timor, Theile aller Molukken, die Kei- und Aru Inseln, Wageu und der ganze Süden und Osten von Dschilolo bestehen zu einem großen Theil aus emporgestiegenen Korallenfelsen, durchaus denen entsprechend, welche sich jetzt in den angrenzenden Gewässern bilden. Vieler Orten habe ich die unveränderte Oberfläche der gehobenen Riffe beobachten können mit großen Massen von Korallen noch in ihrer natürlichen Lage und Hunderten von Muscheln, die so frisch aussahen, daß man kaum glauben konnte, sie seien mehr als einige wenige Jahre über Wasser; und in der That, es ist sehr wahrscheinlich, daß solche Veränderungen innerhalb weniger Jahrhunderte vor sich gegangen sind.

Die ganze Länge dieser Vulcangürtel beträgt ungefähr neunzig Grade oder ein Viertel des ganzen Erdumfanges. Ihre Breite ist ungefähr fünfzig Meilen; aber auf einen Raum von zweihundert jederseits findet man Zeichen der unterirdischen Thätigkeit in den erst neuerdings gehobenen Korallenfelsen oder in Korallenriffbarrieren, welche ein neuerliches Untertauchen anzeigen. Gerade im Centrum oder Brennpunkte der großen Curve von Vulcanen liegt die breite Insel Borneo, auf welcher kein Zeichen frischer vulcanischer Thätigkeit bis jetzt beobachtet worden ist und wo Erdbeben, die so charakteristisch sind, für die umliegenden Gegenden, gänzlich unbekannt sind. Die gleich große Insel Neu Guinea nimmt ein anderes ruhiges Areal ein, auf welchem kein Zeichen vulcanischer Thätigkeit bis jetzt entdeckt worden ist. Mit Ausnahme des östlichen Endes ihrer nördlichen Halbinsel, ist die große und so eigenthümlich gestaltete Insel Celebes auch gänzlich frei von Vulcanen und es sind Gründe vorhanden, welche zu der Annahme leiten, daß der vulcanische Theil einst eine gesonderte Insel gebildet hat. Die malayische Halbinsel ist ebenfalls nicht vulcanisch.

Die erste und einleuchtendste Eintheilung des Archipels würde daher die in ruhige und vulcanische Regionen sein und man könnte vielleicht erwarten, daß eine solche Eintheilung einigen Verschiedenheiten im Charakter der Vegetation und der Lebensformen entsprechen würde. Dieses ist jedoch nur für eine sehr begrenzte Gegend der Fall; und wir werden jetzt sehen, daß, obgleich diese Wirkungen unterirdischen Feuers in einem so ungeheuren Maßstabe sich zeigen — es hat Bergketten aufgeworfen von zehn- oder zwölftausend Fuß Höhe — es hat Continente zerspalten und Inseln aus dem Ocean gehoben, — sie dennoch gänzlich den Charakter einer neuerlichen Thätigkeit tragen, der es noch nicht gelungen ist, die Spuren einer älteren Vertheilung von Land und Wasser zu verwischen.

Gegensätze der Vegetation. — Unmittelbar am Aequator gelegen und umgeben von ausgedehnten Oceanen, kann es nicht überraschen, daß die verschiedenen Inseln des Archipels fast immer mit Waldvegetation vom Spiegel der See bis zu den Spitzen der stolzesten Berge bekleidet sind. Dieses ist die allgemeine Regel. Sumatra, Neu Guinea, Borneo, die Philippinen und die Molukken, und die uncultivirten Theile Java's und Celebes' — es sind Alles bewaldete Länder, mit Ausnahme vielleicht von wenigen kleinen und unbedeutenden Flächen, in einigen Fällen herrührend von früherer Cultur oder zufälligem Feuer. Es bildet jedoch noch eine gewichtige Ausnahme die Insel Timor mitsammt allen kleineren sie umgebenden Inseln, auf welchen absolut kein Wald wie auf den andern Inseln existirt, und dieser Charakter erstreckt sich auch in geringerem Grade auf Floris, Sumbawa, Lombok und Bali.

Auf Timor sind Eucalypten verschiedener Art sehr gewöhnlich, diese für Australien so charakteristischen Bäume, ferner Santelholz, Acacien und andere Gattungen in geringerer Menge. Diese sind über das Land mehr oder weniger dicht verstreut, aber niemals derartig, daß man den Namen Wald gebrauchen könnte. Grobe und dürftige Gräser wachsen unter ihnen auf den mehr dürren Hügeln und ein üppiges Kräuterwerk an den feuchteren Orten.

Auf den Inseln zwischen Timor und Java ist oft ein dicker bewaldetes Land voll von dornigen und stacheligen Bäumen. Diese erreichen selten eine große Höhe und durch den Einfluß der trocknen Jahreszeit verlieren sie fast gänzlich ihre Blätter; es wird dadurch der Boden unter ihnen ausgetrocknet, was auffallend mit den feuchten, düstern, immergrünen Wäldern der andern Inseln contrastirt. Dieser eigenthümliche Charakter, welcher sich in geringerem Grade auf der südlichen Halbinsel von Celebes und auf dem Ostende von Java zeigt, rührt höchst wahrscheinlich her von der Nachbarschaft Australiens. Der Südost-Monsoon, der zwei Drittel des Jahres dauert (von März bis November) und der über die nördlichen Theile dieses Landes bläst, bringt einen Grad von Hitze und Trockenheit hervor, welcher die Vegetation und den physikalischen Zustand der angrenzenden Inseln dem seinigen ähnlich macht. Ein wenig weiter nach Osten auf Timorlaut und den Kei Inseln herrscht ein feuchteres Klima vor, da die Südostwinde von dem großen Ocean durch die Torresstraße und über die feuchten Wälder Neu Guinea's wehen; in Folge davon ist jedes Felseneiland mit Grün bis zu seiner höchsten Spitze bedeckt. Weiter nach Westen wieder, wo dieselben trocknen Winde über eine viel weitere Fläche von Wasser streichen, haben sie Zeit frische Feuchtigkeit aufzusaugen, und demgemäß finden wir, daß die Insel Java ein immer weniger trockenes Klima hat, bis auf dem äußersten Westen nahe Batavia das ganze Jahr mehr oder weniger Regen fällt und die Berge überall mit Wäldern von beispielloser Ueppigkeit bekleidet sind.

Gegensätze in der Tiefe der See. — Es wurde zuerst von Herrn George Windsor Earl darauf hingewiesen in einer vor der Royal Geographical Society im Jahre 1845 gelesenen Abhandlung und dann in einer kleinen Schrift: „Ueber die physische Geographie von Südost Asien und Australien," vom Jahre 1855, daß ein seichtes Meer die großen Inseln Sumatra, Java und Borneo mit dem asiatischen Festlande verbinde, mit welchem ihre Naturproducte übereinstimmen; während ein ähnliches seichtes Meer Neu Guinea und einige der angrenzenden Inseln, alle charakterisirt durch die Anwesenheit von Beutelthieren, mit Australien verknüpfe.

Wir haben hier einen Hinweis auf den schlagendsten Gegensatz im Archipel und nachdem ich die Sache genauer im Einzelnen geprüft habe, bin ich zu dem Schluß gelangt, daß wir zwischen den Inseln eine Linie ziehen können, welche sie dergestalt theilt, daß die eine Hälfte offenbar zu Asien gehört, während die andere nicht weniger sicher Australien zugetheilt werden muß. Ich nenne diese Theile des Archipels respective den indo-malayischen und den austral-malayischen (s. die Karte).

Herr Earl (ich beziehe mich auf S. 12, 13 und 36 seiner Broschüre) legt großes Gewicht auf den früheren Zusammenhang

von Asien und Australien, während ich hauptsächlich ihre lange Zeit bestandene Trennung betone. Ungeachtet dieser und anderer wichtiger Meinungsverschiedenheiten zwischen uns gebührt ihm zweifellos das Verdienst zuerst diese Theilung des Archipels in eine australische und eine asiatische Region angegeben zu haben, und ich bin so glücklich gewesen, die Richtigkeit derselben durch Detailstudien sicher stellen zu können.

Gegensätze in den Naturproducten. — Um die Wichtigkeit dieser Klasse von Thatsachen in ihrer Tragweite auf die frühere Vertheilung von Land und Meer zu würdigen, ist es nothwendig, die Resultate zu betrachten, welche Geologen und Naturforscher in anderen Theilen der Erde gewonnen haben.

Man nimmt jetzt allgemein an, daß die gegenwärtige Vertheilung der Lebewelt auf der Erdoberfläche hauptsächlich das Resultat der letzten Reihe von Veränderungen ist, welche sie erlitten hat. Die Geologie lehrt uns, daß die Oberfläche des Landes und die Vertheilung von Land und Meer überall einer langsamen Veränderung unterworfen ist. Sie lehrt uns ferner, daß die Lebensformen, welche jene Oberfläche bewohnen, während jeder Periode, von der wir irgend eine Kunde besitzen, eben so langsam sich verändern.

Es ist an diesem Orte nicht nothwendig sich über das Wie jener Veränderungen auszusprechen; es mögen darüber die Meinungen auseinander gehen; darüber aber, daß die Veränderungen selbst Platz gegriffen haben von den frühesten geologischen Zeiten an bis auf den heutigen Tag und daß sie stets fortschreiten, darüber existirt keine Meinungsverschiedenheit. Jede neue Schicht von Sedimentgebirge, Sand oder Kies liefert den Beweis, daß Veränderungen in der Richtung stattgefunden haben; und die verschiedenen Arten von Thieren und Pflanzen, deren Ueberreste man in diesen Niederschlägen findet, beweisen, daß dem entsprechende Veränderungen in der organischen Welt vor sich gingen.

Setzt man also diese zwei Reihen von Veränderungen als gewiß voraus, so können die meisten der gegenwärtigen Eigenthümlichkeiten und Anomalien in der Verbreitung der Arten direct aus ihnen abgeleitet werden. Jedes vierfüßige Thier, jeder Vogel, jedes Reptil, Insect und jede Pflanze unseres eigenen Insellandes wird mit sehr wenigen geringfügigen Ausnahmen auch auf dem naheliegenden Continent gefunden. Den kleinen Inseln Sardinien und Corsica sind einige Vierfüßer und Insecten und viele Pflanzen durchaus eigenthümlich. Auf Ceylon, das enger an Indien geknüpft ist als Britannien an Europa, werden viele Thiere und Pflanzen gefunden, die denen von Indien nicht gleichen und dieser Insel eigenthümlich sind. Den Galopagos Inseln sind fast alle einheimischen Lebewesen eigenthümlich, obgleich sie andern, in den nächstgelegenen Theilen des amerikanischen Festlandes gefundenen Arten sehr ähneln.

Die meisten Naturforscher nehmen jetzt an, daß diese Thatsachen lediglich erklärt werden können durch den größeren oder geringeren Zeitraum der verfloß, seitdem die Inseln von der Tiefe des Oceans gehoben oder von dem nächstliegenden Land getrennt wurden; daher bietet im Allgemeinen (wenn auch nicht immer) die Tiefe des dazwischenliegenden Meeres ein Maß. Die enorme Dicke vieler Niederschläge aus dem Meere über weite Flächen hin beweist, daß Senkungen oft und durch Zeiträume von ungeheurer Dauer (mit abwechselnden Perioden der Ruhe) stattgehabt haben. Die Tiefe der See, die abhängig ist von solchen Senkungen, wird daher im Allgemeinen ein Maß der Zeit sein und in ähnlicher Weise sind die Veränderungen, welche die organischen Formen erlitten haben, ein Maß der

Zeit. Wenn wir die beständige Einwanderung neuer Thiere und Pflanzen von den umgebenden Ländern auf natürlichen Wegen zulassen, wie es so vortrefflich von Sir Charles Lyell und Herrn Darwin dargelegt worden ist, so fällt es auf, wie genau diese beiden Maße einander entsprechen. Britannien ist von dem Continent durch ein sehr seichtes Meer getrennt und nur in sehr wenigen Fällen haben unsere Thiere oder Pflanzen angefangen eine Verschiedenheit von den entsprechenden continentalen Arten zu zeigen. Corsica und Sardinien, von Italien durch eine viel tiefere See geschieden, bieten in ihren organischen Gebilden eine viel größere Differenz dar. Cuba, von Jucatan durch eine breitere und tiefere Straße getrennt, weicht von diesem viel merkbarer ab, so daß die meisten der Producte dieser Insel aus verschiedenen und eigenthümlichen Arten bestehen; während Madagaskar, von Afrika durch einen tiefen dreihundert Meilen weiten Kanal getrennt, so viele eigenartige Züge besitzt, daß dadurch auf eine in sehr früher Zeit stattgehabte Trennung hingedeutet ist, ja daß es selbst als zweifelhaft bezeichnet werden muß, ob überhaupt diese beiden Länder jemals vereinigt gewesen waren.

Um nun auf den malayischen Archipel zurückzukommen, so finden wir, daß die ganze Breite der See, welche Java, Sumatra und Borneo von einander und von Malaka und Siam trennt, so seicht ist, daß Schiffe überall Anker werfen können; die Tiefe überschreitet nämlich selten vierzig Faden; und wenn wir bis zu einer Grenze von hundert Faden gehen, so können wir die Philippinen und Bali im Osten von Java mit einschließen. Wenn diese Inseln daher von einander und von dem Festlande durch Senkungen der dazwischenliegenden Züge Landes getrennt wurden, so müssen wir schließen, daß die Trennung verhältnißmäßig spät stattgefunden habe, da die Tiefe, bis zu welcher das

Land sich gesenkt hat, so gering ist. Man darf auch nicht übersehen, daß die große Kette thätiger Vulcane auf Sumatra und Java uns einen zureichenden Grund für solche Senkungen bietet, da die enormen Massen von Substanz, welche sie ausgeworfen haben, vorher die Grundfesten des umgebenden Landes bildeten; und dieses mag wohl die richtige Erklärung für die oft beobachtete Thatsache sein, daß Vulcane und Vulcanketten immer nahe dem Meere liegen. Die Senkung, welche sie rund um sich herum hervorrufen, wird mit der Zeit ein Meer, falls nicht schon eines vorhanden ist, bilden müssen.

Aber wenn wir die Zoologie dieser Länder erforschen, so finden wir gerade das, was wir suchen — einen Beleg sehr schlagender Art dafür, daß diese großen Inseln einst Theile des Festlandes gewesen sein müssen und erst in einem sehr späten geologischen Zeitalter losgelöst worden sein können. Der Elephant und der Tapir von Sumatra und Borneo, das Rhinoceros von Sumatra und die verwandte Art von Java, der wilde Ochse von Borneo und die Art, welche man lange als Java eigenthümlich annahm, alle diese Thiere kommen, wie man jetzt weiß, in diesem oder jenem Theil Südasiens vor. Keines dieser großen Thiere konnte möglicherweise die Meeresarme überschritten haben, welche jetzt diese Länder von einander trennen, und ihre Gegenwart beweist deutlich, daß eine Verbindung zu Lande dagewesen sein muß seit der Entstehung der Arten. Kleinere Säugethiere sind in beträchtlicher Zahl den Inseln und dem Festlande gemeinsam; aber die bedeutenden physischen Veränderungen, welche während des Zerreißens und Senkens so ausgedehnter Regionen stattfinden mußten, haben das Aussterben einiger auf einer oder mehren Inseln herbeigeführt und in einigen Fällen scheint auch Zeit genug für das Platzgreifen einer Abänderung der Art gewesen zu sein. Vögel und Insecten geben ebenfalls dafür einen Beweis, denn jede Familie, ja fast jede Gattung dieser Thiergruppen, welche auf irgend einer der Inseln gefunden wird, kommt auch auf dem asiatischen Festlande vor und in einer großen Anzahl von Fällen sind die Arten genau identisch. Die Vögel bieten uns eins der besten Beispiele dar, um das Gesetz der Verbreitung zu formuliren; denn obgleich es auf den ersten Blick so scheint, als ob die durch das Wasser gegebenen Grenzen, welche die Landvierfüßer ausschließen, leicht von den Vögeln überschritten werden könnten, so ist es in Wirklichkeit doch nicht der Fall; denn abgesehen von den Wasservögeln, welche vorwiegend Wanderer sind, findet man die andern (und hauptsächlich die Passeres oder wahren Nesthocker, welche die große Majorität bilden) im Allgemeinen ebenso streng durch Meerengen und Arme der See an der Verbreitung gehindert wie die Vierfüßer selbst. Es ist beispielsweise, um bei den Inseln von denen ich jetzt gerade spreche stehen zu bleiben, eine bemerkenswerthe Thatsache, daß Java eine Reihe von Vögeln besitzt, welche nie nach Sumatra kommen, obgleich sie durch eine Meerenge von nur fünfzehn Meilen Breite getrennt sind, in deren Mitte noch Inseln liegen. In der That besitzt Java mehr ihm eigenthümliche Vögel und Insecten als Sumatra und Borneo, und dieses würde darauf hinweisen, daß diese Insel am frühesten vom Festlande getrennt worden sei; Borneo steht ihr am nächsten in Betreff der Individualisirung seiner Organismen, während alle thierischen Formen Sumatra's mit denen der Halbinsel Malaka nahezu identisch sind, so daß wir sicher schließen dürfen, sie sei die zuletzt losgerissene Insel gewesen.

Das allgemeine Resultat, zu dem wir gelangen, ist daher dieses, daß die großen Inseln Java, Sumatra und Borneo in ihren Naturproducten den angrenzenden Theilen des Festlandes gleichen, wenigstens so weit wie man von über so große Strecken sich ausdehnenden Ländern erwarten kann, selbst wenn sie noch Theile von Asien wären; und diese große Gleichheit zusammengehalten mit der Thatsache, daß das Meer, welches sie trennt, so gleichmäßig und auffallend seicht ist, endlich die Existenz der ausgedehnten Reihe von Vulcanen auf Sumatra und Java, welche ungeheure Massen unterirdischer Stoffe ausgeworfen, ausgedehnte Hochebenen und luftige Bergesreihen aufgethürmt haben, welche demnach eine vera causa für eine parallele Senkungslinie abgiebt — Alles dieses leitet unwiderstehlich zu dem Schlusse, daß noch in einer sehr späten geologischen Epoche sich das Festland Asiens weit jenseit der jetzigen Grenzen in südöstlicher Richtung ausdehnte, indem es die Inseln Java, Sumatra und Borneo einschloß und wahrscheinlich so weit reichte wie die jetzige Linie der Hundert-Faden-Tiefe.

Die Philippinen stimmen in vielen Punkten mit Asien und den andern Inseln überein, aber bieten einige Anomalien, welche anzudeuten scheinen, daß sie in einer früheren Periode losgelöst wurden; sie sind seitdem vielen Umwälzungen in ihrer physischen Geographie unterworfen gewesen.

Wenden wir nun unsere Aufmerksamkeit auf den übrigen Theil des Archipels, so finden wir, daß alle Inseln von Celebes und Lombok östlich fast eine ebenso große Aehnlichkeit mit Australien und Neu Guinea zeigen wie die westlichen Inseln mit Asien. Es ist allbekannt, daß die Naturproducte Australiens von denen Asiens mehr verschieden sind als diejenigen irgend eines der vier Erdtheile von jedem andern. In der That steht Australien allein: es besitzt weder anthropomorphe noch andere Affen, weder Katzen noch Tiger, Wölfe, Bären oder Hyänen;

weder Hirsche noch Antilopen, Schafe oder Ochsen; weder den
Elephant noch das Pferd, das Eichhörnchen oder das Kaninchen;
kurz keine jener wohlbekannten Typen von Vierfüßern, welche
man in jedem andern Theil der Erde antrifft. Statt dessen hat
es nur Beutelthiere, Känguruhs und Oppossums, Wombats
und das Schnabelthier. An Vögeln ist es fast ebenso eigenartig. Es besitzt keine Spechte und Fasanen, Familien welche in
jedem andern Theil der Erde vorkommen; statt dessen die hügel-
aufwerfenden Großfußhühner, die Honigsauger, die Kakadus und
die Bürsten-zungigen Loris, welche sonst nirgendwo auf der
Erde gefunden werden. Alle diese in die Augen springenden
Besonderheiten sind auch jenen Inseln eigen, welche die austral-
malayische Abtheilung des Archipels bilden.

Der große Gegensatz zwischen den beiden Abtheilungen des
Archipels springt nirgend so sehr in die Augen, als wenn man
von der Insel Bali nach Lombok übersetzt, wo diese beiden Regionen dicht an einander grenzen. Auf Bali haben wir Bartvögel, Fruchtdrosseln und Spechte; wenn wir nach Lombok über-
setzen, sehen wir diese nicht mehr, aber Mengen von Kakadus,
Honigsaugern und Großfußhühnern, welche ebenso unbekannt auf
Bali* als auf irgend einer mehr westlich gelegenen Insel sind.
Die Meerenge ist hier fünfzehn Meilen breit, so daß wir in
zwei Stunden von einer großen Abtheilung der Erde zu der
andern gelangen können, Abtheilungen die ebenso wesentlich sich
von einander unterscheiden wie Europa von Amerika. Wenn
wir von Java oder Borneo nach Celebes oder den Molukken
reisen, so sind die Unterschiede noch schlagender. Auf den erstge-

---

* Mir wurde jedoch gesagt, daß einige Kakadus an einer Stelle im
Westen von Bali vorkommen, was beweisen würde, daß jetzt die Vermischung der Producte dieser Inseln beginnt.

nannten Inseln haben die Wälder Ueberfluß an vielen Affenarten, wilden Katzen, Hirschen, Zibeths und Ottern, und man trifft beständig zahlreiche Eichhörnchen Varietäten. Auf den letzteren kommen alle diese Thiere nicht vor; der mit einem Greifschwanz versehene Cuscus* ist fast das einzige Säugethier, wilde Schweine, welche auf allen Inseln leben, und Hirsche (die wahrscheinlich erst in neuerer Zeit eingeführt worden sind) auf Celebes und den Molukken ausgenommen. Die auf den westlichen Inseln am meisten vorkommenden Vögel sind Spechte, Bartvögel, Surukus, Fruchtdrosseln und Blattdrosseln: man sieht sie täglich und sie bilden die großen ornithologischen Kennzeichen des Landes. Auf den östlichen Inseln sind diese wieder absolut unbekannt, Honigsauger und kleine Loris sind die gewöhnlichsten Vögel, so daß der Naturforscher sich in eine neue Welt versetzt sieht und es sich kaum vergegenwärtigen kann, daß er in wenigen Tagen, und nie außer Sicht von Land, von einer Region in die andere gekommen sei.

Der Schluß, den wir aus diesen Thatsachen ziehen müssen, ist zweifellos der, daß alle Inseln östlich von Java und Borneo dem Wesen nach einen Theil eines früheren australischen oder Pacific Festlandes bilden, wenn auch einige derselben nie in Wirklichkeit mit diesem verbunden gewesen sind. Dieses Festland muß zerrissen worden sein nicht nur ehe die westlichen Inseln von Asien getrennt wurden, sondern wahrscheinlich ehe die äußerste Südostspitze von Asien über die Gewässer des Oceans gehoben war; denn ein großer Theil des Landes von Borneo und Java zeigt bekanntlich in geologischer Hinsicht ganz neue Formationen, während sowohl die große Verschiedenheit der Arten und in vielen

---

* Phalangista. A. d. Uebers.

Fällen auch der Gattungen auf den östlichen malayischen Inseln und Australien, als auch die große Tiefe der See, welche sie jetzt von einander trennt, auf eine verhältnißmäßig lange Periode der Isolation hindeuten.

Es ist innerhalb der Inselgruppen selbst interessant zu beobachten, wie ein seichtes Meer immer eine noch nicht alte Verbindung des Landes anzeigt. Die Aru Inseln, Misole und Wagen sowohl als auch Jobie stimmen in Betreff ihrer Säugethiere und Vögelarten weit genauer mit Neu Guinea überein als mit den Molukken und wir finden sie alle mit Neu Guinea durch ein seichtes Meer verbunden. In der That zeichnet die Hundert-Faden-Linie um Neu Guinea herum auch genau die Verbreitung des echten Paradiesvogels.

Man muß ferner hervorheben — und das ist ein sehr interessanter Gesichtspunkt zusammengehalten mit den Theorien der Abhängigkeit der besonderen Lebensformen von äußeren Bedingungen — daß diese Zweitheilung des Archipels, die durch schlagende Gegensätze seiner Naturproducte charakterisirt wird, durchaus nicht der physischen oder klimatischen Eintheilung seiner Oberfläche entspricht. Die große Vulcanenkette streicht durch beide Theile und scheint keine Wirkung auf die Verähnlichung ihrer Producte gewonnen zu haben. Borneo gleicht genau Neu Guinea nicht nur in Betreff seiner ungeheuren Ausdehnung und seines Freiseins von Vulcanen, sondern auch in Betreff der Mannigfaltigkeit seiner geologischen Structur, der Gleichmäßigkeit seines Klimas und des allgemeinen Charakters der Waldvegetation, welche seine Oberfläche bedeckt.

Die Molukken sind das Gegenstück zu den Philippinen in ihrer vulcanischen Structur, ihrer außerordentlichen Fruchtbarkeit, ihren üppigen Wäldern und ihren häufigen Erdbeben; und Bali mit dem Ostende von Java hat ein fast ebenso trockenes Klima und einen fast ebenso dürren Boden wie Timor. Dennoch besteht zwischen diesen sich entsprechenden Inselgruppen, die gleichsam nach demselben Muster angelegt, die demselben Klima unterworfen und von denselben Gewässern bespült sind, der größtmögliche Contrast, wenn wir ihre Thierwelt vergleichen. Nirgendwo anders trifft die alte Doctrin — daß Verschiedenheiten oder Aehnlichkeiten in den mannigfaltigen Lebeformen, welche verschiedene Länder bewohnen, entsprechenden physischen Verschiedenheiten und Aehnlichkeiten in den Bodenverhältnissen selbst ihre Entstehung verdanken — auf einen so directen und handgreiflichen Widerspruch. Borneo und Neu Guinea, physisch so gleich wie es zwei getrennte Länder nur sein können, liegen zoologisch so weit wie die Pole auseinander; während Australien mit seinen trockenen Winden, seinen offenen Ebenen, seinen steinigen Wüsten und seinem gemäßigten Klima dennoch Vögel und Vierfüßer hervorbringt, denen sehr nahe verwandt, welche die heißen, feuchten und üppigen Wälder bewohnen, die aller Orten die Ebenen und Berge Neu Guinea's bekleiden.

Um die Mittel, durch welche ich diesen großen Contrast hervorgebracht erachte, klarer zu stellen, wollen wir einmal untersuchen, was geschehen würde, wenn zwei stark contrastirende Theile der Erde durch natürliche Mittel in nahe Nachbarschaft gebracht würden. Nicht zwei andere Erdtheile sind so radical in ihren Producten von einander verschieden wie Asien und Australien, allein der Unterschied zwischen Afrika und Südamerika ist auch sehr groß und diese beiden Regionen sollen uns zur Illustration der uns beschäftigenden Frage dienen. Auf der einen Seite haben wir Paviane, Löwen, Elephanten, Büffel und Giraffen; auf der andern Spinnenaffen, Pumas, Tapirs, Ameisenfresser und Faulthiere; während unter den Vögeln die Nashornvögel, die Turacos, die Pirols und die Honigsauger Afrika's aufs stärkste mit den Tukans, den Makaos, den Ampeliden (chatterers) und den Kolibris Amerika's contrastiren.

Wir wollen uns jetzt vorzustellen versuchen (was sehr wahrscheinlich in künftigen Zeitaltern geschehen wird), daß ein langsames Heben des Bettes des atlantischen Oceans Platz griffe, während zur selben Zeit Erdstöße und vulcanische Thätigkeiten auf dem Lande bewirken, daß vermehrte Mengen von Sediment die Flüsse hinabgeschwemmt würden, so daß die zwei Continente sich allmälig durch das Anlagern neugebildeten Landes ausbreiteten und auf diese Weise den Altantischen Ocean, welcher sie jetzt trennt, auf einen Meeresarm von wenigen Hundert Meilen reducirten. Wir wollen weiter annehmen, daß zu derselben Zeit Inseln in der Mitte des Canales sich erhöben; und da die unterirdischen Kräfte an Intensität nicht stets gleich bleiben und ihre Hauptangriffspunkte wechseln, so würden diese Inseln bald mit dem Lande der einen oder andern Seite der Meerenge verbunden, bald von demselben getrennt sein. Eine Reihe von Inseln würden jetzt zusammenhängen, dann wieder auseinandergerissen werden, bis wir zuletzt nach vielen und langen Perioden solcher intermittirenden Thätigkeit einen unregelmäßigen Inselarchipel den Kanal des atlantischen Oceans füllen sähen, an dessen Gestalt und Vertheilung wir Nichts entdecken könnten, was uns davon Kunde gäbe, welche Theile mit Afrika und welche mit Amerika in Verbindung gewesen wären. Allein die diese Inseln bewohnenden Thiere und Pflanzen würden sicherlich diesen Theil der früheren Geschichte offenbaren.

Auf jenen Inseln, welche früher Theile von Südamerika gebildet hätten, würden wir gewiß als gewöhnliche Vögel Ampeliden, Tukans und Kolibris finden und einige der Amerika eigenthümlichen Vierfüßer; während auf jenen, welche von Afrika losgelöst worden wären, Nashornvögel, Pirols und Honigsauger sicherlich vorkämen. Einige Theile des gehobenen Landes hätten vielleicht zu verschiedenen Zeiten eine vorübergehende Verbindung mit beiden Continenten gehabt und würden dann bis zu einem gewissen Grade eine Vermischung ihrer lebenden Einwohner erfahren haben. Das scheint der Fall gewesen zu sein mit der Insel Celebes und den Philippinen. Andere Inseln wiederum könnten, wenn auch in so naher Nachbarschaft wie Bali und Lombok, Beispiele davon bieten, wie die Producte der Continente, von denen sie direct oder indirect einst Theile gebildet haben, sich fast gar nicht vermischen.

Im malayischen Archipel haben wir, glaube ich, einen diesem hier vorausgesetzten genau parallelen Fall. Wir haben die Spuren eines ungeheuren Festlandes mit einer ihm eigenthümlichen Fauna und Flora, das nach und nach und in unregelmäßiger Weise zerrissen wurde; die Insel Celebes bildete wahrscheinlich seine äußerste westliche Grenze, jenseit welcher ein großer Ocean lag. Zu derselben Zeit scheinen die Grenzen Asiens in einer südöstlichen Richtung ausgedehnt gewesen zu sein, zuerst in einer compacten Masse, dann in Inseln zerrissen, wie wir sie jetzt sehen, und beinahe in unmittelbarer Berührung mit den zerstreuten Bruchstücken des großen südlichen Landes.

Aus dieser Skizze des Gegenstandes wird es klar geworden sein, wie werthvoll die Naturgeschichte für die Geologie ist; nicht allein um die Ueberreste ausgestorbener in der Erdrinde gefundener Thiere zu deuten, sondern auch um frühere Veränderungen an der Erdoberfläche, welche keine geologischen Urkunden hinterlassen haben, festzustellen. Es ist sicherlich eine wunderbare und unerwartete Thatsache, daß eine genaue Kenntniß der Verbreitung der Vögel und Insecten uns in den Stand setzen kann Länder und Continente aufzuzeichnen, welche längst vor den frühesten Traditionen der menschlichen Race unter dem Ocean verschwunden waren. Wo immer der Geologe die Erdoberfläche zu durchforschen im Stande ist, dort kann er in ihrer Geschichte lesen und kann annähernd ihre spätesten Bewegungen über und unter den Spiegel des Meeres bestimmen; allein wo sich jetzt Oceane und Seen ausdehnen, da kann er nur Vermuthungen hegen an der Hand sehr sparsamer Daten, welche ihm die Tiefe der Gewässer bieten. Hier kommt ihm der Naturforscher zu Hülfe und setzt ihn in die Lage diese große Lücke in der Erdgeschichte auszufüllen.

Einer der Hauptzwecke meiner Reisen war es Klarheit über diese Verhältnisse zu gewinnen; und mein Suchen nach dieser Klarheit hatte einen derartigen Erfolg, daß ich im Stande bin mit einiger Wahrscheinlichkeit die früheren Veränderungen, welche einer der interessantesten Theile der Erde erlitten hat, in ihren Umrissen zu zeichnen. Man könnte denken, es wäre passender gewesen diese Thatsachen und Verallgemeinerungen an das Ende als an den Anfang einer Reisebeschreibung, welche die Thatsachen erst liefert, zu setzen. In einigen Fällen mag das richtig sein, aber es war mir unmöglich eine Schilderung der Naturgeschichte all der zahlreichen Inseln und Inselgruppen des Archipels zu geben, wie ich sie wünschte, ohne beständige Beziehung auf diese Verallgemeinerungen, welche auch ihr Interesse so sehr erhöhen. Nach dieser allgemeinen Skizze des Gegenstandes werde ich zeigen können, wie dieselben Principien auf die einzelnen Inseln einer Gruppe wie auf den ganzen Archipel angewandt werden können; und auf diese Weise wird meine Schilderung der vielen neuen und merkwürdigen Thiere, welche sie bewohnen, interessanter und lehrreicher werden, als wenn ich nur die nicht mit einander verknüpften Thatsachen gegeben hätte.

Gegensatze der Racen. — Noch ehe ich zu der Ueberzeugung gelangt war, daß die östlichen und westlichen Hälften des Archipels zu verschiedenen Haupterdtheilen gehörten, fühlte ich mich veranlaßt die Eingebornen des Archipels unter zwei radical von einander verschiedene Racen zu gruppiren. Hierin wich ich ab von den meisten Ethnologen, welche früher über diesen Gegenstand geschrieben haben; denn es ist der allgemeine Brauch gewesen Wilhelm von Humboldt und Pritchard zu folgen, indem man alle oceanischen Racen als Modificationen eines Typus betrachtete. Allein bald zeigte mir die Beobachtung, daß Malayen und Papuas radical in ihrem physischen, intellectuellen und moralischen Charakter von einander abweichen; und eine mehr detaillirte Untersuchung, die ich acht Jahre hindurch fortsetzte, bewies mir zur Genüge, daß man unter diese beiden typischen Formen alle Völker des malayischen Archipels und Polynesiens classificiren kann. Wenn man die Grenze zieht, welche diese Racen trennt, so findet man sie nahe jener, welche die zoologischen Regionen theilt, allein etwas mehr nach Osten; dieser Umstand erscheint mir höchst bezeichnend dafür, daß dieselben Ursachen die Verbreitung des Menschen beeinflußt haben, welche diejenige anderer animalischer Formen bestimmten.

Der Grund, weßhalb nicht genau dieselbe Grenze beiden zukommt, ist genügend ersichtlich. Der Mensch hat Mittel das Meer zu überschreiten, welche die Thiere nicht besitzen; und eine höhere Race hat die Macht eine niedrigere zu verdrängen oder sie sich zu assimiliren. Die malayischen Racen waren durch ihren Unternehmungsgeist für Seefahrten und ihre höhere Civilisation befähigt einen Theil der angrenzenden Gegenden zu bevölkern, in welchen sie vollständig an die Stelle der eingebornen Einwohner getreten sind, wenn überall jemals dort welche ansässig gewesen; sie waren im Stande ihre Sprache, ihre Hausthiere, ihre Sitten weit über den Ocean zu verbreiten, über Inseln, auf denen sie nur leise oder überhaupt nicht die physischen oder moralischen Charaktere des Volkes modificirten.

Ich glaube also, daß alle Völker der verschiedenen Inseln entweder zu den Malayen oder zu den Papuas gezählt werden können; und daß diese zwei keine weiter zu verfolgende Verwandtschaft zu einander haben. Ich glaube ferner, daß alle Racen östlich von der von mir gezogenen Grenzlinie mehr Verwandtschaft zu einander besitzen als zu irgend einer der Racen westlich von dieser Linie; — daß, in der That, die asiatischen Racen die malayischen einschließen und daß alle eines continentalen Ursprunges sind, während alle östlich von diesen wohnenden Racen des großen Oceans (vielleicht einige der nordoceanischen ausgenommen) nicht von irgend einem existirenden Continent herstammen, wohl aber von Ländern, welche noch jetzt existiren oder in neuerer Zeit im großen Ocean existirt haben. Diese Vorbemerkungen werden den Leser besser in den Stand setzen die Wichtigkeit zu würdigen, welche ich bei der Beschreibung der Bewohner vieler Inseln den Einzelheiten der physischen Form und des moralischen Charakters beilege.

Zweites Capitel.

Singapore.

Eine Skizze der Stadt und der Insel nach meinen verschiedenen Besuchen
in den Jahren 1854 bis 1862.

Wenige Orte sind für einen Reisenden aus Europa interessanter als die Stadt und Insel Singapore, da sie eine Musterkarte ist für die Mannigfaltigkeit der östlichen Racen, für die vielen verschiedenen Religionen und Sitten. Die Regierung, die Garnison und die ersten Kaufleute sind Engländer, aber die große Masse der Bevölkerung ist chinesisch; sie stellt ihr Contingent für einige der reichsten Kaufleute, die Landwirthe des Binnenlandes und die meisten Handwerker und Arbeiter. Die eingeborenen Malayen sind gewöhnlich Fischer und Bootsleute und sie formiren das Hauptcorps der Polizei. Die Portugiesen von Malaka sind in großer Zahl Handlungsdiener und kleine Kaufleute. Die Klings des westlichen Indiens sind eine zahlreiche Körperschaft von Mohamedanern und wie viele Araber kleine Handelsleute und Ladeninhaber. Die Diener und Wäscher sind alle Bengalesen und es giebt eine kleine aber in hohem Maße angesehene Klasse von Parsen-Kaufleuten. Außer diesen findet man eine große Menge javanischer Schiffer und Hausbedienten, Handelsleute von Celebes, Bali und vielen anderen Inseln des Archipels. Der Hafen ist voll von Kriegs- und Handelsschiffen vieler europäischer Nationen und Hunderten von malayischen Prauen und chinesischen Junken, von Schiffen von mehreren Hundert Tonnen Last bis hinunter zu kleinen Fischerbooten und Passagier-Sampans; die Stadt weist hübsche öffentliche Gebäude und Kirchen auf, mohamedanische Moscheen, Hindutempel, chinesische Tempel, gute europäische Häuser, massive Waarenlager, wunderliche alte Bazars der Klings und Chinesen und lange Vorstädte von chinesischen und malayischen Hütten.

Bei weitem die auffallendsten der verschiedenen Menschenarten in Singapore und diejenigen, welche am meisten die Aufmerksamkeit eines Fremden auf sich ziehen, sind die Chinesen, deren Zahl und deren unablässige Thätigkeit dem Platze fast das Ansehen einer Stadt in China geben. Der chinesische Kaufmann ist gewöhnlich ein dickleibiger Mann mit einem runden Gesicht, mit einer Wichtigkeitsmiene und einem kaufmännischen Blick. Er trägt dieselbe Kleidung (einen weiten weißen Kittel und blaue oder schwarze Hosen) wie der gewöhnlichste Kuli, nur von feineren Stoffen, und ist stets sauber und nett; sein langer Zopf, mit rother Seide zugebunden, hängt ihm bis auf die Hacken herab. Er hat ein hübsches Waarenlager oder einen Laden in der Stadt und ein gutes Haus auf dem Lande. Er hält sich ein schönes Pferd und Cabriolet und man sieht ihn jeden Abend barhaupt eine Spazierfahrt machen, um die kühle Brise zu genießen. Er ist reich, Besitzer verschiedener Kramläden und Handels-Schooner, er leiht Geld zu hohen Zinsen und mit guter Sicherheit, ist sehr genau in Geschäften und wird mit jedem Jahre fetter und reicher.

In dem chinesischen Bazar sind Hunderte von kleinen Läden, in welchen eine gemischte Sammlung von Kurz- und Ausschnitt-

waaren zu finden ist und wo viele Dinge wunderbar billig verkauft
werden. Man kann Bohrer zu einem Penny das Stück haben,
weißen Baumwollenzwirn vier Knäuel für einen halben Penny und
Federmesser, Korkzieher, Schießpulver, Schreibpapier und viele
andere Artikel eben so billig oder billiger als in England. Der
Ladeninhaber ist sehr gutmüthig; er zeigt Alles, was er hat, und
scheint es gar nicht übel zu vermerken, wenn man nichts kauft.
Er läßt etwas ab, aber nicht so viel wie die Klings, welche
fast immer zweimal so viel fordern, als sie willens sind zu nehmen.
Wenn man eine Kleinigkeit bei ihm kauft, so wird man später,
wenn man bei seinem Laden vorbeigeht, stets angesprochen, gebeten hineinzukommen und Platz zu nehmen oder eine Tasse
Thee zu trinken, und es ist zu verwundern, wie der Mann zu
leben hat, da so Viele die gleichen unbedeutenden Dinge verkaufen. Die Schneider sitzen an dem Tisch, nicht auf demselben; und sowohl sie als die Schuhmacher arbeiten gut und
billig. Die Barbiere haben viel zu thun: Köpfe zu scheren und
Ohren zu reinigen; zu dieser letzteren Operation benutzen sie
einen großen Apparat von kleinen Zangen, Stäben und Bürsten.
In der Umgebung der Stadt sind eine Menge von Zimmerleuten
und Grobschmieden. Erstere scheinen hauptsächlich Särge und stark
bemalte und verzierte Kleiderschränke zu verfertigen. Letztere sind
meist Büchsenmacher und bohren die Läufe mit der Hand aus
soliden Eisenbarren. Bei dieser mühsamen Arbeit sieht man sie
täglich und sie können eine Büchse mit einem Feuersteinschloß
sehr hübsch anfertigen. Ueberall auf den Straßen sind Ver-
käufer von Wasser, Gemüse, Früchten, Suppe und Agar-Agar
(ein Gelée aus Seetang gemacht), die eine Menge eben so unver-
ständlicher Rufe produciren wie die Ausrufer Londons. Andere
tragen einen ambulanten Kochapparat an einer Stange, durch

einen Tisch am andern Ende im Gleichgewicht gehalten, und serviren ein Mahl von Schalthieren, Reis und Gemüsen für zwei oder drei Halfpence; während man überall Kulis und Bootsleute trifft, die auf Arbeit warten.

Im Innern der Insel fällen die Chinesen Waldbäume im Jungle* und sägen sie zu Brettern; sie cultiviren Gemüse und bringen es zu Markt; sie ziehen Pfeffer und Gambir, wichtige Exportartikel. Die französischen Jesuiten haben unter diesen Binnen Chinesen Missionen errichtet, welche sehr erfolgreich zu sein scheinen. Ich wohnte einmal mehre Wochen bei dem Missionär in Bukit-tima, ungefähr im Mittelpunkt der Insel; es ist dort eine hübsche Kirche gebaut worden für ungefähr dreihundert Convertiten. Als ich da war, traf ich einen Missionär, der gerade von Tongking kam, wo er viele Jahre zugebracht hatte. Die Jesuiten betreiben ihr Werk noch durchaus wie von Alters her. In Cochinchina, Tongking und China, wo alle christlichen Lehrer gezwungen sind im Geheimen zu leben, der Verfolgung, Verjagung, ja manchmal dem Tode ausgesetzt, hat jede Provinz, selbst die im fernsten Innern, eine bleibende Jesuiten Missionsanstalt, beständig durch frische Aspiranten im Gang gehalten, die in den Sprachen der Länder, welche sie besuchen wollen, unterrichtet werden. In China sollen an eine Million Bekehrte sein; in Tongking und Cochinchina mehr als eine halbe Million. Ein Geheimniß des Erfolges dieser Missionen ist die strenge Sparsamkeit, welche beim Verausgaben der Mittel geübt wird. Ein Missionär darf ungefähr dreißig Lstrl. das Jahr ausgeben, wofür er lebt, wo es auch sei. Daher können eine große Anzahl Missionäre mit sehr beschränkten Mitteln unter-

---

* Eine mit Bambusrohr und kleinen Bäumen bestandene Fläche.

A. d. Uebers.

halten werden; und die Eingeborenen, welche sehen, daß ihre Lehrer in Armuth und ohne irgend welchen Luxus leben, sind überzeugt, daß sie es ernst meinen mit dem, was sie lehren, und daß sie wirklich Heimath und Freunde, Bequemlichkeit und Sicherheit für das Wohl Anderer aufgegeben haben. Kein Wunder daher, daß sie bekehrt werden, denn es muß eine große Wohlthat für die Armen, unter denen sie wirken, sein, einen Mann bei sich zu haben, zu dem sie in Sorge und Unglück gehen können, um sich Trost und Rath zu holen, der sie in Krankheit besucht, der sie in der Noth unterstützt und den sie von Tag zu Tag in Gefahr vor Verfolgung und Tod lediglich für ihr Wohl leben sehen.

Mein Freund in Bukit-tima war wirklich ein Vater für seine Heerde. Er predigte ihnen jeden Sonntag chinesisch und hatte in der Woche Abende für die Discussion und Unterhaltung festgesetzt. Er errichtete eine Schule für ihre Kinder. Sein Haus stand ihnen Tag und Nacht offen. Kam Jemand zu ihm und sagte: „Ich habe heute keinen Reis für meine Familie," so gab er ihm die Hälfte von dem, was er zu Hause hatte, so wenig es auch sein mochte. Sagte ein Anderer: „Ich habe kein Geld meine Schuld einzulösen," so gab er ihm die Hälfte des Inhaltes seiner Börse, und wenn es sein letzter Dollar gewesen wäre. Ebenso aber schickte er, wenn er selbst Mangel litt, zu einem der Reichsten seiner Heerde und sagte: „Ich habe keinen Reis im Hause," oder: „Ich habe mein Geld weggegeben und habe dieses oder jenes nöthig." Die Folge war, daß seine Heerde ihm vertraute und ihn liebte, denn sie fühlte sicherlich, daß er ihr wahrer Freund sei und keine andern Absichten habe, wenn er unter ihnen lebte.

Die Insel Singapore besteht aus einer Menge kleiner Hügel

von dreihundert bis vierhundert Fuß Höhe, deren Gipfel theilweise noch mit Urwald bedeckt sind. Das Missionshaus zu Bukit-tima war umgeben von mehren dieser waldgekrönten Hügel, welche viel von Holzschlägern und Sägern besucht wurden, und sie boten mir vortreffliche Gelegenheit zum Sammeln von Insecten. Hier und da waren auch Tigerfallen aufgestellt, sorgfältig überdeckt mit Stöcken und Blättern und so gut versteckt, daß ich mehre Male kaum dem Hineinfallen entging. Sie sind wie ein Schmelzofen gebaut, unten weiter als oben und vielleicht fünfzehn bis zwanzig Fuß tief, so daß man ohne Hülfe unmöglich wieder heraus kann. Früher wurde ein scharfzugespitzter Pfahl auf den Boden gesteckt; aber seitdem ein unglücklicher Reisender durch Hinabfallen umgekommen, wurde dieser Brauch untersagt. Es giebt um Singapore stets einige Tiger und sie tödten durchschnittlich täglich einen Chinesen, besonders jene, welche in den immer in neugelichtetem Jungle angelegten Gambir-Pflanzungen arbeiten. Wir hörten einen Tiger ein- oder zweimal des Abends brüllen und es war immerhin ein etwas nervöses Arbeiten, unter gefallenen Baumstämmen und in alten Sägegruben nach Insecten zu jagen, wenn eines dieser wilden Thiere vielleicht nahebei auf der Lauer lag, auf eine Gelegenheit zum Sprunge wartend.

Mehre Stunden mitten am Tage verbrachte ich auf diesen Waldplätzen, die entzückend kühl und schattig waren im Gegensatze zu dem nackten offenen Lande, das man durchwandern mußte um dorthin zu gelangen. Die Vegetation war äußerst üppig und bestand aus enormen Waldbäumen, aus den verschiedenartigsten Farnkräutern, Wasserbrodwurzeln und anderem Unterholz und aus einer Unmasse von kletternden Rotang-Palmen. Insecten gab es außerordentlich viele und sehr interessante und jeder Tag brachte uns eine Unzahl neuer und merkwürdiger

Formen. In ungefähr zwei Monaten erhielt ich nicht weniger als siebenhundert Käferarten, von denen ein großer Theil ganz neu; darunter waren hundertunddreißig verschiedene Arten der eleganten von Sammlern so sehr geschätzten Bockkäfer (Cerambycidae). Fast alle diese wurden auf einem Fleck im Jungle gesammelt, der nicht größer war als eine Quadratmeile und auf allen meinen folgenden Reisen im Osten traf ich selten, wenn je, einen so ergiebigen Ort wieder. Diese außerordentliche Ergiebigkeit hatte zweifellos theilweise ihren Grund in einigen begünstigenden Bedingungen des Bodens, des Klimas, der Vegetation und der Jahreszeit, die sehr hell und sonnig war mit genügenden Regenschauern, um Alles frisch zu erhalten. Aber es war auch nach meiner Ueberzeugung zum großen Theile abhängig von der Arbeit der chinesischen Holzfäller. Sie hatten hier mehre Jahre schon gewirthschaftet und während der ganzen Zeit einen beständigen Vorrath an trockenen, todten und zerfallenden Blättern und Rinden mit vielem Holz und Sägespänen aufgehäuft, was eine gute Nahrung für die Insecten und ihre Larven abgiebt. Das hatte zur Ansammlung einer großen Menge von verschiedenen Arten auf einem begrenzten Raume Grund gegeben, und ich war der erste Naturforscher, der kam um die Ernte, welche sie bereitet, einzuheimsen. Auf demselben Platze und auf meinen Wanderungen nach anderen Richtungen hin erhielt ich eine schöne Sammlung von Schmetterlingen und anderen Insectenordnungen, so daß ich im Ganzen sehr befriedigt war von diesen meinen ersten Versuchen, die Naturgeschichte des malayischen Archipels kennen zu lernen.

Drittes Capitel.

Malaka und der Berg Ophir.
(Juli bis September 1854.)

Da Vögel und die meisten anderen Thierarten auf Singapore selten waren, so verließ ich es im Juli und ging nach Malaka, wo ich mehr als zwei Monate im Innern zubrachte und einen Ausflug nach dem Berge Ophir machte. Die alte und pittoreske Stadt Malaka zieht sich längs dem Ufer eines schmalen Flusses hin und hat enge Straßen mit Läden und Häusern, bewohnt von den Abkommen der Portugiesen und von Chinesen. In den Vorstädten sind die Häuser der englischen Officianten und einiger portugiesischer Kaufleute, versteckt in Hainen von Palmen und Fruchtbäumen, deren verschiedenartiges und schönes Laubwerk dem Auge wohlthut und erquickenden Schatten spendet.

Das alte Fort, das große Regierungsgebäude und die Ruinen einer Kathedrale zeugen von dem früheren Reichthum und der Bedeutung des Ortes, der einst ebenso der Mittelpunkt des östlichen Handels war als es jetzt Singapore ist. Die folgende Beschreibung von Linschott von vor 270 Jahren giebt ein schlagendes Bild der Veränderung, die hier Platz gegriffen.

„Malaka ist von den Portugiesen und von Eingeborenen, Malayen genannt, bewohnt. Die Portugiesen haben hier eine Festung wie in Mozambique und es giebt in ganz Indien nächst denen von Mozambique und Ormuz keine Festung, in welcher die Befehlshaber ihrer Pflicht mehr nachkommen, als in dieser. Dieser Ort ist der Markt von ganz Indien, China, den Molukken und anderen Inseln im Umkreis und von allen diesen Gegenden sowohl als von Banda, Java, Sumatra, Siam, Pegu, Bengalen, Coromandel und Indien kommen mit allen möglichen Waaren beladene Schiffe an, welche beständig ein- und auslaufen. Es würde hier eine größere Anzahl Portugiesen leben, wenn nicht die schädliche und ungesunde Luft Fremde sowohl als auch Eingeborene zu Grunde richtete. Daher zahlen alle, die in diesem Lande wohnen, einen Tribut mit ihrer Gesundheit; sie leiden an einer gewissen Krankheit, in Folge welcher sie entweder Haut oder Haar verlieren. Und diejenigen, welche dem entgehen, betrachten es als ein Wunder, das Viele veranlaßt, das Land zu meiden, während Andere die verzehrende Sucht nach Gewinn dazu verleitet, ihre Gesundheit aufs Spiel zu setzen und den Versuch zu wagen, eine solche Atmosphäre zu ertragen. Nach der Erzählung der Eingeborenen war der Ursprung der Stadt sehr klein; sie wurde anfangs wegen der Ungesundheit der Luft nur von sechs oder sieben Fischern bewohnt. Aber die Zahl vergrößerte sich durch das Zusammentreffen von Fischern aus Siam, Pegu und Bengalen, die dann eine Stadt bauten und eine besondere Sprache sich aneigneten, die gebildet wurde aus den elegantesten Sprechweisen anderer Völker, so daß jetzt in der That die Sprache der Malayen die feinste, ausgebildetste und berühmteste Sprache des ganzen Ostens ist. Dieser Stadt wurde der Name Malaka gegeben und sie wuchs vermöge ihrer günstigen Lage in kurzer Zeit zu solchem Reichthum an, daß sie den mächtigsten Städten und Gegenden rund herum nicht nachsteht. Die Eingeborenen, Männer und Frauen, sind sehr wohlgesittet; sie werden zu den im Complimentemachen Geschicktesten der Welt gezählt und beeifern sich sehr Verse und Liebeslieder zu dichten und zu citiren. Ihre Sprache ist durch ganz Indien so guter Ton wie die französische hier."

Heutzutage läuft kaum je ein Schiff über hundert Tonnen in den Hafen und der Handel beschränkt sich gänzlich auf wenige unbedeutende Producte der Wälder und auf die Früchte, welche die von den alten Portugiesen gepflanzten Bäume jetzt geben zum Entzücken der Einwohner von Singapore. Obgleich noch immer den Fiebern zugänglich, wird es doch jetzt nicht für sehr ungesund gehalten.

Die Bevölkerung Malaka's ist aus verschiedenen Racen zusammengesetzt. Die überall zu findenden Chinesen sind vielleicht am zahlreichsten vertreten und bewahren ihre Sitten, Manieren und ihre Sprache; die eingeborenen Malayen stehen ihnen an Zahl am nächsten und ihre Sprache ist die Lingua-franca des Ortes. Dann folgen die Abkömmlinge der Portugiesen — eine gemischte und heruntergekommene Race, welche aber den Gebrauch ihrer Muttersprache bewahren, wenn auch jämmerlich in der Grammatik verstümmelt; schließlich die englischen Herrscher und die Abkommen der Holländer, welche alle englisch sprechen. Das in Malaka gesprochene Portugiesisch ist ein werthvolles philologisches Phänomen. Die Zeitwörter haben meist ihre Beugungen verloren und eine Form dient für alle Modi, Zeiten, Numeri und Personen. Eu vai, bedeutet „ich gehe," „ich ging," oder „ich werde gehen." Eigenschaftswörter ferner haben ihre weiblichen und Pluralendungen verloren, so daß die Sprache auf eine merkwürdige Einfachheit zurückgeführt ist und durch die Beimischung einiger malayischer Wörter denjenigen, der nur das reine Lusitanische gehört hat, etwas in Verlegenheit setzt.

In ihren Sitten sind diese verschiedenen Völker so verschieden wie in ihrer Rede. Die Engländer bewahren den knapp ansiegenden Rock, die Weste, die Hosen, den abscheulichen Hut und die Cravatte; die Portugiesen lieben eine leichte Jacke oder mehr noch nur Hemd und Hosen; die Malayen tragen ihre Nationaljacke und Sarong (eine Art Schürze) mit weiten Unterhosen; während die Chinesen nie im Geringsten von ihrem Nationalcostüm abgehen, das man in der That für ein tropisches Klima weder bequemer noch hübscher erdenken könnte. Die weit herabhängenden Hosen und das nette weiße Ding, halb Hemd, halb Jacke, sind genau das, was eine Bekleidung in diesen Breitengraden sein sollte.

Ich engagirte zwei Portugiesen zur Begleitung ins Innere; einen als Koch, den anderen um Vögel zu schießen und abzubalgen, was in Malaka schon zu einem Geschäft geworden ist. Ich blieb erst vierzehn Tage in einem Dorf mit Namen Gading, wo ich es mir in dem Hause einiger chinesischer Convertiten bequem machte, denen ich von den Jesuitenmissionären empfohlen worden war. Das Haus war eigentlich nur ein Schuppen, aber es wurde rein gehalten und ich machte es mir ganz behaglich. Meine Wirthe legten gerade eine Pfeffer- und Gambir-Pflanzung an und in unmittelbarer Nachbarschaft waren ausgedehnte Zinnwäschen, die über tausend Chinesen beschäftigten. Man gewinnt das Zinn in Form von schwarzen Körnern aus Flußbetten mit quarzhaltigem Sande und schmilzt es zu Klumpen in rohen Thonöfen. Der Boden schien arm, der Wald war sehr dicht mit Unterholz bestanden und an Insecten durchaus nicht ergiebig, aber andererseits waren Vögel sehr reichlich vorhanden und ich wurde mit einem Male in die reichen ornithologischen Schätze der malayischen Region eingeführt.

Das allererste Mal, als ich meine Flinte abschoß, fiel einer der merkwürdigsten und schönsten Malakavögel herab, der blauschnäblige Schnapper (Cymbirhynchus macrorhynchus), von den Malayen „Regenvogel" genannt. Er ist ungefähr von der Größe eines Staares, schwarz und reich Claret-roth gefärbt mit weißen Schulterstreifen und hat einen sehr großen und breiten Schnabel vom reinsten Kobalt-blau oben und orange unten, während die Iris Smaragd-grün ist. Wenn der Balg trocknet, wird der Schnabel ganz schwarz, aber auch dann noch ist der Vogel hübsch. Frisch getödtet ist der Gegensatz zwischen dem lebhaften Blau mit den reichen Farben des Gefieders besonders auffallend und schön. Die lieblichen östlichen Trogons mit ihrem reich braunen Rücken, schön strahligen Flügeln und hoch rother Brust erhielt ich auch bald, wie auch die großen grünen Bartvögel (Megalaema versicolor) — fruchtessende Vögel, manchmal wie kleine Tukans, mit einem kurzen, borstigen Schnabel, deren Kopf und Nacken sehr lebhaft blau und hoch roth gefleckt ist. Ein oder zwei Tage später brachte mir mein Jäger eine Art des grünen Schnappers (Calyptomena viridis), der einem kleinen Auerhahn ähnlich, aber von dem lebhaftesten Grün übergossen und an den Flügeln mit schwarzen Streifen fein gezeichnet ist. Hübsche Spechte und buntfarbige Königsfischer, grüne und braune Kuckule mit sammetweichen rothen Köpfen und grünen Schnäbeln, rothbrüstige Tauben und metallisch glänzende Honigsauger wurden mir Tag für Tag zugetragen und erhielten mich in einem ununterbrochenen Zustande freudiger Erregung. Nach vierzehn Tagen wurde einer meiner Diener vom Fieber ergriffen und bei der Rückkehr nach

Malaka befiel dieselbe Krankheit den andern und auch mich selbst. Durch einen reichlichen Gebrauch von Chinin genas ich bald und als ich andere Leute engagirt hatte, machte ich mich auf nach dem Regierungs Sommerhaus von Ayer-panas in der Begleitung eines jungen Mannes, eines Eingeborenen von dort, der an der Naturforschung Gefallen fand.

In Ayer-panas hatten wir ein bequemes Wohnhaus und viel Platz, um unsere Thiere zu trocknen und einzulegen; aber weil dort keine unternehmenden Chinesen waren, die Bäume fällten, so kamen verhältnißmäßig wenig Insecten vor, mit Ausnahme von Schmetterlingen, von denen ich eine vortreffliche Sammlung anlegte. Die Art und Weise, wie ich ein sehr schönes Insect erhielt, war merkwürdig und dient als Beleg dafür, wie fragmentarisch und unvollkommen die Sammlung eines Reisenden nothwendigerweise sein muß. Ich spazierte eines Nachmittags einen Lieblingsweg entlang durch den Wald mit meiner Flinte, als ich einen Schmetterling am Boden sitzen sah. Er war groß, schön und mir ganz neu und ich kam nahe heran, ehe er fortflog. Ich sah dann, daß er auf dem Dung irgend eines fleischfressenden Thieres gesessen hatte. Da ich mir dachte, daß er an denselben Ort zurückkehren würde, so nahm ich am andern Tage nach dem Frühstück mein Netz und als ich dem Platze mich näherte, sah ich zu meiner Freude denselben Schmetterling auf demselben Dunghaufen sitzen und es gelang mir auch ihn zu fangen. Es war eine ganz neue Art von großer Schönheit; sie wurde von Herrn Hewitson Nymphalis calydonia genannt. Ich habe nie ein zweites Exemplar davon gesehen und nur zwölf Jahre später kam ein zweites Individuum hierher aus dem Nordwesten Borneo's.

Da wir entschlossen waren, den Berg Ophir zu besuchen,

der in der Mitte der Halbinsel ungefähr fünfzig Meilen von Malaka östlich liegt, so engagirten wir sechs Malayen zu unserer Begleitung und als Gepäckträger. In der Absicht, dort mindestens eine Woche uns aufzuhalten, nahmen wir einen guten Vorrath von Reis mit uns, ein wenig Zwieback, Butter und Kaffee, einige getrocknete Fische, etwas Branntwein, wollene Decken, Kleider zum Wechseln, Insecten- und Vögelbehälter, Netze, Flinten und Munition. Die Entfernung von Ayer-panas sollte ungefähr dreißig Meilen sein. Unser erster Tagesmarsch ging durch Waldstrecken, Lichtungen und malayische Dörfer, und war sehr angenehm. Die Nacht schliefen wir in dem Hause eines malayischen Häuptlings, der uns eine Veranda anwies und uns etwas Geflügel und Eier gab. Andern Tages wurde das Land wilder und hügeliger. Wir gingen durch ausgedehnte Wälder, oft bis an die Knie im Moraste, und wurden sehr belästigt durch die in dieser Gegend berüchtigten Blutegel. Diese kleinen Dinger machen die Blätter und das Gesträuch an den Seiten der Wege unsicher; sobald Jemand vorübergeht, strecken sie sich in voller Länge aus und wenn sie irgend einen Theil seines Kleides oder Körpers berühren, so verlassen sie ihr Blatt und setzen sich da fest. Dann kriechen sie weiter an seinen Fuß, seine Beine oder irgend einen andern Körpertheil und saugen sich voll; bei der Erregung des Marsches fühlt man den ersten Stich selten. Abends beim Baden fanden wir gewöhnlich ein halbes Dutzend oder ein Dutzend an uns, meist an den Beinen, aber auch oft an unserem Körper, und ich hatte einmal einen, der es sich an der Seite meines Halses gut schmecken ließ, aber glücklicherweise die Jugularvene verfehlt hatte. Es giebt viele Arten dieser Waldblutegel. Sie sind alle klein, aber einige sind schön mit hellgelben Streifen gezeichnet. Wahrscheinlich heften

sie sich dem Wild oder andern Thieren an, welche die Waldwege
benutzen, und haben so die sonderbare Gewohnheit erlangt, sich
auszustrecken, wenn sie einen Fußtritt oder das Laubwerk rascheln
hören. Früh am Nachmittag erreichten wir den Fuß des Berges
und lagerten an einem schönen Flusse, dessen felsige Ufer von
Farnkräutern überwachsen waren. Unser ältester Malaye war
es gewohnt, in dieser Gegend für die Malakahändler Vögel zu
schießen und war schon auf dem Gipfel des Berges gewesen;
während wir uns mit Schießen und Insecten Jagen unterhielten,
ging er mit zwei Anderen voraus, um den Weg für unser Ersteigen am andern Morgen zu bahnen.

Früh am Morgen nach dem Frühstück machten wir uns
auf, versehen mit wollenen Decken und Provision, da wir
auf dem Berge zu schlafen beabsichtigten. Nach einem Marsch
durch ein kleines verwildertes Jungle und morastiges Dickicht,
durch das unsere Leute einen Weg gebahnt hatten, kamen wir
in einen schönen luftigen Wald, rein von Unterholz, in dem wir
frei gehen konnten. Wir stiegen mehre Meilen rüstig eine mäßige
Abdachung hinan, zur Linken einen tiefen Bergstrom. Dann
hatten wir ein ebenes Plateau zu passiren, worauf der Berg
steiler und der Wald dichter wurde, bis wir an dem „Padang-
batu" oder Steinfeld herauskamen, ein Ort, von dem wir viel
gehört, aber den uns Niemand verständlich hatte beschreiben können. Wir fanden einen steilen Abhang von platten Felsen, der
sich längs des Berges weiter, als wir sehen konnten, hinstreckte.
Theilweise war derselbe ganz kahl, aber wo er geborsten und
zerspalten war, gedieh ein üppiger Pflanzenwuchs, in welchem
die Kannenpflanzen am auffallendsten waren. Diese wunderbaren
Pflanzen scheinen nie gut in unseren Gewächshäusern zu gedeihen
und kommen darin nicht weit fort. Hier wuchsen sie auf zu

Seltene Farne auf Berg Lyrir.

halben Kletterstauden, ihre merkwürdigen Krüge von verschiedener Größe und Form hingen im Ueberfluß von ihren Blättern herab und erregten beständig unsere Bewunderung wegen ihres Umfanges und ihrer Schönheit. Hier erschienen zuerst einige Coni-

feren der Gattung Dacrydium, und in dem Dickicht gerade über
der felsigen Oberfläche gingen wir durch Haine jener prachtvollen
Farnkräuter Dipteris Horsfieldii und Matonia pectinata, die
große ausgebreitete handförmige Wedel an schlanken sechs oder
acht Fuß hohen Stämmen tragen. Die Matonia ist die größte
und eleganteste, man kennt sie nur auf diesem Berge und keine
derselben ist bis jetzt in unsere Gewächshäuser eingeführt.

Es war sehr überraschend, aus dem dunkeln, kühlen und
schattigen Wald, in welchem wir seit unserm Aufbruch aufge=
stiegen waren, auf diesen heißen, offenen Felsabhang herauszu=
treten, wo wir mit e i n e m Schritt aus einer Tiefland Vegetation
in eine alpine übergetreten zu sein schienen. Die Höhe, mit
einem Sympiëzometer gemessen, betrug ungefähr 2800 Fuß.
Man hatte uns gesagt, daß wir auf Padang-batu Wasser finden
würden, aber wir sahen uns sehr durstig vergebens danach um;
zuletzt gingen wir zu den Kannenstauden, aber das Wasser,
das in den Kannen enthalten war (ungefähr eine halbe Pinte*
in jeder), war voll von Insecten und durchaus nicht ein=
ladend. Aber als wir es versuchten, fanden wir es, wenn
auch ziemlich warm, doch sehr schmackhaft, und wir löschten Alle
unsern Durst aus diesen natürlichen Krügen. Weiterhin kamen
wir wieder an Wald, der aber einen mehr zwerghaften und ver=
krüppelten Charakter hatte als unten; und auf einem Weg, der
abwechselnd an Bergrücken vorbeiführte und in Thäler hinabstieg,
erreichten wir eine Spitze, die von dem wahren Gipfel des
Berges durch eine bedeutende Kluft getrennt war. Hier erklär=
ten unsere Träger, daß sie ihre Last nicht weiter tragen könnten;
und es war in der That der Weg zu der höchsten Spitze sehr

---

* Sechs Unzen. A. d. Ueberſ.

steil. Aber auf dem Fleck, auf dem wir uns befanden, war
kein Wasser, hingegen war es wohlbekannt, daß sich dicht am
Gipfel eine Quelle befand, und so beschlossen wir denn, ohne sie
weiterzugehen und nur das unumgänglich Nothwendige mitzunehmen. Wir trugen also Jeder eine wollene Decke, vertheilten
unsere Nahrungsmittel und die anderen Gegenstände unter uns,
und gingen nun mit dem alten Malayen und seinem Sohne
vorwärts.

Nachdem wir in den Sattel zwischen den beiden Spitzen
hinabgestiegen waren, fanden wir das Hinaufsteigen sehr beschwerlich; der Abhang war so steil, daß wir oft genöthigt waren,
beim Klettern unsere Hände zu Hülfe zu nehmen. Außer einer
Vegetation von Sträuchern war der Boden knietief mit Moos
bedeckt auf einem Grunde von verwes'ten Blättern und bröckligen
Felsen, und wir mußten eine starke Stunde klettern bis zu der
kleinen Anhöhe dicht unter dem Gipfel, wo ein überhängender
Fels angemessenen Schutz gewährt und ein kleines Bassin das
herabtröpfelnde Wasser sammelt. Hier setzten wir unsere Lasten
nieder, und nach wenigen Minuten standen wir auf dem Gipfel
des Berges Ophir, viertausend Fuß über dem Meere. Der Gipfel
ist eine kleine felsige Plattform mit Rhododendron und anderem
Strauchwerk bedeckt. Der Nachmittag war klar und die Aussicht in ihrer Art schön — Hügelreihen und Thäler überall mit
endlosem Wald bedeckt, mit glitzernden sich zwischen ihnen durch-
windenden Flüssen. Von der Ferne sieht eine Waldlandschaft
sehr monoton aus, und ich habe nie einen Berg in den Tropen
bestiegen, der ein Panorama bietet wie das von Snowdon,
und die Fernsichten in der Schweiz sind unendlich viel schöner.
Während wir unsern Kaffee kochten, machte ich Beobachtungen
mit einem guten Siedepunkt-Thermometer und mit dem Sym-

piëzometer, und dann genossen wir unsere Abendmahlzeit und die schöne Aussicht vor uns. Die Nacht war ruhig und sehr milde und da wir uns ein Bett aus Aesten und Zweigen gemacht hatten, über welche wir unsere Decken legten, so verbrachten wir sie sehr angenehm. Unsere Träger waren uns nach kurzer Rast gefolgt; sie brachten nur ihren Reis zum Kochen mit, und glücklicherweise bedurften wir des Gepäcks, das sie zurückgelassen, nicht. Am Morgen fing ich einige Schmetterlinge und Käfer, und mein Freund fand einige Landconchylien; wir stiegen dann hinab und nahmen noch mehre Exemplare von Farn- und Kannenpflanzen von Padang-batu mit.

Da der Platz, auf dem wir zuerst am Fuß des Berges gelagert hatten, sehr düster war, wählten wir einen andern, auf einer Art von Moor, nahe einem von Zingiberaceen überwachsenen Strom, auf dem eine Lichtung schnell gemacht war. Hier bauten unsere Leute zwei kleine Hütten ohne Seitenwände, die uns eben vor dem Regen schützten; wir wohnten eine Woche lang darin, schossen, jagten Insecten und durchstreiften die Wälder am Fuß des Berges. Hier war die Heimath des großen Argusfasans, und wir hörten beständig sein Geschrei. Als ich den alten Malayen bat, er solle es versuchen, einen für mich zu schießen, sagte er mir, obgleich er seit zwanzig Jahren in diesen Wäldern auf Vögel Jagd mache, habe er doch noch nie einen geschossen und auch noch nie einen gesehen, außer in der Gefangenschaft. Der Vogel ist so außerordentlich scheu und listig, und läuft so schnell über den Boden in den dichtesten Theilen des Waldes, daß es unmöglich ist ihm nahe zu kommen; seine dunkeln Farben und glänzenden augenartigen Flecke, welche ihn so zieren, wenn man ihn in einem Museum sieht, müssen gut mit den todten Blättern, zwischen denen er wohnt, harmoniren, und machen ihn wenig bemerkbar. Alle Exemplare, die in Malaka verkauft werden, sind in Fallen gefangen, und mein Mann hatte, wenn auch keinen geschossen, so doch viele gefangen.

Tiger und Rhinoceros werden hier noch gefunden, und noch vor ein paar Jahren gab es viele Elephanten, aber sie sind jetzt alle verschwunden. Wir fanden einige Dunghaufen, welche von Elephanten herzurühren schienen, und einige Spuren vom Rhinoceros, aber sahen keine von den Thieren. Dennoch unterhielten wir während der Nächte ein Feuer für den Fall, daß irgend eins dieser Geschöpfe uns besuchen sollte, und zwei unserer Leute behaupteten eines Tages, ein Rhinoceros gesehen zu haben. Als unser Reis zu Ende war und unsere Büchsen gefüllt, kehrten wir nach Ayer-panas zurück, und gingen ein paar Tage darauf nach Malaka und von da weiter nach Singapore. Der Berg Ophir hat den Ruf einer Fiebergegend, und alle unsere Freunde waren erstaunt über die Tollkühnheit, daß wir uns so lange an seinem Fuße aufgehalten; aber Keiner von uns litt im geringsten, und ich werde immer mit Vergnügen an diesen Ausflug zurückdenken als an meine erste Einführung in die Bergscenerie der östlichen Tropen.

Die Dürftigkeit und Kürze der Skizze, welche ich hier von meinem Besuch auf Singapore und der malayischen Halbinsel gegeben habe, rührt daher, daß ich hauptsächlich auf einige Privatbriefe und ein Notizbuch vertraute, die verloren gegangen sind, ferner auf eine Abhandlung über Malaka und den Berg Ophir, die ich der Royal Geographical Society schickte, die aber weder gelesen noch gedruckt wurde, da gerade am Ende einer Sitzung sehr viel Material vorlag; jetzt kann das Manuscript nicht mehr aufgefunden werden. Ich bedaure es aber um so weniger, als so viele Bücher über diese Gegenden geschrieben worden sind; und ich beabsichtigte immer, schnell über meine Reisen in den westlichen und besser bekannten Theilen des Archipels hinwegzugehen, um den entfernteren Districten, über die in englischer Sprache fast Nichts geschrieben worden ist, mehr Raum geben zu können.

Viertes Capitel.

Borneo. Der Orang-Utan.

Ich kam in Saráwak am 1. November 1854 an, und verließ es am 25. Januar 1856. In der Zwischenzeit hielt ich mich an vielen verschiedenen Localitäten auf und sah einen großen Theil der Dajak-Stämme und der Malayen von Borneo. Ich wurde von Sir James Brooke sehr gastfreundlich aufgenommen, und wohnte in seinem Hause, so oft ich zwischen meinen Reisen in der Stadt Saráwak war. Aber es sind seit meiner damaligen Anwesenheit so viele Bücher über diesen Theil von Borneo geschrieben worden, daß ich es unterlassen will, im Detail zu sagen, was ich von Saráwak und seinem Beherrscher sah, hörte und dachte; ich werde mich auf meine Erfahrungen als Naturforscher, der Muscheln, Insecten, Vögel und den Orang-Utan sucht, und auf einen Bericht über eine Tour durch einen selten von Europäern besuchten Theil des Innern beschränken.

Die ersten vier Monate meines Besuches brachte ich an verschiedenen Theilen des Saráwak-Flusses zu, von Santubong, an seiner Mündung, bis zu den malerischen Kalksteinbergen und den chinesischen Goldfeldern von Bow und Bedé. Dieser Theil des

Landes ist so oft beschrieben worden, daß ich nichts darüber vorbringen will, besonders da in Folge des Höhepunktes der Regenzeit meine Sammlungen verhältnißmäßig arm und unbedeutend blieben.

Im März 1855 beschloß ich die Kohlenwerke zu besuchen, welche am Simünjon-Fluß eben eröffnet waren, einem schmalen Nebenfluß des Sádong, einem Fluß östlich von Saráwak und zwischen dieser Stadt und dem Batang-Lupar. Der Simünjon fließt ungefähr zwanzig Meilen aufwärts in den Sádong-Fluß. Er ist sehr schmal und schlängelt sich in vielen Windungen, und ist beschattet von einem hohen Wald, dessen Bäume manchmal über ihm fast zusammenschlagen. Das ganze Land zwischen dem Fluß und der See ist eine vollkommen flache waldbedeckte Sumpfgegend, aus welcher einige einsame Hügel hervorragen; an dem Fuß eines derselben liegen die Kohlenwerke. Vom Landungsplatze bis zum Hügel war ein Dajak-Weg gebaut, der nur aus aneinander gelegten Baumstämmen besteht. Auf diesen gehen die barfüßigen Eingebornen und tragen schwere Lasten mit der größten Leichtigkeit, aber für einen gestiefelten Europäer ist es eine sehr gefährliche Sache, und wenn die Aufmerksamkeit durch die verschiedenen interessanten Gegenstände rund herum stets in Anspruch genommen wird, so sind ein paar Fehltritte in den Morast fast unvermeiblich. Während meines ersten Spazierganges auf dieser Straße sah ich wenig Insecten und Vögel, bemerkte aber einige sehr schöne blühende Orchideen von der Gattung Coelogyne, eine Gruppe die, wie ich später fand, hier sehr häufig und für die Gegend charakteristisch ist. Am Abhang des Hügels nahe seinem Fuße war ein Fleck Waldes gelichtet, und mehre rohe Häuser aufgebaut, in denen Herr Coulson, der Ingenieur, und eine Anzahl chinesischer Arbeiter wohnten.

Ich fand mich zuerst ganz behaglich in Herrn Coulson's Hause, aber da ich den Ort sehr passend für mich und zum Sammeln sehr geeignet fand, ließ ich mir ein kleines Haus von zwei Zimmern und einer Veranda für mich allein bauen. Hier blieb ich fast neun Monate und sammelte eine ungeheure Anzahl von Insecten; auf diese Thierclasse richtete ich mein Hauptaugenmerk in Anbetracht der dafür besonders günstigen Umstände.

In den Tropen ist ein großer Theil der Insecten aller Ordnungen und besonders der großen und beliebten Gruppe der Käfer mehr oder weniger von der Vegetation abhängig und findet sich hauptsächlich auf Bauholz, Rinde und Blättern in den verschiedenen Stadien ihres Verfalles. Im unberührten Urwald sind die Insecten, welche solche Orte besuchen, über eine sehr große Fläche Landes zerstreut, an Stellen, an denen Bäume durch Verfall und hohes Alter umgestürzt oder der Wuth des Sturmes erlegen sind; und auf zwanzig Quadratmeilen Land wird man nicht so viele gestürzte und verwesende Bäume finden, wie auf irgend einer kleinen Lichtung. Die Zahl und Mannigfaltigkeit von Käfern und vieler anderer Insecten, die innerhalb einer gegebenen Zeit in einer tropischen Gegend gesammelt werden können, hängen ab erstens von der unmittelbaren Nähe eines großen Urwaldes und zweitens von der Zahl der Bäume, die in den letzten Monaten gefällt worden sind und noch gefällt werden, und zum Trocknen und Absterben auf der Erde liegen bleiben. In all den zwölf Jahren nun, die ich mit Sammeln in den westlichen und östlichen Tropen zubrachte, bin ich in dieser Beziehung nie so vom Glück begünstigt gewesen, wie bei den Simunjon-Kohlenbergwerken. Mehre Monate lang waren zwanzig bis fünfzig Chinesen und Dajaks fast ausschließlich beschäftigt, einen großen Theil des Waldes zu lichten und eine weite Oeffnung zu hauen für eine Eisenbahn zum Sádong-Fluß, zwei Meilen weit. Außerdem waren Sägegruben an verschiedenen Punkten im Jungle angelegt und wurden große Bäume gefällt, um in Balken und Bretter zerschnitten zu werden.

Hunderte von Meilen im Umkreis nach allen Richtungen hin breitete sich ein prachtvoller Wald über Ebene und Berg, Fels und Sumpf aus, und ich kam gerade dort an, als der Regen aufzuhören und der tägliche Sonnenschein stärker zu werden begann; eine solche Zeit fand ich stets am günstigsten zum Sammeln. Die Menge der Lichtungen und sonnigen Plätze und Fußwege war auch anziehend für Wespen und Schmetterlinge; und da ich für jedes Insect, das mir gebracht wurde, einen Cent zahlte, so erhielt ich von den Dajaks und Chinesen viele schöne Heuschrecken und Phasmidae, und eine Anzahl schöner Käfer.

Bei meiner Ankunft an den Minen am 14. März hatte ich in den vier vergangenen Monaten 320 verschiedene Arten von Käfern gesammelt. In weniger als vierzehn Tagen war diese Zahl verdoppelt, durchschnittlich täglich ungefähr vierundzwanzig neue Arten. Eines Tages sammelte ich sechsundsiebenzig verschiedene Arten, darunter vierunddreißig mir neue. Ende April hatte ich mehr als tausend Arten, von da an vermehrte sich ihre Zahl nicht mehr in so großem Maßstabe; so erhielt ich im ganzen in Borneo ungefähr zweitausend verschiedene Arten, von denen alle bis auf hundert an diesem Ort und auf kaum mehr als einer Quadratmeile Land gesammelt waren. Die zahlreichsten und interessantesten Gruppen von Käfern waren die Bockkäfer und die Rhynchophora, beide vorwiegend Holzfresser. Erstere, charakteristisch durch ihre zierlichen Formen und langen Fühlhörner, waren besonders zahlreich, fast an dreihundert Arten, von denen neun Zehntel ganz neue und

Megacriodes Saundersii.
Cyriopalus Wallacei.
Diurus forcellatus.
Ectatorhinus Wallacei.
Xenocerambyx aeneus.
Cladognathus tarandus.

Bemerkenswerthe Käfer am Simunjon, Borneo.

viele bemerkenswerth wegen ihrer Größe, ihrer sonderbaren Formen und ihrer schönen Färbung. Letztere entsprechen unsern Kornwürmern und verwandten Gruppen und sind in den Tropen außerordentlich zahlreich und verschiedenartig, oft in Schwärmen auf todtem Bauholz, so daß ich zuweilen fünfzig bis sechszig verschiedene Arten an einem Tage erhielt. Meine Sammlungen dieser Gruppe auf Borneo überstiegen fünfhundert Arten.

Meine Schmetterlingssammlung war nicht groß, aber ich erhielt einige seltene und sehr schöne Insecten; die bemerkenswertheste Art war Ornithoptera Brookeana, eine der elegantesten, die man kennt. Dieses prachtvolle Thier hat sehr große und spitze Flügel, in der Form fast einer Sphinxmotte ähnlich. Es ist tief Sammet-schwarz, mit einem gebogenen, sich über die Flügel von einem Ende zum andern erstreckenden Bande von glänzend Metall-grünen Flecken; jeder Fleck ist genau wie eine dreieckige Feder gestaltet, und es macht einen ähnlichen Eindruck wie eine Reihe von Deckfedern des mexikanischen Trogons auf schwarzen Sammet gelegt. Die einzigen andern Merkmale sind ein breiter Halskragen von lebhaftem Hochroth, und einige zarte weiße Stellen auf den äußeren Rändern der Hinterflügel. Diese Art, welche damals ganz neu war, und welche ich nach Sir James Brooke nannte, kam sehr selten vor. Man sah sie gelegentlich in den Lichtungen sehr schnell fliegen und sich hin und wieder auf einen Augenblick an Pfützen und schlammigen Löchern niederlassen, so daß es mir nur gelang, zwei oder drei Exemplare zu fangen. Man versicherte mir, daß sie in einigen andern Gegenden des Landes sehr reichlich seien, und sehr viele Arten sind auch nach England geschickt worden, aber bis jetzt waren es nur Männchen, und wir sind durchaus nicht im Stande zu vermuthen, wie die Weibchen aussehen, in Anbetracht der großen

Isolirtheit der Art und ihres Mangel an naher Verwandtschaft mit irgend einem andern bekannten Insect.

Eines der seltsamsten und interessantesten Reptilien, welches ich auf Borneo fand, war ein großer Laubfrosch, den mir ein

Fliegender Frosch.

chinesischer Arbeiter brachte. Er sagte mir, daß er ihn in querer Richtung einen hohen Baum gleichsam fliegend hinunter kommen gesehen hätte. Als ich ihn näher untersuchte, fand ich die Zehen sehr groß und bis zur äußersten Spitze behäutet, so daß sie ausgebreitet eine viel größere Oberfläche darboten als der Körper. Die Vorderbeine waren ebenfalls von einer Haut eingefaßt, und der Körper konnte sich beträchtlich aufblähen. Der Rücken und die Glieder waren von einer scheinenden tief grünen Farbe, die Unterseite und das Innere der Zehen gelb, und die Schwimmhäute schwarz und gelb gestreift. Der Körper war ungefähr vier Zoll lang, während die vollständig ausgebreiteten Schwimmhäute jedes Hinterfußes eine Oberfläche von vier Quadratzoll bedeckten, und die Schwimmhäute aller Füße zusammen ungefähr zwölf Quadratzoll. Da die Enden der Zehen große Haftscheiben zum Festhalten haben, welche das Thier zu einem wahren Laubfrosch stempeln, so ist es nicht gut denkbar, daß diese große Zehenhaut nur zum Schwimmen da ist, und die Erzählung des Chinesen, daß er vom Baume hinunterflog, gewinnt an Glaubwürdigkeit. Dies ist, soviel ich weiß, das erste bekannte Beispiel eines „fliegenden Frosches", und es ist für Darwinianer sehr interessant, da es zeigt, daß die Variabilität der Zehen, welche schon zum Schwimmen und Klettern modificirt worden waren, vortheilhaft dazu benutzt wurde, um eine verwandte Art zu befähigen, gleich einer fliegenden Eidechse durch die Luft zu streichen. Es könnte eine neue Art der Gattung Rhacophorus sein, die aus mehren Fröschen viel kleineren Umfanges besteht, deren Schwimmhäute weniger entwickelt sind.

Während meines Aufenthaltes auf Borneo hatte ich keinen Jäger engagirt, der regelmäßig für mich schoß, und da ich selbst vollständig genug mit Insecten zu thun hatte, so gelang es mir nicht, eine sehr gute Sammlung von Vögeln oder Säugethieren zusammenzubringen, von denen aber bekanntlich viele mit auf Malaka gefundenen Arten identisch sind. Unter den Säugethieren waren fünf Eichhörnchen, zwei Tigerkatzen, der Gymnurus Rafflesii, der wie ein Bastard vom Schwein und dem Iltis aussieht, und die Cynogale Bennetti, ein seltenes

Otter-ähnliches Thier, mit sehr breiter und mit langen Borsten besetzter Schnauze.

Einer meiner Hauptgründe, mich am Simunjon aufzuhalten, war, den Orang-Utan (oder den großen Menschen-ähnlichen Affen von Borneo) in seinem Vaterlande zu sehen, seine Gewohnheiten zu studiren, und gute Exemplare der verschiedenen Varietäten und Arten beiderlei Geschlechtes, von den erwachsenen und jungen Thieren, zu bekommen. Alles das gelang mir über Erwarten gut, und ich will nun über meine Erfahrungen in der Jagd auf den Orang-Utan oder Mias,* wie die Eingeborenen ihn nennen, etwas berichten, und da der Name kurz und leicht auszusprechen ist, so werde ich ihn gewöhnlich brauchen und der Bezeichnung Simia satyrus oder Orang-Utan vorziehen.

Gerade eine Woche nach meiner Ankunft in den Minen sah ich zuerst einen Mias. Ich war aus, um Insecten zu sammeln, nicht weiter als eine Viertelmeile vom Hause entfernt, als ich ein Rauschen auf einem Baume in der Nähe hörte, und emporschauend ein großes rothhaariges Thier erblickte, welches sich langsam weiter bewegte, indem es sich mit den Armen an die Zweige hängte. Es ging von Baum zu Baum, bis es sich im Jungle verlor, welches aber so sumpfig war, daß ich ihm nicht folgen konnte. Diese Art der Fortbewegung ist jedoch sehr ungewöhnlich, und ist charakteristischer für den Hylobates als für den Orang-Utan. Ich vermuthe, daß dieses Thier diese individuelle Eigenthümlichkeit besaß, oder daß die Natur der Bäume an diesem Orte gerade eine solche Fortbewegungsart begünstigte.

---

* Man müßte im Deutschen vielleicht Meias schreiben, um denselben Laut hervorzubringen, allein es wurde die englische Schreibart beibehalten.

A. d. Uebers.

Ungefähr nach vierzehn Tage hörte ich, daß einer sich auf einem Baume in dem Sumpf gerade unterhalb des Hauses erginge; ich nahm meine Flinte und hatte das Glück, ihn noch an derselben Stelle zu finden. Sowie ich nahte, versuchte er, sich im Laubwerk zu verstecken; aber ich schoß und beim zweiten Schuß fiel er fast todt herunter, da beide Kugeln in den Körper gedrungen waren. Es war ein Männchen, etwa halb erwachsen und kaum drei Fuß hoch. Am 26. April, als ich mit zwei Dajaks auf der Jagd war, fanden wir ein anderes ungefähr von derselben Größe. Es fiel auf den ersten Schuß, aber schien nicht sehr verletzt zu sein, und kletterte sofort auf den nächsten Baum; ich feuerte dann wieder, und es fiel nochmals mit gebrochenem Arm und einer Wunde im Körper. Die beiden Dajaks liefen nun hin, und Jeder bemächtigte sich einer Hand; sie riefen mir zu, ich solle einen Pfahl schneiden und sie wollten mir dann das Thier in Sicherheit bringen. Aber obgleich ein Arm gebrochen und es nur ein halb erwachsenes Thier war, so war es doch zu stark für diese jungen Wilden; es zog sie trotz aller ihrer Kraftanstrengung nach seinem Munde hin, so daß sie es wieder loslassen mußten, um nicht ernstlich gebissen zu werden. Es kletterte nun wieder den Baum hinauf, und um weitere Unannehmlichkeiten zu vermeiden, schoß ich es durchs Herz.

Am 2. Mai fand ich wieder einen Mias auf einem sehr hohen Baume, als ich nur eine kleine (80er) Flinte bei mir hatte. Dennoch feuerte ich, und als er mich sah, fing er zu heulen an mit einer seltsamen hustenartigen Stimme und schien in großer Wuth; er riß Zweige ab, warf sie herab und machte sich dann bald über die Baumspitzen aus dem Staube. Ich verfolgte ihn nicht, da es sumpfig war und stellenweise gefährlich; ich hätte mich auch leicht im Eifer der Verfolgung verirren können.

Am 12. Mai fand ich ein anderes Thier, welches sich sehr ähnlich gebahrte, vor Wuth heulte und schrie und Zweige hinunterwarf. Ich schoß fünfmal nach ihm und es blieb todt auf der Spitze des Baumes auf einer Gabel liegen, so daß es nicht fallen konnte. Ich ging daher nach Hause, und fand zum Glück einige Dajaks, welche mit mir zurückkehrten und

Weibliches Orang Utan. (Nach einer Photographie.)

den Baum hinaufkletterten, um das Thier zu holen. Dies war das erste ausgewachsene Exemplar, welches ich erhielt; aber es war ein Weibchen, und nicht annähernd so groß und auffallend, wie die ausgewachsenen Männchen. Es war jedoch drei Fuß sechs Zoll hoch, und die Weite der ausgestreckten Arme maß sechs Fuß sechs Zoll. Ich legte die Haut dieses Exemplars in ein Faß mit Arak ein, und präparirte ein vollkommenes Skelet, welches später von dem Derby Museum erworben wurde.

Vier Tage später sahen einige Dajaks wieder einen Mias nahe demselben Orte und riefen mich hin. Er war ziemlich groß und saß sehr hoch auf einem Baume. Beim zweiten Schuß fiel er, sich überstürzend, herab, stand aber gleich wieder auf und begann hinaufzuklettern. Beim dritten Schuß fiel er todt nieder. Es war auch ein ausgewachsenes Weibchen, und während wir es zurüsteten, um es nach Hause zu tragen, bemerkten wir noch ein Junges mit dem Kopf nach unten in dem Sumpf. Dieses kleine Geschöpf war nur einen Fuß lang, und hatte augenscheinlich am Halse der Mutter gehangen, als sie zuerst herabfiel. Glücklicherweise schien es nicht verwundet zu sein, und nachdem wir seinen Mund vom Schlamm gesäubert hatten, fing es zu schreien an und schien ganz kräftig und lebhaft. Als ich es nach Hause trug, gerieth es mit seinen Händen in meinen Bart und faßte so fest hinein, daß ich große Mühe hatte frei zu kommen, denn die Finger sind gewöhnlich am letzten Gelenk hakenartig nach innen gebogen. Damals hatte es noch keinen einzigen Zahn, aber einige Tage darauf kamen seine beiden untern Vorderzähne heraus. Unglücklicherweise hatte ich keine Milch, da weder Malayen noch Chinesen noch Dajaks je dieses Nahrungsmittel verwenden, und ich bemühte mich vergebens um ein weibliches Thier, das mein kleines Kind säugen könnte. Ich sah mich daher genöthigt, ihm Reiswasser aus einer Flasche, mit einer Federpose in dem Korke, zu geben, aus welcher es nach einigen Versuchen auch sehr gut saugen lernte. Dies war eine sehr magere Diät, und das kleine Geschöpf kam auch nicht gut dabei fort, obschon ich gelegentlich Zucker und Kokosnußmilch hinzu that, um es nahrhafter zu machen. Wenn ich meinen Finger in seinen Mund steckte, sog es mit großer Kraft, zog seine Backen mit aller Macht ein, und strengte sich vergeblich an, etwas

Milch herauszuziehen, und erst nachdem es das eine lange Zeit getrieben hatte, stand es mißmuthig davon ab und fing ganz wie ein Kind in ähnlichen Umständen zu schreien an.

Wenn man es liebkoste und wartete, war es ruhig und zufrieden, aber so wie man es hinlegte, schrie es stets, und in den ersten paar Nächten war es sehr unruhig und laut. Ich machte einen kleinen Kasten als Wiege zurecht mit einer weichen Matte, welche täglich gewechselt und gewaschen wurde, und bald fand ich es nöthig, den kleinen Mias auch zu waschen. Nachdem ich es einige Mal gethan hatte, gefiel ihm diese Behandlung, und sobald er nun schmutzig war, fing er an zu schreien und hörte nicht eher auf, als bis ich ihn herausnahm und nach dem Brunnen trug, wo er sich sofort beruhigte, obgleich er beim ersten kalten Wasserstrahl etwas strampelte und sehr komische Grimassen schnitt, wenn das Wasser über seinen Kopf lief. Er liebte das Abwaschen und Trockenreiben außerordentlich und wenn ich sein Haar bürstete, schien er vollkommen glücklich zu sein, lag ganz stille mit ausgestreckten Armen und Beinen, während ich das lange Haar auf dem Rücken und den Armen durchbürstete. In den ersten paar Tagen klammerte er sich mit allen Vieren ganz verzweifelt an Alles, was er packen konnte, und ich mußte sorgfältig meinen Bart vor ihm in Acht nehmen, da seine Finger Haar hartnäckiger als irgend etwas anderes festhielten, und ich mich ohne Hülfe unmöglich von ihm befreien konnte. Wenn er unruhig war, wirthschaftete er mit den Händen in der Luft herum und versuchte irgend etwas zu ergreifen; gelang es ihm einmal, einen Stock oder einen Lappen mit zwei oder drei Händen zu fassen, so schien er ganz glücklich zu sein. In Ermangelung eines Andern ergriff er oft seine eigenen Füße und nach einiger Zeit kreuzte er beständig seine Arme und packte mit jeder Hand das lange Haar, das unter der entgegengesetzten Schulter wuchs. Die Kraft seines Griffes aber ließ bald nach und ich mußte auf Mittel sinnen ihn zu üben und seine Glieder zu kräftigen. Zu diesem Zwecke machte ich ihm eine kurze Leiter mit drei oder vier Sprossen, an die ich ihn eine Viertelstunde lang anhing. Zuerst schien er es gern zu mögen, aber er konnte nicht mit allen vier Händen in eine bequeme Lage kommen, und nachdem er sie verschiedene Male geändert hatte, ließ er eine Hand nach der andern los, und fiel zuletzt zur Erde. Manchmal, wenn er nur an zwei Händen hing, ließ er die eine los und kreuzte sie nach der gegenüberliegenden Schulter, wo er sein eigenes Haar packte, und da dieses viel angenehmer als der Stock schien, ließ er auch die andere los und fiel herab, wo er dann beide Arme kreuzte, ganz zufrieden auf dem Rücken lag und nie von seinen zahlreichen Stürzen verletzt zu sein schien. Da ich sah, daß er Haar so liebte, bemühte ich mich ihm eine künstliche Mutter herzustellen, indem ich ein Stück Büffelhaut in ein Bündel zusammenschnürte und es einen Fuß über dem Boden aufhing. Zuerst schien ihm das wunderbar zu passen, da er mit seinen Beinen umherzappeln konnte, und immer etwas Haar fand, welches er mit der größten Beharrlichkeit festhielt. Ich hatte nun die Hoffnung, die kleine Waise ganz glücklich gemacht zu haben, und es schien auch so eine Zeit lang, bis er sich seiner verlorenen Mutter erinnerte und zu saugen versuchte. Er zog sich dann bis ganz nahe der Haut in die Höhe und suchte überall nach dem entsprechenden Ort, aber da er nur den Mund voll Haar und Wolle bekam, so wurde er sehr verdrießlich, schrie heftig und nach zwei oder drei Versuchen ließ er es ganz. Eines Tages bekam er etwas Wolle in die Kehle und ich dachte, er würde ersticken, aber nach vielem Keuchen erholte er sich wieder; ich mußte die nachgemachte Mutter zerreißen und den letzten Versuch, das kleine Geschöpf zu beschäftigen, aufgeben.

Nach der ersten Woche fand ich, daß ich ihn besser mit einem Löffel füttern und ihm ein wenig mehr wechselnde und nahrhafte Kost geben könnte. Gut eingeweichter Zwieback mit etwas Ei und Zucker gemischt und manchmal süße Kartoffeln wurden gern gegessen; und es war ein nie fehlschlagendes Vergnügen, seine drolligen Grimassen zu beobachten, durch welche er seine Billigung oder sein Mißfallen über das, was man ihm gegeben, ausdrückte. Das arme kleine Ding beleckte die Lippen, zog die Backen ein und verdrehte die Augen mit einem Ausdruck der äußersten Befriedigung, wenn er einen Mund voll hatte, der ihm besonders zusagte. War ihm andererseits seine Nahrung nicht süß oder schmackhaft genug, so drehte er den Bissen einen Augenblick mit der Zunge im Munde herum, als ob er einen Wohlgeschmack daran suchen wolle, und spie dann Alles aus. Gab man ihm dasselbe Essen weiter, so fing er ein Geschrei an und schlug heftig um sich, genau wie ein kleines Kind im Zorn.

Als ich den kleinen Mias ungefähr drei Wochen hatte, bekam ich glücklicherweise einen jungen Affen (Macacus cynomolgus), der klein, aber sehr lebhaft war und allein fressen konnte. Ich setzte ihn zu dem Mias in denselben Kasten, und sie wurden sogleich die besten Freunde, keiner fürchtete sich im Geringsten vor dem Andern. Der kleine Affe setzte sich ohne die geringste Rücksicht auf des Andern Leib, ja selbst auf sein Gesicht. Während ich den Mias fütterte, pflegte das Aeffchen dabei zu sitzen, das was daneben fiel aufzunaschen, und gelegentlich mit seinen Händen den Löffel aufzufangen; sobald ich fertig war, leckte es das, was noch an den Lippen des Mias saß, ab, und riß ihm dann das Maul auf, um zu sehen, ob noch etwas darin sei; dann legte es sich auf den Leib des armen Geschöpfes wie auf ein bequemes Kissen nieder. Der kleine hülflose Mias ertrug all' diese Insulte mit der beispiellosesten Geduld, nur zu froh, überhaupt etwas Warmes in seiner Nähe zu haben, das er zärtlich in die Arme schließen konnte. Manchmal aber rächte er sich; denn wenn der kleine Affe fortgehen wollte, hielt der Mias ihn so lange er konnte an der beweglichen Haut des Rückens oder Kopfes oder am Schwanze fest, und nur nach vielen kräftigen Sprüngen konnte er sich losmachen.

Es war merkwürdig, das verschiedene Gebahren dieser zwei Thiere, welche im Alter nicht weit auseinander sein konnten, zu beobachten. Der Mias, wie ein ganz kleines Kind, hülflos auf dem Rücken liegend, sich langsam hin- und herrollend, alle Viere in die Luft streckend, in der Hoffnung, irgend etwas zu erhaschen, aber noch kaum im Stande, seine Finger nach einem bestimmten Gegenstande hin zu bringen, und wenn er unzufrieden war, seinen fast zahnlosen Mund öffnend und seine Wünsche durch ein höchst kindliches Schreien ausdrückend. Der kleine Affe dagegen, in fortwährender Bewegung, lief und sprang umher, wo es ihm Vergnügen machte, untersuchte Alles, ergriff mit der größten Sicherheit die kleinsten Dinge, erhielt sich auf dem Rande des Kastens im Gleichgewicht, oder lief einen Pfahl hinauf und setzte sich in den Besitz von allem Eßbaren, das ihm in den Weg kam. Ein größerer Gegensatz war kaum möglich, und der Mias erschien neben dem kleinen Affen noch mehr wie ein kleines Kind.

Als ich ihn ungefähr einen Monat hatte, zeigte sich, daß er wohl allein laufen lernen würde. Wenn man ihn auf die

Erde legte, stieß er sich mit den Beinen weiter oder überstürzte sich, und kam so schwerfällig vorwärts. Wenn er im Kasten lag, pflegte er sich am Rande gerade aufzurichten, und es gelang ihm auch ein oder zwei Mal dabei herauszufallen. Wenn man ihn schmutzig oder hungrig ließ oder sonst vernachlässigte, fing er heftig zu schreien an bis man ihn wartete, indem er bald hustete bald aufstieß ähnlich wie ein erwachsenes Thier. Wenn Niemand im Hause war oder man auf sein Schreien nicht achtete, wurde er nach einiger Zeit ruhig, aber sowie er dann einen Tritt hörte, fing er wieder ärger an.

Nach fünf Wochen kamen seine beiden obern Vorderzähne heraus, aber in der ganzen Zeit war er nicht im Geringsten gewachsen, sondern an Größe und Gewicht ganz wie zu Anfang geblieben. Dies kam zweifellos von dem Mangel an Milch oder anderer gleich nahrhafter Kost her. Reiswasser, Reis und Zwieback waren nur schwache Ersatzmittel, und die ausgepreßte Milch der Kokosnuß, die ich ihm manchmal gab, vertrug sich nicht ganz mit seinem Magen. Dem schrieb ich auch einen Anfall von Diarrhöe zu, durch den das arme kleine Geschöpf sehr litt; aber eine kleine Dosis Ricinusöl that ihm gut und heilte ihn. Eine oder zwei Wochen später wurde er wieder krank, und dieses Mal ernstlicher. Die Symptome waren genau die des Wechselfiebers, begleitet von Anschwellungen der Füße und des Kopfes. Er verlor allen Appetit, und nachdem er in einer Woche höchst jämmerlich abgezehrt war, starb er; ich hatte ihn fast drei Monate besessen. Der Verlust meines kleinen Lieblings, den ich einst groß zu ziehen gehofft hatte und mit nach England heimnehmen wollte, that mir sehr leid. Monate lang hatte er mir täglich durch seine drolligen Manieren und

seine unnachahmlich possierlichen Grimassen sehr viel Vergnügen
bereitet. Er wog drei Pfund neun Unzen, war vierzehn Zoll
hoch und die Weite seiner ausgebreiteten Arme betrug dreiund-
zwanzig Zoll. Ich präparirte Haut und Skelet und fand dabei,
daß er, als er vom Baum gefallen war, einen Arm und ein
Bein gebrochen haben mußte, was sich aber so schnell wieder vereinigt hatte, daß ich damals nur die harte Anschwellung an
seinen Gliedern bemerkte, wo die unregelmäßige Vereinigung der
Knochen stattgefunden.

Genau eine Woche nachdem ich dieses interessante kleine Thier
gefangen hatte, gelang es mir, einen ausgewachsenen männlichen
Orang zu schießen. Ich war gerade von einem entomologischen
Ausflug nach Hause gekommen, als Charles* vom Laufen und
vor Aufregung athemlos ins Zimmer stürzte, und mir keuchend
entgegenrief: „Nehmen Sie die Flinte, Herr, — schnell, —
ein sehr großer Mias!" „Wo ist er?" fragte ich, während
ich im Sprechen meine Flinte nahm, deren einer Lauf zum
Glück mit einer Kugel geladen war. „Ganz in der Nähe, Herr, —
auf dem Wege nach den Minen — er kann nicht fort." Zwei
Dajaks waren gerade im Hause, ich hieß sie mich begleiten
und befahl Charles, mir so bald als möglich alle Munition nach-
zubringen. Der Weg von unserer Lichtung bis zu den Minen
zog sich längs der Seite des Hügels entlang ein Stückchen bergan,
und parallel mit demselben am Fuße hatte man eine große Oeffnung geschlagen für eine Straße, an welcher mehre Chinesen
arbeiteten, so daß das Thier nicht nach unten in den morastigen
Wald entschlüpfen konnte, ohne hinabzusteigen und den Weg zu
kreuzen, oder hinaufzusteigen, um in die Lichtungen zu gelangen.

* Charles Allen, ein sechzehnjähriger junger Engländer, begleitete mich
als Gehülfe.

Wir gingen vorsichtig entlang, ohne den geringsten Lärm zu machen, lauschten aufmerksam auf jeden Ton, der die Gegenwart des Mias verrathen könnte, und hielten manchmal an, um hinaufzuschauen. Charles traf uns bald wieder an der Stelle, wo er das Thier gesehen hatte, und nachdem wir die Munition genommen und eine Kugel in den andern Lauf gelegt hatten, zerstreuten wir uns ein wenig, in der sichern Ueberzeugung, daß er in der Nähe sein müsse, da er wahrscheinlich den Hügel hinabgestiegen und wohl nicht zurückkommen würde. Nach kurzer Zeit hörte ich ein lautes Rauschen über mir, aber konnte beim Hinaufschauen nicht das Mindeste sehen. Ich ging überall herum, um in jeden Theil des Baumes, unter dem ich gestanden, ganz hineinblicken zu können, als ich wieder denselben Lärm, nur viel lauter, hörte, und sah, daß die Blätter geschüttelt wurden, wie wenn ein schweres Thier sich von einem Baum zum anderen hinüberbewegte. Ich rief sie Alle sofort her und ließ sie suchen, damit ich zum Schuß käme. Das war nicht leicht, da der Mias die List beobachtete, Plätze mit dichtem Laubwerk unter sich aufzusuchen. Bald jedoch rief mich einer der Dajaks, zeigte hinauf, und da erblickte ich denn einen großen rothhaarigen Körper und ein riesiges schwarzes Gesicht aus einer großen Höhe herabstarrend, als ob es sehen wollte, was da unten solchen Lärm mache. Ich feuerte sofort, aber er machte sich gleich auf und davon, so daß ich nicht sagen konnte, ob er getroffen war.

Er bewegte sich nun sehr schnell und sehr geräuschlos für so ein großes Thier weiter und ich ließ die Dajaks ihm folgen und im Auge behalten, während ich lud. Das Jungle lag hier voll von großen eckigen Felsstücken oben vom Berg und war dick mit hängenden und ineinander geflochtenen Schlinggewächsen bestanden. Wir liefen, kletterten und krochen darin herum, und

kamen so mit dem auf der Spitze eines hohen Baumes nahe der Landstraße befindlichen Mias zusammen, wo die Chinesen ihn entdeckt
hatten, und mit offenem Munde ihr Erstaunen kundgaben: „Ya,
Ya, Tuan; Orang-utan, Tuan." Als er sah, daß er hier
nicht weiter konnte, ohne hinabzusteigen, wendete er sich wieder
dem Hügel zu; ich schoß zweimal, folgte schnell und schoß noch
zweimal in der Zeit, bis er den Weg wieder erreicht hatte; aber
er war immer mehr oder weniger von Laubwerk verborgen und
von einem großen Zweig, auf den er sich stützte, geschützt. Einmal während ich lud, konnte ich ihn vortrefflich sehen, als er
sich in einer halb aufrechten Stellung längs eines großen Zweiges
an einem Baume fortbewegte; es war ein Thier vom größten
Umfange. Er stieg nun auf einen der höchsten Bäume des
Waldes dicht am Wege, und wir konnten sehen, daß ein
Bein, von einer Kugel verletzt, schlaff herabhing. Hier setzte er
sich in einem Gabelzweig fest, wo er von dichtem Laubwerk verborgen war, und nicht geneigt schien fortzugehen. Ich fürchtete,
daß er dort bleiben und in dieser Stellung sterben würde, und
da es bald Abend war, so konnte ich den Baum an dem Tage
nicht mehr fällen lassen. Darum feuerte ich nochmals, worauf
er weiter ging, den Hügel hinauf und auf niedrigere Bäume;
dort setzte er sich auf ein paar Zweige, so daß er nicht fallen konnte,
und lag dort zusammengekauert wie todt oder sterbend.

Ich verlangte nun von den Dajaks, daß sie hinaufsteigen
und den Zweig, auf dem er ruhte, abhauen sollten, aber sie
waren ängstlich und sagten, er wäre nicht todt und würde sie
angreifen. Wir schüttelten dann den benachbarten Baum, zerr-
ten an den daranhängenden Schlinggewächsen und thaten alles
Mögliche, um ihn aufzurütteln, aber ganz erfolglos, so daß ich
es für das Beste erachtete, nach zwei Chinesen mit Aexten zu

schicken, die den Baum fällen sollten. Als der Bote gegangen
war, bekam jedoch einer der Dajaks Muth und kletterte hinauf;
aber der Mias wartete nicht, bis er nahe war, sondern ging
auf einen andern Baum, und kam dann unter eine dichte Masse
von Zweigen und Schlingpflanzen, die ihn fast gänzlich unsern
Blicken entzogen. Der Baum war zum Glück klein, so daß er
bald mit den inzwischen angelangten Aexten gefällt werden konnte;
aber er wurde so vom Jungle und den Schlinggewächsen mit
den Nachbarbäumen verkettet, daß er nur etwas schräg zur Seite
fiel. Der Mias bewegte sich nicht, und ich fürchtete, daß wir
ihn trotz alledem nicht bekommen würden, da es bald Abend wurde
und noch ein halbes Dutzend anderer Bäume hätten gefällt werden müssen, damit der, auf dem er saß, stürzen könnte. Als
letztes Mittel fingen wir alle an, an den Schlingpflanzen zu
reißen, so daß der Baum sehr geschüttelt wurde, und nach wenigen Minuten, als wir fast schon alle Hoffnung aufgegeben hatten,
stürzte er herab mit einem Krach und einem Luftgeräusch wie
beim Fall eines Riesen. Und er war ein Riese; Kopf und
Körper hatten volle Mannesgröße. Er gehörte zu der Art,
die von den Dajaks „Mias-Chappan" oder „Mias-Pappan"
genannt wird, und bei der die Haut des Gesichtes jederseits
Kamm- oder Falten-artig verbreitert ist. Mit ausgestreckten
Armen maß er sieben Fuß drei Zoll, und seine Höhe von
der Spitze des Kopfes bis zur Hacke bequem gemessen betrug
vier Fuß zwei Zoll. Der Körper gerade unter den Armen hatte
einen Umfang von drei Fuß zwei Zoll, und war ebenso groß
wie der eines Mannes; die Beine waren verhältnißmäßig sehr
kurz. Bei der Untersuchung fanden wir, daß er schrecklich verwundet worden war. Beide Beine waren gebrochen, ein Hüft-
gelenk und ein Theil des Rückgrats ganz zerschmettert, zwei

Kugeln saßen plattgedrückt in seinem Nacken und Backenknochen! Und doch lebte er noch als er fiel. Die beiden Chinesen trugen ihn an einen Stock gebunden nach Hause, und ich hatte den ganzen folgenden Tag mit Charles daran zu thun, die Haut zu präpariren und die Knochen auszukochen, um ein vollkommenes Skelet zu machen, welches jetzt im Museum zu Derby aufbewahrt wird.

Ungefähr zehn Tage später, am 4. Juni, kamen einige Dajaks zu mir, um mir zu erzählen, daß am gestrigen Tage ein Mias fast einen ihrer Genossen getödtet habe. Einige Meilen den Fluß hinab steht das Haus eines Dajak, und die Bewohner sahen einen großen Orang, der sich an den Schößlingen einer Palme am Ufer gütlich that. Aufgeschreckt, zog er sich in das Jungle zurück, welches dicht daneben war, und eine Anzahl Männer, mit Speeren und Beilen bewaffnet, liefen hin um ihm den Weg abzuschneiden. Der vorderste Mann versuchte seinen Speer durch den Körper des Thieres zu rennen, aber der Mias ergriff ihn mit seinen Händen, packte in demselben Moment den Arm mit dem Maule, und wühlte sich mit den Zähnen in das Fleisch über dem Ellbogen ein, welches er entsetzlich zerriß und zersetzte. Wären die Andern nicht dicht dahinter gewesen, so hätte er den Mann noch ernstlicher verletzt, wenn nicht getödtet, da er gänzlich machtlos war; aber sie hieben das Thier bald mit ihren Speeren und Beilen nieder. Der Mann blieb lange Zeit krank und erlangte nie den Gebrauch seines Armes vollständig wieder.

Sie sagten mir, daß der todte Mias noch an derselben Stelle, wo er erschlagen worden wäre, läge, und ich bot ihnen eine Belohnung, wenn sie ihn mir sofort an unsere Landungsbrücke brächten, was sie mir auch versprachen. Sie kamen jedoch nicht vor dem folgenden Tage, wo er schon zu verwesen angefangen hatte, und große Büschel von Haaren ihm abfielen, so daß es unnütz war ihn abzuhäuten. Das that mir sehr leid, da es sich um ein sehr schönes ausgewachsenes Männchen handelte. Ich schnitt den Kopf ab, und nahm ihn mit nach Hause um ihn zu reinigen, während ich meine Leute beauftragte, eine fünf Fuß hohe feste Umzäunung um den übrigen Körper zu machen, welcher bald von Maden, kleinen Eidechsen und Ameisen aufgezehrt sein würde, so daß mir das Skelet blieb. Im Gesicht hatte er eine große Wunde, welche bis tief in den Knochen ging, aber der Schädel war sehr schön und die Zähne auffallend groß und vollständig.

Am 18. Juni hatte ich einen andern großen Erfolg, ich erhielt nämlich einen schönen erwachsenen männlichen Mias. Ein Chinese sagte mir, er habe ihn seitwärts von dem Wege an dem Fluß gesehen und ich fand ihn an derselben Stelle wie das erste Thier, welches ich geschossen hatte. Er fraß eine ovale grüne Frucht, welche eine schöne rothe Samendecke hatte, wie die Muskatblüthe, welche die Muskatnuß umgiebt, und welche er allein zu fressen schien, indem er die äußere Rinde abbiß, und sie beständig zur Erde warf. Ich habe dieselbe Frucht in dem Magen einiger andern, welche ich getödtet hatte, gefunden. Durch zwei Schüsse verlor das Thier seinen Halt, aber es hing eine lange Zeit an einer Hand, fiel dann flach auf's Gesicht und wurde im Sumpf halb begraben. Mehre Minuten lang lag es stöhnend und keuchend da, während wir herumstanden in der Erwartung, daß jeder Athemzug sein letzter sein würde. Plötzlich aber richtete es sich mit heftiger Anstrengung auf, so daß wir alle mehre Schritte zurückschraken, und fast aufrecht stehend packte es einen kleinen Baum und fing an hinaufzusteigen. Ein anderer Schuß durch den Rücken ließ es todt niederfallen. Ich fand in der

Zunge eine plattgedrückte Kugel, welche in den untern Theil des Unterleibs eingedrungen, den ganzen Körper durchlaufen und die ersten Halswirbel zerschmettert hatte. Dennoch war das Thier nach dieser furchtbaren Verwundung wieder aufgestanden und hatte mit ziemlicher Leichtigkeit zu klettern angefangen. Auch dieses war ein ausgewachsenes Männchen von fast genau denselben Dimensionen wie die beiden andern, die ich gemessen hatte.

Am 21. Juni schoß ich ein anderes erwachsenes Weibchen, welches auf einem niedrigen Baume Früchte verzehrte; dies war das einzige, das ich je durch e i n e Kugel tödtete.

Am 24. wurde ich von einem Chinesen herbeigerufen, um einen Mias zu schießen, welcher, wie er sagte, auf einem Baume dicht an seinem Hause bei den Kohlenminen saß. Als wir an dem Orte anlangten, hatten wir einige Mühe ihn zu finden, da er sich in das Jungle zurückgezogen hatte, welches sehr felsig und schwer zu begehen war. Endlich fanden wir ihn auf einem sehr hohen Baume und konnten sehen, daß es ein Männchen von großem Umfange sei. Sobald ich geschossen hatte, kletterte es höher in den Baum hinauf; während dessen schoß ich wieder, worauf wir sahen, daß ein Arm gebrochen war. Der Mias hatte jetzt die höchste Spitze eines ungeheuren Baumes erreicht, und begann sofort rings herum Zweige abzubrechen und sie kreuz und quer zu legen, um sich ein Nest zu machen. Es war sehr interessant zu beobachten, wie gut er seinen Ort gewählt hatte, und wie schnell er seinen unverwundeten Arm nach jeder Richtung hin ausstreckte, um mit der größten Leichtigkeit bedeutende Aeste abzubrechen und sie rückwärts quer übereinander zu legen, so daß er in ein paar Minuten eine geschlossene Masse von Laubwerk gebildet hatte, welche ihn unserm Blick gänzlich entzog. Er beabsichtigte sicherlich die Nacht hier zu verbringen, und wollte wahrscheinlich, wenn nicht zu schwer verwundet, früh am andern Morgen fortgehen. Ich schoß deshalb noch mehrmals, in der Hoffnung ihn zum Verlassen seines Nestes zu bringen; aber obgleich ich überzeugt war, getroffen zu haben, da er sich bei jedem Schusse ein wenig bewegte, wollte er dennoch nicht fort gehen. Endlich richtete er sich auf, so daß die Hälfte seines Körpers sichtbar wurde, und sank dann allmälig nieder, bis nur sein Haupt auf dem Rande des Nestes liegen blieb. Nun war ich sicher, daß er todt sei, und versuchte den Chinesen und seinen Begleiter zu überreden, den Baum zu fällen; aber es war ein sehr großer und da sie den ganzen Tag über gearbeitet hatten, so vermochte nichts sie dazu zu bewegen.

Am nächsten Morgen bei Tagesanbruch ging ich hin und sah, daß der Mias wirklich todt war, da sein Kopf noch genau ebenso wie gestern lag. Ich bot nun vier Chinesen jedem einen Tagelohn, um den Baum sogleich niederzuhauen, weil ein paar Stunden Sonnenschein Verwesung auf der Oberfläche der Haut hervorrufen würde; aber nachdem sie ihn angesehen und es versucht hatten, erklärten sie, daß er sehr groß und hart sei, und wollten es nicht unternehmen. Hätte ich mein Gebot verdoppelt, so würden sie es wohl angenommen haben, da es eine Arbeit von höchstens zwei bis drei Stunden war, und wäre ich auf kurzen Besuch dagewesen, so hätte ich es auch gethan; aber da ich dort wohnte und noch mehre Monate zu bleiben gedachte, so wäre es verkehrt gewesen, mit einer so hohen Bezahlung anzufangen, weil ich dann künftig keine Arbeit für einen geringeren Preis erhalten hätte.

Mehre Wochen darauf sah man täglich eine Wolke von Fliegen an dem Körper des todten Mias hängen; aber nach einem Monat ungefähr war Alles ruhig und der Körper trocknete

augenscheinlich aus unter dem wechselnden Einfluß der senkrechten
Sonne und der Tropenregen. Zwei oder drei Monate später
erkletterten zwei Malayen, denen ich einen Dollar dafür bot, den
Baum und brachten die vertrockneten Ueberreste herunter. Die
Haut war fast ganz und umschloß das Skelet, und innen waren
Millionen von Puppengehäusen von Fliegen und anderen Insecten
und Tausenden von zwei oder drei Arten kleiner Käfer (Ne-
crophaga). Das Gehirn war von den Kugeln sehr zerstört,
aber das Skelet war vollständig bis auf einen kleinen Hand-
wurzelknochen, der wahrscheinlich herausgefallen und von einer
Eidechse fortgetragen worden war.

Drei Tage nachdem ich diesen einen erschossen und verloren
hatte, fand Charles drei kleine Orangs, die zusammen fraßen.
Wir jagten sie lange und hatten dabei gute Gelegenheit zu sehen,
wie sie von Baum zu Baum kommen; sie wählen immer solche
Stämme, deren Zweige mit denen eines andern Baumes verflochten sind und greifen dann mehre der kleinen Aeste zusammen,
ehe sie es wagen sich hinüberzuschwingen. Dennoch vollführen
sie es so schnell und so sicher, daß sie in den Bäumen durchschnittlich fünf bis sechs Meilen in der Stunde zurücklegen, und
daß wir beständig laufen mußten, um mit ihnen nur fortzukommen.
Einen davon schossen und tödteten wir, aber er blieb hoch oben
in einem gegabelten Zweig; und da junge Thiere von verhältnißmäßig geringem Interesse sind, so ließ ich den Baum nicht fällen.

Ich hatte damals das Unglück, zwischen einigen umgestürzten
Bäumen auszugleiten und mir den Knöchel zu verletzen; da ich
zuerst nicht sorgsam genug war, so ulcerirte es stark und wollte
nicht heilen, so daß ich mich den ganzen Juli und einen Theil
des August zu Hause halten mußte. Als ich wieder gehen konnte,
beschloß ich eine Tour einen Arm des Simünjon-Flusses hinauf

nach Semábang zu machen, wo ein großes Dajak-Haus, ein Berg mit vielen Früchten und eine Menge Orangs und schöner Vögel sein sollten. Da der Fluß sehr schmal war und ich in einem sehr kleinen Boot mit wenig Gepäck fahren mußte, so nahm ich nur einen chinesischen Knaben als Diener mit. Ich lud eine Tonne versetzten Arraks ein, um Mias-Häute zu conserviren, und Proviant für vierzehn Tage. Nach wenigen Meilen wurde der Fluß sehr schmal und gewunden und das ganze Land an beiden Seiten war überschwemmt. An den Ufern hielten sich sehr viele Affen auf — der gewöhnliche Macacus cynomolgus, ein schwarzer Semnopithecus und der merkwürdige Nasenaffe (Nasalis larvatus), der so groß ist wie ein dreijähriges Kind, einen sehr langen Schwanz hat und eine fleischige Nase, die länger ist als die des dicknasigsten Mannes. Je weiter wir vordrangen, desto enger wurde der Fluß und desto mehr schlängelte er sich; oft versperrten umgestürzte Bäume den Weg und oft verwickelten sich die Zweige und Schlingpflanzen von beiden Seiten so vollständig über demselben, daß sie erst weggeschnitten werden mußten. Es dauerte zwei Tage bis Semábang und wir sahen kaum einen Fleck trocknen Landes auf dem ganzen Wege. Auf dem letzten Theil der Reise konnte ich meilenweit die Büsche jederseits berühren; und wir wurden oft von den Pandanen, welche in Menge im Wasser standen und über den Fluß gefallen waren, aufgehalten. An andern Stellen füllten große Flöße schwimmenden Grases den Kanal vollständig an, so daß unsere Reise aus einer ununterbrochenen Kette von Schwierigkeiten bestand.

Nahe am Landungsplatze fanden wir ein schönes Haus, 250 Fuß lang, hoch über dem Boden auf Pfählen ruhend, mit einer großen Veranda und einem noch größeren Vorbau von Bambus an der Vorderseite. Allein fast alle Menschen waren

auf einem Ausfluge, um eßbare Vogelnester und Bienenwachs zu
suchen, und im Hause fanden sich nur zwei oder drei alte Männer
und Frauen mit einer Menge Kinder. Der Berg oder Hügel
war dicht dabei und bedeckt mit einem vollständigen Wald von
Fruchtbäumen, unten denen die Durian und Mangustan zahlreich
vorkamen; aber die Früchte waren erst an wenigen Stellen ge-
reift. Ich verblieb hier eine Woche, machte täglich nach verschiedenen Seiten Ausflüge auf den Berg, von einem Malayen
begleitet, der bei mir geblieben, während die andern Bootsleute
zurückgegangen waren. Drei Tage lang fanden wir keine Orangs,
aber schossen einen Hirsch und mehre Affen. Am vierten Tage
jedoch fanden wir einen Mias, der auf einem sehr hohen Durian-
baum fraß, und tödteten ihn schließlich nach acht Schüssen. Unglücklicherweise blieb er auf dem Baume an den Händen hängen
und wir mußten nach dem mehre Meilen entfernten Hause zurück.
Da ich ziemlich sicher war, daß er während der Nacht herabfallen würde, so ging ich früh am Morgen wieder hin und fand
ihn auch am Boden unter dem Baume. Zu meinem Erstaunen
und meiner Freude schien es eine von allen bisher gesehenen verschiedene Art zu sein; obgleich es, nach dem vollständig entwickel-
ten Gebiß und den sehr großen Augen zu urtheilen, ein ausgewachsenes Männchen war, so hatte es doch nicht die seitlichen
Schwielen im Gesicht und war in allen Dimensionen um ein
Zehntel kleiner als die andern ausgewachsenen Männchen. Die
oberen Schneidezähne aber schienen breiter zu sein als in der
größeren Art, nach Professor Owen ein charakteristischer Unterschied des Simia morio, den er nach einem Schädel eines Weib-
chens beschrieben hat. Da es zu weit war, um das ganze Thier
nach Hause zu transportiren, so häutete ich es an Ort und
Stelle ab und ließ den Kopf, die Hände und Füße daran, um

es zu Hause fertig zu machen. Dies Exemplar ist jetzt im Britisch Museum.

Ende der Woche, als ich keine Orangs mehr fand, kehrte ich nach Hause zurück; ich nahm etwas neuen Proviant und fuhr, dieses Mal von Charles begleitet, einen andern, in seinem Charakter sehr ähnlichen Arm des Flusses hinauf nach Menville, wo einige kleine und ein großes Dajak-Haus standen. Hier bildete eine Brücke aus baufälligen Pfählen, welche beträchtlich weit über dem Wasser lagen, den Landungsplatz. Ich hielt es für rathsamer, mein Faß mit Arrak sicher auf einem Gabelast eines Baumes zurückzulassen; um die Eingeborenen vom Trinken abzuschrecken, that ich vor ihren Augen mehre Schlangen und Eidechsen hinein, aber ich glaube doch, daß das sie nicht vom Probiren abgehalten hat. Wir wurden hier in der Veranda des großen Hauses untergebracht, in welcher mehre große Körbe getrockneter Menschenköpfe standen, Trophäen früherer Generationen von Kopfjägern. Auch hier war ein kleiner mit Fruchtbäumen bedeckter Berg und dicht am Hause fanden sich einige prächtige Durianbäume mit reifen Früchten; da die Dajaks uns als Wohlthäter ansahen, weil wir die Mias, die einen großen Theil ihrer Früchte zerstören, tödteten, so ließen sie uns so viele essen, als uns genehm war, und wir schwelgten recht in dieser herrlichsten der Früchte.

An demselben Tage noch gelang es mir, ein anders ausgewachsenes Männchen des kleinen Orang, des Mias-kassir der Dajaks, zu schießen. Es fiel todt herab aber blieb in einem Baume hängen. Da ich es gern haben wollte, so suchte ich zwei junge Dajaks, die bei mir waren, zu überreden, den Baum zu fällen; er war sehr hoch, vollkommen gerade und glatt von Rinde und ohne Ast bis zu fünfzig oder sechzig Fuß Höhe.

Zu meiner Verwunderung sagten sie, daß sie es vorzögen hinaufzuklettern, allein es wäre ein tüchtiges Stück Arbeit; nachdem sie eine Weile mit einander deliberirt, versuchten sie es. Einer ging nun an ein Bambusgebüsch in der Nähe und schnitt einen der größesten Stämme ab. Davon nahmen sie ein kurzes Stück, spalteten es und machten daraus ein paar starke ungefähr einen Fuß lange, an einem Ende spitze Pflöcke. Dann schnitten sie ein dickes Stück Holz als Hammer zurecht, trieben einen der Pflöcke in den Baum und hingen sich daran. Er hielt und das schien ihnen zu genügen, denn sie machten sofort eine Reihe solcher Pflöcke, während ich mit großem Interesse zusah und mich wunderte, wie sie daran denken könnten, einen so hohen Baum lediglich auf eingetriebenen Pflöcken zu ersteigen, da doch ein Fehltritt in großer Höhe ihnen das Leben kosten würde. Als etwa zwei Dutzend Pflöcke fertig waren, schnitt Einer einige sehr lange und dünne Bambusstöcke aus einem andern Gebüsch und verfertigte ferner aus der Rinde eines kleinen Baumes Stricke. Dann trieben sie, etwa drei Fuß über dem Boden, einen Pflock sehr fest hinein, banden einen der langen Bambusstäbe dicht an dem Baum mit den Stricken aus der Rinde an die beiden ersten Pflöcke aufrecht fest und machten in diese kleine Einkerbungen. Einer der Dajaks stellte sich nun auf den ersten Pflock und trieb einen dritten ein, ungefähr in gleicher Höhe mit seinem Gesichte, band ebenso an diesen den Bambusstab fest und stieg dann auf den zweiten Pflock, auf einem Fuß stehend und sich an dem Bambusstabe haltend, während er den nächsten Pflock hineintrieb. So kam er etwa zwanzig Fuß hoch, wo der aufrecht stehende Bambusstab dünn wurde; sein Gefährte reichte ihm darauf einen andern hinauf, und er vereinigte diesen mit dem ersten, indem er sie beide zusammen an drei oder vier Pflöcke festband. Als auch dieser wieder zu Ende ging, wurde noch ein dritter angebunden und bald darauf erreichte er die ersten Aeste des Baumes, denen entlang der junge Dajak kletterte und auch bald den Mias kopfüber herabstürzte. Ich war sehr überrascht über diese sinnreich ausgedachte Art zu klimmen und über die bewundernswerthe Weise, in der die besonderen Eigenschaften des Bambusrohres zu diesen Zwecken vortheilhaft verwendet wurden. Die Leiter selbst war vollkommen sicher, da wenn ein Pflock nachgeben oder brechen wollte, er durch die andern mitgehalten würde. Ich verstand jetzt die Bedeutung der Reihen Bambuspflöcke in den Bäumen, die ich oft zu meiner Verwunderung gesehen hatte. — Dieses Thier war in Größe und Aussehen fast identisch mit dem, welches ich in Semábang erhalten hatte, und dieses blieben die einzigen männlichen Exemplare, die ich von Simia morio erhielt. Das letztere ist jetzt im Derby Museum.

Ich schoß später noch zwei erwachsene Weibchen und zwei Junge verschiedenen Alters, die ich alle einlegte. Eines der Weibchen fraß mit mehren Jungen auf einem Durianbaume unreife Früchte; sobald es uns sah, brach es offenbar wüthend Zweige und die großen stacheligen Früchte ab und schleuderte einen solchen Regen von Wurfgeschossen auf uns herab, daß wir wirklich dadurch gehindert wurden, uns dem Baume zu nähern. Man hat es angezweifelt, daß diese Thiere im Zorn Zweige herabschleudern, allein ich habe es selbst bei drei verschiedenen Gelegenheiten beobachtet. Aber immer waren es Weibchen, die es thaten, und es kann sein, daß das Männchen, auf seine große Kraft und seine Zähne vertrauend, kein anderes Thier fürchtet und gar nicht versucht, es zu vertreiben, während die Weibchen der mütterliche Instinct auf diese Vertheidigungsart für sich und ihre Jungen brachte.

Beim Präpariren der Häute und Skelete dieser Thiere wurde ich sehr von den Dajak-Hunden belästigt, die, stets halb verhungert, nach thierischer Kost sehr gierig sind. Ich hatte eine große eiserne Pfanne, in der ich die Knochen abkochte, und nachts bedeckte ich dieselbe mit Brettern und schweren Steinen; aber die Hunde brachten es fertig, sie zu entfernen und schleppten mir den größeren Theil eines meiner Exemplare fort. Bei einer andern Gelegenheit nagten sie mir ein gutes Stück des Oberleders meiner starken Stiefel weg und fraßen selbst einen Theil meines Moskito-Vorhanges, auf den vor einigen Wochen etwas Lampenöl gegossen war.

Bei der Rückfahrt stießen wir auf einen alten männlichen Mias, der auf einem niedrigen im Wasser wachsenden Baume fraß. Das Land war weithin überfluthet, aber so voll von Bäumen und Stümpfen, daß das beladene Boot sich nicht Bahn brechen konnte, und wenn es auch möglich gewesen wäre, so hätten wir nur den Mias fortgeschreckt. Ich ging deshalb ins Wasser, das mir fast bis an den Leib reichte, und watete so weit, bis ich zum Schuß nahe genug war. Die Schwierigkeit war dann nur, wie ich meine Büchse wieder laden sollte, denn ich stand so tief im Wasser, daß ich die Büchse nicht schräg genug halten konnte, um das Pulver hineinzuschütten. Ich mußte daher einen seichten Platz suchen und nach mehren Schüssen unter diesen erschwerenden Umständen hatte ich die Freude, das ungeheure Thier kopfüber ins Wasser stürzen zu sehen. Ich zog es nun hinter mir her in den Fluß hinein, aber die Malayen wollten es nicht im Boot dulden und es war so schwer, daß ich es ohne ihre Hülfe nicht hineinbringen konnte. Ich spähte umher nach einem Platz, um es abzuhäuten, aber nicht ein Fleckchen trocknen Bodens war zu sehen, bis ich zuletzt eine Baumgruppe von zwei oder drei alten Bäumen und Stümpfen fand, zwischen denen ein paar Fuß Erde sich über Wasser angesammelt hatte, die gerade genügten, um das Thier darauf zu legen. Zuerst maß ich es und fand, daß es das größte sei von allen, die mir begegnet waren, denn wenn auch die Höhe im Stehen dieselbe war, wie bei den andern (vier Fuß zwei Zoll), so maßen doch die ausgestreckten Arme sieben Fuß neun Zoll, also sechs Zoll mehr als beim vorhergehenden, und das ungeheuer breite Gesicht maß dreizehn und einen halben Zoll, während das größte, das ich bis jetzt gesehen hatte, nur elf und einen halben Zoll betrug. Der Umfang des Körpers war drei Fuß sieben und einen halben Zoll. Ich bin daher geneigt zu glauben, daß die Länge und Kraft der Arme und die Breite des Gesichtes bis in ein sehr hohes Alter hinein zunehmen, während die Höhe von der Fußsohle bis zum Scheitel selten, wenn je, vier Fuß zwei Zoll überschreitet.

Da dieses der letzte Mias war, den ich geschossen, und der letzte Erwachsene, den ich lebend gesehen habe, so will ich hier eine Skizze seines allgemeinen Verhaltens anreihen und einige andere damit zusammenhängende Thatsachen aufführen. Man weiß, daß der Orang-Utan Sumatra und Borneo bewohnt und hat guten Grund zu glauben, daß er auf diese zwei großen Inseln beschränkt ist; auf der ersteren aber scheint er viel seltener zu sein. Auf Borneo hat er weite Verbreitung; er bewohnt viele Districte der Südwest-, Südost-, Nordost- und Nordwestküsten, aber hält sich nur in den niedrig gelegenen und sumpfigen Wäldern auf. Es scheint auf den ersten Blick sehr unerklärlich, daß der Mias im Sarawak-Thal unbekannt sein sollte, während er in Sambas im Westen und Sadong im Osten reichlich zu finden ist. Aber wenn wir die Gewohnheiten und die Lebensart des

Thieres näher kennen lernen, so sehen wir für diese scheinbare Anomalie in den physikalischen Verhältnissen des Saráwak Districtes einen zureichenden Grund. In Sádong, wo ich den Mias beobachtete, findet man ihn nur in niedrigen, sumpfigen und zu gleicher Zeit mit hohem Urwald bedeckten Gegenden. Aus diesen Sümpfen ragen viele isolirte Berge hervor; auf manchen haben sich die Dajaks niedergelassen und sie mit Fruchtbäumen bebaut. Diese bilden für den Mias einen großen Anziehungspunkt; er frißt die unreifen Früchte, aber zieht sich des Nachts stets in den Sumpf zurück. Wo der Boden sich etwas erhebt und trocken ist, lebt der Mias nicht. Z. B. kommt er in Menge in den tieferen Theilen des Sádong-Thales vor, aber sobald wir ansteigen bis über die Grenzen, wo Ebbe und Fluth bemerkbar sind und wo also der Boden, wenn er auch flach ist, doch trocknen kann, so finden wir den Mias nicht mehr. Der untere Theil des Saráwak-Thales nun ist sumpfig, doch nicht überall mit hohem Wald bedeckt, sondern meist von der Nipa-Palme bestanden; und nahe der Stadt Saráwak wird das Land trocken und hügelig und ist bedeckt von kleinen Strecken Urwald und vielem Jungle an Stellen, die früher von Malayen und Dajaks bebaut wurden.

Ich meine nun, daß eine große Fläche ununterbrochenen und gleichmäßig hohen Urwaldes für das Wohlbefinden dieser Thiere nöthig ist. Solche Wälder sind für sie offenes Land, in dem sie nach jeder Richtung hin sich bewegen können, mit derselben Leichtigkeit wie der Indianer über die Prairie oder der Araber durch die Wüste; sie gehen von einem Baumwipfel zum andern ohne jemals auf die Erde hinabzusteigen. Die hohen und trockenen Gegenden werden mehr von Menschen besucht, mehr durch Lichtungen und später auf diesen wachsendes niedriges Jungle, das nicht passend ist für die eigenthümliche Art der Bewegung des Thieres, eingenommen. Hier würde es daher mehr Gefahren ausgesetzt und öfter genöthigt sein, auf die Erde hinabzusteigen. Wahrscheinlich findet sich im Mias-District auch eine größere Mannigfaltigkeit an Früchten, indem die kleinen inselartigen Berge als Gärten oder Anpflanzungen dienen, in denen die Bäume des Hochlandes gedeihen mitten in sumpfigen Ebenen.

Es ist ein seltsamer und sehr interessanter Anblick, einen Mias gemächlich seinen Weg durch den Wald nehmen zu sehen. Er geht umsichtig einen der größeren Aeste entlang in halb aufrechter Stellung, zu welcher ihn die bedeutende Länge seiner Arme und die Kürze seiner Beine nöthigen; und das Mißverhältniß zwischen diesen Gliedmaßen wird noch dadurch verstärkt, daß er auf den Knöcheln, nicht wie wir auf den Sohlen, geht. Er scheint stets solche Bäume zu wählen, deren Aeste mit denen des nächststehenden verflochten sind, streckt, wenn er nah ist, seine langen Arme aus, faßt die betreffenden Zweige mit beiden Händen, scheint ihre Stärke zu prüfen und schwingt sich dann bedächtig hinüber auf den nächsten Ast, auf dem er wie vorher weiter geht. Nie hüpft oder springt er oder scheint auch nur zu eilen und doch kommt er fast ebenso schnell fort, wie Jemand unten durch den Wald laufen kann. Die langen mächtigen Arme sind für das Thier von dem größten Nutzen; sie befähigen es, mit Leichtigkeit die höchsten Bäume zu erklimmen, Früchte und junge Blätter von dünnen Zweigen zu ergreifen, die sein Gewicht nicht aushalten würden und Blätter und Aeste zu sammeln, um sich ein Nest zu bauen. Ich erzählte schon, wie es sein Lager bereitet, wenn es verwundet ist, aber es benutzt ein ähnliches auch fast jede Nacht zum Schlafen. Jedoch wird dieses niedriger angebracht auf einem kleinen Baum, nicht höher als zwanzig bis fünfzig Fuß vom Boden, wahrscheinlich weil es da wärmer und weniger den Winden ausgesetzt ist als oben. Jeder Mias soll sich jede Nacht ein neues machen; aber ich halte das deshalb kaum für wahrscheinlich, da man sonst die Ueberreste häufiger finden würde; denn wenn ich auch in der Nähe der Kohlenminen einige gesehen habe, so müssen doch viele Orangs täglich dort gewesen sein, und in einem Jahr schon würden ihre verlassenen Lager sehr zahlreich werden. Die Dajaks sagen, daß sich der Mias, wenn es sehr naß ist, mit Pandang-Blättern oder großen Farnen bedeckt, und das hat vielleicht dazu verleitet zu meinen, er baue sich eine Hütte in den Bäumen.

Der Orang verläßt sein Lager erst, wenn die Sonne ziemlich hoch steht und den Thau auf den Blättern getrocknet hat. Er frißt die ganze mittlere Zeit des Tages hindurch, aber kehrt selten während zweier Tage zu demselben Baume zurück. Die Thiere scheinen sich vor Menschen nicht sehr zu fürchten; sie glotzten häufig Minuten lang auf mich herab und entfernten sich dann nur langsam bis zu einem benachbarten Baum. Wenn ich einen gesehen hatte, mußte ich oft eine halbe Meile und weiter um meine Flinte gehen, und fand ihn nach meiner Rückkehr fast stets auf demselben Baume oder innerhalb eines Umkreises von ein paar hundert Fuß. Ich sah nie zwei ganz erwachsene Thiere zusammen, aber sowohl Männchen als auch Weibchen sind manchmal von halberwachsenen Jungen begleitet, während auch drei oder vier Junge zusammen allein gesehen werden. Sie nähren sich fast ausschließlich von Obst, gelegentlich auch von Blättern, Knospen und jungen Schößlingen. Unreife Früchte scheinen sie vorzuziehen, von denen einige sehr sauer, andere intensiv bitter waren, hauptsächlich aber schien die große rothe fleischige Samendecke einer Frucht ihnen sehr zu schmecken. Manchmal essen sie nur den kleinen Samen einer großen Frucht, und sie verwüsten und zerstören fast immer mehr als sie essen, so daß unter den Bäumen, auf denen sie gefressen haben, stets eine Menge Reste liegen. Die Durian lieben sie sehr und Mengen dieser köstlichen Frucht, wo immer im Walde sie wachsen, werden von ihnen zerstört, aber nie kreuzen sie Lichtungen, um sie zu holen. Es scheint wunderbar, wie das Thier diese Frucht öffnen kann, da die Schale so dick, zäh und dicht mit starken konischen Spitzen besetzt ist. Wahrscheinlich beißt es erst einige dieser ab, macht ein kleines Loch und reißt dann die Frucht mit seinen mächtigen Fingern auf.

Der Mias steigt selten auf die Erde herab, nur dann, wenn er vom Hunger getrieben saftige Schößlinge am Ufer sucht; oder wenn er bei sehr trocknem Wetter nach Wasser geht, von dem er für gewöhnlich genug in den Höhlungen der Blätter findet. Nur einmal sah ich zwei halb erwachsene Orangs auf der Erde in einem trocknen Loch am Fuß der Simünjon-Hügel. Sie spielten zusammen, standen aufrecht und faßten sich gegenseitig an den Armen an. Es ist übrigens ganz sicher gestellt, daß der Orang nie aufrecht geht, außer wenn er sich mit den Händen an höheren Zweigen festhält oder wenn er angegriffen wird. Abbildungen, auf denen er mit einem Stocke geht, sind ganz aus der Luft gegriffen.

Die Dajaks sagen, daß der Mias nie von Thieren im Walde angefallen wird, mit zwei seltenen Ausnahmen; und die Erzählungen davon sind so merkwürdig, daß ich sie möglichst mit den Worten meiner Berichterstatter, alter Dajak-Häuptlinge, welche ihr ganzes Leben an Orten, wo das Thier sehr viel vorkommt, zugebracht haben, geben will. Der erste, den ich danach fragte, sagte: „Kein Thier ist stark genug, um den Mias zu verletzen, und das einzige Geschöpf, mit dem er überhaupt kämpft, ist das Krokodil. Wenn er kein Obst im Jungle findet, so geht er an die Flußufer, wo es viele junge Schößlinge giebt, die er gern frißt, und Früchte, die dicht am Wasser wachsen. Dann versucht das Krokodil oft ihn zu packen, aber der Mias springt auf dasselbe, schlägt es mit Händen und Füßen, zerfleischt und tödtet es." Er fügte hinzu, daß er einmal solchem Kampf zugeschaut habe, und daß der Mias stets Sieger bliebe.

Mein zweiter Berichterstatter war der Orang Kaya oder Häuptling der Balow-Dajaks am Simūnjon-Fluß. Er sagte: „Der Mias hat keine Feinde; kein Thier wagt es ihn anzugreifen bis auf das Krokodil und die Tigerschlange. Er tödtet das Krokodil stets nur durch seine Kraft, indem er auf demselben steht, seine Kiefern aufreißt und die Kehle aufschlitzt. Wenn eine Tigerschlange einen Mias angreift, packt er sie mit seinen Händen, beißt sie und tödtet sie bald. Der Mias ist sehr stark; kein Thier im Jungle ist so stark wie er."

Es ist sehr bemerkenswerth, daß ein so großes, so eigenthümliches und so hoch organisirtes Thier wie der Orang-Utan, auf so begrenzte Districte beschränkt ist — auf zwei Inseln, die fast am wenigsten von höheren Säugethieren bewohnt werden; denn östlich von Borneo und Java vermindern sich die Vierhänder, Wiederkäuer und Raubthiere rapide und werden bald ganz verschwunden sein. Wenn wir weiter bedenken, daß fast alle andern Thiere in früheren Zeitaltern durch verwandte, wenn auch distincte Formen repräsentirt waren — daß in der letzten Zeit der Tertiärperiode Europa von Bären, Hirschen, Wölfen, Katzen bevölkert war; Australien von Kängurühs und andern Beutelthieren; Südamerika von gigantischen Faulthieren und

Ameisenfressern; alle verschieden von irgend welchen jetzt existirenden, wenn auch sehr nahe mit ihnen verwandten — so haben wir guten Grund zu glauben, daß der Orang-Utan, der Chimpanse und der Gorilla auch ihre Vorgänger gehabt haben. Mit welchem Interesse muß jeder Naturforscher an die Zeit denken, in der die Höhlen und Tertiärablagerungen der Tropen durchsucht sind, und man die frühe Geschichte und das erste Erscheinen der großen menschenähnlichen Affen endlich kennen lernen wird.

Ich will nun Einiges anführen in Betreff der vermeinten Existenz eines borneonischen Orangs von der Größe des Gorilla. Ich selbst habe die Körper von siebzehn frisch getödteten Orangs untersucht und habe alle sorgfältig gemessen; von sieben bewahrte ich das Skelet auf. Ich erhielt ferner zwei Skelete von Thieren, die Andere tödteten. Von dieser großen Reihe waren sechzehn ganz ausgewachsen, neun Männchen und sieben Weibchen. Die erwachsenen Männchen des großen Orangs variirten in der Höhe nur zwischen vier Fuß ein Zoll und vier Fuß zwei Zoll, bis zu den Hacken gemessen, so daß es sich hier um die Höhe des aufrechtstehenden Thieres handelt; die Weite der ausgestreckten Arme variirte von sieben Fuß zwei Zoll bis sieben Fuß acht Zoll, und die Breite der Gesichter von zehn bis dreizehneinhalb Zoll. Die von andern Naturforschern beigebrachten Maße stimmen genau mit den meinigen. Der größte von Temminck gemessene Orang war vier Fuß hoch. Von fünfundzwanzig von Schlegel und Müller gemessenen Exemplaren war das größte alte Männchen vier Fuß ein Zoll; und das größte Skelet im Calcuttaer Museum betrug, nach Herrn Blyth's Angabe, vier Fuß anderthalb Zoll. Meine Exemplare waren alle von der Nordwestküste Borneo's; die der Holländer von den West- und Südküsten; und kein Exemplar ist bis jetzt nach Europa gekommen, das diese Maße überschreitet, obschon die Gesammtzahl von Häuten und Skeleten wohl mehr als hundert beträgt.

Dennoch aber behaupten sonderbarerweise einige Menschen, daß sie Orangs von viel bedeutenderer Größe gemessen haben. Temminck erzählt in seiner Monographie des Orang, er habe gerade Nachricht erhalten, daß ein Exemplar von fünf Fuß drei Zoll Höhe gefangen sei. Unglücklicherweise scheint es Holland nie erreicht zu haben, denn nichts verlautete seitdem von diesem Thier. Herr St. John, in seinem „Life in the Forests of the Far East", Bd. II, S. 237, erzählt uns von einem Orang, den ein Freund von ihm geschossen, und der fünf Fuß zwei Zoll von der Ferse bis zum Scheitel gemessen habe; der Arm war siebzehn Zoll im Umfang und das Handgelenk zwölf Zoll! Nur der Kopf wurde nach Sarawak gebracht und Herr St. John erzählt uns, daß er dabei war, als er gemessen wurde, und daß er fünfzehn Zoll breit und vierzehn lang gewesen. Unglücklicherweise scheint auch dieser Schädel nicht aufbewahrt worden zu sein, denn nie hat ein Exemplar, das diesen Maßen entspräche, England erreicht.

In einem Briefe von Sir James Brooke, vom October 1857, in welchem er mir den Empfang meiner Abhandlung über den Orang, die in den „Annals and Magazine of Natural history" publicirt ist, anzeigt, schickt er mir die Maße eines von seinem Neffen getödteten Exemplares, und ich will es genau so wiedergeben, wie er mir schrieb: „September 3, 1867, weiblicher Orang-Utan getödtet. Höhe vom Kopf zur Ferse vier Fuß sechs Zoll. Ausdehnung von Finger- zu Fingerspitze über den Körper sechs Fuß ein Zoll. Breite des Gesichtes, die Schwielen eingerechnet, elf Zoll." Nun ist in diesen Maßen ein handgreiflicher Irrthum; denn in jedem bis jetzt von Naturforschern

gemessenen Orang entspricht eine Ausdehnung der Arme von
sechs Fuß ein Zoll, einer Höhe von ungefähr drei Fuß sechs Zoll,
während die größten Exemplare von vier Fuß bis vier Fuß zwei
Zoll Höhe immer sieben Fuß drei Zoll bis sieben Fuß acht Zoll
an den ausgebreiteten Armen messen. Es ist in der That ein
genereller Charakter, daß die Arme so lang sind, daß ein fast
aufrechtstehendes Thier mit den Fingern auf dem Boden ruhen
kann. Eine Höhe von vier Fuß sechs Zoll würde demnach eine
Armbreite von wenigstens acht Fuß erfordern! Wenn es nur
sechs Fuß wären bei jener Höhe, wie sie in den betreffenden
Maßen angegeben, so würde das Thier überhaupt kein Orang
sein, sondern eine neue Affenart, die wesentlich in ihren Gewohnheiten und der Manier der Fortbewegung differirt. Aber Herr
Johnson, der dieses Thier schoß und der Orangs wohl kennt,
sprach es für einen an; wir haben daher zu entscheiden, ob es
wahrscheinlicher ist, daß er einen Fehler von zwei Fuß beim
Messen der Armlänge oder einen von einem Fuß beim Messen der
Höhe beging. Das Letztere ist sicherlich leichter möglich und dann
kommt sein Thier, was Proportion und Größe betrifft, in Uebereinstimmung mit allen in Europa existirenden. Wie leicht man
sich in der Höhe dieser Thiere täuschen kann, zeigt der Fall des
sumatranischen Orangs, dessen Haut von Dr. Clarke Abel beschrieben ist. Der Capitän und die Leute, welche dieses Thier
tödteten, erklärten, daß es lebend größer gewesen wäre als der
größte Mann und so riesenhaft ausgesehen habe, daß sie es für
sieben Fuß hoch gehalten hätten; aber sie fanden, als es getödtet
war und auf dem Boden lag, daß es nur ungefähr sechs Fuß
lang war. Nun wird man kaum glauben, daß die Haut dieses
selben Thieres in dem Calcuttaer Museum existirt und Herr Blyth,
der frühere Curator, constatirt hat, „daß es keineswegs zu den

größten gehört," was sagen will, daß es ungefähr vier Fuß hoch war!

Nach diesen zweifellosen Beispielen von Irrthümern in den Maßen der Orangs geht man nicht zu weit, wenn man schließt, daß Herrn St. John's Freund einen ähnlichen Irrthum beim Messen beging oder, besser, vielleicht einen Gedächtnißfehler machte; denn es wird nicht gesagt, daß die Maße notirt wurden zur Zeit als man sie nahm. Die einzigen Angaben des Herrn St. John, auf seine eigne Autorität hin, sind, daß „der Kopf fünfzehn Zoll breit und vierzehn Zoll lang war." Da mein größtes Männchen dreizehn und einen halben Zoll über dem Gesicht maß gleich nach dem Tode, so verstehe ich sehr wohl, wie der Kopf, als er von Batang Lupar nach Saráwak kam, nach zwei, wenn nicht drei Tagereisen, so durch Verwesung angeschwollen war, daß er einen Zoll mehr maß als im frischen Zustande. Nach all diesem aber glaube ich ist es erlaubt zu sagen, daß wir bis jetzt nicht die geringsten zuverläßlichen Beweise von der Existenz eines Orang auf Borneo von mehr als vier Fuß zwei Zoll Höhe besitzen.

Fünftes Capitel.

Borneo. Reise ins Innere.
(November 1855 bis Januar 1856.)

Als die nasse Jahreszeit nahte, beschloß ich nach Saráwak zurückzukehren; ich schickte alle meine Sammlungen mit Charles Allen zur See hin, während ich selbst bis zu den Quellen des Súdong-Flusses hinaufgehen wollte, und von da wieder herab durch das Saráwak-Thal. Da die Tour etwas beschwerlich war, so nahm ich so wenig Gepäck wie nur irgend möglich und nur einen Diener mit, einen malayischen Burschen, Namens Bujon, der die Sprache der Súdong-Dajaks kannte, mit denen er früher in Handelsverbindung gestanden hatte. Wir verließen am 27. November die Minen und erreichten Tags darauf das malayische Dorf Gúdong, wo ich mich kurze Zeit aufhielt, um Früchte und Eier zu kaufen, und bei dem Datu Bandar oder malayischen Gouverneur des Ortes versprach. Er wohnte in einem großen und gut gebauten Hause, das von außen und innen sehr schmutzig war und verfuhr sehr inquisitorisch in Betreff meines Geschäftes und besonders in Betreff der Kohlenminen. Diese machen den Eingeborenen viel Kopfzerbrechen, da sie die ausgedehnten und kostspieligen

Vorbereitungen, um nach Kohlen zu graben, nicht verstehen und nicht glauben können, daß man sie nur als Brennmaterial benutzt, wo Holz so im Ueberfluß vorhanden und so leicht zu bekommen ist. Augenscheinlich kamen Europäer selten hierher, denn eine Menge Frauen nahmen Reißaus, als ich durch das Dorf ging, und ein Mädchen von etwa zehn oder zwölf Jahren, die gerade ein Bambusgefäß voll Wasser aus dem Fluß geholt hatte, warf es im Moment, als sie mich sah, mit einem Schrei des Entsetzens und der Angst nieder, kehrte sich um und sprang in den Strom. Sie schwamm sehr schön, sah sich fortwährend um, als ob sie erwartete, daß ich folgen würde, und schrie die ganze Zeit heftig; während eine Anzahl Männer und Knaben über ihr unwissendes Erschrecken lachten.

In Jahi, dem nächsten Dorf, wurde der Strom so reißend infolge einer Ueberschwemmung, daß mein schweres Boot nicht aus der Stelle kam, und ich sah mich daher genöthigt, es zurückzuschicken und in einem sehr kleinen und offenen weiterzufahren. Bis hierher war der Fluß sehr monoton gewesen; die Ufer bestanden aus Reisfeldern und nur kleine mit Stroh bedachte Hütten unterbrachen die wenig malerischen Umrisse des sumpfigen Gestades, das von hohen Gräsern besetzt und hinter dem cultivirten Land von dem Waldessaume begrenzt war. Einige Stunden jenseit Jahi überschritten wir die Grenze der Culturen und sahen den herrlichen Urwald bis an den Rand des Wassers treten, mit seinen Palmen und Schlinggewächsen, seinen hohen Bäumen, seinen Farnkräutern und Schmarotzerpflanzen. Die Flußufer waren jedoch meist noch überschwemmt und wir fanden nur schwierig eine trockene Schlafstelle. Früh morgens erreichten wir Empungan, ein kleines malayisches, an dem Fuß eines alleinstehenden Berges gelegenes Dorf, der schon von der Mündung des Simůnjon-Flusses an sichtbar gewesen war. Höher hinauf werden Ebbe und Fluth nicht mehr gespürt und wir betraten nun einen Hochwalddistrict mit einer schöneren Vegetation. Große Bäume strecken ihre Zweige quer über den Fluß und die abschüssigen, erdigen Ufer sind mit Farnen und Zingiberaceen bekleidet.

Früh am Nachmittag kamen wir in Tabókan an, dem ersten Dorfe der Hügel-Dajaks. Auf einem offenen Platze nahe dem Flusse spielten etwa zwanzig Knaben ein Spiel, etwa gleich dem, was die unsern „Bar-Laufen" („prisoner's base") nennen würden; ihr Schmuck von Perlen und Metalldraht und ihre hellfarbigen Kopftücher und Leibbinden standen ihnen sehr gut und brachten einen wirklich hübschen Anblick hervor. Von Bujon gerufen, ließen sie sofort ihr Spiel, um meine Sachen in das Hauptgebäude zu tragen — ein rundes Haus in fast allen Dajak-Dörfern, das als Logirhaus' für Fremde dient, als Börse, als Schlafstätte für die unverheirathete Jugend und als allgemeines Versammlungslokal. Es ist an hochgelegenen Punkten aufgebaut, hat einen großen Feuerraum in der Mitte, Fenster im Dach rund herum und bietet einen sehr angenehmen und bequemen Aufenthaltsort. Am Abend war es voll von jungen Männern und Knaben, die mich sehen wollten. Es waren meist schöne junge Bursche und ich konnte nicht umhin, die Einfachheit und Eleganz ihres Costüms zu bewundern. Ihre einzige Bekleidung ist das lange „Chawat" oder Leibtuch, welches vorn und hinten herabhängt. Es ist gewöhnlich von blauer Baumwolle mit drei breiten Streifen von roth, blau und weiß endend. Diejenigen, welche es bestreiten können, tragen ein Tuch um den Kopf, welches entweder roth ist mit einem schmalen Streifen von Goldborte, oder dreifarbig wie der „Chawat." Die großen glatten mondförmigen metallenen Ohrringe, die schwere Halsschnur von

weißen oder schwarzen Perlen, Reihen von Metallringen an
Armen und Beinen und Armringe von weißen Muscheln, alles
das dient dazu, die rein rothbraune Haut und das kohlschwarze
Haar abzuheben und ins rechte Licht zu setzen. Dazu der kleine

Portrait eines jungen Dajak.

Beutel mit Material zum Betelkauen, und ein langes schlankes
Messer, beides unabänderlich an der Seite hängend — und man
hat das tägliche Gewand des jungen Dajak.

Der „Orang kaya" oder reiche Mann, wie der Häuptling
des Stammes genannt wird, kam nun mit mehren älteren
Leuten herein; und es begann die „Bitchára" oder Verhandlung
über das Anschaffen eines Bootes und von Männern, um mich

am folgenden Morgen weiterzubringen. Da ich nicht ein Wort ihrer Sprache verstand, die sehr vom Malayischen verschieden ist, so nahm ich an der Verhandlung nicht Theil, sondern wurde von meinem Burschen Bujon vertreten, der mir das Meiste von dem, was sie sagten, übersetzte. Ein chinesischer Händler war in dem Hause und auch er wollte Leute für den folgenden Tag haben; aber als er das dem Orang Kaya andeutete, wurde ihm ernstlich gesagt, daß eines weißen Mannes Geschäft augenblicklich verhandelt werde und daß er bis zu einem andern Tage warten müsse, ehe man an das seinige denken könne.

Als die „Bitchára" zu Ende und die alten Häuptlinge fort waren, bat ich die jungen Leute zu spielen oder zu tanzen oder sich in gewohnter Weise zu unterhalten; und nach ein klein wenig Sträuben thaten sie es. Sie machten zuerst eine Kraftprobe, indem sich zwei Knaben einander gegenüber setzten, Fuß gegen Fuß, und ein starker Stock von Beiden gefaßt wurde. Jeder trachtete nun sich nach rückwärts zu werfen, um seinen Gegner vom Boden aufzuheben, entweder durch größere Kraft oder durch eine plötzliche Anstrengung. Dann versuchte ein Mann seine Kräfte gegen zwei oder drei Knaben; darauf faßte Jeder seinen eigenen Knöchel mit einer Hand und, während der Eine so fest zu stehen suchte als er konnte, schwang sich der Andere auf einem Bein herum, um des Andern freies Bein zu schlagen und ihn auf die Weise zu Boden zu werfen. Als diese Spiele mit verschiedenem Erfolge rund gespielt waren, begann eine mir ganz neue Art von Concert. Einige kreuzten ein Bein über's Knie und schlugen mit den Fingern scharf an den Knöchel, Andere schlugen die Arme gegen ihre Seiten wie ein Hahn, der krähen will, und so brachten sie eine große Mannigfaltigkeit von klatschenden Geräuschen hervor, während Einer noch mit der Hand

unter seiner Achselgrube einen tiefen Trompetenton hören ließ;
und da sie Alle sehr gut Tact hielten, so war die Wirkung
durchaus nicht unangenehm. Es schien eine Lieblingsunterhaltung
von ihnen zu sein und sie führten es mit vieler Laune durch.

Am andern Morgen fuhren wir in einem ungefähr dreißig
Fuß langen und nur achtundzwanzig Zoll breiten Boot ab. Der
Fluß ändert hier plötzlich seinen Charakter. Bis dahin war er
wenn auch reißend so doch tief und eben und von steilen Ufern
begrenzt gewesen. Jetzt rauschte und brauste er über ein kieseli-
ges, sandiges oder felsiges Bett, bildete gelegentlich kleine Wasser-
fälle und Stromschnellen und warf hier und da breite Bänke
von schön gefärbten Kieseln auf. Mit Rudern konnte man hier
nicht weiter kommen, aber die Dajaks stießen uns mit Bambus-
stangen mit großer Geschicklichkeit und Schnelligkeit vorwärts
und verloren nie das Gleichgewicht in dem so engen und schwanken Schiffe, obgleich sie aufrecht standen und mit aller Kraft
arbeiteten. Es war ein herrlicher Tag und die muntere Thätigkeit der Männer, das Rauschen des perlenden Wassers mit dem
glänzenden und mannigfaltigen Laubwerk, das von beiden Ufern
aus sich über unsere Köpfe erstreckte, riefen in mir ein Gefühl
der freudigen Erregung wach, das mir meine Canoe-Fahrten auf
den großen Flüssen Südamerika's in die Erinnerung brachte.

Früh am Nachmittag erreichten wir das Dorf Borotói, und
obgleich es ein Leichtes gewesen wäre, bis in das nächste noch
vor der Nacht zu kommen, so war ich doch genöthigt zu bleiben,
da meine Leute zurückkehren wollten und andere unmöglich ohne
vorhergehende Verabredung zu haben waren. Außerdem war
ein weißer Mann für sie eine zu große Seltenheit, als daß man
ihn sich hätte entgehen lassen sollen, und ihre Frauen würden
es ihnen nie vergeben haben, wenn sie von ihren Feldern zurück-

lehrend eine solche Merkwürdigkeit nicht für sie zur Ansicht auf=
bewahrt gefunden hätten. Als ich in das Haus trat, in das
man mich geladen, umstand mich eine Menge von sechzig oder
siebzig Männern, Weibern und Kindern, und die erste halbe
Stunde saß ich da wie ein seltsames Thier, das zum ersten
Mal den Blicken eines neugierigen Publikums preisgegeben wird.
Metallringe waren hier im größten Ueberfluß und viele der
Frauen hatten ihre Arme sowohl vollständig damit bedeckt, als
auch ihre Beine vom Knöchel bis zum Knie. Um den Leib
trugen sie ein Dutzend oder mehr Bänder von schöner rother
Farbe aus Rohr geflochten, an welchen der Unterrock befestigt
ist. Darunter sind gewöhnlich einige Metalldrahtbänder, ein
Gürtel von kleinen Silbermünzen und manchmal ein breites
Gehenke einer Metallringrüstung. Auf dem Kopfe tragen sie
einen tonischen Hut ohne Boden, von verschiedenfarbigen Perlen
gemacht und durch Rotang-Ringe im Façon gehalten, eine phan=
tastische aber nicht unmalerische Kopfbedeckung.

Ich machte einen Spaziergang hin zu einem kleinen Hügel
in der Nähe des Dorfes, der wie ein Reisfeld bebaut war, von
dem aus ich einen hübschen Blick auf das Land hatte, das hier
ganz hügelig und gegen Süden zu bergig wurde. Ich nahm
Messungen auf und machte Skizzen von allem Sichtbaren, ein
Unternehmen, das die Dajaks, die mich begleiteten, sehr in Erstau=
nen setzte, und als ich zurück war, die Bitte, ihnen den Compaß
zu zeigen, hervorrief. Es umgab mich dann noch eine größere
Menge als vorher und als ich mein Abendbrot nahm in der
Mitte eines Kreises von etwa hundert Zuschauern, die aufmerk=
sam jede Bewegung beachteten und jeden Mundvoll kritisirten,
mußte ich unwillkürlich an die Löwen zur Fütterungszeit denken.
Ebenso wie diese edlen Thiere gewöhnte auch ich mich daran und

es beeinträchtigte meinen Appetit nicht. Die Kinder waren hier scheuer als in Tabókan, ich konnte sie nicht zum Spiel bewegen. Ich wurde also selbst Schaugeber und warf den Schatten eines fressenden Hundekopfes, was ihnen so sehr gefiel, daß das ganze Dorf in Procession herauskam, um es zu sehen. Das „Kaninchen auf der Mauer" macht auf Borneo keinen Effect, da dort kein ähnliches Thier ist. Die Knaben hatten Kreisel, die geformt waren wie Kreisel zum Schlagen, aber mit Schnur umsponnen.

Am andern Morgen fuhren wir wie vorher weiter, aber der Fluß wurde so reißend und seicht und die Boote waren alle so klein, daß, obgleich ich nichts bei mir hatte als ein Gewand zum Wechseln, eine Büchse und wenige Kochgeräthe, dennoch zwei Männer nothwendig waren, um mich weiter zu bringen. Der Fels, der hier und da am Flußufer zum Vorschein kam, war ein harter Thonschiefer, an einigen Stellen krystallinisch und fast senkrecht ansteigend. Rechts und links von uns zeigten sich isolirte Kalksteinberge, deren weiße Abhänge in der Sonne glänzten und sich schön von der üppigen Vegetation, die sie überall bedeckte, abhoben. Das Flußbett bestand aus Haufen von Kieseln, meist reiner weißer Quarz, aber sehr stark untermischt mit Jaspis und Agat und dadurch von schön buntscheckigem Aussehen. Es war erst zehn Uhr Morgens, als wir in Budw ankamen und obgleich eine Menge Volkes umherlungerte, so konnte ich die Leute doch nicht dazu bewegen, mir zu erlauben, bis zum nächsten Dorf weiterzufahren. Der Orang Kaya sagte zwar, daß wenn ich darauf bestünde, Männer zu haben, er natürlich welche stellen würde, aber als ich ihn beim Worte nahm und sagte, daß ich sie haben müsse, machte er mir neue Einwendungen; und die Idee meines Fortgehens an demselben Tage schien ihm so schmerzlich zu sein, daß ich genöthigt war, mich zu ergeben. Ich machte daher einen Spaziergang über die Reisfelder, die hier sehr ausgedehnt sind und eine Anzahl kleiner Hügel und Thäler bedecken, welche überhaupt das ganze Land zu überziehen scheinen, und erhielt dabei eine schöne Uebersicht über Hügel und Berge nach allen Seiten hin.

Abends kam der Orang Kaya in vollem Ornat (eine beflitterte Sammetjacke, aber ohne Hosen) und lud mich in sein Haus, wo er mir den Ehrensitz anwies unter einem Baldachin von weißem Kattun und bunten Tüchern. Die große Veranda war voll von Menschen und große Schüsseln mit Reis und mit gekochten und frischen Eiern wurden als Geschenke für mich niedergelegt. Darauf bekleidete sich ein sehr alter Mann mit hellgefärbten Gewändern und vielen Zierrathen und murmelte an der Thür sitzend ein langes Gebet oder eine Anrufung, währenddem er aus einer Schale, die er in seiner Hand hielt, Reis umherstreute, ferner mehre große Gongs laut geschlagen und Salutschüsse abgefeuert wurden. Dann ließ man einen großen Krug mit Reiswein, sehr sauer aber von einem angenehmen Geruch, herumgehen und ich verlangte einige ihrer Tänze zu sehen. Diese waren nun, wie die meisten Darstellungen von Wilden, sehr abgeschmackt und reizlos; die Männer kleideten sich ganz absurd wie Frauen und die Mädchen stellten sich so steif und lächerlich an wie nur möglich. Während der ganzen Zeit wurden sechs oder acht große chinesische Gongs von den kräftigen Armen ebenso vieler junger Männer geschlagen und brachten einen solch betäubenden Lärm hervor, daß ich froh war, nach meinem runden Haus hin entschlüpfen zu können, wo ich sehr angenehm mit einem halben Dutzend geräucherter menschlicher Schädel über mir schlief.

Der Fluß wurde von da an so seicht, daß Boote kaum darauf fahren konnten. Ich zog es deshalb vor, zu Fuß nach dem nächsten Dorf zu gehen, indem ich hoffte, bei der Gelegenheit etwas von dem Lande zu sehen; aber ich wurde sehr enttäuscht, da der Weg fast gänzlich durch dickes Bambusgebüsch führte. Die Dajaks ernten zwei Mal hinter einander; ein Mal Reis und das andere Mal Zuckerrohr, Mais und Gemüse. Dann liegt der Boden acht bis zehn Jahre brach und bedeckt sich mit Bambusrohr und Sträuchern, die sich oft gänzlich über den Weg wölben und jede Aussicht versperren. Drei Stunden Gehen brachten uns in das Dorf Senánkan, wo ich wieder den ganzen Tag bleiben mußte, was ich auf das Versprechen des Orang Kaya hin, daß seine Leute mich am folgenden Tage durch zwei weitere Dörfer quer durch nach Sénna hin, an die Quelle des Saráwak-Flusses, bringen sollten, auch gern that. Ich unterhielt mich so gut ich konnte bis zum Abend mit Spazierengehen auf den Höhenzügen der Umgegend, um eine Anschauung von der Gegend und von der Höhe der hauptsächlichsten Berge zu gewinnen. Dann kam wieder eine öffentliche Audienz an die Reihe mit Geschenken von Reis und Eiern und Trinken von Reiswein. Diese Dajaks bebauen eine große Strecke Landes und bringen eine Menge Reis nach Saráwak. Sie sind reich an Gongs, Metallschüsseln, Draht, Silbermünzen und anderen Gegenständen, in denen der Reichthum eines Dajaks besteht; und ihre Weiber und Kinder sind alle aufs höchste ausgeschmückt mit Perlhalsbändern, Muscheln und Metalldraht.

Am Morgen wartete ich etwas, aber die Männer, welche mich begleiten sollten, erschienen nicht. Als ich zu dem Orang Kaya schickte, war sowohl er als auch ein anderer Häuptling für den Tag fortgegangen, und als ich nach dem Grunde fragte, hörte ich, daß sie keinen ihrer Leute dazu hätten überreden können, mit mir zu gehen, weil die Reise lang und ermüdend sei. Da ich zum Gehen entschlossen war, so sagte ich zu den wenigen Leuten, die noch geblieben, daß die Häuptlinge sehr übel daran gethan hätten, daß ich mich bei dem Rajah wegen ihres Betragens beklagen würde und daß ich sofort aufbrechen wolle. Jeder der Anwesenden hatte eine andere Entschuldigung, aber es wurde nach Anderen gesandt und vermittelst Drohungen und Versprechungen und der Anwendung der ganzen Beredtsamkeit Bujon's kamen wir endlich nach zweistündigem Hin- und Herreden fort.

Die ersten paar Meilen ging unser Weg über für Reisfelder gelichtete Ländereien, die nur aus kleinen aber tief und scharf eingeschnittenen Rinnen und Thälern bestehen, mit nicht ein paar Fuß ebenen Bodens. Ueber dem Kayan-Fluß, einem Hauptarm des Südong, kamen wir an die niedrigen Abdachungen des Seboran-Berges; der Weg ging längs eines scharfen und mäßig steilen Abhanges und bot eine herrliche Aussicht auf das Land.

Die Gegend glich im Kleinen genau der Himalaya-Gegend, wie sie Dr. Hooker und andere Reisende beschrieben haben; sie sah wie ein natürliches Modell einiger Theile jener ungeheuren Berge aus, nach einem Maßstab von etwa einem Zehntel, indem Tausende von Fuß hier durch Hunderte repräsentirt waren. Ich entdeckte jetzt den Ursprung der hübschen Kiesel, die mir im Flußbette so gefielen. Die schieferartigen Felsen hatten aufgehört und diese Berge schienen aus einem Sandstein-Conglomerat zu bestehen, das an einigen Stellen nur aus einer Masse von aneinander haftenden Kieseln aufgebaut war. Ich hätte wissen sollen, daß so kleine Flüsse nicht so ungeheure Mengen schöngerundeter Kiesel vom allerhärtesten Material hervorbringen können. Sie waren augenscheinlich in fernen Zeitaltern durch die Thätigkeit irgend eines continentalen Stromes oder Seegestades gebildet worden, bevor die große Insel Borneo aus dem Ocean gehoben wurde. Die Existenz eines derartigen Systems von Hügeln und Thälern, das im Kleinen alle Züge einer großen Bergregion trägt, hat für die moderne Theorie, daß die Bodengestaltung hauptsächlich mehr von atmosphärischer als von unterirdischer Thätigkeit abhängig ist, eine wichtige Tragweite. Wenn wir eine Anzahl verzweigter, nach vielen verschiedenen Richtungen hin laufender Thäler und Spalten innerhalb einer Quadratmeile sehen, so scheint es kaum möglich, ihre Entstehung Rissen und Sprüngen, die durch Erdbeben hervorgebracht wären, zuzuschreiben oder auch nur sie von solchen abzuleiten. Auf der andern Seite sind in diesem Falle die Natur des Felsens, der so leicht von Wasser zersetzt und weggeschwemmt werden kann, und die bekannte Thätigkeit der so mächtigen tropischen Regen zum mindesten ganz zureichende Gründe für die Bildung solcher Thäler. Allein die Aehnlichkeit ihrer Formen und ihrer Umrisse, ihres Auseinanderstrahlens, ihrer sie trennenden Abhänge und Firste mit denen der großen Bergscenerie des Himalaya ist so bemerkenswerth, daß wir zu dem Schlusse hingedrängt werden, daß die Arbeitskräfte in beiden Fällen dieselben gewesen sind und daß nur in der Zeit, in der sie in Thätigkeit gewesen und in der Natur des Materials, auf das sie zu wirken hatten, der Unterschied liegt.

Ungefähr am Nachmittag erreichten wir das Dorf Menyerry, schön gelegen auf einem Ausläufer des Berges, ungefähr sechshundert Fuß über dem Thal und eine prächtige Aussicht auf die Berge dieses Theils von Borneo darbietend. Von hier aus sah ich den Berg Penrissen an dem Ursprung des Saráwat-Flusses, einen der höchsten des Districtes, der bis zu sechstausend Fuß über der See ansteigt. Nach Süden schienen die Rowan- und weiter hin die Untowan-Berge im holländischen Gebiete gleich hoch zu sein. Von Menyerry herabsteigend passirten wir wieder den Kayan, der sich um den Bergvorsprung herumwindet, und erstiegen den Paß, welcher die Sádong- und Saráwat-Thäler von einander trennt und der an zweitausend Fuß hoch ist. Das Herabsteigen von diesem Punkte war sehr schön. Ein Strom rauschte an jeder Seite tief unten in einer Felsschlucht, und allmälig stiegen wir zu dem einen hinunter, indem wir über viele seitliche Rinnen und Abgründe auf Bambusbrücken der Eingebornen gingen. Einige dieser Brücken waren mehre hundert Fuß lang und fünfzig oder sechzig Fuß hoch; ein einzelnes glattes Bambusrohr von vier Zoll Durchmesser bildete den Gehweg, während ein dünnes Geländer von demselben Material oft so schwankte, daß es nur als Führung, nicht als Unterstützung dienen konnte.

Spät am Nachmittag erreichten wir Sodos, auf einem Vorsprung zwischen zwei Flüssen gelegen, aber so von Fruchtbäumen umgeben, daß man nichts von der Gegend sehen konnte. Das Haus war geräumig, rein und bequem und das Volk sehr verbindlich. Viele der Frauen und Kinder hatten nie vorher einen Weißen gesehen und verhielten sich sehr skeptisch in Beziehung darauf, daß ich ganz von derselben Farbe sei wie mein Gesicht. Sie baten mich, ihnen meine Arme und meinen Körper zu zeigen und waren so freundlich und gutgesittet, daß ich mich bewogen fand, ihnen zu willfahren; ich streifte meine Hosen in die Höhe und ließ sie die Farbe meines Beines sehen, welches sie mit großem Interesse betrachteten.

Morgens früh stiegen wir weiter hinab, ein schönes Thal

entlang mit Bergen von zweitausend bis dreitausend Fuß Höhe nach jeder Richtung hin. Der kleine Fluß wuchs sehr schnell bis wir Senna erreichten, wo er schon als schöner kieseliger Strom für kleine Canoes schiffbar war. Hier kamen wieder die gehobenen schieferigen Felsen zum Vorschein mit demselben Streichen und Fallen wie am Sadong-Fluß. Als ich um ein Boot bat, das mich stromabwärts bringen sollte, sagte man mir, daß die Senna-Dajaks, obgleich sie an Flußufern lebten, doch nie Boote bauten oder gebrauchten. Sie waren Bergbewohner, die erst vor zwanzig Jahren ins Thal herabgekommen waren und noch nicht in neue Gewohnheiten sich eingelebt hatten. Sie sind von demselben Stamme wie die Bevölkerung von Menyerry und Sobos. Sie bauen gute Wege und Brücken, cultiviren viel Bergland und geben daher der Gegend ein gefälligeres und civilisirteres Aussehen als jene, welche nur in Booten fahren und sich in ihrem Anbau auf die Stromesufer beschränken.

Nach einiger Mühe miethete ich ein Boot von einem malayischen Händler und fand drei Dajaks, die mehre Male mit Malayen nach Saráwak gewesen waren und die die Sache sehr gut zu verstehen glaubten. Sie trieben sehr ungeschickt hinaus, rannen immer auf den Grund, stießen gegen Felsen und verloren ihr Gleichgewicht, so daß sie selbst und das Boot fast umstürzten; es war ein in die Augen springender Gegensatz zu der Geschicklichkeit der See-Dajaks. Endlich kamen wir an eine wirklich gefährliche Stromschnelle, wo oft Boote versanken, und meine Leute fürchteten sich darüber zu fahren. Einige Malayen überholten uns hier mit einer Schiffsladung Reis und nachdem sie sicher hinübergekommen waren, sandten sie in gefälliger Weise einen ihrer Leute zurück, um mir zu helfen. Wie es so geht — gerade an der kritischen Stelle verloren meine Dajaks das Gleichgewicht und hätten, wenn sie allein gewesen wären, sicherlich das Boot umgekippt. Der Fluß wurde nun außerordentlich malerisch, da das Land jederseits theilweise für Reisfelder gelichtet war, die die Aussicht nicht behinderten. Zahlreiche kleine Kornspeicher waren hoch oben in über den Fluß hängenden Bäumen angebracht, zu denen Bambusbrücken vom Ufer aus schräg hinaufführten; und hier und da gingen Bambus-Hängebrücken über den Strom, wo querüber wachsende Bäume ihre Herstellung begünstigten.

Ich schlief die Nacht in dem Dorf der Sebungow-Dajaks und erreichte folgenden Tages Saráwak nach Durchwanderung einer sehr schönen Gegend, in der Kalksteinberge mit ihren phantastischen Formen und weißen Abhängen jederseits aufstiegen, drapirt und geschmückt mit einer üppigen Vegetation. Die Ufer des Saráwak-Flusses sind aller Orten mit Fruchtbäumen bedeckt, welche den Dajaks einen großen Theil ihrer Nahrung bieten. Die Mangustan,[1] Lansat,[2] Rambutan,[3] Jack,[4] Jambou[5] und Blimbing[6] sind alle im Ueberfluß vorhanden; aber am reichlichsten vorkommend und am geschätztesten ist die Durian,[7] eine Frucht, die man in England wenig kennt, aber welche sowohl von Eingebornen als von Europäern im malayischen Archipel allen andern vorgezogen wird. Der alte Reisende Linschott, der um 1599 schrieb, sagte: „Sie ist von so ausgezeichnetem Geschmack, daß sie an Aroma alle andern Früchte der Welt übertrifft, wenn man denen glaubt, welche sie gekostet haben." Und Doctor Paludanus fügt hinzu: „Die Frucht ist gewürzt und wässerig. Wenn man nicht an sie gewöhnt ist, scheint sie zuerst nach faulen Zwiebeln zu riechen,

---

[1] Garcinia mangostana (Hypericineae). — [2] Lansium sp. (Meliaceae). - [3] Nephelium lappaceum (Sapindaceae). — [4] Artocarpus integrifolia (Artocarpeae.) — [5] Eugenia sp. (Myrtaceae). — [6] Averrhoa bilimbi (Oxalidaceae). — [7] Durio zibethinus (Sterculiaceae). A. d. Uebers.

aber sowie man sie geschmeckt hat, zieht man sie aller andern Nahrung vor. Die Eingebornen geben ihr Ehrennamen, preisen sie und machen Verse auf sie." Im Hause ist der Geruch oft so unangenehm, daß einige Menschen sich nie überwinden können sie zu kosten. So ging es mir, als ich es zuerst in Malala versuchte, aber auf Borneo fand ich eine reife Frucht am Boden und als ich sie im Freien aß, wurde ich mit einem Schlage ein geschworner Durian-Esser.

Die Durian wächst an einem großen und hohen Waldbaum, etwa der Ulme ähnlich in ihrem Hauptcharakter, aber mit einer glatteren und mehr blätterigen Rinde. Die Frucht ist rund oder leicht oval, von der Größe einer großen Kokosnuß ungefähr, von grüner Farbe und ganz mit kleinen starken und scharfen Stacheln bedeckt, deren Basen sich gegenseitig berühren und in Folge davon etwas sechseckig sind. Sie ist so vollständig bewaffnet, daß es bei abgebrochenem Stengel schwierig ist, sie vom Boden aufzuheben. Die äußere Rinde ist so dick und zäh, daß, von welcher Höhe sie auch herabfallen mag, sie doch nie zerbricht. Von der Basis zur Spitze sieht man fünf sehr schwach gezeichnete Linien, über welche die Stacheln sich ein wenig wölben; es sind die Näthe der Carpellarblätter und sie zeigen, wo die Frucht mit einem starken Messer und einer kräftigen Hand getheilt werden kann. Die fünf Zellen sind Atlas-artig weiß von innen und jede ist von einer ovalen Masse rosafarbigen Breies gefüllt, in dem zwei oder drei Samen von der Größe einer Kastanie liegen. Dieser Brei ist das Eßbare und Zusammensetzung und Wohlgeschmack desselben sind unbeschreiblich. Ein würziger, butteriger, stark nach Mandeln schmeckender Eierrahm giebt die beste allgemeine Idee davon, aber dazwischen kommen Duftwolken die an Rahmkäse, Zwiebelsauce, braunen Xereswein und anderes Unvergleichbare erinnern; dann ist der Brei von einer würzigen, klebrigen Weichheit, die sonst keinem Ding zukommt, die ihn aber noch delicater macht. Die Frucht ist weder sauer, noch süß, noch saftig und doch empfindet man nicht den Mangel einer dieser Eigenschaften, denn sie ist vollkommen so wie sie ist. Sie verursacht keine Uebelkeit und bringt überhaupt keine schlechte Wirkung hervor und je mehr man davon ißt, desto weniger fühlt man sich geneigt aufzuhören. Durian essen ist in der That eine neue Art von Empfindung, die eine Reise nach dem Osten lohnt.

Wenn die Frucht reif ist, so fällt sie von selbst herab und die einzige Art, Durians in Vollkommenheit zu essen, ist, daß man sie frisch gefallen genießt; der Geruch übernimmt dann auch weniger. Unreif ist sie als Gemüse sehr gut zu kochen, sie wird aber auch dann roh von den Dajaks gegessen. In einem guten Fruchtjahr werden große Mengen in Krügen und Bambusgefäßen eingesalzen und das ganze Jahr aufbewahrt; dann erlangt sie für Europäer einen höchst widerwärtigen Geruch, aber die Dajaks schätzen sie sehr als Beigabe zum Reis. Im Walde giebt es zwei Varietäten wilder Durians mit viel kleineren Früchten, eine innen orange gefärbt, und von dieser stammen wahrscheinlich die großen und schönen Durians her, die nie wild vorkommen. Allein es würde doch nicht ganz richtig sein, wenn man sagte, die Durian sei die beste aller Früchte, weil sie doch nicht die säuerlich saftigen Früchte ersetzen kann, die Orange, die Weintraube, die Mango* und die Mangustan, deren erfrischende und kühlende Eigenschaften so heilsam und angenehm sind; aber als eine Nahrung von höchst ausgezeichnetem Wohlgeschmack ist sie unübertrefflich. Wenn ich zwei Früchte nennen sollte, als voll-

* Mangifera indica (Terebinthaceae). A. d. Ueberf.

kommenste Repräsentanten der beiden Klassen, so würde ich zweifellos die Durian und die Orange wählen als König und Königin unter den Früchten.

Die Durian ist aber auch manchmal gefährlich. Wenn die Frucht zu reifen beginnt, so fällt sie täglich und fast stündlich, und nicht selten hört man von Unglücksfällen bei Leuten, die unter den Bäumen gerade gingen oder arbeiteten. Wenn eine Durian bei ihrem Fall Jemanden trifft, so verursacht sie eine furchtbare Wunde, die starken Stacheln reißen das Fleisch auf und der Schlag selbst ist sehr heftig; aber gerade darum stirbt man selten in Folge davon, weil die reichliche Blutung die Entzündung, die sonst Platz greifen könnte, hintanhält. Ein Dajak-Häuptling erzählte mir, daß er von einer auf seinen Kopf gefallenen Durian niedergeschlagen sei und geglaubt habe, sterben zu müssen, allein er erholte sich in einer sehr kurzen Zeit.

Poeten und Moralisten, die nach unsern englischen Bäumen und Früchten urtheilten, haben gedacht, daß kleine Früchte, deren Fall den Menschen nicht schädigen könne, stets auf hohen Bäumen wachsen, während die großen sich am Boden hinziehen. Zwei der größten und schwersten Früchte aber, die man kennt, die brasilianischen Nußfrüchte (Bertholletia) und die Durian wachsen auf hohen Waldbäumen, von denen sie reif herabfallen und oft Eingeborne verwunden oder tödten. Wir können zwei Dinge daraus lernen: erstens, daß wir nicht allgemeine Schlußfolgerungen aus einer örtlich sehr beschränkten Kenntniß der Natur ziehen dürfen; und zweitens, daß Bäume und Früchte, ebensowenig wie die mannigfaltigen Producte des Thierreiches, nicht in ausschließlicher Beziehung auf den Nutzen und die Annehmlichkeit für den Menschen organisirt sind.

Während meiner vielen Reisen auf Borneo und hauptsächlich während meines Aufenthaltes unter den Dajaks an verschiedenen Orten, kam ich erst dazu, die wunderbaren Eigenschaften des Bambusrohres schätzen zu lernen. In den Theilen Südamerika's, welche ich früher besucht hatte, waren diese Riesengräser verhältnißmäßig sparsam; und wo sie vorkommen, werden sie wenig gebraucht, da sie einestheils von den verschiedenartigsten Palmen, anderentheils von den Kalebassen* und Kürbissen** ersetzt werden. Fast alle tropischen Länder produciren Bambusrohr und wo immer es in Ueberfluß gefunden wird, da brauchen die Eingebornen es zu einer Menge von Dingen. Seine Härte, Leichtigkeit, Glätte, Geradheit, Rundung und sein Hohlsein, die Bequemlichkeit und Regelmäßigkeit, mit der es gespalten werden kann, seine sehr verschiedene Größe, die wechselnde Länge seiner Knoten, die Leichtigkeit, mit der es geschnitten und mit der Löcher hineingebohrt werden können, seine harte Außenseite, sein Freisein von jedem ausgesprochenen Geschmack oder Geruch, sein reichliches Vorkommen und die Schnelligkeit seines Wachsthums und seiner Vermehrung, alles das sind Eigenschaften, die es für hundert verschiedene Zwecke verwendbar machen, denen zu dienen andere Materialien viel mehr Arbeit und Vorbereitungen erfordern würden. Der Bambus ist eins der wundervollsten und schönsten Producte der Tropen und eins der werthvollsten Geschenke der Natur an uncivilisirte Völker.

Die Dajak-Häuser stehen alle auf Pfählen und sind oft zwei- oder dreihundert Fuß lang und vierzig bis fünfzig Fuß breit. Der Fußboden ist immer aus Brettern von großen Bambusen gemacht, so daß jedes fast eben und ungefähr drei Zoll breit ist, und diese Bretter sind mit Rotang an die Querbalken darunter

* Crescentia cujete. A. d. Uebers.
** Cucurbita lagenaria. A. d. Uebers.

festgebunden. Es geht sich auf solchen Fußböden, wenn sie gut gemacht sind, sehr angenehm barfuß, da die gerundete Oberfläche des Bambus sehr weich und dem Fuß sehr wohlthuend ist, während sie zu gleicher Zeit einen festen Halt bietet. Aber, was noch wichtiger ist, sie geben mit einer Matte darüber ein vortreffliches Bett ab, da die Elasticität des Bambus und seine gerundete Oberfläche einem härteren und mehr ebenen Fußboden weit vorzuziehen ist. Hier finden wir also eine Anwendung des Bambus, in der es durch ein anderes Material ohne ein großes Stück Arbeit nicht ersetzt werden könnte, da Palmen und andere Bäume viel Schneiden und Glätten erfordern und doch nicht ebenso gut werden. Wenn man aber einen flachen, dichten Fußboden haben will, so lassen sich vortreffliche Bretter dadurch herstellen, daß man große Bambusstämme nur an einer Seite aufschlitzt und sie glättet, so daß sie Dielen von achtzehn Zoll Breite und sechs Fuß Länge bilden; mit solchen belegen einige Dajaks ihre Häuser; sie werden durch das beständige Reiben mit den Füßen und den jahrelangen Rauch dunkel und polirt, wie Wallnuß- oder altes Eichenholz, so daß man das ursprüngliche Material kaum wieder erkennt. Welche Arbeit ist hier einem Wilden gespart, dessen einzige Werkzeuge eine Axt und ein Messer sind, und der, wenn er Bretter machen wollte, sie aus dem soliden Stamm eines Baumes aushauen und Tage und Wochen lang arbeiten müßte, um eine so ebene und schöne Oberfläche zu erhalten, wie der Bambus, so behandelt, sie ihm darbietet. Ebenso ist, wenn der Eingeborne in seinen Anpflanzungen oder der Reisende im Walde ein interimistisches Haus braucht, nichts so zweckentsprechend als der Bambus, aus dem ein Haus mit dem vierten Theil der Arbeit und der Zeit errichtet werden kann, als wenn andere Materialien angewendet würden.

Wie ich schon erwähnte, bauen sich die Hügel-Dajaks im Innern von Saráwak Wege auf weite Entfernungen hin, von Dorf zu Dorf und zu ihren Pflanzungen, in deren Verlauf sie viele Spalten und Bergwasser, ja selbst Flüsse überbrücken, oder manchmal, um große Umwege zu vermeiden, den Pfad einen Abgrund entlang führen müssen. In all diesen Fällen machen sie die Brücken aus Bambus und das Material ist dafür so wunderbar

Dajak über eine Bambusbrücke gehend.

geeignet, daß es zweifelhaft ist, ob sie je solche Werke unternommen haben würden, wenn sie es nicht besessen hätten. Die Dajak-Brücke ist einfach aber nach einem guten Plan angelegt. Sie besteht lediglich aus starken sich wie ein X kreuzenden und ein paar Fuß über dem Boden liegenden Bambusstäben. An der Kreuzungsstelle sind sie fest aneinander und an ein großes Bambusrohr gebunden, das auf ihnen liegt und den einzigen Fußweg bildet, mit einem dünnen und oft sehr schwankenden Rohr, das als Handseil dienen soll. Wenn ein Fluß überbrückt wird, so wählen sie einen überhängenden Baum, von dem die Brücke theils getragen, theils durch diagonale Strebebalken vom Ufer aus gestützt wird, um keine Pfeiler in den Strom selbst zu stellen, die dem Fortschwemmen durch Fluthen ausgesetzt sein würden. Wenn sie einen Pfad Abhänge entlang anlegen, so brauchen sie die Bäume und Wurzeln zum Tragen; Streben steigen von passenden Einschnitten oder Rissen in dem Felsen auf, und wenn diese nicht genügen, so werden ungeheure fünfzig bis sechzig Fuß lange Bambusstämme an den Ufern oder an dem Zweige eines Baumes unten befestigt. Diese Brücken werden täglich von Männern und Frauen mit schweren Lasten begangen, so daß irgend eine Gebrechlichkeit bald entdeckt, und da die Baustoffe nah zur Hand sind, sofort beseitigt wird. Wenn ein Weg über einen sehr abschüssigen Boden führt und bei sehr nassem oder sehr trocknem Wetter schlüpferig wird, so benutzt man den Bambus noch anders. Es werden Stücke von einer Elle Länge geschnitten und an jedem Ende einander sich gegenüberstehende Einkerbungen gemacht, dann Löcher gebohrt und Pflöcke hindurch getrieben, und so sind feste und bequeme Stufen mit der größten Leichtigkeit und Schnelligkeit verfertigt. Wohl verfällt in ein oder zwei Jahren viel davon, allein es kann so schnell wieder hergestellt werden, daß es noch immer ökonomischer ist, als wenn man es von einem härteren und dauerhafteren Holze machte.

Eine der überraschendsten Anwendungen des Bambus besteht darin, daß die Dajaks ihn zum Erklettern hoher Bäume verwerthen, indem sie Pflöcke auf die Weise hineintreiben, wie ich es schon oben S. 77 beschrieben habe. Diese Methode wird stets angewandt, um sich in den Besitz des Wachses zu setzen, das eins der geschätzesten Producte des Landes ist. Die Biene Borneo's hängt gewöhnlich ihre Honigscheiben unter die Zweige des Tappan, eines Baumes, der alle andern im Walde überragt und dessen glatter cylindrischer Stamm oft hundert Fuß hoch unverästelt ansteigt. Die Dajaks erklimmen diese hohen Bäume des Nachts, indem sie ihre Bambusleiter construiren, und holen riesige Honigscheiben herunter. Diese geben ihnen einen delicaten Leckerbissen von Honig und jungen Bienen, außer dem Wachs, das sie Händlern verkaufen und für den Erlös sich die sehr geschätzten Metalldrähte, Ohrringe und goldberandeten Tücher erstehen, mit denen sie sich selbst zu schmücken lieben. Wenn sie Durians und andere Fruchtbäume ersteigen, deren Zweige dreißig bis vierzig Fuß vom Boden beginnen, so benutzen sie, wie ich gesehen habe, nur die Pflöcke ohne den aufrechtstehenden Bambusstamm, der die Sache so sehr viel sicherer macht.

Die Außenrinde des Bambus, gespalten und dünn geschabt, ist das stärkste Material für Körbe; Hühnerkäfige, Vogelhäuser und konische Fischbehälter werden sehr schnell aus einem einzigen Glied verfertigt, indem man die Rinde in schmale Streifen schneidet, die man an dem einen Ende nicht loslöst, während Ringe von demselben Material oder von Rotang in regelmäßigen Entfernungen dazwischen geflochten werden. Auf kleinen Aquäducten, die aus großen halbirten Bambusstämmen bestehen, getragen von gekreuzten Stöcken verschiedener Höhe, um einen regelmäßigen Fall hervorzurufen, wird das Wasser zu ihren Häusern hingeleitet. Dünne langgliedrige Bambusstämme dienen den Dajaks allein zu Wasserbehältern und ein Dutzend davon steht in dem Winkel eines jeden Hauses. Sie sind reinlich, leicht und gut zu tragen und aus vielen Gründen den irdenen Gefäßen vorzuziehen. Sie geben auch vortreffliches Kochgeschirr ab; Gemüse und Reis kann in ihnen vollständig gekocht werden und man benutzt sie viel auf Reisen. Gesalzene Früchte und Fische, Zucker, Essig und Honig werden in ihnen statt in Krügen oder Flaschen aufbewahrt. In einem kleinen zierlich geschnitzten und verzierten Bambuskasten trägt der Dajak seinen Siri und Kalk zum Betelkauen, und sein kleines langklingiges Messer hat eine Bambusscheide. Seine Lieblingspfeife verfertigt er sich in wenigen Minuten, indem er ein kleines Stück Bambus als Pfeifenkopf schräg in einen großen bis zu sechs Zoll Höhe Wasser haltenden Cylinder einsetzt, durch welchen der Rauch in ein langes dünnes Bambusrohr zieht. Es giebt noch viele andere kleine Dinge, für die der Bambus täglich gebraucht wird, aber ich habe jetzt schon genug angeführt um seinen Werth ins rechte Licht zu stellen. In andern Theilen des Archipels habe ich ihn selbst noch zu vielen weiteren Dingen verwenden sehen und es ist wahrscheinlich, daß ich durch die mangelhafte Gelegenheit zur Beobachtung nicht mit der Hälfte der Dinge bekannt geworden bin, zu denen er von den Dajaks von Saráwak gebraucht wird.

Da ich gerade von einer Pflanze spreche, so will ich einige der hervorragendsten pflanzlichen Producte Borneo's hier erwähnen. Die wundervollen Kannenpflanzen, die die Gattung Nepenthes der Botaniker bilden, kommen hier zur schönsten Entfaltung. Jeder Berggipfel ist voll von ihnen; sie wachsen am Boden oder schlingen sich über Gebüsch und verkrüppelte Bäume; ihre eleganten Kannen hängen überall. Einige sind lang und schmal und gleichen in der Form dem schönen philippinischen Spitzenschwamm (Euplectella), der jetzt so bekannt geworden ist; andere sind breit und kurz. Sie sind von verschieden nuancirter grüner Farbe mit roth oder purpur gesprenkelt. Die schönste bis jetzt bekannte wurde auf dem Gipfel des Kini-balou im Nordwesten von Borneo gefunden. Eine der breiteren Arten, Nepenthes rajah, faßt zwei Quart Wasser in ihrer Kanne. Eine andere, Nepenthes Edwardsiana, hat eine schmale zwanzig Zoll lange Kanne; während die Pflanze selbst zwanzig Fuß lang wird.

Farne sind reichlich vorhanden, aber nicht in so verschiedenen Arten als auf den vulcanischen Gebirgen Java's; und Baumfarne sind weder so zahlreich noch so groß als auf dieser Insel. Sie wachsen jedoch ganz hinunter bis an den Spiegel der See und sind gemeinhin schlanke und zierliche Pflanzen von acht bis fünfzehn Fuß Höhe. Ohne gerade viel Zeit daran zu setzen, sammelte ich fünfzig Arten von Farnen auf Borneo und ich zweifle nicht daran, daß ein guter Botaniker das Doppelte gefunden haben würde. Die interessante Gruppe der Orchideen ist ebenfalls sehr reichlich vertreten, aber wie es gewöhnlich der Fall ist, neun Zehntel der Arten haben kleine und unansehnliche Blumen. Zu den Ausnahmen gehört die schöne Coelogynes, deren große Büschel gelber Blumen die düstersten Wälder schmücken, und jene höchst ausgezeichnete Pflanze, Vanda Lowii, welche viel in der Nähe einiger seichten Quellen am Fuße des Berges Peninjauh vorkommt. Sie wächst auf den niedrigeren Zweigen von Bäumen und ihre seltsamen hängenden Blumenähren erreichen oft den Boden. Diese sind im Allgemeinen sechs oder acht Fuß lang und tragen große und schöne drei Zoll breite Blumen; sie variiren in der Farbe von orange bis roth mit tiefen purpurrothen Flecken. Ich sah eine Aehre, welche die außerordentliche Länge von neun Fuß acht Zoll erreichte und sechsunddreißig spiralisch auf einem dünnen fadengleichen Stiel angeordnete Blumen trug. Exemplare, welche in unsern englischen Gewächshäusern gewachsen sind, haben Blumenähren

Vanda Lowii.

von gleicher Länge hervorgebracht und mit einer viel größeren Anzahl von Blüthen.

Blumen waren spärlich wie gewöhnlich in Aequatorial-

Wäldern, und nur selten fand ich etwas Auffallendes. Einige schöne Schlingpflanzen sah man dann und wann, besonders eine hübsche carmoisinrothe und gelbe Aeschynanthus, und eine schöne Hülsenpflanze mit Büscheln großer Cassia-artiger Blumen von einer reichen Purpurfarbe. Einmal fand ich eine Anzahl kleiner zu den Anonaceen gehöriger Bäume der Gattung Polyalthea, die in dem düsteren Waldesschatten eine sehr auffallende Wirkung hervorbrachten. Sie waren an dreißig Fuß hoch und ihre schlanken Stämme waren mit großen Stern-artigen carmoisinrothen Blumen bedeckt, welche wie Gewinde traubenartig an ihnen wuchsen und mehr einer künstlichen Decoration als einem natürlichen Product glichen. (Siehe die Abbildung auf der folgenden Seite.)

Der Wald ist äußerst reich an riesigen Bäumen mit cylindrischen, gestützten und oft ausgehöhlten Aesten, während der Reisende gelegentlich auch auf einen wundervollen Feigenbaum stößt, dessen Stamm selbst ein Wald von Aesten und Luftwurzeln ist. Seltener noch findet man Bäume, welche aussehen als ob sie mitten in der Luft zu wachsen angefangen hätten, und von da aus weit sich ausbreitende Zweige und eine verwickelte Pyramide von Wurzeln aussenden, die an siebzig bis achtzig Fuß bis auf den Grund hinabsteigen und sich so weit jederseits ausbreiten, daß man mitten im Centrum stehen kann, den Baumstamm gerade über sich. Bäume ähnlichen Charakters werden über den ganzen Archipel verbreitet gefunden und die nebenstehende Abbildung (die einen Baum auf den Aru Inseln, den ich oft besuchte, wiedergiebt) wird ihren allgemeinen Charakter anschaulich machen. Ich glaube, daß sie ihren Ursprung als Schmarotzerpflanzen nehmen von Samen, den Vögel holen und in einem Gabelast eines hohen Baumes fallen lassen. Von da steigen Luftwurzeln herab, umspinnen und zerstören zuletzt den sie tragenden Baum,

Polyalthea. Seltsamer Waldbaum. Baumfarn.

welcher mit der Zeit vollständig von der bescheidenen Pflanze, welche zuerst von ihm abhing, ersetzt wird. So haben wir einen wirklichen Kampf ums Dasein in dem Pflanzenreiche, nicht weniger verhängnißvoll für den Besiegten als die Kämpfe zwischen den

Thieren, die wir so viel leichter beobachten und verstehen können. Der Vortheil des schnelleren Zutritts zum Licht, zur Wärme und zur Luft, welchen Schlingpflanzen in ihrer Weise gewinnen, wird hier von einem Waldbaum erreicht, der also in einer Höhe ins Leben treten kann, welche andere erst nach vielen Jahren des Wachsthums erreichen, und dann nur wenn der Sturz eines anderen Baumes ihnen Platz gemacht hat. So wird in dem warmen, feuchten und gleichmäßigen Klima der Tropen jeder vortheilhafte Platz in Anspruch genommen und bietet die Möglichkeit dar, daß sich neue Formen entwickeln, die ihm speciell angepaßt sind.

Als ich Saráwak Anfang December erreichte sah ich, daß vor Ende Januar keine Gelegenheit nach Singapore zurückzukehren sich bieten würde. Ich nahm daher Sir James Brooke's Einladung an mit ihm und Herrn St. John in seinem Häuschen auf dem Peninjauh zuzubringen. Dieser ist ein sehr steiler pyramidenförmiger Berg von krystallinischem Basalt, ungefähr tausend Fuß hoch und mit üppigem Wald bedeckt. Auf ihm stehen drei Dajak-Dörfer und auf einem kleinen Plateau nahe dem Gipfel befindet sich die rohe Holzbehausung, in welcher der englische Rajah sich zu erholen und kühle frische Luft einzuathmen pflegte. Es ist nur zwanzig Meilen den Fluß hinauf, aber die Straße den Berg hinan ist eine Kette von Leitern, dem Rande von Abgründen entlang, von Bambusbrücken über Vertiefungen und Klüfte und von unsicheren Pfaden über Felsen, Baumstämme und ungeheure Häuser-große Rollsteine. Eine kühle Quelle unter einem überhängenden Felsen, gerade unterhalb der Hütte, erfrischte uns durch Bäder und köstliches Trinkwasser, und die Dajats brachten uns täglich aufgehäufte Körbe voll von Mangustans und Lansats hinauf, zwei der delicatesten der säuerlichen tropischen Früchte. Wir kehrten um Weihnacht (das zweite Christfest, welches ich zusammen mit Sir James Brooke zugebracht hatte) nach Saráwak zurück, um welche Zeit alle Europäer, sowohl die aus der Stadt als auch die von den äußeren Stationen, sich der Gastfreundschaft des Rajah erfreuten, welcher in hervorragender Weise die Kunst besaß alle Menschen um sich herum behaglich und glücklich zu machen.

Einige Tage nachher kehrte ich mit Charles und einem malayischen Knaben Namens Ali nach dem Berge zurück und blieb dort drei Wochen um Landmuscheln, Tag- und Nachtschmetterlinge, Farne und Orchideen zu sammeln. Auf dem Hügel selbst waren die Farne ziemlich zahlreich und ich sammelte etwa vierzig Arten. Aber am meisten beschäftigte mich der große Reichthum an Nachtfaltern, die ich bei gewissen Gelegenheiten zu fangen im Stande war. Da ich während der ganzen acht Jahre meiner Wanderungen im Osten nie einen andern Ort fand, an dem diese Insecten überhaupt zahlreich vorkamen, so wird es interessant sein die speciellen Bedingungen anzugeben, unter denen ich sie erhielt.

An einer Seite der Hütte war eine Veranda, von welcher man auf die ganze Seite des Berges hinuntersehen konnte und hinauf bis zum Gipfel auf der rechten Seite auf Partien, die dicht mit Wald bedeckt waren. Die getäfelten Wände der Hütte waren geweißt und das Dach der Veranda niedrig und ebenfalls getäfelt und geweißt. Sobald es dunkelte, stellte ich meine Lampe auf einen Tisch an die Wand und setzte mich mit einem Buch in der Hand nieder, versehen mit Stecknadeln, Insectenzangen, Netz und Sammelbüchsen. Manchmal kam während des ganzen Abends nur ein einziger Nachtfalter, während sie an andern in einem ununterbrochenen Zuge hereinströmten und mir bis nach Mitternacht mit Fangen und Aufnadeln zu schaffen machten. Sie kamen buchstäblich zu Tausenden. Diese guten Nächte waren sehr selten. Während der vier Wochen, welche ich im Ganzen auf dem Hügel zubrachte, kamen nur vier wirklich gute Nächte vor und diese waren stets regnerisch und die besten in hohem Maße feucht. Aber nasse Nächte waren nicht immer gute, denn eine regnerische Mondnacht brachte fast gar nichts. Alle Hauptgruppen der Nachtschmetterlinge waren vertreten und die Schönheit und Mannigfaltigkeit der Arten war sehr groß. In guten Nächten war ich im Stande 100 bis 250 Nachtfalter zu fangen, und es waren jedesmal die Hälfte bis zwei Drittel davon verschiedene Arten. Einige setzten sich an die Wand, andere auf den Tisch und viele flogen auf das Dach, und ich mußte sie über die ganze Veranda hin und her jagen ehe ich sie fangen konnte. Um die interessante Beziehung zwischen der Art des Wetters und dem Grad, in welchem die Nachtfalter vom Licht angezogen wurden darzuthun, füge ich eine Liste meiner Ausbeute während jeder Nacht des Aufenthaltes auf dem Hügel bei.

Datum.	Zahl der Nachtfalter.	Bemerkungen.
1855.		
13. Dec.	1	Schön; sternenklar.
14. „	75	Feiner Regen und Nebel.
15. „	41	Regnerisch; wolkig.
16. „	158	(120 Arten.) Anhaltender Regen.
17. „	82	Naß; etwas Mondschein.
18. „	9	Schön; Mondschein.
19. „	2	Schön; heller Mondschein.
31. „	200	(130 Arten.) Dunkel und windig; heftiger Regen.
Transp.	568	

Der Nachtfalterfang.

Datum.	Zahl der Nachtfalter.	Bemerkungen.
Transp. 1856.	568	
1. Jan.	185	Sehr naß.
2. „	68	Wolkig und Regenschauer.
3. „	50	Wolkig.
4. „	12	Schön.
5. „	10	Schön.
6. „	8	Sehr schön.
7. „	8	Sehr schön.
8. „	10	Schön.
9. „	36	Regnerisch.
10. „	30	Regnerisch.
11. „	260	Heftiger Regen die ganze Nacht hindurch und dunkel.
12. „	56	Regnerisch.
13. „	44	Regnerisch; etwas Mondschein.
14. „	4	Schön; Mondschein.
15. „	24	Regen; Mondschein.
16. „	6	Regenschauer; Mondschein.
17. „	6	Regenschauer; Mondschein.
18. „	1	Regenschauer; Mondschein.
Total	1386	

Man sieht, daß ich in sechsundzwanzig Nächten 1386 Nachtschmetterlinge gefangen habe, aber daß mehr als achthundert davon in vier sehr nassen und dunkeln Nächten gesammelt wurden. Mein Erfolg hier ließ mich hoffen, daß ich bei ähnlichen Veranstaltungen auf jeder Insel eine Unzahl dieser Insecten würde erhalten können; aber seltsamerweise war ich während der sechs folgenden Jahre nicht einmal in der Lage Sammlungen zu machen, die sich denen von Saráwak überhaupt nur näherten. Der Grund davon liegt, wie ich sehr wohl weiß, in dem Fehlen der einen oder andern der wesentlichen Bedingungen, die sich hier alle vereinigt hatten. Manchmal war die trockne Jahreszeit das

Hinderniß; häufiger der Aufenthalt in einer Stadt oder einem Dorfe, die nicht nahe einem Urwald lagen, und in der Umgebung von andern Häusern, deren Lichter eine Gegenanziehung ausübten; häufiger noch der Aufenthalt in einem dunkeln mit Palmen gedeckten Hause, mit einem hohen Dach, in dessen Schlupfwinkeln jeder Falter sich im Moment des Hereinkommens verlor. Dieses Letztere that den meisten Abbruch und es war der Hauptgrund, weßhalb ich nie wieder im Stande war eine Sammlung von Nachtschmetterlingen zu machen; denn ich wohnte später nie in einem einsam stehenden Jungle-Hause mit einer niedrigen getäfelten und geweißten Veranda, die so gebaut war, daß die Insecten nicht in höhere Theile des Hauses ganz aus dem Bereich entkommen konnten. Nach meiner langen Erfahrung, meinen zahlreichen fehlgeschlagenen Versuchen und meinem einen Erfolge, bin ich sicher, daß, wenn eine Gesellschaft von Naturforschern einmal eine Yacht-Reise zur Erforschung des malayischen Archipels oder irgend einer tropischen Gegend unternimmt und die Entomologie einer ihrer Hauptzwecke ist, es sich sehr lohnen würde eine kleine hölzerne Veranda mitzunehmen oder ein Veranda-ähnliches Zelt von weißem Segeltuch, das man bei jeder günstigen Gelegenheit aufstellen kann um dadurch Nacht-Lepidopteren und auch seltene Arten von Coleopteren und anderen Insecten zu fangen. Ich gebe hier diesen Wink, weil Niemand den enormen Unterschied in den Resultaten, den ein solcher Apparat hervorrufen würde, vermuthen kann, und weil ich es für etwas Bemerkenswerthes aus der Erfahrung eines Sammlers erachte, wenn er es herausgefunden hat, daß ein solcher Apparat nothwendig ist.

Als ich nach Singapore zurückkehrte, nahm ich den malayischen Burschen Namens Ali mit, der mich in der

Folge auch durch den ganzen Archipel begleitete. Charles Allen zog es vor im Missionshause zu bleiben und erhielt später Beschäftigung in Saráwak und in Singapore, bis er vier Jahre später auf Amboyna in den Molukken wieder zu mir stieß.

Sechstes Capitel.

Borneo. Die Dajaks.

Die Sitten und Gebräuche der Ureinwohner von Borneo sind bis ins Einzelne beschrieben worden und zwar mit viel größerer Sachkenntniß als ich sie besitze in den Schriften von Sir James Broote, der Herren Low, St. John, Johnson Broote und vielen Andern. Ich will das nicht alles wiederholen, sondern beschränke mich nach meiner persönlichen Beobachtung auf eine Skizze des allgemeinen Charakters der Dajaks und solcher physischen, moralischen und socialen Eigenthümlichkeiten, von denen weniger häufig die Rede war.

Der Dajak ist dem Malayen nah verwandt und entfernter dem Siamesen, Chinesen und andern mongolischen Racen. Für alle diese ist charakteristisch die röthlich braune oder gelblich braune Haut in verschiedenen Schattirungen, das kohlschwarze straffe Haar, der dürftige und lückenhafte Bart, die ziemlich kleine und breite Nase und hohe Backenknochen; aber keine der malayischen Racen hat die schiefen Augen, welche für den Mongolentypus charakteristisch sind. Die Durchschnittsgröße der Dajaks ist bedeutender als die der Malayen, allein beträchtlich unter der der meisten Europäer. Ihre Formen sind gut proportionirt, ihre Füße und Hände klein und sie erreichen selten oder nie den Körperumfang, den man oft bei Malayen und Chinesen sieht.

Ich bin geneigt die Dajaks in Betreff ihrer intellectuellen Capacität über die Malayen zu stellen, während sie, was ihren moralischen Charakter anlangt, unzweifelhaft höher stehen. Sie sind einfach und ehrlich und werden den malayischen und chinesischen Händlern zur Beute, die sie beständig betrügen und plündern. Sie sind lebhafter, geschwätziger, weniger geheimnißvoll und weniger mißtrauisch als die Malayen und sind daher angenehmere Gesellschafter. Die malayischen Knaben neigen wenig zu Scherz und Spiel, welche einen charakteristischen Zug in dem Leben der jungen Dajaks ausmachen, welche neben den Spielen im Freien, in denen ihre Geschicklichkeit und Kraft zur Geltung kommen, eine Menge von Unterhaltungen sich im Hause zu verschaffen wissen. Als ich an einem nassen Tage mit einer Anzahl Knaben und junger Leute in einem Dajak-Hause zusammen war, glaubte ich sie mit etwas Neuem unterhalten zu können, indem ich ihnen zeigte, wie man mit einem Stückchen Band die „Katzen-Wiege" (cat's cradle) machen könne. Zu meinem großen Erstaunen kannten sie es ganz genau und sogar besser als ich; denn nachdem ich und Charles alle Variationen, die wir machen konnten, gezeigt hatten, nahm einer der Knaben es mir aus der Hand und machte verschiedene neue Figuren, die mich ganz in Verlegenheit setzten. Dann zeigten sie mir eine Anzahl anderer Späße mit Stückchen von Band, und es schien diese Art der Unterhaltung sehr beliebt bei ihnen zu sein.

Selbst diese scheinbar unbedeutenden Dinge können dazu dienen, uns eine der Wahrheit entsprechendere, günstige Ansicht von dem Charakter und den socialen Verhältnissen der Dajaks zu bilden. Wir lernen daraus, daß diese Völker über die erste Stufe des wilden Lebens herausgekommen sind, auf welcher der Kampf ums Dasein alle Kräfte absorbirt und jeder Gedanke mit Krieg und Jagd oder mit der Befriedigung der nothwendigsten Bedürfnisse zusammenhängt. Diese Unterhaltungen weisen auf eine Fähigkeit zur Civilisation, eine Anlage sich anderer als nur sinnlicher Vergnügungen zu erfreuen, welche man vortheilhaft dazu verwenden könnte, ihr ganzes intellectuelles und sociales Leben zu heben.

Der moralische Charakter der Dajaks steht zweifellos hoch — eine Behauptung, die denen sonderbar vorkommen wird, die nur von ihnen als von Kopfabschneidern und Piraten gehört haben. Die Hügel-Dajaks aber, von denen ich spreche, sind nie Seeräuber gewesen, da sie sich nie der See nähern; und das Kopfabschneiden ist eine Sitte, die in den kleinen Kriegen zwischen Dorf und Dorf und Stamm und Stamm entstand und welche nicht in höherem Maße einen schlechten moralischen Charakter documentirt als etwa die Sitte des Sclavenhandels vor hundert Jahren einen Mangel allgemeiner Sittlichkeit bei allen denen, welche daran theilnahmen, beweist. Gegen diesen einen Flecken in ihrem Charakter (der bei den Saráwak-Dajaks z. B. nicht mehr existirt) haben wir viele lichte Stellen zu verzeichnen. Sie sind wahrhaft und ehrlich in einem bemerkenswerthen Grade. Aus diesem Grunde ist es oft unmöglich von ihnen irgend eine bestimmte Auskunft oder nur eine Meinung zu erhalten. Sie sagen: „Wenn ich erzählen wollte, was ich nicht weiß, so würde ich lügen;" und wenn immer sie freiwillig eine Thatsache berichten, so kann man sicher sein, daß sie die Wahrheit sprechen. In einem Dajak-Dorfe haben alle Fruchtbäume ihre Eigenthümer und es ist mir oft passirt, daß, wenn ich einen Einwohner bat, mir etwas Obst zu pflücken, er mir antwortete: „Ich kann es nicht, denn der Eigenthümer des Baumes ist nicht hier;" und sie schienen nie die Möglichkeit einer anderen Handlungsweise auch nur zu überlegen. Auch werden sie nicht das Geringste von dem nehmen, was einem Europäer gehört. Als ich am Simünjon wohnte, kamen sie beständig in mein Haus und sammelten Stückchen zerrissener Zeitung oder verbogene Stecknadeln, welche ich weggeworfen hatte, auf und erbaten es sich als große Gunst sie behalten zu dürfen. Verbrecherische Gewaltthätigkeiten (andere als Kopfabschlagen) sind fast unbekannt; denn in zwölf Jahren war unter Sir James Brooke's Regierung nur ein Fall von Mord in einem Dajak-Stamme vorgekommen und dieser eine war von einem in den Stamm adoptirten Fremden begangen worden. In verschiedenen anderen Punkten der Sittlichkeit stehen sie über den meisten uncivilisirten und selbst über vielen civilisirten Nationen. Sie sind mäßig in Speise und Trank, und die grobe Sinnlichkeit der Chinesen und Malayen ist unter ihnen unbekannt. Sie haben den gewöhnlichen Fehler aller Völker in einem halbwilden Zustand — Apathie und Trägheit; aber wie langweilig das auch für einen Europäer sein mag, der mit ihnen in Berührung kommt, so kann es doch nicht als eine sehr belastende Sünde angesehen werden oder ihre vielen vortrefflichen Eigenschaften überdecken.

Während meines Aufenthaltes unter den Hügel-Dajaks frappirte mich sehr die scheinbare Abwesenheit jener Ursachen, von denen man gewöhnlich annimmt, daß sie der Vermehrung der Bevölkerung Einhalt thun, trotzdem ganz bestimmte Anzeichen davon da waren, daß die Zahl stationär blieb oder nur sehr langsam wuchs. Die günstigsten Bedingungen für eine rapide

Vermehrung der Bevölkerung sind: Ueberfluß an Nahrung, gesundes Klima und frühzeitige Heirathen. Alle diese Bedingungen sind hier vorhanden. Das Volk producirt viel mehr Nahrung als es consumirt und tauscht den Ueberschuß gegen Gongs und Metallkanonen, alte Krüge und Gold- und Silberschmuck ein, in welchen Dingen ihr Reichthum besteht. Im Ganzen scheinen sie sehr frei von Krankheit zu sein, Heirathen werden früh geschlossen (aber nicht zu früh) und alte Junggesellen und alte Jungfern sind ebenfalls unbekannt. Wieso also, so müssen wir fragen, resultirte nicht eine größere Bevölkerung daraus? Wieso sind die Dajak-Dörfer so klein und so weit auseinander, während noch $9/10$ des Landes mit Wald bedeckt ist?

Von allen Ursachen zur Abnahme der Bevölkerung unter wilden Nationen, die Malthus nennt — Hungersnoth, Krankheit, Krieg, Kindermord, Unsittlichkeit und Unfruchtbarkeit der Frauen — scheint er die letztgenannte als die wenigst wichtige anzusehen und als eine von zweifelhafter Bedeutung; und doch scheint sie mir die einzige zu sein, die den Stand der Bevölkerung unter den Saráwak-Dajaks erklären kann. Die Bevölkerung Großbritanniens wächst derart an, daß sie sich in ungefähr fünfzig Jahren verdoppelt. Damit das zu Stande komme, muß jedes verheirathete Paar durchschnittlich drei Kinder im Alter von ungefähr 25 Jahren verheirathen. Zieht man noch die in Rechnung, welche im Kindesalter sterben, welche nie heirathen, oder welche spät heirathen und keine Kinder bekommen, so müssen aus jeder Ehe im Durchschnitt vier oder fünf Kinder hervorgehen, und wir wissen ja, daß Familien mit sieben oder acht Kindern gewöhnlich und mit zehn und zwölf durchaus nicht selten sind. Aber ich erfuhr durch meine Nachforschungen bei fast jedem Dajak-Stamm, den ich besuchte, daß die Frauen selten mehr als drei oder vier Kinder bekommen, und ein alter Häuptling versicherte mich, daß er nie eine Frau gekannt habe mit mehr als sieben. In einem Dorfe von hundertundfünfzig Familien lebte nur eine mit sechs Kindern und nur sechs mit fünf Kindern, die Majorität hatte zwei, drei oder vier. Vergleicht man diese Thatsachen mit den bekannten Verhältnissen in europäischen Ländern, so leuchtet ein, daß die Zahl der Kinder aus jeder Ehe kaum im Durchschnitt mehr als drei oder vier sein kann; und da selbst in civilisirten Ländern die Hälfte der Bevölkerung vor dem fünfundzwanzigsten Lebensjahre stirbt, so würden nur zwei übrig bleiben, um ihre Eltern zu ersetzen; so lange dieser Zustand anhält, muß die Population stationär bleiben. Dies soll die Sache natürlich nur illustriren, aber die Thatsachen, die ich festgestellt habe, scheinen anzudeuten, daß etwas der Art in Wirklichkeit statt hat, und wenn dem so ist, so kann man unschwer die kleine und fast stationäre Bevölkerungszahl der Dajak-Stämme verstehen.

Wir müssen zunächst nach der Ursache der geringen Anzahl von Geburten und von in einer Familie lebenden Kindern fragen. Klima und Race können wohl Einfluß darauf haben, aber ein mehr den Thatsachen entsprechender und ausreichender Grund scheint mir in der harten Arbeit der Frauen und in den schweren Lasten zu liegen, welche sie beständig tragen. Eine Dajak-Frau verbringt im Allgemeinen den ganzen Tag im Felde, trägt jede Nacht eine schwere Last von Gemüse und Holz zum Feuern nach Hause oft mehre Meilen weit über rauhe und hügelige Pfade und hat nicht selten felsige Berge auf Leitern zu erklimmen und über schlüpfrige Schrittsteine Erhöhungen von tausend Fuß anzusteigen. Daneben hat sie abendlich eine Stunde zu thun um den Reis mit einem schweren Holzstampfer zu zerstoßen, was jeden Theil des Körpers heftig anstrengt. Schon mit neun oder zehn Jahren thut sie es und ohne Unterbrechung bis ins äußerste gebrechliche Alter. Sicherlich brauchen wir uns nicht über die begrenzte Zahl ihrer Kinder zu wundern, sondern müssen eher staunen über die Zähigkeit ihrer Natur, die ein Aussterben der Race nicht zuläßt.

Eine der sichersten und wohlthätigsten Wirkungen vorschreitender Civilisation ist die Verbesserung der Lage dieser Frauen. Die Lehre und das Beispiel höherer Racen wird den Dajak beschämen über sein verhältnißmäßig träges Leben, während seine schwächere Hälfte wie ein Lastthier arbeitet. Wenn seine Bedürfnisse wachsen und sein Geschmack sich verfeinert, so werden die Frauen mehr Haushaltpflichten zu erfüllen haben und aufhören Feldarbeit zu machen — eine Aenderung, welche schon zum großen Theil in den verwandten malayischen, javanischen und Bugis-Stämmen Platz gegriffen hat. Dann wird die Bevölkerung sich sicherlich rascher vermehren, verbesserte Methoden des Landbaues, eine mäßige Theilung der Arbeit wird nothwendig werden um die Mittel zum Leben herbeizuschaffen, und ein complicirterer socialer Zustand wird an die Stelle der einfachen gesellschaftlichen Verhältnisse, welche jetzt unter ihnen gelten, treten. Aber wird mit dem thätigeren Kampf ums Dasein, der dann eintritt, das Glück des Volkes im Ganzen sich vermehren oder vermindern? Werden nicht schlechte Leidenschaften durch den Geist des Wettkampfes erregt und Verbrechen und Laster, die jetzt unbekannt sind oder schlummern, ins Leben gerufen werden? Das sind Probleme, welche die Zeit allein lösen kann; aber man muß hoffen, daß Erziehung und das Beispiel der höher organisirten Europäer viel von dem Uebel, das oft in analogen Fällen entsteht, beseitigt und daß wir schließlich im Stande sein werden auf ein Beispiel wenigstens hinweisen zu können, wo ein uncivilisirtes Volk nicht demoralisirt wurde und ausstarb durch die Berührung mit der europäischen Civilisation.

Zum Schluß einige Worte über die Regierung von Saráwak. Sir James Brooke fand die Dajaks bedrückt und bedrängt von der grausamsten Tyrannei. Sie wurden von den malayischen Händlern betrogen und von den malayischen Häuptlingen beraubt. Ihre Frauen und Kinder wurden oft gefangen und in Sclaverei verkauft und feindliche Stämme erwirkten sich die Erlaubniß von ihren grausamen Beherrschern sie auszuplündern, in die Sclaverei führen und morden zu dürfen. Rechtsprechungen oder Abhülfe von diesen Schädigungen war durchaus unerreichbar. Seit der Zeit, daß Sir James das Land in Besitz nahm, hat das Alles aufgehört. Gleiches Recht gilt für Malayen, Chinesen und Dajaks. Die grausamen Piraten von den Flüssen weiter nach Osten wurden bestraft, schließlich in ihrem eigenen Lande eingeschlossen und der Dajak konnte zum ersten Male ruhig schlafen. Sein Weib und Kind war nun vor der Sclaverei sicher; sein Haus wurde ihm nicht mehr über dem Kopf angezündet; sein Getreide und seine Früchte gehörten nun ihm und er durfte sie nach Gefallen verkaufen oder verzehren. Und wer konnte wohl der unbekannte Fremde sein, der alles dieses für sie gethan hatte und nichts dafür verlangte? Wie war es ihnen möglich seine Beweggründe zu begreifen? War es nicht natürlich, daß sie anstehen würden ihn für einen Mann zu halten? Denn für reines Wohlwollen bei großer Macht gab es unter ihnen kein Beispiel. Sie schlossen daher ganz natürlich, daß er ein höheres Wesen sei, das herab auf die Erde gestiegen um den Betrübten Glückseligkeit zu bringen. In vielen Dörfern, wo man ihn noch nicht gesehen hatte, fragte man mich ganz sonderbar über ihn. War er so alt wie die Berge? Konnte er die Todten nicht ins Leben zurückrufen? Und sie glauben standhaft, daß er ihnen gute Ernten bescheren und ihre Fruchtbäume reichlich tragen machen könnte.

Wenn man sich ein richtiges Urtheil über Sir James Brooke's Regierung bilden will, so darf man nicht vergessen, daß er Saráwak nur durch die Gunst der Eingeborenen inne hielt. Er hatte es mit zwei Racen zu thun, von denen die eine, die mohamedanischen Malayen, auf die andere, die Dajaks, als auf Wilde und Sclaven, die nur zum Rauben und Plündern gut sind, herabsahen. Er hat in Wirklichkeit die Dajaks beschützt und hat sie unabänderlich als in seinen Augen gleichberechtigt mit den Malayen behandelt; und doch hat er sich die Liebe und Gunst beider erworben. Trotz der religiösen Vorurtheile der Mohamedaner hat er sie bewogen viele ihrer schlechtesten Gesetze und Sitten zu modificiren und ihr Criminalgesetz dem der civilisirten Welt ähnlich zu machen. Daß seine Regierung noch besteht nach siebenundzwanzig Jahren — trotz seiner häufigen Abwesenheit wegen Krankheit, trotz der Verschwörungen der malayischen Häuptlinge und der Aufstände der chinesischen Goldgräber, die alle mit Hülfe der eingeborenen Bevölkerung überwältigt wurden, und trotz der finanziellen, politischen und häuslichen Störungen — das ist, glaube ich, nur den vielen bewunderungswerthen Eigenschaften zuzuschreiben, welche Sir James Brooke besaß, hauptsächlich aber gelang es ihm dadurch, daß er die eingeborene Bevölkerung durch jede Handlung seines Lebens überzeugte, daß er sie nicht zu seinem Vortheil, sondern zu ihrem Besten beherrschte.

Seit ich dies geschrieben habe, ist sein edler Geist von hinnen geschieden. Aber wenn er auch von denen, welche ihn nicht kannten, als ein enthusiastischer Abenteurer bespöttelt oder als ein hartherziger Despot geschmäht wird, so kommt doch das allgemeine Urtheil derer, welche in seinem Adoptiv-Vaterland mit ihm in Berührung standen, seien es Europäer, Malayen oder Dajaks, darin überein, daß Rajah Brooke ein großer, weiser und guter Herrscher gewesen — ein wahrer und treuer Freund, ein Mann, den man wegen seiner Talente bewundern, wegen seiner Ehrlichkeit und seines Muthes achten und wegen seiner echten Gastfreundschaft, seiner liebenswürdigen Gemüthsart und seines weichen Herzens lieben mußte.

Siebentes Capitel.

Java.

Ich verbrachte drei und einen halben Monat auf Java, vom 18. Juli bis zum 31. October 1861, und will meine eignen Reisen und meine Beobachtungen über das Volk und die Naturgeschichte des Landes kurz beschreiben. Allen jenen, welche zu wissen wünschen wie die Holländer jetzt Java regieren und wie es möglich ist, daß sie ein großes jährliches Einkommen herausziehen, während die Bevölkerung sich vermehrt und die Einwohner zufrieden sind, empfehle ich das Studium des vortrefflichen und interessanten Werkes des Herrn Money, „How to Manage a Colony." Den hauptsächlichen Thatsachen und Schlüssen dieses Werkes muß ich aufrichtig beistimmen und ich glaube, daß das holländische System das beste ist, welches angenommen werden kann, wenn eine europäische Nation ein Land, welches von einem betriebsamen aber halbbarbarischen Volke bewohnt wird, erobert oder sonst erwirbt. Bei meiner Schilderung von Nord-Celebes werde ich zeigen, wie erfolgreich dasselbe System bei einem Volke von einem ganz andern Civilisationsgrade als derjenige der Javanen in Anwendung gekommen ist;

und jetzt will ich in möglichster Kürze eine Darstellung dieses Systems geben.

Die jetzt auf Java angenommene Art zu regieren ist die, daß man die ganze Reihe der eingebornen Herrscher beibehält, von dem Dorfhäuptling hinauf bis zu den Fürsten, welche unter dem Namen von Regenten die Häupter der Districte von der Größe einer kleinen englischen Grafschaft sind. An der Seite jedes Regenten steht ein holländischer Resident oder Assistent-Resident, den man als den „älteren Bruder" ansieht und dessen „Befehle" die Form von „Rathschlägen" haben, denen jedoch stets und unbedingt Folge geleistet wird. Neben jedem Assistent-Residenten steht ein Controleur, eine Art von Inspector all der niedrigeren eingebornen Herrscher, welcher periodisch jedes Dorf im District besucht, das Verfahren der inländischen Gerichtshöfe prüft, Klagen gegen die Häuptlinge oder andere eingeborne Großen anhört und die Regierungs-Plantagen beaufsichtigt. Das führt uns auf das „Cultursystem", welches die Quelle des ganzen Reichthums ist, den die Holländer aus Java ziehen und welches der Gegenstand vielen Mißbrauches in diesem Lande wurde, da es die Kehrseite des „Freihandels" ist. Um seinen Nutzen und seine wohlthätigen Wirkungen zu verstehen, ist es nothwendig die gewöhnlichen Resultate des freien europäischen Handels mit uncivilisirten Völkern zu skizziren.

Eingeborene der Tropen haben wenig Bedürfnisse und wenn diese befriedigt sind, so sind sie, wenigstens ohne starken Anreiz dazu, abgeneigt um mehr als das Nothwendigste zu arbeiten. Bei solchen Völkern kann man unmöglich eine neue oder systematische Cultur einführen außer durch die despotischen Befehle der Häuptlinge, denen sie zu gehorchen gewohnt sind wie Kinder ihren Eltern. Die freie Concurrenz von europäischen Händlern aber führt zwei mächtige Beweggründe zur Arbeit ein. Spirituosen und Opium sind eine zu starke Versuchung für fast alle Wilden um zu widerstehen, und um sie zu erlangen verkauft er was er hat und arbeitet um mehr zu bekommen. Eine andere Versuchung, der er nicht widerstehen kann, ist der Credit auf Waaren. Der Händler bietet ihm bunte Gewänder an, Messer, Gongs, Kanonen und Pulver und will sich bezahlt machen mit der Ernte, die vielleicht noch nicht gesäet ist, oder mit Producten, die jetzt noch im Walde stehen. Der Wilde hat nicht genügende Voraussicht um nur eine mäßige Quantität zu nehmen, und nicht genug Energie um früh und spät zu arbeiten, damit er schuldenfrei werde; und die Folge davon ist, daß er Schulden auf Schulden häuft und oft Jahre lang, ja sein Leben lang ein Schuldner und fast ein Sclave bleibt. Das ist der Zustand der Dinge wie er sich sehr ausgesprochen in jedem Theil der Welt, in welchem Menschen einer höheren Race frei mit Menschen einer niederen handeln, ausgebildet hat. Allerdings wird der Handel dadurch zeitweilig ausgedehnt, aber er demoralisirt die Eingebornen, hemmt wahre Civilisation und führt nicht zu einer stetigen Vermehrung des Reichthums des Landes; so daß die europäische Regierung eines solchen Landes schließlich einen Verlust erleiden muß.

Das von den Holländern eingeführte System beabsichtigte das Volk durch seine Führer dazu zu veranlassen, daß es einen Theil seiner Zeit auf die Culturen von Kaffee, Zucker und andern werthvollen Producten verwendete. Ein bestimmter Tagelohn — zwar niedrig aber ungefähr dem gleich, der allerorten bezahlt wird, wo europäische Concurrenz ihn nicht künstlich gesteigert hat — wurde den Arbeitern ausgesetzt für das Urbarmachen des Bodens und für den Anbau von Plantagen unter der Oberaufsicht der Regierung. Die Erträgnisse werden der Regierung zu einem niedrigen bestimmten Preise verkauft. Von dem Nettogewinn erhalten die Häuptlinge einen gewissen Procentsatz und der Rest wird unter die Arbeiter vertheilt. Dieser Ueberschuß ist in guten Jahren ziemlich bedeutend. Im Allgemeinen ist das Volk wohl genährt und anständig gekleidet; es hat sich an eine regelmäßige Industrie gewöhnt und betreibt einen rationellen Landbau, der in Zukunft seinen Nutzen bringen wird. Man muß nicht vergessen, daß die Regierung jahrelang Capitalien hergegeben hat, ehe sie irgend etwas zurückerhielt; und wenn sie jetzt große Revenuen bezieht, so geschieht es in einer Weise, die dem Volke weit weniger lästig und ihm viel wohlthätiger ist als irgend eine andere Steuer.

Aber wenn dieses System auch gut sein mag und ebenso wohl geeignet zur Entwicklung von Kunst und Industrie bei einem halbcivilisirten Volke, als es auch vortheilhaft ist für das regierende Land selbst, so kann man doch nicht verlangen, daß es praktisch überall durchgeführt werde. Die Neigung zum Herrschen und zum Dienen, die vielleicht schon seit tausend Jahren Beziehungen zwischen den Häuptlingen und dem Volke geknüpft hat, kann nicht auf einmal unterdrückt werden; und aus diesen Beziehungen müssen Nachtheile hervorgehen bis die Verbreitung der Erziehung und der allmälige Einfluß des europäischen Blutes sie auf natürlichen Wegen und unmerklich verschwinden lassen. Man sagt, daß die Residenten, von dem Wunsche beseelt ein starkes Wachsen der Production in ihrem Districte aufzuweisen, oft das Volk zu so ununterbrochener Arbeit in den Plantagen gezwungen haben, daß ihre Reisernten wesentlich kleiner wurden und Hungersnoth daraus entstand. Wenn das vorgekommen ist, so ist es sicherlich nicht die Regel und man muß es einem Mißbrauche des Systemes zuschreiben, hervorgegangen aus einem Mangel an Verständniß oder einem Mangel an Humanität bei dem Residenten.

Kürzlich ist in Holland eine Geschichte erzählt und auch ins Englische übersetzt worden unter dem Titel: „Max Havelaar oder die Kaffe-Auctionen der holländischen Handels-Gesellschaft," und mit unserer gewöhnlichen Einseitigkeit bei Allem, was das holländische Colonialsystem betrifft, wurde dieses Werk in hohem Maße gerühmt sowohl seines eignen Werthes wegen als auch wegen seiner vermeintlichen vernichtenden Bloßstellung der Ungerechtigkeiten der holländischen Regierung auf Java. Aber zu meinem großen Erstaunen fand ich, daß diese Geschichte sehr langweilig, lang ausgesponnen und voll von Abschweifungen ist; daß ihr einziger Zweck der ist zu zeigen, wie die holländischen Residenten und Assistent-Residenten zu den Erpressungen der eingeborenen Fürsten ein Auge zudrücken; und wie in einigen Districten die Eingeborenen ohne Bezahlung arbeiten und sich ihr Eigenthum ohne Entgelt wegnehmen lassen müssen. Jede Thatsache dieser Art ist reichlich mit Cursivschrift und mit fetten Buchstaben verbrämt; aber da alle Namen fingirt sind und weder Daten, noch Personen, noch Einzelheiten angegeben werden, so ist es unmöglich sie zu verificiren oder ihnen zu antworten. Und selbst wenn die Thatsachen nicht übertrieben wären, so sind sie nicht annähernd so gravirend wie jene, die in Folge der Unterdrückung durch freihändlerische Indigo-Pflanzer und in Folge der Quälereien der eingeborenen Steuereinnehmer unter britischer Regierung in Indien ans Tageslicht kamen, Thatsachen, mit denen die Leser englischer Zeitungen vor einigen Jahren sehr vertraut waren. Eine solche Bedrückung aber ist in keinem dieser Fälle der besonderen Regierungsform in die Schuhe zu schieben, sondern sie ist vielmehr eine Folge der Mangelhaftigkeit der menschlichen Natur überhaupt, und eine Folge der Unmöglichkeit mit einem Schlage jede Spur wegzuwischen des Jahrhunderte alten Despotismus auf der einen Seite und des sclavischen Gehorsams gegen die Häupter auf der andern.

Man darf nicht vergessen, daß die unbestrittene Herrschaft der Holländer in Java viel jüngern Datums ist als die unsere in Indien, und daß die Regierung und die Methode des Bezuges von Einkünften mehre Male gewechselt wurde. Die Einwohner haben so lange Zeit unter der Herrschaft der eingeborenen Fürsten gestanden, daß es nicht leicht ist auf einmal die außerordentliche Verehrung zu verwischen, welche sie für ihre alten Herren hegen, oder die drückenden Erpressungen zu vermindern, welche die letzteren stets gewohnt waren zu betreiben. Es giebt jedoch ein ins Gewicht fallendes Zeugniß für das Gedeihen ja für das bestehende Glück einer Gemeinschaft, das wir hier beibringen können — das Wachsthums-Verhältniß der Bevölkerung.

Man nimmt allgemein an, daß wenn die Bevölkerung eines Landes rapide zunimmt, diese nicht sehr bedrückt und schlecht regiert sein kann. Das gegenwärtige System, durch den Anbau von Kaffe und Zucker, die zu einem bestimmten Preise der Regierung verkauft werden, ein Einkommen zu erzielen, begann 1832. Gerade vorher im Jahre 1826 betrug die Bevölkerungszahl nach einem Census 5,500,000, während sie zu Beginn des Jahrhunderts auf 3,500,000 geschätzt wurde. 1850, als das Cultursystem achtzehn Jahre lang betrieben worden war, betrug die Bevölkerung nach einem Census über 9,500,000, also in vierundzwanzig Jahren ein Anwachsen von dreiundsiebzig Procent. Bei der letzten Zählung 1865 war sie auf 14,168,416 gestiegen, ein Wachsen von fast fünfzig Procent in fünfzehn Jahren — ein

Verhältniß, nach welchem die Bevölkerung in ungefähr sechsundzwanzig Jahren sich verdoppeln würde. Da Java (mit Madura) ungefähr 38,500 geographische Quadratmeilen faßt, so macht das durchschnittlich 368 Personen auf die Quadratmeile, gerade das Doppelte von der bevölkerten und fruchtbaren Präsidentschaft Bengalen, wie es in Thornton's Gazetteer of India angegeben ist, und voll ein Drittel mehr als die Bevölkerungszahl von Großbritannien und Irland nach dem letzten Census. Wenn, wie ich glaube, diese bedeutende Bevölkerung im Großen und Ganzen zufrieden und glücklich ist, so sollte sich die holländische Regierung wohl vorher bedenken, ehe sie plötzlich ein System aufgiebt, das zu so bedeutenden Resultaten geführt hat.

Als Ganzes genommen und von allen Seiten betrachtet ist Java vielleicht die schönste und interessanteste tropische Insel der Erde. Sie steht hinsichtlich ihrer Größe nicht in erster Linie, aber sie ist mehr als sechshundert Meilen lang und sechszig bis hundertundzwanzig Meilen breit, und ihr Flächenraum ist fast so groß wie der von England; zweifellos aber ist sie die fruchtbarste, die productivste und die bevölkertste Insel der Tropen. Ueber ihre ganze Oberfläche hin bietet sie eine herrliche Abwechselung an Berg- und Wald-Ansichten. Sie besitzt achtunddreißig Vulcane, von denen manche bis zu zehn- oder zwölftausend Fuß ansteigen. Einige sind in beständiger Thätigkeit und sie bieten — der eine oder der andere — fast ein jedes Phänomen dar, das durch die Thätigkeit unterirdischen Feuers hervorgebracht werden kann, regelmäßige Lavaströme ausgenommen, welche nie auf Java vorkommen. Die übermäßige Feuchtigkeit und die tropische Hitze des Klimas bekleidet diese Berge oft bis zu ihren Gipfeln mit üppigem Pflanzenwuchs, während Wälder und Plantagen ihre niedrigeren Abhänge bedecken. Die Thierwelt, hauptsächlich Vögel und Insecten, ist schön und mannigfaltig und enthält viele eigenartige Formen, die nirgend anders auf der Erde gefunden werden. Der Boden auf der ganzen Insel ist äußerst fruchtbar und alle Producte der Tropen, neben vielen der gemäßigten Zonen, können leicht gezogen werden. Java besitzt ferner eine Civilisation, eine Geschichte und Alterthümer von großem Interesse. Die Religion der Brahminen blühte dort seit einer Zeit, die sich nicht bestimmen läßt, bis ungefähr ums Jahr 1478, als die muhamedanische an ihre Stelle trat. Die frühere Religion war von einer Civilisation begleitet gewesen, die von den Eroberern nicht vernichtet werden konnte; denn durch das Land hin verstreut, hauptsächlich im Osten, findet man in hohen Wäldern vergraben Tempel, Gräber und Statuen von großer Schönheit und bedeutendem Umfange; ferner Reste ausgedehnter Städte, an Stellen wo heute der Tiger, das Rhinoceros und der wilde Ochse ungestört ihr Wesen treiben. Eine moderne Civilisation anderer Art breitet sich jetzt über das Land aus. Gute Straßen ziehen durch die Insel von einem Ende zum andern; die europäischen und inländischen Herrscher arbeiten Hand in Hand; und Leben und Eigenthum ist so sicher wie in den best regierten Staaten Europa's. Ich glaube daher, daß Java wohl den Anspruch erheben darf, das schönste tropische Eiland der Erde zu sein und in gleichem Maße interessant für den Reisenden, der neue und schöne Eindrücke sucht, als auch für den Naturforscher, welcher die Mannigfaltigkeit und Schönheit der tropischen Natur kennen zu lernen wünscht, als endlich für den Moralisten und den Politiker, welche das Problem lösen wollen, wie die Menschen unter neuen und veränderten Bedingungen am besten regiert werden können.

Der holländische Postdampfer brachte mich von Ternate nach Surabaja, der größten Stadt und dem bedeutendsten Hafen des östlichen Theiles von Java, und nachdem ich vierzehn Tage damit zu thun gehabt hatte meine letzten Sammlungen zu verpacken und fortzuschicken, machte ich mich auf eine kurze Reise ins Innere auf. In Java zu reisen ist eine sehr bequeme, aber sehr theure Sache; die einzige Art ist die, daß man einen Wagen miethet oder leiht und dann eine halbe Krone die Meile für Postpferde zahlt, die alle sechs Meilen regelmäßig gewechselt werden und mit einer Schnelligkeit von zehn Meilen die Stunde von einem Ende der Insel zum andern laufen. Ochsenkarren oder Kulis werden dazu gebraucht alles Extra-Gepäck zu transportiren. Da diese Art zu reisen meinen Mitteln nicht entsprach, so beschloß ich nur eine kurze Tour in den District am Fuß des Berges Arjuna zu machen, wo es ausgedehnte Wälder geben sollte und wo ich einige gute Sammlungen zu machen hoffen konnte. Das Land meilenweit hinter Surabaja ist vollkommen flach und überall bebaut; es ist ein Delta oder eine angeschwemmte Ebene, die durch viele verästelte Ströme getränkt wird. Dicht um die Stadt waren die handgreiflichen Zeichen des Reichthums und einer fleißigen Bevölkerung sehr wohlthuend; aber beim Weiterreisen wurden die beständig sich folgenden offenen Felder, von Bambusreihen besetzt, mit hier und da weißen Gebäuden und hohen Schornsteinen von Zuckermühlen, monoton. Die Straßen laufen meilenweit in gerader Linie und sind von Reihen staubiger Tamarinden beschattet. Jede Meile steht ein kleines Wächterhaus, wo ein Polizist stationirt ist; und vermittelst einer hölzernen Handtrommel (Gong) können sie sich mit großer Schnelligkeit über das ganze Land in Verbindung setzen und Signale geben. Ungefähr alle sechs oder sieben Meilen kommt ein Posthaus, wo die Pferde gewechselt werden ebenso schnell wie die der Post in der guten alten Zeit der Kutschen in England.

Ich blieb in Modjokarta, einer kleinen Stadt ungefähr vierzig Meilen südlich von Surabaja und der nächste Ort an der Hauptstraße des Districtes, den ich zu besuchen beabsichtigte. Ich hatte ein Einführungsschreiben an Herrn Ball, einen Engländer, der schon seit lange in Java wohnte und mit einer Holländerin verheirathet war, und dieser lud mich freundlichst ein bei ihm zu bleiben, bis ich einen passenden Aufenthalt gefunden hätte. Hier lebt sowohl ein holländischer Assistent-Resident als auch ein Regent oder inländischer javanischer Fürst. Die Stadt ist nett und hatte einen hübschen offnen grünen Platz wie einen Dorfanger, auf welchem ein prächtiger Feigenbaum stand (verwandt mit der indischen Banane, aber höher), unter dessen Schatten eine Art von Markt beständig abgehalten wird und wo die Einwohner zusammenkommen um zu faullenzen und zu plaudern. Den Tag nach meiner Ankunft fuhr ich mit Herrn Ball nach einem Dorf Namens Madjo-agong, wo er ein Haus mit Nebengebäuden aufführte zum Tabackhandel, der hier nach einem ähnlichen System des Bebauens durch Eingeborne und des Vorausverkaufes betrieben wird, wie der Indigohandel in Britisch-Indien. Auf dem Wege hielten wir bei einem Bruchstück der Ruinen der alten Stadt Modjo-pahit an, anscheinend den aus zwei hohen Backsteinmauern bestehenden Seiten eines Thorweges. Die äußerste Vollendung und Schönheit der Backsteinarbeit setzte mich in Erstaunen. Die Backsteine sind außerordentlich fein und hart mit scharfen Kanten und geraden Oberflächen. Sie sind mit großer Genauigkeit aufeinander gelegt, ohne daß man Mörtel oder Cement entdeckt, und doch so fest zusammengehalten, daß die Stellen, wo sie zusammenstoßen, schwer zu finden sind, und manchmal fließen die zwei Oberflächen ganz unmerklich in einander. Eine so bewundernswerthe Backsteinarbeit habe ich weder vorher noch nachher je gesehen. Es war keine Sculptur daran, aber eine Menge kühner Vorsprünge und ein schön gearbeitetes Gesims. Spuren

Altes Basrelief.

von Gebäuden kommen meilenweit nach jeder Richtung hin vor, und fast jede Straße und jeder Fußweg hat eine Grundlage von Backsteinen — die gepflasterten Straßen der alten Stadt. In dem Haus des Waidono oder District-Häuptlings in Modjoagong sah ich eine schöne Figur in Basrelief aus einem Lavablock, die unter der Erde nahe dem Dorfe gefunden worden war. Auf meinen Wunsch etwas Aehnliches zu haben, bat Herr C. den Häuptling darum und zu meiner Verwunderung gab er es mir sofort. Es stellte die Hindu-Gottheit Durga dar, auf Java Lora Jonggrang (die erhabene Jungfrau) genannt. Sie hat acht Arme und steht auf dem Rücken eines knieenden Ochsen. Ihre niedrigste rechte Hand hält den Schwanz des Ochsen, während die correspondirende linke in das Haar eines Gefangenen faßt, Dewth Mahitusor, die Personification des Lasters, der versucht hat ihren Ochsen zu erschlagen. Er hat einen Strick um seinen Leib und liegt um Gnade bittend zu ihren Füßen. Die andern Hände der Gottheit halten rechts einen Doppelhaken oder kleinen Anker, ein breites gerades Schwert und eine Schlinge von dickem Tau; links einen Gürtel oder ein Armband von großen Perlen oder Muscheln, einen ungespannten Bogen und eine Standarte oder Kriegsfahne. Diese Göttin war eine besonders beliebte bei den alten Javanen und man findet ihr Bild oft in den Tempelräumen des östlichen Theiles der Insel.

Das Exemplar, welches ich erhielt, war nur klein, etwa zwei Fuß hoch und vielleicht einen Centner schwer; am andern Tage brachten wir es nach Modjokarta, von wo ich es nach Surabaja mit zurücknehmen wollte. Da ich beschlossen hatte mich einige Zeit in Wonosalem aufzuhalten, auf den niedrigeren Abhängen des Arjima-Berges, wo ich Wald und viel Wild finden sollte, so mußte ich erst eine Empfehlung vom Assistent-Residenten an den Regenten und dann einen Befehl vom Regenten an den Waidono haben; als ich endlich nach einer Woche Verzögerung mit meinem Gepäck und meinen Leuten in Modjo-agong ankam, fand ich dort Alles mitten in einem fünf Tage währenden Feste, da die Beschneidung des jüngeren Bruders und Vetters des Waidono gefeiert wurde, und bekam nur ein kleines Zimmer in einem Nebenhaus. Der Hofraum und die große offene Empfangshalle waren voll von Eingeborenen, die kamen und gingen und die Vorbereitungen zu einem Feste trafen, das um Mitternacht stattfinden sollte, zu dem ich auch eingeladen wurde: aber ich zog es vor zu Bette zu gehen. Ein inländisches Orchester, oder Gamelang, spielte fast den ganzen Abend und ich hatte gute Gelegenheit die Instrumente und Musikanten kennen zu lernen. Erstere sind meist Gongs von verschiedenen Größen in Reihen von acht bis zwölf auf niedrige Holzrahmen gesetzt. Jeder Satz wird von einem Musikanten mit einem oder zwei Trommelstöcken gespielt. Es sind auch einige sehr große Gongs dabei, die einzeln oder paarweise geschlagen werden und die Stelle unserer Trommeln und Pauken einnehmen. Andere Instrumente sind aus breiten metallenen Stäben gemacht, die an zwischen Rahmen ausgespannten Stricken aufgehängt werden; noch andere aus Bambusstreifen sind ähnlich angeordnet um die höchsten Töne hervorzubringen. Ferner noch eine Flöte und eine seltsame zweisaitige Violine; Alles in Allem Instrumente für vierundzwanzig Musikanten. Ein Capellmeister leitete es und tactirte und jeder Musikant fiel dann und wann mit ein paar Tacten ein, so daß es ein harmonisches Zusammenspiel gab. Die Stücke waren lang und verwickelt und einige der Spieler waren noch Knaben, sie führten aber ihre Partie mit großer Präcision durch. Die allgemeine Wirkung war sehr angenehm, da jedoch die meisten Instrumente sich sehr ähnelten, so glich es mehr einer riesigen Spieluhr als unsern musikalischen Aufführungen; und um es ganz zu genießen muß man die große Zahl der Ausübenden, die dabei beschäftigt sind, beobachten. Am andern Morgen als ich auf die Leute und die Pferde für mich und mein Gepäck wartete, wurden die beiden Knaben, die ungefähr vierzehn Jahr alt waren,

herausgebracht, bekleidet mit einem Sarong über den Leib, und
den ganzen Körper mit einem gelben Pulver und mit weißen
Blumengewinden, Halsbändern und Armspangen bedeckt, auf den
ersten Anblick ganz wie Bräute von Wilden aussehend. Sie
wurden von zwei Priestern an eine Bank vor dem Hause unter
freiem Himmel geleitet und die Ceremonie der Beschneidung
wurde dann vor der versammelten Menge vollführt.

Die Straße nach Wonosalem ging durch einen prächtigen
Wald, in dessen Gründen wir bei einer schönen Ruine vorbei-
kamen, die ein königliches Grabmal oder Mausoleum gewesen
zu sein schien. Es ist ganz aus Stein gemacht und sorgsam
ausgehauen. Nahe der Basis ist eine Lage kühn hervorspringender
Blöcke mit Sculpturen in Hochrelief, einer Reihe von Scenen,
welche wahrscheinlich Vorfälle aus dem Leben des Todten darstellen. Diese sind alle sehr schön ausgeführt, besonders einige
Thierfiguren sind leicht zu erkennen und sehr genau. Der allgemeine Plan, soweit der zerfallene Zustand des oberen Theiles
einen Schluß erlaubt, ist sehr gut, und durch sehr viele und
mannigfaltig geformte hervor- oder einspringende Lagen von
viereckigen Gesimssteinen wird ein wirksamer Effect hervorgebracht.
Die Größe dieses Gebäudes ist etwa dreißig Quadratfuß bei
zwanzig Fuß Höhe und da es dem Reisenden plötzlich in die
Augen springt auf einer kleinen Erhöhung neben der Straße,
überschattet von riesigen Bäumen, bewachsen mit Sträuchern und
Schlingpflanzen und gehoben durch den düstern Wald im Hintergrunde, so erstaunt er über den Ernst und die pittoreske Schönheit
des Anblicks und fühlt sich angeregt über das seltsame Gesetz des
Fortschrittes (welcher einem Rückschritte so ähnlich sieht) nachzu-
sinnen, ein Gesetz, welches in so sehr von einander entfernten
Theilen der Erde hoch künstlerische und erfinderische Racen unter-

10*

gehen ließ, um andern Platz zu machen, welche soweit wir urtheilen können, sehr hinter jenen zurückstehen.

Wenige Engländer wissen um die Zahl und Schönheit der architektonischen Ueberreste Java's. Sie sind nie in populären Werken abgebildet und beschrieben worden und es wird daher die meisten Menschen überraschen zu erfahren, daß sie bei weitem jene von Central-Amerika übertreffen, vielleicht selbst die von Indien. Um eine Idee von diesen Ruinen zu geben und vielleicht reiche Liebhaber dazu anzuregen, daß sie dieselben durchforschen und uns ehe es zu spät ist ihre schönen Sculpturen durch die Photographie anschaulich machen, will ich die wichtigsten nach der kurzen Beschreibung in Sir Stamford Raffles' „History of Java" aufzählen.

Brambanam. — Nahe dem Centrum von Java, zwischen den Hauptstädten der Eingeborenen, Djokjokarta und Surakarta, liegt das Dorf Brambanam, nahe welchem sehr viele Ruinen gefunden werden, von denen die wichtigsten die Tempel von Loro-jongran und Chandi Sewa sind. In Loro-jongran waren zwanzig getrennte Gebäude, sechs große und vierzehn kleine Tempel. Sie sind jetzt zu einer Masse von Ruinen zusammengefallen, aber die größten Tempel sollen neunzig Fuß hoch gewesen sein. Sie waren alle von solidem Stein aufgebaut, überall mit Verzierungen und Basreliefs und mit zahllosen Statuen, von denen noch viele unversehrt sind, geschmückt. In Chandi Sewa oder den „Tausend Tempeln" sind viele schöne Kolossalfiguren. Hauptmann Baker, der diese Ruinen beaufsichtigt, sagte, er habe nie in seinem Leben „so erstaunliche und vollendete Proben der menschlichen Arbeit, der Wissenschaft und des Geschmackes längst vergessener Zeiten auf einem so kleinen Raum wie hier zusammengedrängt" gesehen. Sie bedecken einen Raum von fast sechshundert Quadratfuß und bestehen aus einer äußern Reihe von vierundachtzig kleinen Tempeln, einer zweiten Reihe von sechsundsiebzig, einer dritten von vierundsechzig, einer vierten von vierundvierzig und die fünfte bildet ein inneres Parallelogramm von achtundzwanzig, Alles in Allem 296 kleine Tempel, in fünf regelmäßigen Parallelogrammen angeordnet. Im Mittelpunkt steht ein großer kreuzförmiger Tempel umgeben von hohen Treppenreihen, reich mit Sculptur geschmückt und in viele einzelne Abtheilungen getheilt. Die tropische Vegetation hat die meisten der kleineren Tempel zu Grunde gerichtet, aber einige sind ziemlich erhalten geblieben, nach denen man sich die Wirkung des Ganzen vergegenwärtigen mag.

Ungefähr eine halbe Meile davon ist ein anderer Tempel, Chaudi Kali Bening genannt, zweiundsiebzig Fuß im Quadrat und 60 Fuß hoch, sehr schön erhalten und mit Sculpturen aus der Hindu-Mythologie bedeckt, schöner als irgend einer in Indien. Andere Ruinen von Palästen, Hallen und Tempeln mit einer Fülle von Götterstatuen werden in der Nachbarschaft gefunden.

Borobodo. — Etwa achtzig Meilen westlich in der Provinz Kedu befindet sich der große Tempel von Borobodo. Er ist auf einem kleinen Hügel erbaut und besteht aus einer Central-Kuppel in sieben Reihen terrassenförmiger Mauern, welche den Abhang des Hügels bedecken und offene durch Stufen und Thorwege miteinander verbundene übereinanderliegende Galerien bilden. Der Dom in der Mitte ist fünfzig Fuß im Durchmesser; um ihn herum ist ein dreifacher Kreis von zweiundsiebzig Thürmen und das ganze Gebäude hält 620 Fuß im Quadrat und ist etwa hundert Fuß hoch. In den Terrassenmauern sind Nischen angebracht, in denen Kolossalfiguren mit gekreuzten Beinen stehen, etwa vierhundert an Zahl und beide Seiten aller Terrassenmauern sind bedeckt von Basreliefs, lauter aus hartem Stein gehauene Figuren; diese Mauern haben also eine Länge von fast drei Meilen! Das Aufgebot menschlicher Arbeit und Geschicklichkeit, das verschwendet wurde um die große Pyramide in Aegypten aufzurichten, sinkt bis zur Bedeutungslosigkeit herab, wenn man es mit der Anstrengung vergleicht, die nöthig war um diesen prachtvollen Hügel-Tempel im Innern von Java zu vollenden.

Gunong Prau. — Ungefähr vierzig Meilen südwestlich von Samarang auf einem Berge, Namens Gunong Prau, ist ein ausgedehntes Plateau mit Ruinen bedeckt. Um diese Tempel zu erreichen sind von entgegengesetzten Seiten aus vier Fluchten steinerner Treppen den Berg hinauf gelegt; jede Reihe besteht aus mehr als tausend Stufen. Es sind hier Spuren von fast vierhundert Tempeln gefunden worden und viele (vielleicht alle) waren mit reichen und zart gearbeiteten Sculpturen verziert. Das ganze Land von hier bis Brambanam, eine Entfernung von sechzig Meilen, ist voll von Ruinen, so daß man schön gemeißelte Bildwerke in Gräben liegen sieht und daß sie zu Umzäunungsmauern verbaut werden.

Im östlichen Theil von Java, in Kediri und Malang, sind ebenfalls zahlreiche Spuren von Alterthümern, aber die Gebäude selbst sind meist zerstört. Steinerne Bildwerke jedoch kommen vielfach vor, und überall findet man Ueberreste von Festungen, Palästen, Bädern, Wasserleitungen und Tempeln. Es ist durchaus dem Plane dieses Buches entgegen etwas zu beschreiben, was ich nicht selbst gesehen habe; aber da ich gelegentlich ihrer erwähnte, so fühlte ich mich verpflichtet etwas dazu beizutragen, daß diesen wunderbaren Kunstwerken einige Aufmerksamkeit geschenkt werde. Man fühlt sich überwäl-

tigt bei der Betrachtung dieser zahllosen Sculpturen, die mit
Zartheit und künstlerischem Gefühl aus einem harten und schwer
zu behandelnden Trachyt gearbeitet sind und die alle auf **einer**
tropischen Insel gefunden werden. Wie der Zustand der Gesellschaft beschaffen gewesen sein konnte, wie die Höhe der Bevölkerung, wie die Subsistenzmittel, welche so gigantische Werke möglich machten, das wird vielleicht für immer ein Räthsel bleiben;
und es ist ein wunderbares Beispiel von der Macht religiöser
Ideen im socialen Leben, daß in demselben Lande, in welchem
fünfhundert Jahre früher diese großen Bauten viele Jahre hindurch
aufgeführt wurden, die Einwohner jetzt nur rohe Häuser aus
Bambus mit Strohdächern errichten und auf diese Ueberbleibsel
ihrer Voreltern mit unwissender Verwunderung blicken als auf
unbezweifelte Producte von Riesen oder Dämonen. Es ist sehr
zu bedauern, daß die holländische Regierung nicht energische Schritte
ergreift um diese Ruinen dem zerstörenden Einfluß der tropischen
Vegetation zu entziehen und um die schönen Sculpturen, die
überall hin über das Land zerstreut sind, zu sammeln.

Wonosalem liegt ungefähr tausend Fuß über dem Meere,
aber unglücklicherweise ist es von dem Walde etwas entfernt und
umgeben von Kaffeeplantagen, Bambusdickicht und groben Gräsern. Es war zu weit um täglich nach dem Walde zurückzugehen
und in andern Richtungen konnte ich keine Gründe, die sich dem
Insecten-Sammeln ergiebig erwiesen, auffinden. Aber der Ort
war wegen seiner Pfaue berühmt und mein Bursche schoß bald
mehre dieser prachtvollen Vögel, deren Fleisch wir zart, weiß
und delicat, ähnlich dem des Truthahns fanden. Der javanische
Pfau ist eine von der indischen verschiedene Art; der Nacken ist
mit schuppenartigen grünen Federn bedeckt und der Kamm anders
geformt; aber der äugige Schweif ist ebenso groß und ebenso

schön. Es ist eine sonderbare Thatsache in Beziehung auf die geographische Verbreitung, daß der Pfau nicht auf Sumatra und Borneo gefunden wird, während der prächtige Argus-Fasan, die Fasane mit feuerrothem Rücken und die augenfleckigen Fasane dieser Inseln ebenso unbekannt auf Java sind. Genau parallel damit geht die Thatsache, daß auf Ceylon und im südlichen Indien, wo der Pfau reichlich vorkommt, die herrlichen Lophophori- und andere prächtige Fasane, welche Nord-Indien bewohnen, nicht gefunden werden. Es könnte so scheinen, als litte der Pfau keine Rivalen in seiner Domaine. Wären diese Vögel selten in ihrem Vaterlande und lebend unbekannt in Europa, so würden sie sicherlich als die wahren Fürsten des Feder-Geschlechtes angesehen werden und, was Stattlichkeit und Schönheit anbetrifft, ihnen Niemand den Rang streitig machen. Wie die Sache aber liegt, so glaube ich, daß kaum Jemand, den man aufforderte den schönsten Vogel der Erde zu nennen, den Pfau nennen würde, ebensowenig wie der Papua-Wilde oder der Bugi-Händler den Paradiesvogel dieser Ehre theilhaftig werden ließe.

Drei Tage nach meiner Ankunft in Wonosalem besuchte mich mein Freund Herr Ball und erzählte mir, daß vor zwei Abenden ein Knabe von einem Tiger getödtet und gefressen worden sei nahe bei Modjo-agong. Er fuhr auf einem Ochsenkarren und kam in der Dämmerung die Hauptstraße entlang auf dem Wege nach Hause; kaum eine halbe Meile vom Dorfe sprang ein Tiger auf ihn, trug ihn ins Jungle dicht dabei und verzehrte ihn. Am nächsten Morgen fand man seine Ueberreste, die nur aus ein paar zermalmten Knochen bestanden. Der Waidono hatte ungefähr siebenhundert Männer zusammengebracht und wollte das Thier jagen; es wurde auch, wie ich später hörte, gefunden und getödtet. Man gebraucht bei der Verfolgung eines Tigers

nur Speere. Man umstellt eine große Strecke Landes und zieht
sich allmählich zusammen bis das Thier in einen vollständigen
Ring bewaffneter Männer eingeschlossen ist. Wenn es sieht, daß
es nicht mehr entfliehen kann, so macht es gewöhnlich einen Sprung
und wird von einem Dutzend Speere aufgefangen und fast augenblicklich zu Tode gestochen. Das Fell eines so getödteten Thieres
ist natürlich werthlos und in diesem Fall war der Schädel, den
ich Herrn Ball gebeten hatte mir zu sichern, in Stücke gehauen
um die Zähne zu vertheilen, die als Zaubermittel getragen
werden.

Nach einem einwöchentlichen Aufenthalte in Wonosalem kehrte
ich an den Fuß des Berges zurück in ein Dorf mit Namen
Djapannan, welches von verschiedenen Waldpartien umgeben
war und für meine Zwecke durchaus zu passen schien. Der
Häuptling des Dorfes hatte für mich zwei kleine Bambuszimmer
an der einen Seite seines eigenen Hofraumes hergerichtet und
schien geneigt zu sein mir so viel als möglich zu helfen. Das
Wetter war außerordentlich heiß und trocken und da seit mehren Monaten kein Regen gefallen, so waren in Folge dessen
Insecten und hauptsächlich Käfer sehr spärlich vorhanden. Ich
ließ es mir daher hauptsächlich angelegen sein eine gute Reihe
Vögel zu erlangen und es gelang mir auch eine erträgliche
Sammlung zu machen. Alle Pfaue, welche wir bisher geschossen,
hatten kurze oder unvollkommene Schwänze gehabt, aber jetzt
erhielt ich zwei prachtvolle Exemplare von mehr als sieben Fuß
Länge, von denen ich einen vollständig aufbewahrte, während ich
von zwei oder drei andern nur den an dem Schwanze befestigten
Schweif behielt. Wenn man diesen Vogel auf dem Boden nach
Nahrung gehen sieht, so scheint es wunderbar, wie er mit einem
so langen und schwerfälligen Schweife von Federn sich in die

Luft erheben kann. Und doch thut er es mit großer Leichtigkeit, indem er ein kleines Stück schnell läuft und dann schief in die Höhe steigt; er fliegt über Bäume von beträchtlicher Höhe. Ich erhielt hier auch ein Exemplar des seltenen grünen Jungle-Hahns (Gallus furcatus), mit einem aus bronzenen Federn schön geschuppten Rücken und Nacken und einem sanftgerandeten ovalen und an der Basis grünen Kamm von violett purpurner Farbe. Es ist auch dadurch bemerkenswerth, daß es einen einzigen großen Kehllappen hat, glänzend gefärbt mit drei rothen, gelben und blauen Flecken. Der gewöhnliche Jungle-Hahn (Gallus bankiva) kommt auch hier vor. Er ist fast genau so wie ein gewöhnlicher Kampfhahn, aber seine Stimme ist anders, viel kürzer und abgebrochener, woher er auch seinen inländischen Namen Bekéko hat. Sechs verschiedene Arten von Spechten und vier Königsfischer fand ich hier, den schönen Nashornvogel, Buceros lunatus, mehr als vier Fuß lang und den hübschen kleinen Loriket, Loriculus pusillus, kaum mehr als ebenso viele Zolle.

Eines Morgens als ich gerade meine Specimina präparirte und ordnete, sagte man mir, daß eine Gerichtsverhandlung statt finden würde; und bald traten vier oder fünf Männer ein und hockten auf einer Matte unter dem Audienzdach auf dem Hofe nieder. Dann kam der Häuptling mit seinem Schreiber und setzte sich ihnen gegenüber. Einer sprach nach dem Andern und erzählte seine Geschichte und ich fand heraus, daß die zuerst Eingetretenen der Gefangene, der Ankläger, der Policist und der Zeuge waren und daß der Gefangene nur dadurch sich auszeichnete, daß er ein loses Stück Tau um den Leib geschlungen, aber nicht fest zusammengebunden hatte. Es war ein Fall von Diebstahl und nachdem die Aussage des Zeugen gemacht war und der Häuptling einige Fragen gestellt hatte, sagte der Angeschuldigte ein paar Worte und dann wurde das Urtheil gesprochen; es war ein günstiges. Die Parteien standen auf und gingen zusammen fort; sie schienen ganz freundschaftlich gegeneinander gesinnt zu sein; und von Leidenschaft oder übler Stimmung war durchaus

Portrait eines javanischen Häuptlings.

Nichts bei irgend einem der Anwesenden zu sehen — eine sehr gute Illustration zu dem malayischen Charakter-Typus.

In einem Monate sammelte ich in Wonosalem und Djapannan achtundneunzig Vögelarten, aber eine armselige Anzahl von Insecten. Ich beschloß also Ost-Java zu verlassen und es mit den feuchteren und üppigeren Districten am Westende der

Insel zu versuchen. Ich kehrte nach Surabaja zu Wasser zurück in einem großen Boot, welches mich selbst, meine Diener und mein Gepäck zu einem Fünftel des Preises beförderte, den ich hatte bezahlen müssen um nach Modjo karta zu kommen. Der Fluß ist durch sorgfältiges Abdämmen schiffbar gemacht worden, was aber den gewöhnlichen Erfolg gehabt hat, daß das anliegende Land gelegentlich heftigen Ueberschwemmungen preisgegeben ist. Ein ganz bedeutender Handel nimmt seinen Weg diesen Fluß hinunter; an einer Schleuse, die wir zu passiren hatten, warteten eine Meile weit beladene Boote zwei bis drei Reihen tief, die je sechs auf einmal nacheinander durchgelassen werden.

Nach ein paar Tagen ging ich per Dampfschiff nach Batavia, wo ich ungefähr eine Woche in dem größten Hotel blieb und Vorbereitungen zu einem Ausflug ins Innere traf. Die Geschäftsgegend der Stadt ist nahe dem Hafen, aber die Hotels und alle Wohnungen der Beamten und europäischen Kaufleute sind in einer Vorstadt zwei Meilen davon, in breiten Straßen und Plätzen gelegen, so daß sie einen großen Flächenraum einnehmen. Das ist für den Besucher höchst lästig, da die einzigen Beförderungsmittel hübsche zweispännige Wagen sind, deren niedrigster Preis fünf Gulden (8 s. 4 d.) für den halben Tag beträgt, so daß eine Geschäftsstunde morgens und ein Besuch abends allein 16 s. 8 d. Wagenmiethe per Tag kosten.

Die malerische Schilderung, die Herr Money von Batavia macht, paßt sehr gut mit Ausnahme seiner „klaren Kanäle," welche alle schmutzig waren, und seiner „glatten Kieswege," die einer wie der andere aus groben Steinen bestanden, auf denen sich nur höchst schmerzhaft gehen ließ und die man kaum durch die Thatsache erklären kann, daß in Batavia Jedermann fährt, da doch schwerlich zu glauben ist, daß die Menschen nie in ihren

Gärten spazieren gehen. Das Hôtel des Indes war sehr bequem eingerichtet; jeder Gast hat ein Wohn- und Schlafzimmer, das sich auf eine Veranda öffnet, wo er seinen Morgen-Kaffee und Abend-Thee nehmen kann. In der Mitte des Vierecks steht ein Gebäude mit einer Anzahl Marmorbäder, die stets zum Gebrauche bereit sind; um zehn Uhr wird vortrefflich table d'hôte gefrühstückt und um sechs Uhr gegessen, wofür man Alles in Allem einen sehr mäßigen Preis per Tag bezahlt.

Ich fuhr mit einem Wagen nach Buitenzorg, vierzig Meilen landeinwärts und ungefähr tausend Fuß über dem Meere, berühmt durch sein köstliches Klima und seine botanischen Gärten. Ueber die letzteren war ich etwas enttäuscht. Die Wege waren alle mit lockeren Kieselsteinen belegt, die ein längeres Umherwandern unter der tropischen Sonne sehr ermüdend und schmerzhaft machten. Die Gärten sind ohne Frage wunderbar reich an tropischen und speciell malayischen Gewächsen, aber ihre Anordnung läßt Vieles zu wünschen übrig; es sind nicht genug Leute angestellt um die Gärten ganz in Ordnung zu halten, und die Gewächse selbst lassen sich selten, was ihre Ueppigkeit und Schönheit anlangt, mit denen derselben Arten vergleichen, die in unsern Treibhäusern gedeihen.- Das ist auch leicht erklärlich. Die Pflanzen können selten in die für sie natürlichen und ihnen günstigen Verhältnisse gebracht werden. Das Klima ist entweder zu heiß oder zu kalt, zu feucht oder zu trocken, wenigstens für einen großen Theil derselben, und sie bekommen selten den richtigen Grad von Schatten oder den ihnen gerade passenden Boden. In unseren Treibhäusern können diese mannigfachen Verhältnisse jeder individuellen Pflanze viel besser angepaßt werden als in einem großen Garten, wo die Thatsache, daß die Pflanzen meistentheils in oder nahe ihrem Vaterlande wachsen, die Nothwendigkeit ihnen viel individuelle Aufmerksamkeit zu schenken, scheinbar nicht vorschreibt. Dennoch muß man hier Vieles bewundern. Man findet Alleen von stattlichen Palmen, Bambusgebüsche von vielleicht fünfzig verschiedenen Arten, und eine endlose Menge tropischer Stauden und Bäume mit seltsamem und schönem Laubwerk. Zur Abwechselung von der außerordentlichen Hitze in Batavia ist Buitenzorg ein köstlicher Aufenthalt. Es liegt gerade hoch genug um erfrischend kühle Abende und Nächte zu haben, aber nicht so hoch, um irgend einen Kleiderwechsel zu erfordern; und für Jemand, der lange in dem heißeren Klima der Ebenen zugebracht hat, ist die Luft stets frisch und angenehm und gestattet fast zu jeder Stunde des Tages einen Spaziergang. Die Umgebung ist höchst malerisch und üppig und der große Vulcan Gunung-Salak mit seinem abgestumpften und ausgezackten Gipfel giebt vielen der Aussichten einen charakteristischen Hintergrund. Eine große Schlamm-Eruption fand im Jahr 1699 statt, seit welcher Zeit der Berg vollkommen unthätig geblieben ist.

Als ich Buitenzorg verließ, nahm ich Kulis für mein Gepäck und ein Pferd für mich selbst und beides wurde alle sechs oder sieben Meilen gewechselt. Die Straße stieg allmälig an und nach der ersten Station traten die Hügel jederseits etwas zusammen und bildeten ein breites Thal; die Temperatur war so kühl und angenehm und die Gegend so interessant, daß ich es vorzog zu Fuß zu gehen. Dörfer von Eingeborenen in Fruchtbäumen versteckt und hübsche Villen, von Pflanzern oder in den Ruhestand getretenen holländischen Beamten bewohnt, gaben diesem District ein sehr gefälliges und civilisirtes Ansehen; aber was hier am meisten meine Aufmerksamkeit auf sich zog, das war das System der Terrassen-Culturen, welches hier allgemein angenommen ist und welches, wie ich glaube, kaum seinesgleichen auf der Erde hat. Die Abdachungen des Hauptthales und dessen Verzweigungen sind überall bis zu einer beträchtlichen Höhe zu Terrassen umgewandelt und wenn diese sich um die zurücktretenden Hügel winden, so bringen sie den vollen Effect großartiger Amphitheater hervor. Hunderte von Quadratmeilen des Landes sind derartig terrassirt und geben eine schlagende Vorstellung von dem Fleiße des Volkes und von dem Alter seiner Civilisation.

Diese Terrassen werden Jahr um Jahr ausgedehnt mit dem Wachsthum der Bevölkerung, indem die Einwohner eines jeden Dorfes unter der Leitung ihrer Häuptlinge einheitlich zusammen arbeiten; und vielleicht nur durch dieses System der Dorf-Culturen konnte eine so ausgedehnte Terrassirung und Bewässerung möglich gemacht werden. Wahrscheinlicherweise wurde es von den Braminen Indiens eingeführt, denn in den malayischen Ländern, in welchen sich keine Spuren einer früheren Ansiedlung eines civilisirten Volkes finden, ist das Terrassen-System unbekannt. Ich sah diese Art von Landbau zuerst auf Bali und Lombok und da ich es dort etwas im Detail beschreiben werde (siehe das zehnte Capitel), so brauche ich hier nichts weiter darüber zu sagen, als daß es den schöneren Formen und der größeren Ueppigkeit der Gegenden West-Java's entsprechend hier den überraschendsten und malerischesten Effect hervorbringt. Die niedrigeren Abhänge der Berge auf Java besitzen ein so köstliches Klima und einen so fruchtbaren Boden, der Unterhalt ist dort so billig und Leben und Eigenthum so gesichert, daß eine beträchtliche Anzahl Europäer, welche im Regierungsdienste gestanden haben, sich dort für immer niederlassen anstatt nach Europa zurückzukehren. Sie sind überall in den zugänglicheren Theilen der Insel zerstreut und tragen viel zu der allmäligen Veredlung der eingeborenen Bevölkerung und zu dem beständigen Frieden und der Wohlfahrt des ganzen Landes bei.

Zwanzig Meilen jenseit Buitenzorg führt die Poststraße über den Megamendong-Berg in einer Höhe von 4500 Fuß. Die Gegend ist schön bergig und auf den Hügeln ist viel Urwald stehen geblieben sowie einige der ältesten Kaffee-Anpflanzungen auf Java, wo die Pflanzen fast die Dimensionen von Waldbäumen angenommen haben. Ungefähr fünfhundert Fuß unter der höchsten Erhebung des Passes steht die Hütte eines Wegaufsehers, die ich zur Hälfte für vierzehn Tage miethete, da das Land mir für Sammlungen sehr versprechend schien. Ich fand sofort, daß die Producte West-Javas auffallend von denen des östlichen Theiles der Insel differiren und daß alle bemerkenswertheren und charakteristischen javanischen Vögel und Insecten hier vorkommen. Am allerersten Tag brachten mir meine Jäger den eleganten gelben und grünen Trogon (Harpactes Reinwardti), den schimmernden kleinen Zwergfliegenfänger (Pericrocotus miniatus), der wie eine Feuerflamme aussieht wenn er zwischen den Büschen herumfliegt, und den seltenen und merkwürdigen schwarzen und carmoisinrothen Pirol (Analcipus sanguinolentus), lauter Arten, die nur auf Java gefunden werden und sogar nur auf seinen westlichen Theil begrenzt zu sein scheinen. In einer Woche erhielt ich nicht weniger als vierundzwanzig Vögelarten, welche ich nicht im Osten der Insel gefunden hatte, und in vierzehn Tagen wuchs diese Zahl zu vierzig Arten an, die fast alle der javanischen Fauna eigenthümlich sind. Große und schöne Schmetterlinge sind ebenfalls ziemlich häufig. In dunklen Hohlwegen und gelegentlich auch an der Landstraße fing ich den prächtigen Papilio arjuna, dessen Schwingen mit goldgrünen, in Bändern und mondförmig angeordneten Körnern bestreut zu sein scheinen, während man den elegant gestalteten Papilio coön manchmal niedrig über die schattigen Wege flattern sah (siehe die Figur S. 183). Eines Tages brachte mir ein Knabe zwischen seinen Fingern einen vollkommen unversehrten Schmetterling. Er hatte das Insect gefangen als es, die Flügel gerade in die Höhe gerichtet, an der Landstraße saß und aus einem Tümpel Flüssigkeit

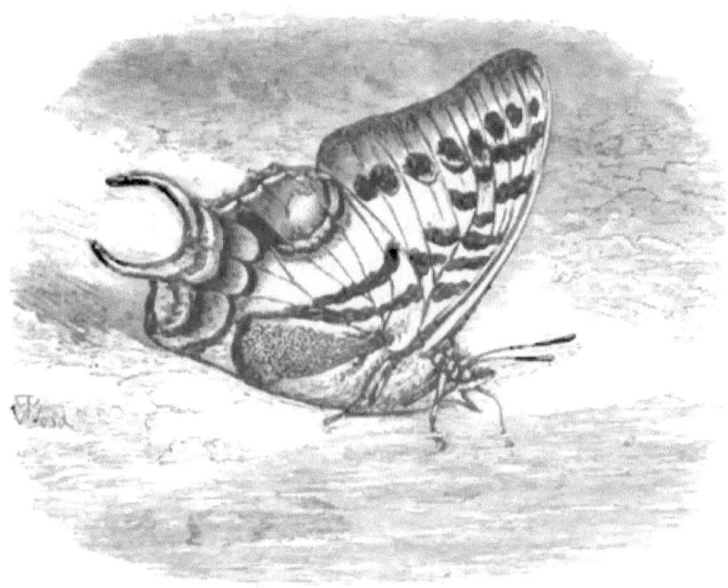

Zirkelschmetterling.

aufsog. Viele der schönsten tropischen Schmetterlinge haben diese Gewohnheit und sind gewöhnlich so emsig bei ihrer Mahlzeit, daß man sich ihnen leicht nähern und sie fangen kann. Es war der seltene und merkwürdige Charaxes kadenii, bemerkenswerth wegen zweier wie ein Paar Tasterzirkel gebogener Fortsätze an jeder Hinterschwinge. Es war das einzige Exemplar, das mir je zu Gesicht gekommen und es ist heute noch der einzige Repräsentant dieser Art in englischen Sammlungen.

Im Osten Java's hatte ich von der intensiven Hitze und Dürre der trockenen Jahreszeit gelitten, welche dem Insectenleben sehr nachtheilig gewesen war. Hier war ich in das andere Extrem, in feuchtes, nasses und wolkiges Wetter gekommen, das eben so ungünstig war. Während des Monats, den ich im Innern von West-Java zubrachte, hatte ich nie einen wirklich heißen durchaus schönen Tag. Es regnete fast jeden Nachmittag oder es kamen dichte Nebel von den Bergen herab, welche ebenso das Sammeln behinderten und es sehr schwierig machten, meine Exemplare zu trocknen, so daß ich wirklich keine Aussicht hatte eine brauchbare Suite der javanischen Insecten zu erhalten.

Bei weitem das Interessanteste meines Aufenthaltes auf Java war aber ein Ausflug auf den Gipfel der Pangerango- und Gedeh-Berge; ersterer ein erloschener Vulcankegel von ungefähr zehntausend Fuß Höhe, der letztere ein thätiger Krater auf einem niedrigeren Theile desselben Bergzuges. Tschipanas, ungefähr vier Meilen über dem Megamendong-Paß, liegt am Fuße dieses Berges. Es ist hier ein kleines Landhaus für den Gouverneur-General angelegt und eine Zweigstation des botanischen Gartens, dessen Aufseher mir für die Nacht ein Bett einräumte. Es sind dort viele schöne Bäume und Gesträucher angepflanzt und große Mengen europäischer Gemüse für die Küche des Gouverneur-Generals. An der Seite eines kleinen Bergwassers, das den Garten begrenzt, werden Mengen von Orchideen gezogen an Baumstämmen oder von Zweigen herabhängend, so daß sie ein interessantes Orchideenhaus in freier Luft bilden. Da ich zwei oder drei Nächte auf dem Berge zu bleiben beabsichtigte, so engagirte ich zwei Kulis um mein Gepäck zu tragen, und wir machten uns mit meinen zwei Jägern früh am andern Morgen auf den Weg. Die erste Meile ging es über offnes Land, das uns an den Wald brachte, der den ganzen Berg etwa fünftausend Fuß hoch bedeckt. Die nächsten zwei Meilen führte der Weg sehr angenehm durch einen großen Urwald, dessen Bäume von großem Umfange waren mit Unterholz aus schönen Kräutern, Farnbäumen und Sträuchern. Ich war erstaunt über die sehr große Zahl von Farnen, die an der Seite der Straße wuchsen. Ihre Verschiedenheiten schienen endlos, und ich hielt jeden Augenblick an um eine neue und interessante Form zu bewundern. Ich begriff es jetzt, was mir der Gärtner erzählt hatte, daß dreihundert Arten nur auf diesem Berge gefunden werden. Etwas vor Mittag erreichten wir das kleine Plateau von Tjiburong, an dem Fuß eines steileren Theiles des Berges, wo ein Holzhaus zur Bequemlichkeit der Reisenden errichtet ist. Dicht dabei ist ein malerischer Wasserfall und eine merkwürdige Höhle, welche ich jedoch nicht Zeit hatte zu untersuchen. Beim weiteren Ansteigen wurde die Straße eng, holperig und steil, indem sie sich im Zickzack den Kegel hinaufwindet, der von unregelmäßigen Felsmassen bedeckt und mit einem dichten, üppigen, aber weniger hohen Pflanzenwuchse bekleidet ist. Wir passirten einen Wasserstrom, dessen Temperatur nicht viel niedriger als der Siedepunkt ist und einen höchst eigenthümlichen Anblick darbietet, da er in Dampfwolken gehüllt über sein unebenes Bett dahinschäumt und oft von dem überhängenden Kräuterwerk von Farnen und Lycopodien verdeckt wird, die hier in größerer Ueppigkeit als irgendwo anders gedeihen.

In ungefähr 7500 Fuß Höhe kamen wir an eine andere offene Bambushütte auf einem Platze, der Kandang Badak oder „Rhinocerosfeld" genannt wird, wo wir unseren zeitweiligen

Aufenthalt nehmen wollten. Hier war eine kleine Lichtung mit einer Fülle von Farnbäumen und einigen jungen Chinarindenbaum-Anpflanzungen. Da gerade ein dicker Dunst und ein staubartiger Regen herrschte, so versuchte ich es an dem Abend nicht auf den Gipfel zu gelangen; aber ich besuchte ihn zweimal während meines Aufenthaltes und den thätigen Krater von Gedeh einmal. Dieser bildet eine weite halbmondförmige von schwarzen senkrechten Felsenmauern umgrenzte Kluft und ist von Meilen zerrissener, Schlacken-bedeckter Abhänge umgeben. Der Krater selbst ist nicht sehr tief. Es kommen in ihm Schwefel und verschieden gefärbte vulcanische Producte vor und er sendet beständig aus einigen Spalten Ströme von Rauch und Dampf aus. Der erloschene Kegel des Pangerango war mir interessanter. Der Gipfel ist eine unregelmäßige wellenförmige Ebene mit einem niedrigen sie begrenzenden Grat und einem tiefen seitlichen Abgrund. Unglücklicherweise herrschte beständig Nebel und Regen über und unter uns die ganze Zeit, als ich auf dem Berge war, so daß ich nicht einmal die Ebene unter mir zu Gesicht bekam oder nur einen flüchtigen Blick hatte auf die prachtvolle Aussicht, welche man bei schönem Wetter von dem Gipfel aus genießt. Dieser Widerwärtigkeit ungeachtet genoß ich den Ausflug in hohem Maße, denn es war das erste Mal, daß ich mich hoch genug auf einem Berge nahe dem Aequator befand, um den Uebergang aus einer tropischen in eine gemäßigte Flora beobachten zu können. Ich will diese Uebergänge nun kurz skizziren, wie ich sie auf Java beobachtet.

Beim Aufsteigen trafen wir zuerst bei einer Höhe von dreitausend Fuß Kräuter der gemäßigten Zone; Erdbeeren und Veilchen wachsen dort, aber erstere sind geschmacklos und letztere mit sehr kleinen und blassen Blumen. Dort giebt auch schon

das an dem Wege stehende, meist zu den Compositae gehörige
Unkraut dem Kräuterwerk ein etwas europäisches Aussehen.
Zwischen zweitausend und fünftausend Fuß bieten die Wälder
und Gründe die höchste Entfaltung tropischer Ueppigkeit und
Schönheit dar. Die Fülle edler oft fünfzig Fuß hoher Farnbäume trägt hauptsächlich zu der Allgemeinwirkung bei, denn von
allen Formen tropischen Pflanzenwuchses sind sie sicherlich die
überraschendsten und schönsten. Einige der tiefen Schluchten, aus
denen man die großen Baumstämme herausgeschlagen hat, sind
von Grund auf bis zur Spitze von ihnen erfüllt; und wo die
Straße eines dieser Thäler kreuzt, da bieten ihre Federkronen in
verschiedenen Lagen über und unter dem Beschauer einen Anblick
so malerischer Schönheit dar, daß man ihn nie vergißt. Das
glänzende Laubwerk der breitgeblätterten Musaceen und Zingiberaceen mit ihren seltsamen und schimmernden Blumen, und
die eleganten und mannigfaltigen Farnen der mit Begonia
und Melastoma verwandten Pflanzen ziehen beständig die Aufmerksamkeit in dieser Gegend auf sich. Die Zwischenräume zwischen den Bäumen und größeren Pflanzen ausfüllend und auf
jedem Ast und Stumpf und Zweig sind Mengen von Orchideen,
Farnen und Lycopodien, welche schweben und hängen und sich
in einander schlingen in immer wechselnden Verflechtungen. In
ungefähr fünftausend Fuß Höhe sah ich zuerst Schachtelhalme
(Equisetum), unseren Arten sehr ähnlich. Sechstausend Fuß
hoch stehen sehr viele Himbeeren und von da bis zum Gipfel des
Berges fand ich drei Arten eßbarer Brombeeren. Siebentausend
Fuß hoch erscheinen Cypressen und die Waldbäume werden kleiner
und sind mehr mit Moosen und Flechten bedeckt. Von hier an
aufwärts nehmen diese rapide an Ausbreitung zu, so daß die
Fels- und Lavablöcke, welche den Bergabhang bilden, vollständig

in einer mosigen Hülle verborgen liegen. Ungefähr achttausend Fuß hoch werden europäische Pflanzenformen sehr zahlreich. Verschiedene Arten von Geisblättern, Johanniskraut und Schnee-

Primula imperialis.

ballen sind überall zu finden und etwa neuntausend Fuß hoch treffen wir zuerst die seltene und schöne Königs=Primel (Primula imperialis), die nirgend sonst auf der Erde als auf diesem einzigen Berggipfel gefunden werden soll. Sie hat einen langen, starken Stamm, manchmal mehr als drei Fuß hoch, die Wurzel-

blätter sind achtzehn Zoll lang und sie trägt mehre Wirbel
Kuhlippen-artiger Blumen statt eines einzigen Endbüschels. Die
Waldbäume, auf die Dimensionen von Sträuchern reducirt und
verkrüppelt, reichen ganz bis an den Rand des alten Kraters,
aber dehnen sich nicht über die Vertiefung an seinem Gipfel aus.
Hier finden wir viel offenes Feld mit Dickicht von strauchigen
Artemisien und Gnaphalien bestanden, wie unser Stabwurz und
Ruhrkraut, aber sechs bis acht Fuß hoch; während Butterblumen,
Veilchen, Heidelbeeren, Gänsedisteln, Sternblümchen, weiße und
gelbe Cruciferen, Wegerich und einjährige Gräser sehr zahlreich
vertreten sind. Wo Buschwerk und Gestrüpp ist, gedeiht das
Johanniskraut und das Geisblatt üppig, während die Königs-
Primel ihre eleganten Blüthen nur unter dem feuchten Schatten
des Dickichts entfaltet.

Herr Motley, welcher den Berg in der trockenen Jahreszeit
besucht und der Botanik viel Aufmerksamkeit geschenkt hat, theilt
die folgende Liste von Gattungen mit, welche entfernten und
gemäßigteren Gegenden charakteristisch sind: — zwei Arten von
Veilchen, drei von Ranunculus, drei von Impatiens, acht oder
zehn von Rubus, und Arten von Primula, Hypericum, Swertia,
Convallaria (Maiblümchen), Vaccinium (Preißel- oder Krons-
beeren), Rhododendron, Gnaphalium, Polygonum, Digitalis
(Fingerhut), Lonicera (Geisblatt), Plantago (Wegebreit), Artemisia (Wermuth), Lobelia, Oxalis (Sauerklee), Quercus (Eiche)
und Taxus (Eibenbaum). Einige wenige der kleineren Pflanzen (Plantago major und lanceolata, Sonchus oleraceus
und Artemisia vulgaris) sind mit den europäischen Arten
identisch.

Das thatsächliche Vorkommen einer der europäischen so nahe
verwandten Vegetation auf einer isolirten Bergspitze, auf einer

Insel südlich vom Aequator, während die Tiefländer Tausende von Meilen weit darum herum von einer Flora total verschiedenen Charakters eingenommen werden, ist sehr außergewöhnlich; erst ganz kürzlich hat man derartiges zu verstehen gelernt. Der Pik von Teneriffa, der zu einer größeren Höhe ansteigt und Europa viel näher liegt, hat keine solche alpine Flora; ebenso wenig die Berge von Bourbon und Mauritius. Der Fall der vulcanischen Spitzen Java's ist daher ein etwas exceptioneller, aber es giebt mehre analoge, wenn nicht genau parallele Fälle, die uns in den Stand setzen es besser zu verstehen, wie ein solches Phänomen möglicherweise hat zu Stande kommen können. Auf den höheren Bergen der Alpen und selbst der Pyrenäen kommt eine Anzahl von Pflanzen vor, die absolut mit denen von Lapland identisch sind, aber nirgend sonst in den dazwischenliegenden Niederungen gefunden werden. Auf den Gipfeln der weißen Berge, in den Vereinigten Staaten, ist jede Pflanze mit den Arten, welche in Labrador wachsen, identisch. In diesen Fällen lassen alle gewöhnlichen Mittel des Transportes im Stich. Viele der Pflanzen haben so schwere Samen, daß sie nicht möglicherweise durch den Wind so ungeheure Strecken weit fortgetragen werden konnten; und der Einfluß von Vögeln, die in so wirksamer Weise diese alpinen Höhen besäet haben sollten, steht ebenfalls außer Frage. Die Schwierigkeit war so groß, daß einige Naturforscher zu der Annahme getrieben wurden, diese Arten seien alle zweimal getrennt von einander auf diesen weit entfernten Gipfeln geschaffen worden. Das Aufhören einer neueren Eiszeit jedoch bot bald eine viel tiefer eindringende Lösung dar, eine Lösung, welche jetzt allgemein von den Männern der Wissenschaft angenommen worden ist.

Zu dieser Zeit, als die Höhen von Wales mit Gletschern

bedeckt waren, und die bergigen Partien Central-Europa's und
ein bedeutender Theil Amerika's nördlich von den großen Seen
voll Schnee und Eis lag, und dort ein Klima herrschte ähnlich
dem von Labrador und Grönland heutzutage, bekleidete eine
arctische Flora alle diese Gegenden. Als diese Periode der Kälte
zu Ende ging und der Schneemantel des Landes und die Glet-
scher, welche von jedem Bergesgipfel herabstiegen, auf die Abhänge und gegen den Nordpol hin zurückwichen, wichen die
Pflanzen ebenfalls zurück, indem sie sich beständig, wie jetzt, an
der Grenze der Schneelinie hielten. Daher kommt es, daß dieselben Arten jetzt auf den Gipfeln der Berge des gemäßigten
Europa und Amerika, wie in den dürftigen Nordpolar-Gegenden
gefunden werden.

Aber es giebt noch eine andere Reihe von Thatsachen, welche
uns einen weiteren Schritt dem uns vorliegenden Falle der javanischen Berg-Flora näher bringt. Auf den höheren Abhängen
des Himalaya, auf den Gipfeln der Berge Central-Indiens und
Abyssiniens treffen wir eine Anzahl von Pflanzen, welche, wenn
sie auch nicht mit denen der europäischen Gebirge identisch sind,
doch denselben Gattungen angehören und welche die Botaniker
als die Repräsentanten von diesen ansehen; die meisten derselben
konnten nicht in den warmen dazwischenliegenden Ebenen existiren.
Herr Darwin meint nun, daß diese Klasse von Thatsachen auf
dieselbe Weise erklärt werden könne; denn während der größesten Strenge der Eiszeit werden sich Pflanzenformen der gemäßigten Zone bis an die Grenzen der Tropen ausgedehnt und
bei dem Ende derselben sich ebensowohl auf diese südlichen Gebirge als nördlich auf die Ebenen und Hügel Europa's zurückgezogen haben können. Aber in diesem Falle ging eine lange
Zeit darüber hin und der große Wechsel in den äußeren Bedin-

gungen hat vielen dieser Pflanzen gestattet sich so zu modificiren, daß wir sie jetzt als differente Arten ansehen. Eine Menge anderer Thatsachen ähnlicher Art haben dahin geführt anzunehmen, daß die Temperatur-Erniedrigung einmal genügend gewesen sei, um einigen wenigen Pflanzen der nördlichen gemäßigten Zone den Uebertritt über den Aequator (über die höchst gelegenen Straßen) zu gestatten und sie bis in die antarctische Region gelangen zu lassen, wo sie jetzt gefunden werden. Die Beweise, auf die sich diese Annahme stützt, findet man in dem letzten Theile des zweiten Capitels der „Entstehung der Arten"; und wenn wir sie fürs Erste als eine Hypothese adoptiren, so setzt sie uns in den Stand, die Gegenwart einer Flora von europäischem Typus auf den Vulcanen Java's zu erklären.

Man wird jedoch natürlicherweise einwenden, daß die See in großer Ausdehnung zwischen Java und dem Festlande sich erstreckte, und daß sie in wirksamer Weise die Einwanderung der Pflanzenformen einer gemäßigten Zone während der Eiszeit verhindert haben würde. Das wäre zweifellos ein verhängnißvoller Einwand, gäbe es nicht eine Fülle von Beweisen, welche darthun, daß Java früher mit Asien in Verbindung gestanden und daß die Vereinigung zu einer Zeit, die ungefähr der erforderten Epoche entspricht, stattgefunden habe. Der auffallendste Beweis einer solchen Verbindung liegt in dem Vorkommen der großen Säugethiere Java's, des Rhinoceros, des Tigers und des Bantengs oder wilden Ochsen in Siam und Birma, Thiere, welche sicherlich nicht durch den Menschen eingeführt worden sind. Der javanische Pfau und mehre andere Vögel sind ebenfalls diesen zwei Ländern gemeinsam; aber in der Mehrzahl der Fälle sind die Arten verschieden, wenn auch nahe verwandt, und das zeigt an, daß eine beträchtliche Zeit (die für solche Modificationen erforderlich ist) seit der Trennung verfloß, während sie auf der andern Seite nicht so bedeutend lang gewesen ist, als daß sie eine vollständige Veränderung hätte bewirken können. Eine solche Epoche von mittlerer Dauer entspricht nun genau der Zeit, welche wir als verflossen annehmen können seit der Einwanderung der Pflanzenformen gemäßigter Zonen in Java. Diese Formen gehören allerdings fast alle verschiedenen Arten an; allein die veränderten Bedingungen, unter denen sie zu existiren gezwungen, und die Wahrscheinlichkeit, daß einige derselben seitdem auf dem Festlande von Indien ausgestorben sind, erklärt diese Differenz der javanischen Arten zur Genüge.

In meinen mehr speciellen Zielen hatte ich auf dem Berge sehr wenig Erfolg; vielleicht lag der Grund in dem so außerordentlich ungünstigen Wetter und in der Kürze meines Aufenthaltes. Zwischen sieben- und achttausend Fuß erhielt ich eine der lieblichsten kleinen Fruchttauben (Ptilonopus roseicollis), deren Kopf und Nacken ganz von exquit rosiger Farbe sind, schön mit dem sonst grünen Gefieder contrastirend; und oben auf dem Gipfel, am Boden Erdbeeren, die dort gepflanzt sind, suchend, fand ich eine matt gefärbte Drossel, von der Gestalt und dem Habitus eines Staares (Turdus fumidus). Insecten fehlten fast ganz, sicherlich in Folge der außerordentlichen Feuchtigkeit, und ich erhielt auf dem ganzen Ausfluge nicht einen einzigen Schmetterling; dennoch bin ich überzeugt, daß während der trocknen Jahreszeit sich der Aufenthalt von nur einer Woche auf diesem Berge für den Sammler in jedem Theil der Naturgeschichte sehr lohnen würde.

Nach meiner Rückkehr nach Toego versuchte ich einen andern Ort auszufinden um zu sammeln; ich begab mich nach einer Kaffee-Plantage einige Meilen nordwärts und probirte nach einander höhere und niedrige Stationen auf dem Berge aus; allein es gelang mir nie Insecten in irgend nennenswerther Menge zu fangen und die Vögel waren viel weniger zahlreich als auf dem Megamendong-Berge. Das Wetter wurde jetzt regnerischer als je und da die nasse Jahreszeit ernstlich eingesetzt zu haben schien, so kehrte ich nach Batavia zurück, verpackte und versandte meine Sammlungen und verließ es per Dampfschiff am 1. November, um nach Bangka und Sumatra zu kommen.

Achtes Capitel.

Sumatra.

(November 1861 bis Januar 1862.)

Der Postdampfer von Batavia nach Singapore brachte mich nach Muntok („Minto" auf den englischen Karten), der Hauptstadt und dem Haupthafen von Bangka. Hier blieb ich ein oder zwei Tage, bis ich ein Boot erhalten konnte, das mich über die Meeresenge den Fluß hinauf nach Palembang fahren sollte. Einige Spaziergänge über Land zeigten mir, daß es sehr hügelig und von Granit- und Lateritfelsen bedeckt ist, mit einer trocknen und verkümmerten Waldvegetation; ich fand daher sehr wenig Insecten. Ein hübsch großes offenes Segelboot trug mich querüber an die Mündung des Palembang-Flusses, wo ich in einem Fischerdorf ein Ruderboot miethete, das mich nach Palembang, zu Wasser etwa hundert Meilen, bringen sollte. Wir kamen nur mit der Fluth weiter, ausgenommen wenn der Wind stark und uns günstig wehte; die Flußufer waren im Allgemeinen überschwemmte Nipa-Sümpfe, so daß die Stunden, in denen wir genöthigt waren vor Anker zu liegen, sehr langsam verflossen. Ich erreichte Palembang am 8. November und wohnte bei dem Doctor, an den ich ein Einführungsschreiben hatte; alsbald suchte ich mich zu vergewissern, wo ich eine gute Localität zum Sammeln finden könnte. Jedermann sagte mir, daß ich sehr weit gehen müsse um einen trocknen Wald zu erreichen, da in dieser Jahreszeit die ganze Gegend viele Meilen landeinwärts überfluthet sei. Ich blieb daher eine Woche in Palembang, ehe ich mich in Betreff meiner weiteren Pläne entschließen konnte.

Die Stadt ist groß und erstreckt sich drei bis vier Meilen einer hübschen Biegung des Flusses entlang, der hier so breit ist wie die Themse bei Greenwich. Der Strom wird jedoch sehr durch die Häuser eingeengt, welche auf Pfählen in ihm stehen, und innerhalb dieser kommt noch wieder eine Reihe Häuser auf großen Bambusflößen, welche mit Rotang-Tauen am Ufer oder an Pfählen befestigt sind und mit der Fluth steigen und fallen. Die ganze Flußfronte an beiden Seiten ist hauptsächlich von solchen Häusern besetzt, und es sind meist Läden, die mit ihrer offnen Seite dem Wasser zusehen und nur einen Fuß über demselben liegen, so daß man in einem kleinen Boote leicht zu Markte fahren und Alles, was in Palembang zu haben ist, kaufen kann. Die Eingeborenen sind ächte Malayen; sie bauen nie ein Haus auf dem Trocknen, wenn sie Wasser finden, und gehen nirgends zu Fuß hin, wenn sie den Ort in einem Kahn erreichen können. Einen beträchtlichen Theil der Bevölkerung bilden Chinesen und Araber, welche den ganzen Handel inne haben; die einzigen Europäer sind die Civil- und Militairbehörden der holländischen Regierung. Die Stadt ist am Kopfe des Flußdeltas gelegen und zwischen ihr und der See ist wenig Boden über der Hochwasserlinie; während viele Meilen landeinwärts die Ufer des Hauptstromes und seiner zahlreichen Arme sumpfig und in der nassen Jahreszeit auf beträchtliche Entfernungen hin überschwemmt sind.

Palembang steht auf einem einige Meilen großen Fleck erhöhten Bodens, am Nordufer des Flusses. Etwa drei Meilen von der Stadt steigt ein kleiner Hügel an, dessen Gipfel von den Eingeborenen heilig gehalten und von einigen schönen, von einer Colonie halb zahmer Eichhörnchen bewohnten Bäumen beschattet wird. Wenn man ihnen einige Krumen Brot oder etwas Obst hinhält, so kommen sie den Stamm hinunter gelaufen, nehmen den Bissen aus der Hand und stürzen sofort pfeilschnell wieder fort. Ihre Schwänze tragen sie gerade in die Höhe und das grau, gelb und braun geringte Haar läuft gleichmäßig in Strahlen aus und macht sich außerordentlich hübsch. Sie haben in ihren Bewegungen etwas Mäuse-artiges, indem sie mit kleinen plötzlichen Bewegungen hervorkommen und mit ihren großen schwarzen Augen eifrig umherschauen, ehe sie es wagen weiter vorwärts zu gehen. Die Art und Weise, in der die Malaien oft das Zutrauen wilder Thiere erlangen, bildet einen sehr gefälligen Zug in ihrem Charakter und ist bis zu einem gewissen Grade eine Folge der ruhigen Beschaulichkeit ihrer Sitten und ihrer größeren Liebe zur Ruhe als zur Thätigkeit. Die Kinder folgen den Wünschen ihrer Eltern und scheinen nicht jene Neigung zu besitzen Böses anzustiften, wie es die europäische Jugend auszeichnet. Wie lange würden wohl zahme Eichhörnchen in der Nachbarschaft eines englischen Dorfes selbst nahe der Kirche sich behagen? Sie würden weggeschossen oder getrieben werden oder gefangen und in einen sich herumwirbelnden Käfig gesperrt. Ich habe nie gehört, daß diese hübschen Thiere auf diese Weise in England gezähmt gehalten würden, aber ich meine es könnte leicht in einem herrschaftlichen Park geschehen und sie würden sicherlich eben so gefällig und anziehend wie ungewöhnlich sein.

Nach vielen Erkundigungen fand ich aus, daß etwa eine

Tagereise zu Wasser oberhalb Palembang eine Militärstraße anfinge, welche sich die Berge hinauf und selbst bis hinüber nach Bankahulu erstreckte, und ich entschloß mich diese Route zu wählen und so weit zu reisen, bis ich einen mäßigen Sammelgrund fände. So würde ich mich an trocknes Land halten und an eine gute Straße und die Flüsse meiden, welche in dieser Jahreszeit wegen der mächtigen Strömungen sehr lästig hinaufzufahren sind und zugleich dem Sammler sehr wenig bieten wegen der bedeutenden Ueberschwemmungen nach allen Seiten hin. Wir fuhren früh morgens ab und erreichten das Dorf Lorok, an dem die Straße beginnt, erst spät in der Nacht. Ich blieb dort einige Tage, aber fand, daß fast alles nicht überschwemmte Land in der Nachbarschaft bebaut war und daß der einzige Wald in jetzt nicht zugänglichen Sümpfen stand. Der einzige mir neue Vogel, den ich in Lorok bekam, war der schöne langschwänzige Sittich (Palaeornis longicauda). Die Leute versicherten mich, daß das Land auf sehr weite Strecken hin genau so beschaffen sei wie hier — weiter als eine Wochenreise, und sie schienen kaum eine Vorstellung von einem hohen Wald-bedeckten Land zu besitzen, so daß ich zu glauben anfing, es würde nutzlos sein weiter vorwärts zu gehen, da die zu meiner Verfügung stehende Zeit zu kurz war um mehr von ihr diesem Hin- und Herlaufen zu opfern. Endlich jedoch fand ich einen Mann, der das Land kannte und intelligenter war; er sagte mir sofort, daß ich, wenn ich Wald suchte, nach dem District Rembang gehen müsse, welcher, wie mir Nachforschungen ergaben, etwa fünfundzwanzig bis dreißig Meilen entfernt lag.

Die Straße ist in regelmäßige Stationen von zehn bis zwölf Meilen getheilt und wenn man nicht im Voraus kulis bestellt, so kann man in einem Tage nur diese Distanz zurücklegen. An jeder Station stehen Häuser zur Bequemlichkeit der Passagiere mit Küche und Ställen und stets sechs oder acht Mann als Wache. Es existirt dort ein geregeltes System um zu bestimmten Preisen Kulis zu bekommen, indem die Eingeborenen der umliegenden Dörfer nach einander sich dem Kuli-Dienst sowohl als dem Stationswächteramt unterziehen müssen, und zwar fünf Tage hintereinander. Diese Einrichtung erleichtert das Reisen sehr und war für mich eine große Bequemlichkeit. Ich machte des Morgens eine angenehme Spazierfahrt von zehn bis zwölf Meilen, und den Rest des Tages konnte ich umherwandern und das Dorf und dessen Umgebung durchsuchen, und stets stand ein Haus für mich ohne weitere Förmlichkeiten in Bereitschaft. In drei Tagen erreichte ich Moerabua, das erste Dorf in Rembang, und da das Land trocken und hügelig mit Wald untermischt war, so beschloß ich eine kurze Zeit zu bleiben und die Nachbarschaft abzusuchen. Gerade der Station gegenüber war ein schmaler aber tiefer Fluß und ein guter Badeplatz; und jenseit des Dorfes befand sich ein hübscher Fleck Waldes, durch welchen die Straße führte, überschattet von prächtigen Bäumen, welche mich theilweise dazu verführt hatten zu bleiben, aber nach vierzehntägigem Aufenthalte hatte ich noch keinen guten Platz zum Insecten-Sammeln gefunden und sehr wenige Vögel, die von den bekannten Arten Malaka's verschieden waren. Ich ging daher bis zur nächsten Station, nach Lobo Raman, wo das Wächterhaus ganz allein im Walde steht, fast je eine Meile von drei Dörfern entfernt. Das war für mich sehr angenehm, da ich umherwandern konnte, ohne daß jede meiner Bewegungen von einer Menge Männer, Frauen und Kinder überwacht wurde, und ich hatte auch eine viel größere Abwechselung an Spaziergängen zu jedem der Dörfer und den sie umgebenden Pflanzungen hin.

Die Dörfer der sumatranischen Malayen sind eigenthümlich und sehr malerisch. Ein Areal von einigen Morgen ist von einem hohen Zaun eingefaßt und auf diesem Raume stehen die Häuser eng an einander ohne das geringste Bestreben nach Regelmäßigkeit. Große Kokosnußbäume wachsen in Menge zwischen ihnen und der Boden ist glatt und eben von dem Getrampe vieler Füße. Die Häuser stehen etwa sechs Fuß hoch auf Pfosten;

Haus eines Häuptlings und Reisschuppen in einem sumatranischen Dorfe.

die besten sind ganz von Brettern gebaut, andere von Bambus. Die ersteren sind stets mehr oder weniger mit Schnitzereien geziert und haben hoch=gipfelige Dächer und überhängende Traufen. Die Giebelenden und die größeren Pfosten und Balken sind oft mit außerordentlich geschmackvoller Schnitzarbeit bedeckt und das ist noch mehr in dem weiter westlich gelegenen Districte Menangkabo der Fall. Der Fußboden ist aus gespaltenen Bambusen gemacht und etwas windbrüchig; aber es findet sich darauf nichts dergleichen, was wir Hausrath nennen könnten: weder Bänke noch Tische noch Stühle, sondern nur der ebene Boden mit Matten bedeckt, auf welchen die Hausgenossen sitzen oder liegen. Der Anblick des Dorfes selbst ist sehr nett; es wird vor den Haupthäusern oft gefegt; aber es riecht überall schlecht, da unter jedem Haus ein stinkendes Schmutzloch ist, in das man alle unbenutzten Flüssigkeiten und allen Unrath durch den Fußboden von oben her schüttet. In den meisten andern Dingen sind die Malayen ziemlich reinlich — in einigen sogar scrupulös; und diese eigenthümliche und garstige Gewohnheit, die fast allgemein ist, kommt wie ich nicht bezweifle daher, daß sie ursprünglich ein See-fahrendes und Wasser-liebendes Volk gewesen sind, welches seine Häuser auf Pfosten im Wasser aufbaute und nur allmälig landeinwärts, zuerst die Flüsse und Bäche hinauf und dann ins trockene Innere gewandert ist. Gewohnheiten, welche einst so entsprechend und so reinlich, und welche so lange von ihnen ausgeübt waren, daß sie einen Theil des häuslichen Lebens der Nation bildeten, wurden naturgemäß beibehalten als die ersten Ansiedler ihre Häuser im Inlande aufbauten; und ohne ein reguläres Netz von Abzugskanälen würde auch bei der nun einmal bestehenden Einrichtung der Dörfer jedes andere System sehr unpassend sein.

In allen diesen sumatranischen Dörfern hatte ich beträchtliche Schwierigkeiten mir Essen zu verschaffen. Es war nicht die Jahreszeit für Gemüse, und wenn ich nach vieler Mühe etwas Yamswurzeln von einer auffallenden Varietät erhalten hatte, so waren sie gewöhnlich hart und kaum genießbar. Hühner waren sehr spärlich vorhanden; und von Früchten gab es lediglich eine untergeordnete Bananen-Sorte. Die Eingeborenen leben (wenigstens während der nassen Jahreszeit) ausschließlich von Reis, wie die ärmeren Irländer von Kartoffeln. Eine Schüssel mit

Reis sehr trocken gekocht und mit etwas Salz und rothem Pfeffer zweimal per Tag gegessen, bildet während eines großen Theiles des Jahres ihre einzige Nahrung. Es ist das kein Zeichen von Armuth, sondern nur Gewohnheit; denn ihre Weiber und Kinder sind mit silbernen Armspangen vom Handgelenk bis zum Ellenbogen beladen und tragen Dutzende von silbernen Münzen um den Hals und in den Ohren.

Je weiter ich mich von Palembang entfernte, desto weniger rein fand ich, daß das Malayische von dem gewöhnlichen Volke gesprochen wurde, bis es mir zuletzt ganz unverständlich war, obgleich die beständige Wiederkehr vieler gut bekannter Wörter mir sicher anzeigte, daß es eine Form des Malayischen sei, und mich in den Stand setzte das Wesentlichste der Unterhaltung zu errathen. Dieser District hatte vor einigen Jahren einen sehr schlechten Ruf, die Reisenden wurden oft beraubt und ermordet. Kämpfe zwischen Dorf und Dorf fanden auch häufig statt und viele Menschen kamen um in Folge von Grenzstreitigkeiten oder in Folge von Frauenintriguen. Aber jetzt, seitdem das Land in Districte unter „Controleure" getheilt ist, welche nach einander ein jedes Dorf besuchen um Klagen zu vernehmen und Streitigkeiten beizulegen, hört man Nichts mehr von solchen Dingen. Dieses ist eins der zahlreichen mir zu Gesicht gekommenen Beispiele von den guten Wirkungen des holländischen Regimentes. Die Regierung übt eine strenge Ueberwachung über ihre entferntesten Besitzungen aus, richtet sich in der Form der Verwaltung nach dem Charakter des Volkes, schafft Mißbräuche ab, bestraft Verbrechen und setzt sich überall bei der eingeborenen Bevölkerung in Achtung.

Lobo Raman ist ein Centralpunkt des Ostendes von Sumatra und liegt etwa hundertundzwanzig Meilen nach Osten,

Norden und Westen von der See entfernt. Die Oberfläche des Landes ist wellig ohne Berge oder nur Hügel, und Felsen giebt es auch nicht; im Allgemeinen besteht der Boden aus einem rothen zerreiblichen Thon. Viele kleine Bäche und Flüsse durchschneiden das Land und es zeigt abwechselnd offene Lichtungen und Waldstrecken, sowohl Urwald als auch neuere Pflanzungen mit einer Menge von Fruchtbäumen; auch ist an Wegen nach jeder Richtung hin kein Mangel. Alles in Allem ist es eine höchst passende Gegend für einen Naturforscher und ich bin überzeugt, daß sie zu einer günstigeren Jahreszeit außerordentlich viel bieten würde; aber jetzt herrschte die Regenzeit, in der, selbst an den günstigsten Localitäten, Insecten stets spärlich vorhanden sind, und da keine Früchte an den Bäumen hängen, auch Vögel nur selten erscheinen. Während eines Monates Sammeln vergrößerte ich meine Vögelliste nur um drei oder vier neue Arten, obgleich ich sehr schöne Exemplare vieler erhielt, die selten und interessant waren. Bei den Schmetterlingen ging es mir jedoch glücklicher; ich erhielt mehre schöne mir ganz neue Arten und eine beträchtliche Anzahl sehr seltener und schöner Insecten. Ich will hier etwas von zwei Schmetterlingsarten erzählen, welche, wenn sie auch in den Sammlungen sehr gewöhnlich sind, uns Eigenthümlichkeiten von dem höchsten Interesse darbieten.

Der erste ist der hübsche Papilio memnon, ein prächtiger Schmetterling von einer tief schwarzen Farbe mit Linien und Gruppen von Schuppen von einer hell aschblauen Farbe über und über gefleckt. Seine Flügel messen ausgebreitet fünf Zoll und die Hinterschwingen sind abgerundet mit ausgeschweiften Rändern. Diese Beschreibung gilt von den Männchen; aber die Weibchen sind ganz anders und variiren so sehr davon, daß man früher meinte, sie gehörten überhaupt einer distincten Art an.

Sie können in zwei Gruppen geschieden werden — solche, welche den Männchen in der Form gleichen, und solche, welche gänzlich von ihm in den äußern Flügelumrissen differiren. Die ersteren variiren sehr in der Farbe; sie sind oft fast weiß mit dunkeler gelber und rother Zeichnung, aber derartige Differenzen kommen

Verschiedene Weibchen von Papilio memnon.

bei Schmetterlingen oft vor. Die zweite Gruppe ist viel außergewöhnlicher und man würde nie in ihr dasselbe Insect vermuthet haben, da die Hinterschwingen in große Löffel-artige Enden verlängert sind, während weder bei den Männchen noch bei der gewöhnlichen Form der Weibchen Rudimente davon vorkommen. Diese geschwänzten Weibchen haben nie die dunkeln und blau

polirten Färbungen, welche bei dem Männchen vorwiegen und
oft bei den ebenso geformten Weibchen gefunden werden, sondern
sind unveränderlich mit weißen und Leder-gelben Streifen und
Flecken geziert, welche den größeren Theil der Oberfläche der
Hinterflügel einnehmen. Diese Eigenthümlichkeit in der Färbung
führte mich darauf, daß dieses ausgezeichnete Weibchen (fliegend)
einem andern Schmetterling derselben Gattung, aber von einer
andern Gruppe (Papilio coön), ähnelt, und daß wir hier einen

Papilio coön.

Fall von Nachahmung (mimicry) ähnlich den Fällen haben, welche
so schön von Herrn Bates* illustrirt und auseinander gesetzt
worden sind. Daß die Aehnlichkeit nicht zufällig ist, wird genügend durch die Thatsache dargethan, daß im Norden von Indien
wo Papilio coön durch eine verwandte Form (Papilio Double-
dayi) vertreten wird, die rothe Flecken statt der gelben hat, das
geschwänzte Weibchen einer nahe verwandten Art oder Varietät

---

* Trans. Linn. Soc. vol. XVIII, p. 495; „Naturalist on the Ama-
zons," vol. I, p. 290. (S. 161 der deutschen Uebersetzung.)

von Papilio memnon (P. androgeus) auch roth gefleckt ist. Der Zweck und Grund dieser Aehnlichkeit scheint darin zu liegen, daß die angeähnelten Schmetterlinge zu einer Abtheilung der Gattung Papilio gehören, welche aus irgend einem Grunde nicht von Vögeln angegriffen wird, und daß die Weibchen von Memnon und ihre Verwandten, da sie dieser in Form und Farbe so sehr gleichen, auch der Verfolgung entgehen. Zwei andere Arten derselben Abtheilung (Papilio antiphus und Papilio polyphontes) werden so genau von zwei weiblichen Formen von Papilio theseus (welcher in dieselbe Abtheilung mit memnon gehört) copirt, daß sie den holländischen Entomologen De Haan vollständig irre geleitet haben und er sie demgemäß zu derselben Art stellte!

Aber die seltsamste Thatsache, die mit diesen distincten Formen zusammenhängt, ist die, daß sie beide Abkömmlinge einer jeden Form sind. Eine einzige Larvenbrut wurde auf Java von einem holländischen Entomologen gezogen und brachte sowohl Männchen als auch geschwänzte und schwanzlose Weibchen hervor, und es ist aller Grund vorhanden zu glauben, daß dieses stets der Fall ist und daß intermediäre Formen nie vorkommen. Um diese Phänomene zu beleuchten wollen wir einmal annehmen, daß ein in der Ferne weilender Engländer auf einer abgelegenen Insel zwei Frauen habe — eine schwarzhaarige, rothhäutige Indianerin und eine wollhäuptige, schwarzhäutige Negerin; und daß, anstatt daß die Kinder Mulatten von braunen oder schwarzen Färbungen wären, welche das Charakteristische ihrer Erzeuger in verschiedenen Abstufungen gemischt besäßen, alle Knaben ebenso hell gefärbt und so blauäugig wie ihr Vater seien, während die Mädchen alle ihren Müttern glichen. So etwas würde man für höchst befremdend halten müssen und doch ist der Fall bei diesen Schmetterlingen noch außerordentlicher, denn jede Mutter ist im Stande nicht allein männliche Abkömmlinge, die dem Vater, und weibliche, die ihr selbst ähneln, hervorzubringen, sondern auch andere weibliche, die ihrem Nebenweibe gleichen und die von ihr selbst ganz verschieden sind.

Die andere Art, auf welche ich die Aufmerksamkeit lenken möchte, ist Kallima paralekta, ein Schmetterling, der zu derselben Gruppe von Familien gehört wie unser Schillerfalter* und ungefähr von derselben Größe oder größer ist. Seine obere Seite ist reich purpurroth, an verschiedenen Stellen aschgrau gefärbt und quer über die vorderen Flügel geht ein breites tief oranges Band, so daß er im Fluge stets auffällt. Diese Art war in trocknem Gehölz und Dickicht nicht ungewöhnlich, aber ich versuchte oft vergeblich den Schmetterling zu fangen, denn wenn er eine kurze Strecke geflogen war, schlüpfte er in einen Busch zwischen trockne und todte Blätter und wie sorgsam ich auch zu der Stelle hinkroch, so konnte ich ihn doch nie entdecken, bis er plötzlich wieder herausflog und dann an einem ähnlichen Orte wieder verschwand. Endlich aber war ich so glücklich genau den Fleck zu sehen, wo er sich niederließ, und obgleich ich ihn eine Zeitlang aus den Augen verlor, so entdeckte ich ihn schließlich doch dicht vor mir; aber er glich in seiner Ruhestellung so sehr einem todten, an einem Zweige hängenden Blatte, daß man sich selbst dann täuschen mußte, wenn man gerade darauf hinsah. Ich fing verschiedene fliegende Exemplare und war so im Stande zu beobachten, wie diese wunderbare Aehnlichkeit hervorgerufen wird.

Das Ende der oberen Flügel geht in eine feine Spitze aus, gerade wie die Blätter vieler tropischen Stauden und Bäume

---

* Apatura Iris. A. d. Uebers.

enden, während die unteren Schwingen stumpfer sind und sich in einen kurzen dicken Ausläufer ausziehen. Zwischen diesen

Blattschmetterling fliegend und sitzend.

zwei Punkten läuft eine dunkle gebogene Linie, welche genau der Mittelrippe eines Blattes gleicht, und von dieser strahlen nach jeder Seite hin einige schräge Striche aus, welche sehr gut die

Seitenrippen nachahmen. Diese Striche sind an dem äußeren Theile der Basis der Flügel und an der innern Seite gegen die Mitte und die Spitze hin deutlicher zu sehen und sie werden durch Streifen und Zeichnungen hervorgerufen, welche bei verwandten Arten sehr gewöhnlich sind, aber welche sich hier modificirt und verstärkt haben, so daß sie genauer die Nervatur eines Blattes nachahmen. Die Färbung der unteren Seite variirt viel, aber stets hat sie eine aschbraune oder röthliche Farbe, welche mit der von todten Blättern übereinstimmt. Die Gewohnheit dieser Art ist nun die, stets auf einem Zweige zwischen todten oder trockenen Blättern zu sitzen und in dieser Stellung, mit den Flügeln dicht aneinander, gleichen sie genau einem mäßig großen, leicht gebogenen oder gerunzelten Blatte. Die Enden der Hinterflügel bilden einen vollkommenen Stengel und berühren den Stamm, während das Insect auf dem mittleren Beinpaare sitzt, das zwischen den umgebenden Zweigen und Fasern nicht beachtet wird. Der Kopf und die Antennen sind zwischen den Flügeln zurückgezogen, so daß sie ganz verborgen liegen, und gerade an der Basis der Flügel ist ein Ausschnitt, in welchen der Kopf gut zurückgezogen werden kann. Alle diese verschiedenen Einzelheiten combinirt rufen eine Maskirung hervor, die so vollständig und wunderbar ist, daß sie Jeden in Erstaunen setzt, der sie beobachtet; und die Gewohnheiten der Insecten sind der Art, daß sie aus diesen Eigenthümlichkeiten Nutzen ziehen und daß sie ihnen so sehr zum Vortheil gereichen, daß jeder Zweifel über den Zweck dieses sonderbaren Falles von Nachahmung schwindet, ein Zweck der eben zweifellos in einem Schutze für das Insect zu suchen ist. Sein starker und schneller Flug genügt, um es im Fliegen vor seinen Feinden zu schützen, allein wenn es eben so in die Augen fallend beim Stillesitzen wäre, so würde es bald ausgerottet sein, da ja

Insecten-fressende Vögel und Reptilien in tropischen Wäldern sehr zahlreich vorkommen. Eine sehr nahe verwandte Art, Kallima inachis, bewohnt Indien, wo sie sehr gewöhnlich ist, und Exemplare davon werden vom Himalaya aus in jede Sammlung versendet. Wenn man eine Anzahl von diesen untersucht, so sieht man, daß nicht zwei gleich sind, aber daß alle Verschiedenheiten denen von todten Blättern entsprechen. Jede gelbe, aschgraue, braune und rothe Nuance kann man da sehen und Flecken, welche von kleinen schwarzen Punkten gebildet werden und die so genau Schwämmen auf Blättern gleichen, daß es fast unmöglich ist, zuerst nicht zu glauben, daß wirklich solche Schwämme auf den Schmetterlingen selbst gewachsen seien!

Wenn solche außerordentliche Anpassung wie diese allein stünde, so würde es sehr schwierig sein irgend eine Erklärung davon zu geben; aber obgleich es vielleicht der vollkommenste Fall von schützender Nachahmung ist, den man kennt, so giebt es doch Hunderte von gleichartigen Aehnlichkeiten in der Natur, und aus der Gesammtheit dieser Erscheinungen ist es möglich eine allgemeine Theorie abzuleiten über die Art, wie sie allmälig hervorgebracht worden sind. Das Princip der Variation und das der „natürlichen Auswahl" oder des Ueberlebens des Passendsten, wie es von Herrn Darwin in seiner berühmten „Entstehung der Arten" ausgearbeitet ist, liefert die Grundlage für eine solche Theorie; und ich selbst habe mich bemüht sie auf alle Hauptfälle von Nachahmung anzuwenden in einem Artikel in der Westminster Review für 1867, betitelt: „Nachahmung, und andere schützende Aehnlichkeiten bei den Thieren" (Mimicry, and other Protective Resemblances among Animals), auf welchen ich den Leser verweise, der etwas mehr über diesen Gegenstand zu wissen wünscht.

Auf Sumatra sind Affen sehr zahlreich vorhanden, und in Lobo Raman pflegten sie die Bäume, welche das Wächterhaus beschatten, zu besuchen und gaben mir so eine gute Gelegenheit ihre Sprünge zu beobachten. Zwei Arten von Semnopithecus waren am zahlreichsten — Affen von einer schlanken Form mit sehr langen Schwänzen. Da man nicht viel nach ihnen schießt, so sind sie ziemlich kühn und bleiben ganz sorglos bei der alleinigen Anwesenheit von Eingeborenen; aber als ich herauskam und sie ansah, starrten sie ein bis zwei Minuten auf mich herab und machten sich dann aus dem Staube. Sie springen ungeheuer weit von den Aesten eines Baumes auf die etwas tieferen eines andern, und es ist sehr unterhaltend zu sehen, wie, wenn einer der starken Führer einen kühnen Sprung wagt, die andern mit größerer oder geringerer Hast folgen; es kommt dann oft vor, daß einer oder zwei der letzten gar nicht sich zum Sprunge entschließen können, bis die andern bald außer Sicht sind; dann werfen sie sich verzweifelt und aus Furcht allein gelassen zu werden in die Luft, durchbrechen die schwachen Zweige und stürzen oft zu Boden.

Ein sehr seltsamer Affe, der Siamang, war auch ziemlich häufig, aber er ist weit weniger kühn als jene, hält sich mehr in den Urwäldern auf und meidet die Dörfer. Diese Art ist verwandt mit den kleinen langarmigen Affen der Gattung Hylobates, aber ist beträchtlich größer und unterscheidet sich von ihnen durch die Vereinigung der zwei ersten Zehen des Fußes, nahe dem Ende, woher sein lateinischer Name: Siamanga syndactyla. Er bewegt sich viel langsamer als der lebhafte Hylobates, hält sich auf niedrigeren Bäumen und liebt nicht die ungeheueren Sprünge; aber doch ist er sehr lebhaft und kann sich mit seinen sehr langen Armen — der Erwachsene mißt fünf Fuß sechs

Zoll querüber bei drei Fuß Höhe — zwischen weit auseinander stehenden Bäumen hin- und herschwingen. Ich kaufte einen kleinen, den Eingeborene gefangen und so fest gebunden hatten, daß er dadurch verletzt worden war. Er war zuerst ziemlich wild und wollte beißen; aber als wir ihn losgebunden und ihm zwei Stangen unter der Veranda zum Daranhängen gegeben hatten, indem wir ihn an ein kurzes Tau befestigten, das vermittelst eines Ringes die Stangen entlang glitt, so daß er sich leicht bewegen konnte, wurde er zufrieden und sprang mit großer Schnelligkeit umher. Er aß fast alle Arten Früchte und Reis, und ich hatte gehofft ihn mit nach England bringen zu können, allein er starb gerade ehe ich abreiste. Zuerst hatte er gegen mich eine Abneigung, die ich aber dadurch zu beseitigen suchte, daß ich ihn immer selbst fütterte. Eines Tages aber biß er mich beim Füttern so stark, daß ich die Geduld verlor und ihm einen tüchtigen Schlag versetzte, was ich später bereute, da er von da an mich noch weniger leiden konnte. Er erlaubte meinen malayischen Knaben mit ihm zu spielen und konnte sich stundenlang von Stange zu Stange und auf die Dachsparren der Veranda mit so viel Leichtigkeit und Gewandtheit hin und her schwingen, daß er uns eine stete Quelle der Unterhaltung war. Als ich nach Singapore zurückkam, zog er sehr die Aufmerksamkeit auf sich, da noch Niemand vorher einen Siamang lebend gesehen hatte, obgleich er in einigen Theilen der malayischen Halbinsel nicht selten ist.

Da der Orang-Utan bekanntlich Sumatra bewohnt und thatsächlich hier zuerst entdeckt worden ist, so zog ich viele Erkundigungen über ihn ein; aber keiner der Eingeborenen hatte je von einem solchen Thiere gehört und ich fand auch keinen holländischen Beamten, der irgend etwas davon wußte. Wir können daher schließen, daß er nicht die großen Waldebenen des östlichen Theiles von Sumatra bewohnt, wo man ihn natürlich zu finden erwarten würde, sondern wahrscheinlich auf eine begrenzte Gegend im Nordwesten sich beschränkt — ein Theil der Insel, der vollständig in den Händen der eingeborenen Herrscher ist. Die andern großen Säugethiere von Sumatra, der Elephant und das Rhinoceros, sind viel weiter verbreitet; aber der erstere ist seltener als er es vor ein paar Jahren war und scheint sich schleunigst vor der Ausbreitung der Cultur zurückzuziehen. Um Lobo Raman findet man gelegentlich Fangzähne und Knochen im Walde, aber das lebende Thier kommt hier nie mehr vor. Das Rhinoceros (Rhinoceros sumatranus) ist noch zahlreich vorhanden und ich sah beständig seine Spuren und seinen Dung; einmal auch störte ich einen beim Fressen, er rauschte durch das Jungle fort und ich sah ihn nur einen Moment durch das dichte Unterholz. Ich erhielt einen ziemlich vollkommenen Schädel und eine Anzahl Zähne, die von den Eingeborenen gesammelt worden waren.

Ein anderes seltsames Thier, das ich in Singapore und auf Borneo traf, das aber hier zahlreicher war, ist der Galeopithecus oder fliegende Maki. Dieses Geschöpf besitzt eine breite Membran, die sich rund um seinen Körper zieht bis an die äußersten Zehenspitzen und bis an das Ende seines ziemlich langen Schwanzes. Dadurch ist es befähigt von einem Baume zum andern quer durch die Luft zu streichen. Es ist schwerfällig in seinen Bewegungen, wenigstens bei Tage, indem es in kurzen Sätzen von ein paar Fuß einen Baum hinaufgeht und dann einen Augenblick innehält, als ob es ihm schwer geworden wäre. Es hängt während des Tages an den Baumstämmen, wo sein olivenfarbenes oder braunes Fell mit unregelmäßigen weißlichen Punkten und Flecken genau der Farbe der gesprenkelten Rinde gleicht und ohne Zweifel dazu beiträgt es zu schützen. Einmal in der Dämmerung sah ich eines dieser Thiere einen Baumstamm auf einem ziemlich offenen Platze hinaufrennen und dann quer durch die Luft auf einen andern Baum gleiten, auf welchem es nahe der Basis herunterkam und sofort wieder hinaufzusteigen begann. Ich maß die Entfernung von dem einen Baume zum andern mit Schritten ab, es waren siebzig Ellen; die Höhe, von der es herabgekommen, schätzte ich auf nicht mehr als fünfunddreißig bis vierzig Fuß, also weniger als eins zu fünf. Das beweist, wie mir scheint, daß das Thier die Fähigkeit haben muß sich selbständig durch die Luft zu bewegen, sonst würde es auf solche Entfernungen hin wenig Chance haben genau an dem Stamme herabzukommen. Wie der Cuscus von den Molukken nährt sich der Galeopithecus hauptsächlich von Blättern und hat einen sehr voluminösen Magen und lang gewundene Därme. Das Gehirn ist sehr klein und das Thier besitzt eine so bedeutende Lebenszähigkeit, daß es außerordentlich schwer fällt es auf gewöhnliche Weise zu tödten. Es hat einen Greifschwanz und gebraucht ihn wahrscheinlich zur Unterstützung beim Futter-Suchen. Man sagt es bekomme nur ein Junges zur Zeit und meine eigene Beobachtung bestätigte dieses Verhalten, denn ich schoß einmal ein Weibchen mit einem sehr zarten blinden und nackten kleinen Geschöpfe, das nahe an seiner Brust hing; es war ganz nackt und sehr gerunzelt und erinnerte mich an die Jungen der Beutelthiere, zu denen es einen Uebergang zu bilden schien. Auf dem Rücken und bis über die Extremitäten und die Flughaut ist das Fell dieser Thiere kurz aber sehr weich und ähnelt in seiner Textur dem von Chinchilla.

 Ich kehrte zu Wasser nach Palembang zurück und als ich einen Tag in einem Dorf blieb, da ein Boot wasserdicht gemacht werden mußte, war ich so glücklich ein Männchen, Weibchen und ein Junges von einem der größten Hornvögel zu erhalten. Ich

Weibchen und junger Hornvogel.

hatte meine Jäger auf den Fang ausgeschickt, und während ich beim Frühstücke saß, kehrten sie zurück und brachten mir ein schönes großes Männchen von Buceros bicornis, welches Einer von ihnen geschossen zu haben versicherte während es ein Weibchen, welches in einem Loche auf einem Baume saß, fütterte. Ich hatte oft von dieser sonderbaren Gewohnheit gelesen und ging sofort, von mehren der Eingeborenen begleitet, an den Ort. Jenseit eines Flusses und eines Sumpfes fanden wir einen großen über einem Wasser hängenden Baum und an seiner unteren Seite, etwa in einer Höhe von zwanzig Fuß, kam ein kleines Loch zum Vorschein, das wie eine Schlammmasse aussah, die, wie man mir sagte, dazu gedient hatte, das große Loch auszufüttern. Nach einiger Zeit hörten wir das rauhe Geschrei eines Vogels im Innern und konnten sehen, wie er das weiße Ende seines Schnabels heraussteckte. Ich bot eine Rupie, wenn Jemand hinaufsteigen und den Vogel mit dem Ei oder den Jungen herausnehmen wolle; aber Alle erklärten, es sei zu schwer und fürchteten sich. Ich ging daher sehr ärgerlich fort. Etwa eine Stunde darauf hörte ich zu meiner großen Ueberraschung ein sehr lautes heiseres Gekrächze in meiner Nähe; man brachte mir den Vogel zusammen mit einem Jungen, das in dem Loche gefunden worden war. Dieses letztere war ein höchst seltsames Object, so groß wie eine Taube aber ohne ein Federchen an irgend einer Stelle. Es war außerordentlich fleischig und weich und hatte eine halb durchscheinende Haut, so daß es mehr wie ein Klumpen Gallerte aussah, an dem Kopf und Füße angesteckt waren, wie ein wirklicher Vogel.

Die außergewöhnliche Gewohnheit des Männchens, das Weibchen mit ihrem Ei zu übertünchen und sie während der ganzen Zeit der Bebrütung und bis das Junge flügge wird zu füttern, ist mehren der großen Hornvögel eigen und ist eine jener wunderbaren Thatsachen in der Naturgeschichte, welche wunderbarer sind als man es sich träumen läßt.

Neuntes Capitel.

Naturgeschichte der indo-malayischen Inseln.

Im ersten Capitel dieses Werkes habe ich im Allgemeinen die Gründe entwickelt, welche uns zu dem Schlusse führen, daß sowohl die großen Inseln im westlichen Theile des Archipels — Java, Sumatra und Borneo — als auch die Halbinsel Malaka und die Philippinen erst in neuerer Zeit vom asiatischen Festlande getrennt worden sind. Ich will nun eine Skizze der Naturgeschichte dieses Landes, welches ich mit dem Namen der indo-malayischen Inseln belege, geben und zeigen, in wie weit diese Ansicht dadurch gestützt und welche Aufklärung uns dadurch über das Alter und die Entstehung dieser verschiedenen Inseln gegeben wird.

Die Flora des Archipels ist bis jetzt so unvollkommen bekannt und ich selbst habe ihr so wenig Aufmerksamkeit geschenkt, daß ich aus ihr nicht viele Thatsachen von Bedeutung anziehen kann. Allein der malayische Pflanzen-Typus ist ein sehr ausgesprochener und Dr. Hooker belehrt uns in seiner „Flora Indica," daß derselbe über alle feuchteren und mehr gleichförmigen Theile von Indien verbreitet ist und daß viele auf Ceylon, dem Himalaya, den Nil-Gerris- und Khassija-Bergen gefundene Pflanzen mit auf Java und der Halbinsel Malaka vorkommenden identisch sind. Als charakteristische Formen dieser Flora kann man die Rotangs betrachten — Kletterpalmen der Gattung Calamus und eine große Menge hoher sowohl als auch niedriger Palmen.

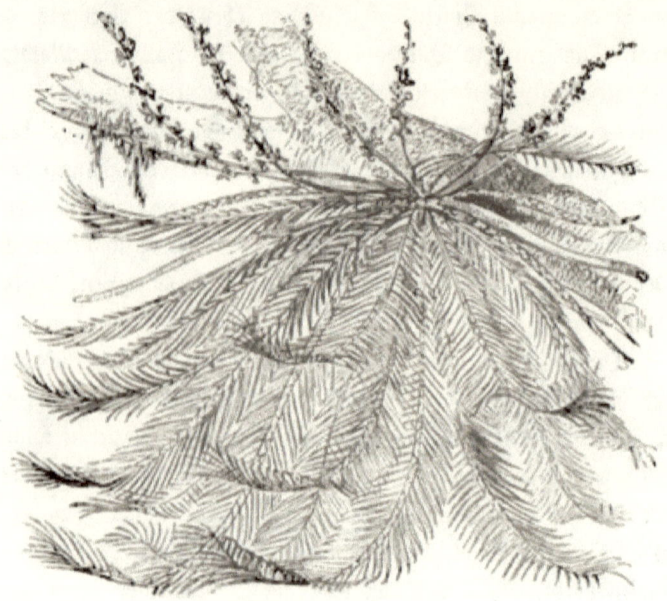

Grammatophyllum, eine riesige Orchidee.

Orchideen, Araceen, Zingiberaceen und Farne sind besonders zahlreich vertreten und die Gattung Grammatophyllum — eine riesige Schmarotzer-Orchidee, deren Blattbüschel und Blumenstengel zehn bis zwölf Fuß lang sind — ist dieser Flora eigenthümlich. Hier ist ferner die Domaine der wunderbaren Kannenpflanzen (Nepenthaceae), welche anderswo, auf Ceylon, Madagaskar, den Seychellen, Celebes und den Molukken nur durch einzelne Arten repräsentirt sind. Jene berühmten Früchte, die Manguftan und die Durian sind dieser Region entsprossen und werden außerhalb des Archipels kaum gedeihen. Von den Bergpflanzen Java's ist es schon erwähnt worden, daß sie auf eine frühere Verbindung mit dem asiatischen Festlande hinweisen; und eine noch bemerkenswerthere und ältere Verbindung mit Australien ist durch Herrn Low's Sammlungen von dem Gipfel des Kinabalu, des höchsten Berges auf Borneo, wahrscheinlich gemacht worden.

Pflanzen können weit leichter Meeresarme kreuzen als Thiere. Die kleineren Saamen werden leicht von den Winden fortgeführt und viele derselben sind speciell einem solchen Transporte angepaßt. Andere können lange Zeit ungeschädigt im Wasser umherschwimmen und werden durch Winde und Strömungen an entfernte Ufer getrieben. Tauben und andere Frucht-essende Vögel sind ebenfalls Träger zur Verbreitung der Pflanzen, da die durch ihre Körper passirten Saamen leicht keimen. So kommt es, daß Pflanzen, welche an Ufern und in Flachländern wachsen, eine weite Verbreitung haben und es erfordert eine eingehende Kenntniß der Arten jeder Insel, um die Verwandtschaften ihrer Floren mit einiger Sicherheit und Genauigkeit zu bestimmen. Heutzutage haben wir noch nicht eine so vollkommene Kenntniß von der Botanik der verschiedenen Inseln des Archipels; und nur aus so auffallenden Phänomenen, wie das Vorkommen von nördlichen und selbst europäischen Gattungen auf den Gipfeln javanischer Berge eines ist, können wir den früheren Zusammenhang jener Insel mit dem asiatischen Festlande beweisen. Eine andere Bewandniß hat es jedoch mit den Landthieren. Ihre Mittel und Wege um eine breite Meeresfläche zu kreuzen sind sehr viel mehr beschränkt. Ihre Verbreitung ist weit genauer studirt worden und wir besitzen eine viel vollständigere Kenntniß solcher Gruppen, wie z. B. Säugethiere und Vögel von den meisten der Inseln, als wir sie von den Pflanzen haben. Diese beiden Klassen werden uns auch die meisten Thatsachen hinsichtlich der geographischen Verbreitung organisirter Wesen in dieser Region darbieten.

Die Zahl der Säugethiere, von denen man weiß, daß sie die indo-malayische Region bewohnen, ist sehr beträchtlich; sie übersteigt 170 Arten. Mit Ausnahme der Fledermäuse hat keine derselben irgend welche regelmäßigen Mittel, um viele Meilen breite Seearme zu überschreiten und eine Betrachtung ihrer Verbreitung muß uns daher in Beziehung auf die Frage, ob diese Inseln je mit einander oder mit dem Festlande seit dem Bestehen der Arten verbunden gewesen sind, große Dienste leisten.

Die Vierhänder oder Affen sind Charakteristika dieser Region. Man kennt vierundzwanzig verschiedene dort einheimische Arten und diese sind mit ziemlicher Gleichförmigkeit über die Inseln verbreitet, indem neun auf Java, zehn auf der Halbinsel Malaka, elf auf Sumatra und dreizehn auf Borneo gefunden werden. Die großen Menschen-ähnlichen Orang-Utans kommen nur auf Sumatra und Borneo vor. Der seltsame Siamang (ihnen an Größe der nächste) auf Sumatra und Malaka; der Nasenaffe nur auf Borneo; während jede Insel Repräsentanten der Gibbons oder Langarmaffen und der Meerkatzen aufzuweisen hat. Die Lemur-ähnlichen Thiere, Nycticebus, Tarsius und Galeopithecus sind auf allen Inseln zu Hause.

Sieben Arten, die auf der Halbinsel Malaka gefunden werden, breiten sich auch über Sumatra aus, vier über Borneo und drei über Java; während zwei auch nach Siam und Birma und eine nach Nord-Indien hinüberschweifen. Mit Ausnahme des Orang-Utan, des Siamang, des Tarsius spectrum und des Galeopithecus sind alle malayischen Gattungen der Vierhänder in Indien durch nah verwandte Arten repräsentirt, obgleich, dem beschränkten Wandervermögen der meisten dieser Thiere gemäß, sehr wenige absolut identische sind.

Von Carnivoren sind dreiunddreißig Arten in der indomalayischen Region bekannt, von denen etwa acht auch in Birma und Indien gefunden werden. Darunter der Tiger, der Leopard, eine Tigerkatze, eine Zibethkatze und eine Fischotter; während von den zwanzig Gattungen malayischer Carnivoren dreizehn in Indien durch mehr oder weniger nah verwandte Arten repräsentirt sind. Z. B. ist der Vielfraß (Helictis orientalis) in Nord-Indien durch eine verwandte Art (Helictis nipalensis) vertreten.

Die Hufer sind zweiundzwanzig an Zahl, von denen ungefähr sieben sich nach Birma und Indien verbreiten. Alles Wild ist bis auf zwei Arten, welche von Malaka nach Indien hinübergreifen, dieser Region eigenthümlich. Von zahmem Vieh kommt eine indische Art in Malaka vor, während der Bos sondaicus von Java und Borneo auch in Siam und Birma vorhanden ist. Ein Ziegen-artiges Thier findet sich auf Sumatra, welches seinen Repräsentanten in Indien hat; während es jetzt sichergestellt ist, daß das zweihörnige Rhinoceros von Sumatra und die einhörnige Art von Java, welche lange Zeit für diesen Inseln eigenthümlich gehalten worden sind, auch in Birma, Pegu und Moulmein existiren. Der Elephant von Sumatra, Borneo und Malaka wird jetzt für identisch mit dem von Ceylon und Indien angesehen.

Alle anderen Säugethiergruppen bieten dieselben allgemeinen Phänomene dar. Einige Arten sind mit den indischen identisch; viel mehr aber sind eng verwandt oder haben ihre Repräsentanten, während eine kleine Zahl von eigenthümlichen Gattungen stets vorkommt, welche Thiere enthalten, die nirgend anderswo auf der Erde gefunden werden. Es sind dort ungefähr fünfzig Fledermäuse, darunter weniger als ein Viertel indische Arten; vierunddreißig Nagethiere (Eichhörnchen, Ratten ꝛc.), darunter nur sechs oder acht indische; und zehn Insectivoren mit einer Ausnahme der malayischen Region eigenthümlich. Die Eichhörnchen sind sehr zahlreich und charakteristisch, nur zwei Arten von fünfundzwanzig verbreiten sich über Siam und Birma. Die Tupajas sind merkwürdige Insectenfresser, welche den Eichhörnchen sehr ähneln und fast auf die malayischen Inseln begrenzt sind, wie z. B. der kleine federschwänzige Ptilocerus Lowii von Borneo und der seltsame langschnäuzige und nacktschwänzige Gymnurus Rafflesii.

Da die Halbinsel Malaka einen Theil des asiatischen Festlandes bildet, so wird die Frage nach der früheren Vereinigung der Inseln mit dem Hauptlande durch das Studium jener Arten am besten erhellt werden, welche sowohl in dem ersteren District als auch auf einigen der Inseln vorkommen. Wenn wir nun die Fledermäuse, welche zum Fluge befähigt sind, gänzlich aus der Betrachtung lassen, so giebt es noch achtundvierzig Arten von Säugethieren, welche die Halbinsel Malaka mit den drei großen Inseln gemein haben. Darunter sieben Vierhänder (Affen, Meerkatzen und Lemuren), Thiere welche ihr ganzes Leben in Wäldern zubringen, welche nie schwimmen und welche vollständig unfähig sein würden eine einzige Meile zur See fortzukommen; neunzehn Carnivoren, von denen zweifellos einige schwimmen, allein wir können nicht annehmen, daß eine so große Zahl auf diesem Wege eine Meresenge überschritten habe, welche überall, außer an einer Stelle, dreißig bis fünfzig Meilen breit ist; ferner fünf Huftiere, nämlich der Tapir, zwei Rhinoceros-

arten und ein Elephant; endlich dreizehn Nager und vier Insectenfresser, darunter eine Spitzmaus und sechs Eichhörnchen, deren
Ueberschreiten von zwanzig Meilen zur See ohne Hülfe selbst
noch unbegreiflicher sein würde als das der größeren Thiere.

Aber wenn wir die Fälle betrachten, in denen dieselben
Arten zwei der weiter von einander entfernten Inseln bewohnen,
so ist die Schwierigkeit noch größer. Borneo ist fast hundertundfünfzig Meilen von Biliton gelegen, diese Insel ungefähr
fünfzig Meilen von Bangla und diese fünfzehn von Sumatra,
und dennoch sind nicht weniger als sechsunddreißig Arten von
Säugethieren Borneo und Sumatra gemein. Java wiederum
liegt mehr als zweihundertundfünfzig Meilen von Borneo entfernt und doch haben diese beiden Inseln zweiundzwanzig Arten
gemein, darunter Meerkatzen, Fuchsaffen, wilde Ochsen, Eichhörnchen und Spitzmäuse. Diese Thatsachen scheinen es absolut
sicherzustellen, daß in einer früheren Periode eine Verbindung
zwischen all' diesen Inseln und dem Festlande vorhanden gewesen
ist und die Thatsache, daß die meisten zweien oder mehren derselben gemeinsamen Thiere unbedeutende oder keine Verschiedenheiten zeigen, oft aber absolut identisch sind, deutet darauf, daß
die Trennung in einer im geologischen Sinne neueren Zeit stattgefunden haben muß; das heißt nicht früher als die neuere
Pliocen-Periode, zu welcher Zeit die Landthiere den jetzt lebenden
sehr ähnlich zu werden begannen.

Selbst die Fledermäuse geben uns eine Bestätigung dieser
Argumentirung, wenn wir noch einer solchen bedürfen, indem
sie uns zeigen, daß die Inseln nicht von einander oder von dem
Festlande aus bevölkert werden konnten, ohne einen früheren Zusammenhang. Denn wenn sie auf diesem Wege mit Thieren
versehen worden wären, so müßten doch sicherlich Geschöpfe, welche

weite Strecken durchfliegen können, zuerst sich von Insel zu Insel ausbreiten und es müßte auf diese Weise eine fast vollkommene Gleichförmigkeit der Arten über die ganze Region resultiren. Aber eine solche Gleichförmigkeit existirt nicht und die Fledermäuse jeder Insel sind fast, wenn nicht ganz so verschieden wie die andern Säugethiere. Es sind beispielsweise sechzehn Arten auf Borneo bekannt und von diesen kommen zehn auf Java und fünf auf Sumatra vor, ein Verhältniß, das ungefähr dem der Nager gleich ist, welche doch keine directen Mittel zum Wandern besitzen. Wir lernen aus dieser Thatsache, daß die Meere, welche die Inseln von einander trennen, weit genug sind, um selbst den Uebergang von Flugthieren hintanzuhalten, und daß wir dieselben Ursachen herbeiziehen müssen, um die jetzige Verbreitung beider Gruppen zu erklären. Der einzig denkbare zureichende Grund liegt in dem früheren Zusammenhange aller Inseln mit dem Festlande und eine solche Umwandlung steht ja in vollkommenem Einklange mit dem, was wir von der Erdgeschichte wissen, und sie wird ferner durch die bemerkenswerthe Thatsache wahrscheinlich gemacht, daß eine Erhebung von nur dreihundert Fuß die großen Seen, welche sie jetzt trennen, in ein ungeheures sich windendes Thal oder in eine Ebene von ungefähr dreihundert Meilen Breite und zwölfhundert Meilen Länge verwandeln würde.

Man könnte vielleicht denken, daß Vögel, welche die Fähigkeit zum Fliegen in einem so hervorragenden Maße besitzen, in ihrer Verbreitung nicht durch Meeresarme behindert würden und daß sie also kaum Beweise für den früheren Zusammenhang oder die Loslösung der Inseln, welche sie bevölkern, beibringen können. Das ist jedoch nicht der Fall. Eine sehr große Anzahl von Vögeln scheint durch Wassergrenzen ebenso streng wie die Vierfüßer localisirt zu werden; und da die ersteren mit so sehr viel

mehr Aufmerksamkeit gesammelt worden sind, so haben wir ein
noch vollständigeres Material zu verwerthen und sind auf diese
Art in den Stand gesetzt, aus ihrer Verbreitung noch bestimmtere
und zufriedenstellendere Schlüsse abzuleiten. Es sind nur einige
Gruppen wie die Wasservögel, die Wadvögel und die Raubvögel
starke Wanderer; andere sind fast nur den Ornithologen bekannt.
Ich werde mich deshalb hauptsächlich nur auf einige der bestbekannten und der bemerkenswerthesten Familien der Vögel beziehen,
die uns als Prototype für die Schlußfolgerungen, welche die
ganze Klasse uns zu ziehen erlaubt, dienen können.

Die Vögel der indo-malayischen Region haben eine große
Aehnlichkeit mit denen von Indien; denn wenn auch ein sehr
großer Theil der Arten ganz verschieden ist, so giebt es doch nur
etwa fünfzehn diesem Districte eigenthümliche Gattungen und
nicht eine einzige Familiengruppe, welche auf ihn beschränkt ist.
Wenn wir aber die Inseln mit Birma, Siam und Malaka vergleichen, so finden wir noch weniger Unterschiede und gelangen
zu der Ueberzeugung, daß alle diese Länder durch das Band
eines früheren Zusammenhanges eng mit einander verknüpft sind.
Aus so gut bekannten Familien, wie es die Spechte, Papageien,
Trogons, Königsfischer, Tauben und Fasane sind, finden wir einige
identische Arten über ganz Indien und über Java und Borneo
verbreitet, während Sumatra und die Halbinsel Malaka verhältnißmäßig einen sehr großen Theil gemeinsam besitzen.

Die Bedeutung dieser Thatsachen kann erst dann recht ge-
würdigt werden, wenn wir von den Inseln der austral-malayischen Region sprechen und zeigen werden, wie ganz ähnliche
Barrieren den Uebergang der Vögel von einer Insel zur andern
vollständig unmöglich gemacht haben, so daß von wenigstens drei-
hundertundfünfzig Java und Borneo bewohnenden Landvögeln

nicht mehr als zehn östlich nach Celebes gedrungen sind. Und doch ist die Mangkassar-Straße kaum so breit wie die Java-See und Borneo und Java besitzen wenigstens hundert gemeinschaftliche Arten.

Ich will jetzt zwei Beispiele anführen um zu zeigen, wie die Kenntniß der Verbreitung der Thiere unerwartete Thatsachen aus der vergangenen Geschichte der Erde ans Tageslicht fördern kann. Am östlichen Ende der Insel Sumatra, von ihr durch eine Meerenge von etwa fünfzehn Meilen Breite getrennt, liegt die kleine wegen ihrer Zinnminen berühmte felsige Insel Bangka. Einer der dortigen holländischen Residenten sandte einige Sammlungen von Vögeln und anderen Thieren nach Leyden und darunter wurden mehre Arten gefunden, welche von denen der naheliegenden Küste Sumatra's verschieden waren. Eine derselben war ein Eichhörnchen (Sciurus bangkanus), den drei anderen Arten, welche resp. Malaka, Sumatra und Borneo bewohnen, nahe verwandt aber eben so verschieden von ihnen allen, als sie es von einander sind. Es waren darunter ferner zwei neue Erddrosseln der Gattung Pitta, welche zwei anderen Sumatra und Borneo bewohnenden Arten nahe verwandt, aber ganz verschieden von ihnen sind, während die beiden Arten, welche auf diesen großen und weit von einander getrennten Inseln vorkommen, nicht merklich differiren. Das ist gerade so, als wenn die Insel Man eine ihr eigenthümliche Drossel- und Amselart besäße, die von den Vögeln, welche England und Irland gemein haben, verschieden wären.

Diese seltsamen Thatsachen würden darauf hindeuten, daß Bangka, als Land für sich, früher selbst als Sumatra und Borneo existirt haben dürfte, und einige geologische und geographische Thatsachen machen das nicht so unwahrscheinlich als man auf den ersten Blick meinen könnte. Wenn auch Bangka auf der Landkarte Sumatra sehr nahe liegend erscheint, so hat das doch nicht darin seinen Grund, daß diese Inseln etwa in später Zeit erst von einander getrennt worden sind; denn der naheliegende District von Palembang ist neues Land, ein großer angeschwemmter, durch die Flüsse gebildeter Sumpf, welche von den hundert Meilen weit entfernten Gebirgen herabkommen. Auf der anderen Seite gleicht die Insel Bangka der Halbinsel Malaka, Singapore und der dazwischen liegenden Insel Linga, indem ihre Felsen aus Granit und Laterit bestehen; die genanten Inseln haben alle höchst wahrscheinlich einst Ausläufer der malayischen Halbinsel gebildet. Da die Flüsse Borneo's und Sumatra's seit Jahrhunderten die dazwischenliegende See ausfüllen, so können wir sicher sagen, daß ihre Tiefe früher größer gewesen ist und es ist sehr wahrscheinlich, daß jene großen Inseln nie direct außer durch die Halbinsel Malaka mit einander in Verbindung gestanden haben. In jener Zeit mögen dieselben Eichhörnchen- und Pitta-Arten alle diese Länder bewohnt haben; aber als die unterirdischen Störungen ausbrachen, welche zu der Erhebung der sumatranischen Vulcane Anlaß gaben, da wird die kleine Insel Bangka zuerst abgetrennt worden sein und ihre auf diese Weise isolirten Lebeformen können sich allmählich modificirt haben, ehe die Trennung der größeren Inseln vollendet war. Als der südliche Theil von Sumatra sich nach Osten ausdehnte und allmählich die enge Straße von Bangka gebildet wurde, da konnten viele Vögel und Insecten und einige Säugethiere von einer Insel zur andern gelangen und im Allgemeinen eine Aehnlichkeit in den Producten herstellen, während einige wenige der älteren Einwohner zurückblieben, um durch ihre distincten Formen ihren anderen Ursprung zu offenbaren. Wenn wir nicht annehmen, daß derartige Veränderungen

in der physischen Geographie Platz gegriffen haben, so ist die
Gegenwart von eigenthümlichen Vögel- und Säugethierarten auf
einer solchen Insel wie Bangka ein unlösbares Räthsel; und
ich glaube gezeigt zu haben, daß die in Frage stehenden Veränderungen keineswegs so unwahrscheinlich sind, wie ein flüchtiger
Blick auf die Karte uns meinen lassen könnte.

Als weiteres Beispiel wollen wir die großen Inseln Sumatra und Java anziehen. Diese stoßen so nahe aneinander
und die sie durchstreichende Vulcanenkette prägt ihnen so sehr
einen gemeinsamen Stempel auf, daß sich die Idee ihrer erst in
neuerer Zeit erfolgten Trennung sofort aufdrängt. Die Eingeborenen Java's aber gehen noch weiter; denn es lebt unter
ihnen eine Tradition der Katastrophe, welche die beiden Inseln
von einander trennte, und sie bestimmen den Zeitpunkt nicht viel
weiter zurück als tausend Jahre. Es ist daher interessant zu
untersuchen, welche Stütze die Vergleichung ihrer Thierwelt diesem
Gesichtspunkte verleiht.

Die Säugethiere sind nicht mit genügender Vollständig-
keit auf beiden Inseln gesammelt, um eine allgemeine Vergleichung sehr werthvoll erscheinen zu lassen, und viele Arten
sind nur in der Gefangenschaft lebend gehalten worden und ihr
Wohnort oft irrig angegeben, indem die Inseln, auf denen man
sie gerade erhalten hatte, für die genommen wurden, von welchen
sie herstammen. Wenn wir nur jene in Betracht ziehen, deren
Verbreitung genauer bekannt ist, so finden wir, daß Sumatra
im zoologischen Sinne in näherer Beziehung zu Borneo steht
als zu Java. Die großen Menschen-ähnlichen Affen, der Elephant, der Tapir, der malayische Bär, sie sind alle den beiden
ersteren Ländern gemeinsam, während sie auf Java nicht vorkommen. Von den drei langschwänzigen Affen (Semnopithecus),

welche Sumatra bewohnen, ist einer über Borneo verbreitet, aber die beiden Arten von Java sind dieser Insel eigenthümlich. Ebenso besitzen Sumatra und Borneo den großen malayischen Hirsch (Rusa equina) und den kleinen Tragulus kanchil gemeinsam, und diese Arten verbreiten sich nicht über Java, sondern hier vertritt sie der Tragulus javanicus. Der Tiger wird zwar auf Sumatra und Java gefunden und nicht auf Borneo, aber da dieses Thier bekanntlich gut schwimmt, so kann es wohl seinen Weg über die Sunda-Straße genommen oder Java bewohnt haben, ehe diese Insel von dem Hauptlande losgerissen wurde, auf Borneo aber kann der Tiger aus irgend einem unbekannten Grunde zu existiren aufgehört haben.

In der Ornithologie herrscht einige Unsicherheit, da die Vögel von Java und Sumatra viel besser bekannt sind, als die von Borneo; aber die frühzeitige Loslösung von Java als Insel wird durch die große Anzahl der Arten, welche auf keiner der andern Inseln vorkommen, klar gestellt. Java besitzt nicht weniger als sieben ihr eigenthümliche Taubenarten, Sumatra nur eine; von ihren zwei Papageien kommt einer auf Borneo, aber keiner auf Sumatra vor. Von den fünfzehn Spechtarten, die Sumatra bewohnen, finden sich nur vier auf Java, aber acht auf Borneo und zwölf auf der malayischen Halbinsel. Die zwei auf Java vorkommenden Trogons gehören nur dieser Insel an, während von den Sumatra bewohnenden wenigstens zwei sich über Malaka und eine über Borneo verbreiten. Es giebt aber eine sehr große Anzahl von Vögeln wie der große Argus-Fasan, die feuerrückigen und gefleckten Fasane, das behaubte Rebhuhn (Rollulus coronatus), der kleine Malaka-Papagei (Psittinus incertus), der große behelmte Hornvogel (Buceroturus galeatus), der Fasanen-Erdkuckuk (Carpococcyx radiatus), der rosenhaubige Bienenfresser (Nyctiornis amicta), der große Schnapper (Corydon sumatranus) und der grünhaubige Schnapper (Calyptomena viridis) und viele andere, welche Malaka, Sumatra und Borneo gemeinschaftlich besitzen und welche auf Java gänzlich fehlen. Auf der andern Seite haben wir den Pfau, das grüne Jungle-Huhn, zwei blaue Erddrosseln (Arrenga cyanea und Myophonus flavirostris), die schöne rothköpfige Taube (Ptilonopus porphyreus), drei breitschwänzige Erdtauben (Macropygia) und viele andere interessante Vögel, welche nirgend anders in dem Archipel als auf Java gefunden werden.

Die Insectenwelt weist ähnliche Thatsachen auf, wo immer genügende Daten vorliegen; aber durch die zahlreichen auf Java gemachten Sammlungen ist diese Insel nach dieser Seite hin in einem nicht verwerthbaren Vortheil. Das scheint jedoch mit den echten Papilionidae oder schwalbenschwänzigen Schmetterlingen nicht der Fall zu sein, deren Größe und prächtige Färbung die Menschen veranlaßt hat, sie häufiger als andere Insecten zu sammeln. Siebenundzwanzig Arten sind von Java bekannt, neunundzwanzig von Borneo und nur einundzwanzig von Sumatra. Vier sind gänzlich auf Java beschränkt, während nur zwei Borneo und eine Sumatra eigenthümlich ist. Die Isolirtheit von Java tritt jedoch am anschaulichsten hervor, wenn man die Inseln paarweise gruppirt und die Anzahl von Arten betrachtet, die jedes Paar gemeinsam hat.

Folgendermaßen:

Borneo	29 Arten	}	20 Arten beiden Inseln gemeinsam.
Sumatra	21 „		
Borneo	29 „	} 20	„ „ „ „
Java	27 „		
Sumatra	21 „	} 11	„ „ „ „
Java	27 „		

Wenn wir nun auch unsere unvollkommene Kenntniß der sumatranischen Arten berücksichtigen, so sehen wir doch, daß Java von den zwei großen Inseln isolirter ist als diese von einander; wir finden also die Resultate, welche die Verbreitung der Vögel und Säugethiere uns an die Hand gab, hier vollständig bestätigt und können es als fast sicher annehmen, daß die zuletzt genannte Insel die erste war, welche vollständig vom asiatischen Festlande getrennt wurde und daß die inländische Tradition, welche sie erst in neuerer Zeit von Sumatra sich trennen läßt, gänzlich unbegründet ist.

Wir sind nun in der Lage mit einiger Wahrscheinlichkeit den Lauf der Ereignisse skizziren zu können. Wenn wir mit der Zeit beginnen, in der die ganze Java See, der Golf von Siam und die Malaka Straße trockenes Land waren und mit Borneo, Sumatra und Java eine große südliche Verlängerung des asiatischen Festlandes bildeten, so würde die erste Bewegung die Entstehung der Java See und der Sunda Straße gewesen sein, welche der Thätigkeit der javanischen Vulcane, dem südlichen Theile des Landes entlang, folgte und welche zu einer vollständigen Trennung dieser Insel geführt hat. Als der Vulcanengürtel von Java und Sumatra an Thätigkeit zunahm, tauchte mehr und mehr von dem Lande unter, bis zuerst Borneo und dann Sumatra vollständig von einander getrennt waren. Seit der Zeit der ersten Störungen mögen mehre verschiedene Erhebungen und Senkungen stattgehabt haben und die Inseln können mehr als einmal mit einander oder mit dem Hauptlande verbunden und wieder getrennt worden sein. Aufeinander folgende Wellen von Einwanderungen werden auf diese Weise ihre Thierwelt modificirt und zu jenen Anomalien in der Verbreitung geführt haben, welche so schwierig als die Wirkung einer einzigen Erhebung oder Senkung erklärt werden können. Die Gestalt von Borneo — ausstrahlende Bergketten mit dazwischenliegenden breiten Alluvial-Thälern — bringt uns auf den Gedanken, daß diese Insel dereinst weit mehr unter Wasser gelegen habe als heut zu Tage (wo es dann mehr Celebes oder Halmahera in den äußeren Umrissen geglichen haben würde), und daß sie auf ihre heutigen Dimensionen dadurch anwuchs, daß sich ihre Meerbusen mit Sedimentablagerungen ausfüllten, die noch durch allmälige Erhebung des Landes unterstützt wurden. Auch Sumatra ist augenscheinlich durch die Bildung von Alluvial-Ebenen, seiner Nordost-Küste entlang, angewachsen.

Eine Eigenthümlichkeit der Thierwelt Java's ist sehr auffallend — nämlich das Vorkommen verschiedener Arten oder Gruppen, welche für die siamesischen Gegenden oder für Indien charakteristisch sind, aber welche auf Borneo und Sumatra nicht gefunden werden. Unter den Säugethieren ist das Rhinoceros javanicus das schlagendste Beispiel, denn eine differente Art kommt auf Borneo und Sumatra vor, während die javanische Art in Birma und selbst in Bengalen zu Hause ist. Von Vögeln haben Java und Siam die kleine Erdtaube, Geopelia striata, und die seltsame orange-farbene Elster, Crypsirhina varians, gemeinschaftlich; und auf Java kommen Arten von Pteruthius, Arrenga, Myiophonus, Zoothera, Sturnopastor und Estrelda vor, deren nächste Verwandte in verschiedenen Theilen Indiens gefunden werden, während nichts ihnen Gleiches auf Borneo oder Sumatra bekannt ist.

Ein so seltsames Phänomen wie dieses kann nur verstanden werden, wenn man annimmt, daß nach der Trennung von Java die Insel Borneo fast gänzlich versank und nach ihrem Wiederauftauchen eine Zeit lang mit der malayischen Halbinsel und

Sumatra, aber nicht mit Java oder Siam verbunden gewesen ist. Jeder Geologe, dem es bekannt ist, wie Schichtungen verworfen und geneigt worden sind und wie oft Hebungen und Senkungen abgewechselt haben müssen, nicht ein oder zwei Mal, sondern Dutzende und selbst Hunderte von Malen, wird unschwer zugeben, daß solche Veränderungen, wie sie hier angedeutet wurden, in sich selbst nichts Unwahrscheinliches haben. Das Vorhandensein ausgedehnter Kohlenbecken auf Borneo und Sumatra von so neuerlichem Ursprunge, daß die Blätter, welche vielfach versteinert in ihnen vorkommen, kaum von denen der Wälder zu unterscheiden sind, welche jetzt das Land bedecken, beweist, daß solche Veränderungen in der Erhebung wirklich stattgefunden haben; und es ist sowohl für den Geologen als auch für den philosophisch denkenden Naturforscher höchst interessant, daß man sich einen Begriff von der Aufeinanderfolge dieser Veränderungen machen und es verstehen kann, wie dieselben auf die thatsächliche Verbreitung des Thierlebens in diesen Ländern eingewirkt haben; — eine Verbreitung, welche oft so seltsame und sich widersprechende Erscheinungen darbietet, daß wir ohne Hinzuziehung solcher Veränderungen nicht in der Lage sind selbst nur uns vorzustellen, wie sie zu Stande gekommen sein könnten.

Zehntes Capitel.

Bali und Lombok.
(Juni, Juli 1856.)

Die Inseln Bali und Lombok, am Ostende von Java gelegen, sind von besonderem Interesse. Es sind die einzigen Inseln im ganzen Archipel, auf denen die Hindu-Religion sich noch erhalten hat — und sie bilden die Endpunkte der zwei großen zoologischen Abtheilungen der östlichen Hemisphäre; denn wenn sie auch im äußern Ansehen und in allen Punkten ihrer physischen Geographie einander sehr ähnlich sind, so differiren sie doch bedeutend hinsichtlich ihrer Naturgeschichte. Ich hatte zwei Jahre auf Borneo, Malaka und Singapore zugebracht, als ich diesen Inseln auf meinem Wege nach Mangkassar einen etwas unfreiwilligen Besuch abstattete. Wäre ich im Stande gewesen direct von Singapore aus dahin zu gelangen, so hätte ich wahrscheinlich Bali und Lombok nie gesehen und würde einige der wichtigsten Entdeckungen meiner ganzen Expedition nach dem Osten nicht gemacht haben.

Es war am 13. Juni 1856 als wir nach einer Ueberfahrt von zwanzig Tagen von Singapore aus in dem „Kembang

Djepoon" (Rose von Japan), einem Schooner, der einem chinesischen Kaufmanne gehörte, mit javanischem Schiffsvolke bemannt war und von einem englischen Capitain befehligt wurde, auf der gefährlichen Rhede von Baliling, auf der Nordseite der Insel Bali, Anker auswarfen. Als ich mit dem Capitain und dem chinesischen Supercargo an Land ging, sah ich mich sofort in eine neue und interessante Scene versetzt. Wir gingen zuerst in das Haus des chinesischen Bandar oder Hauptkaufmannes, wo wir eine Anzahl Eingeborener fanden; sie waren gut gekleidet und alle in auffälliger Weise mit Krissen bewaffnet, deren lange Haudhaben aus Elfenbein oder Gold oder aus schön marmorirtem und polirtem Holze sie zur Schau stellten.

Die Chinesen hatten ihr Nationalkostüm aufgegeben und den malayischen Anzug angenommen und konnten so kaum von den Eingeborenen der Insel unterschieden werden — ein Beweis von der nahen Verwandtschaft der malayischen und mongolischen Racen. Unter dem dichten Schatten einiger Mangobäume nahe dem Hause verkauften mehre Händlerinnen Baumwollenwaaren; denn hier handeln und arbeiten die Frauen zum Vortheil ihrer Ehegatten, ein Brauch, den muhamedanische Malayen nie annehmen. Man brachte uns Obst, Thee, Kuchen und Zuckerwerk; viele Fragen wurden in Betreff unseres Geschäftes und über den Stand des Handels in Singapore gestellt und wir machten dann einen Spaziergang ins Dorf. Es war ein sehr unfreundlicher und trauriger Ort; eine Anzahl enger von hohen Lehmwänden eingefaßter Straßen mit Bambushäusern, von denen wir einige betraten und sehr freundlich aufgenommen wurden.

Während unseres zweitägigen Aufenthaltes hier besuchte ich die Umgegend um Insecten zu fangen, Vögel zu schießen und um über die Fruchtbarkeit oder Unfruchtbarkeit des Landes etwas zu erfahren. Ich war erstaunt und erfreut zugleich; denn da mein Besuch auf Java erst einige Jahre später statt fand, so hatte ich noch nie außerhalb Europa einen so schönen und gut bebauten District gesehen. Eine leicht wellige Ebene dehnt sich von der Seeküste etwa zehn bis zwölf Meilen landeinwärts aus, wo sie von einer schönen Reihe bewaldeter und bebauter Hügel begrenzt wird. Häuser und Dörfer, bezeichnet durch dichte Gebüsche von Kokosnußpalmen, Tamarinden und anderen Fruchtbäumen, sind nach allen Richtungen hin verstreut; zwischen ihnen dehnen sich üppige Reisfelder aus, von einem sorgsamen Bewässerungssystem durchzogen, welches der Stolz der best cultivirten Theile Europa's sein würde. Die ganze Oberfläche des Landes ist in unregelmäßige Felder getheilt, welche den welligen Erhebungen des Bodens folgen, von der Größe vieler Morgen bis herab zu wenigen Ruthen, und jedes derselben ist vollkommen eben, aber liegt einige Zoll oder mehre Fuß über oder unter den angrenzenden. Jedes dieser Fleckchen kann nach Willkür berieselt oder drainirt werden vermittelst eines Systems von Gräben und kleinen Kanälen, in welches alle von den Bergen herabkommenden Flüsse abgeleitet sind. Die Frucht stand auf jedem Stückchen in verschiedenen Stadien der Reife, manchmal schon fast reif zum Schneiden, überall aber in dem blühendsten Zustand und in den ausgesuchtesten grünen Färbungen.

Die Seiten der Straßen und Reitwege waren oft mit stacheligem Cactus und mit einer blattlosen Euphorbie eingefaßt, aber das Land war so ausgiebig bebaut, daß für einheimische Vegetation, außer am Seegestade, nicht viel Raum blieb. Wir sahen eine Menge Rinder von feiner Race, Abkömmlinge des javanischen Bos banteng, von halb nackten Knaben getrieben oder auf Weideplätzen angebunden. Es sind große und schöne

Thiere von hellbrauner Farbe mit weißen Beinen und hinten mit einem in die Augen fallenden ovalen Fleck von derselben Farbe. Wildes Vieh derselben Race soll noch jetzt in den Bergen vorkommen. In einem so gut bebauten Lande konnte ich nicht erwarten viel Ausbeute für die Naturgeschichte zu finden, und meine Unwissenheit über die Wichtigkeit der Localität in Beziehung auf die geographische Verbreitung der Thiere war Schuld daran, daß ich einige Exemplare nicht mitnahm, denen ich später nie wieder begegnet bin. Unter diesen war ein Webervogel mit hellgelbem Kopfe, welcher seine flaschenförmigen Nester dutzendweise auf Bäumen nahe dem Strande baut. Es war der Ploceus hypoxanthus, ein auf Java heimischer Vogel; hier befand er sich an den äußersten Grenzen seiner mehr westlichen Verbreitung. Ich schoß und conservirte Exemplare einer Stelzen-Drossel, eines Pirols und einiger Staare, alles auf Java vorkommende Arten, von denen einige sogar für diese Insel charakteristisch sind. Ich fand auch einige schöne Schmetterlinge, reich mit schwarz und orange auf weißem Grunde gezeichnet, welche am zahlreichsten unter den Insecten an den Landstraßen vorkamen. Es war eine neue Art dabei, welche ich Pieris tamar genannt habe.

Wir verließen Baliling und kamen nach einer angenehmen Segelfahrt von zwei Tagen nach Ampanam auf Lombok, wo ich zu bleiben beschloß bis ich eine Gelegenheit zur Ueberfahrt nach Manglassar erhalten könne. Wir genossen herrliche Aussichten auf die Zwillingsvulcane von Bali und Lombok, von denen jeder ungefähr achttausend Fuß hoch ist; sie machen sich bei Sonnenauf- und Untergang ganz prächtig, wenn sie sich aus dem Dunst und den Wolken, welche sie umgeben, erheben und in den reichen und wechselnden Tinten derselben erglühen — entzückende Augenblicke eines tropischen Tages.

Die Bai oder Rhede von Ampanam ist sehr groß und da sie um diese Jahreszeit vor den herrschenden Südostwinden geschützt lag, so war sie so ruhig wie ein See. Der Strand von schwarzem vulcanischen Sand ist sehr tief und jederzeit die Brandung heftig, welche während der Springfluthen so bedeutend wird, daß es Booten oft unmöglich ist zu landen und viele ernste Unglücksfälle vorkommen. Wo wir vor Anker lagen, etwa eine viertel Meile vom Ufer, war nicht die leiseste Bewegung zu verspüren, aber als wir uns näherten, begannen die Schwankungen und wurden so rasch größer, daß die Wellen sich am Ufer in regelmäßigen Zwischenräumen mit einem Donner-ähnlichen Getöse überstürzten. Manchmal wächst diese Brandung plötzlich während vollkommener Windstillen zu solcher Stärke und Wuth an, als ob ein Sturm wehte, zerschlägt alle Schiffe, welche nicht hoch genug auf das Ufer hinaufgezogen sind und schwemmt unvorsichtige Eingeborene mit fort. Die heftige Brandung ist wahrscheinlich zum Theil abhängig von den Anschwellungen des großen südlichen Oceans und von den heftigen Strömungen, welche in der Lombok Straße herrschen. Diese sind so unregelmäßig, daß Schiffe, welche im Begriffe stehen in der Bai Anker zu werfen, manchmal plötzlich in die Straße hinein getrieben werden und vierzehn Tage lang nicht im Stande sind zurückzukommen! Das Gekräusel („ripples"), wie die Seeleute es nennen, ist auch in der Meerenge sehr heftig, die See scheint zu kochen und zu schäumen und wie die Stromschnellen unter einem Wasserfalle zu tanzen; Schiffe werden hülflos umhergeschleudert und kleine gehen gelegentlich unter bei dem schönsten Wetter und unter dem glänzendsten Himmel.

Ich fühlte mich sehr erleichtert als alle meine Kisten und ich selbst in Sicherheit durch die verzehrende Brandung gekommen, auf welche die Eingeborenen mit Stolz sehen und sagen, daß „ihre See stets hungrig sei und Alles auffräße, was sie bekommen könne." Ich wurde von Herrn Carter freundlich aufgenommen, einem Engländer, welcher einer der Bandars oder privilegirten Kaufleute des Hafens ist und mir Gastfreundschaft und jede Unterstützung während meines Aufenthaltes anbot. Sein Haus, die Vorraths- und Geschäftshäuser standen in einem von hohen Bambuszäunen umgebenen Hof und waren durchaus von Bambus gebaut mit einem Grasdache, die einzigen zulässigen Baumaterialien. Und auch diese waren jetzt sehr spärlich vorhanden, da ein großer Bedarf herrschte beim Wiederaufbau des Ortes nach dem großen Feuer vor einigen Monaten, welches in ein bis zwei Stunden alle Gebäude der Stadt zerstört hatte.

Am folgenden Tage besuchte ich Herrn S., einen andern Kaufmann, an den ich ein Einführungsschreiben mitgebracht hatte und der etwa sieben Meilen entfernt wohnte. Herr Carter lieh mir freundlichst ein Pferd und ein junger Holländer, der in Ampanam wohnte, bot sich mir als Führer an. Wir kamen zuerst durch die Stadt und die Vorstädte eine gerade Straße entlang, die von Lehmwänden und einer schönen Allee hoher Bäume eingefaßt war; dann durch Reisfelder, in derselben Weise bewässert wie ich es in Baliling gesehen hatte, nachher über sandige Weiden nahe der See und gelegentlich am Gestade selbst entlang. Herr S. nahm uns freundlich auf und bot mir eine Wohnung in seinem Hause an, falls ich die Nachbarschaft meinen Zwecken entsprechend finden sollte. Nach einem frühzeitigen Imbisse gingen wir zur Orientirung mit Büchsen und Insectennetzen aus. Wir kamen an einige niedrige Hügel, welche sehr vortheilhaft zu sein schienen, gingen über Sümpfe, sandige mit grobem Schilfgrase bewachsene Ebenen, durch Weiden und bebaute Gründe, fanden jedoch im Gehen sehr wenig Vögel oder Insecten. An dem Wege stießen wir auf ein oder zwei menschliche Skelete, die in einer kleinen Bambuseinzäunung eingeschlossen lagen mit Kleidern, Kopfkissen, Matte und Betelbüchse der unglücklichen Individuen — die entweder ermordet oder hingerichtet worden waren. Bei unserer Rückkehr fanden wir einen balinesischen Häuptling mit seinem Gefolge auf Besuch. Die von höherem Range saßen auf Stühlen, die anderen kauerten am Boden. Der Häuptling forderte sehr kaltblütig Bier und Branntewein und bediente sich und sein Gefolge, was das Bier betraf anscheinend mehr aus Neugierde als aus irgend einem andern Grunde, denn es schien ihnen gar nicht zu schmecken, den Branntewein aber tranken sie mit vielem Behagen aus Biergläsern.

Nach meiner Rückkehr nach Ampanam widmete ich mich einige Tage lang der Jagd auf die Vögel in der Nachbarschaft. Die schönen Feigenbäume der Alleen, unter denen Markt abgehalten wurde, waren von prachtvollen reich orangefarbenen Pirols (Oriolus broderpii) bewohnt, die für diese Insel und den anliegenden Sumbawa und Floris charakteristisch sind. Rings um die Stadt war vielfach der seltsame Tropidorhynchus timoriensis zu finden, dem australischen Mönchsvogel verwandt. Er wird hier „Quaich-quaich" genannt wegen seiner sonderbaren lauten Stimme, welche diese Worte in verschiedenartigen und nicht unmelodischen Intonationen zu wiederholen scheint.

Täglich sah man Knaben die Straßen entlang und bei den Hecken und Gräben herumgehen, um Libellen mit Vogelleim zu fangen. Sie tragen einen biegsamen Stock mit ein paar gut beschmierten Zweigen am Ende, so daß die geringste Berührung das Insect fängt, dessen Schwingen abgerissen werden, ehe man es in einen kleinen Korb legt. Die Wasserjungfern sind hier so zahlreich zur Zeit der Reisblüthe, daß Tausende auf diese Weise schnell gefangen werden. Man röstet die Körper in Oel mit Zwiebeln und präservirten Garnelen oder manchmal auch allein und sie gelten für eine große Delicatesse. Auf Borneo, Celebes und vielen andern Inseln ißt man die Larven von Bienen und Wespen, sowohl lebend, wie sie aus den Zellen herauskommen, als auch, wie die Wasserjungfern, geröstet. Auf den Molukken werden die Larven der Palmkäfer (Calandra) regelmäßig in Bambusen zu Markte gebracht und als Nahrung verkauft; und viele der großen gehörnten Blatthornkäfer werden auf heißer Asche leicht geröstet und wo man sie findet gegessen. Der Ueberfluß an Insecten wird also von diesen Inselbewohnern ausgebeutet.

Da ich fand, daß Vögel nicht sehr zahlreich vertreten waren und da ich oft von Labuan Tring am Südende der Bai hörte, wo viel unbebautes Land und viele Vögel, Wild und wilde Schweine sein sollten, so beschloß ich mit meinen beiden Dienern, Ali, dem malayischen Burschen von Borneo, und Manuel, einem Portugiesen von Malaka, der Vögel-Abbalgen verstand, dorthin zu gehen. Ich miethete von den Eingeborenen ein Boot mit Außengestellen (outriggers) für uns und unser weniges Gepäck, und nachdem wir einen Tag dem Ufer entlang gerudert hatten, kamen wir dort an.

Ich hatte ein Einführungsschreiben an einen amboinesischen Malayen und er überließ mir einen Theil seines Hauses zum Wohnen und Arbeiten. Er hieß „Inchi Daud" (Herr David) und war sehr höflich; aber seine Räumlichkeiten waren beschränkt und er konnte mir nur einen Theil seines Empfangszimmers anweisen. Dieses war das Vordertheil eines Bambushauses (das man auf einer Leiter von etwa sechs sehr weit aus einander liegenden Sprossen erreichte) und eine hübsche Aussicht über die Bai darbot. Ich richtete mich aber so bald und so gut als möglich ein und begann zu arbeiten. Die Umgegend war sehr hübsch und für mich neu; sie bestand aus zerrissenen vulcanischen Hügeln, die flache Thäler und offene Ebenen einschlossen. Die Hügel waren mit einem dichten verkrüppelten Gebüsche von Bambus und stacheligen Bäumen und Sträuchern bedeckt, die Ebenen waren mit Hunderten schöner Palmbäume geschmückt und an vielen Orten standen prächtige Staudengewächse. Vögel waren zahlreich vorhanden und sehr interessante; ich sah hier zum ersten Male viele australische Formen, welche auf den Inseln weiter westlich ganz fehlen. Kleine weiße Kakadus kamen in Menge vor und ihr lautes Geschrei, ihre auffällige weiße Farbe und ihre hübschen gelben Helme machten sie zu einem in die Augen springenden Charakteristicum der Landschaft. Dies ist der westlichste Punkt der Erde, an dem Vögel aus dieser Familie gefunden werden. Einige kleine Honigsauger der Familie Ptilotis und die sonderbaren Hügelaufthürmer (Megapodius Gouldii) findet der nach Osten reisende Naturforscher auch hier zuerst. Der letztgenannte Vogel bedarf einer ausführlicheren Erwähnung.

Die Megapodidae bilden eine kleine Familie von Vögeln, welche in Australien und den umliegenden Inseln gefunden werden und sich bis über die Philippinen und Nordwest-Borneo verbreiten. Sie sind mit den hühnerartigen Vögeln verwandt, aber unterscheiden sich von diesen und von allen andern dadurch, daß sie nie auf ihren Eiern sitzen, welche sie im Sande, in der Erde oder im Schutte vergraben und sie von der Sonnen- oder Gährungswärme ausbrüten lassen. Sie sind alle durch sehr große Füße charakterisirt und durch lange gebogene Krallen, und die meisten Megapodius-Arten scharren und kratzen allen möglichen

Schutt, todte Blätter, Stöcke, Steine, Erde, verfallenes Holz
u. s. f. zusammen, bis es einen großen Hügel, oft sechs Fuß hoch
und zwölf Fuß breit, bildet, in deren Mitte sie ihre Eier vergraben. Die Eingeborenen können es einem Hügel ansehen, ob
er Eier enthält oder nicht; und sie nehmen sie wo sie nur können, da die ziegelrothen Eier (so groß wie Schwaneneier) als
große Delicatesse angesehen werden. Man sagt, daß eine Anzahl
Vögel sich vereinigen um diese Hügel aufzuwerfen, und daß sie
ihre Eier gemeinschaftlich hineinlegen, so daß man manchmal
vierzig bis fünfzig findet. Man trifft die Hügel hier und da
in dichtem Gebüsch und sie sind Fremden ein großes Räthsel,
da man sich nicht erklären kann, wer möglicherweise Wagen-
ladungen voll Unrath so außer dem Wege aufhäuft; und wenn
man bei den Eingeborenen Nachfrage hält, so wird man nicht
klüger, denn es erscheint fast immer sehr romantisch, wenn man
hört, daß es nur Vögel sind, welche es thun. Die auf Lombok
vorkommende Art ist etwa von der Größe einer kleinen Henne
und gänzlich von dunkel olivener und brauner Farbe. Der Vogel
nährt sich von verschiedenartigem Futter; er verschlingt gefallene
Früchte, Erdwürmer, Schnecken und Tausendfüße, aber das Fleisch
ist weiß und von gutem Geschmacke, wenn es richtig gekocht wird.

Die großen grünen Tauben waren noch besser zu essen und
kamen viel zahlreicher vor. Diese schönen Vögel, welche unsere
größten zahmen Tauben an Umfang übertreffen, tummelten sich
auf den Palmbäumen, welche jetzt gerade ungeheure Fruchtbüschel
trugen — ganz harte kugelige Nüsse, etwa einen Zoll im Durchmesser, bedeckt von grüner Schale und mit nur sehr wenig Frucht-
brei innen. Wenn man den Schnabel und Kopf der Tauben
betrachtet, so könnte es unmöglich scheinen, daß sie so große
Massen verschlingen oder daß diese irgend welchen Nahrungsstoff

für sie abgeben; aber ich schoß die Vögel oft und fand mehre
Palmfrüchte in ihrem Kropfe, welcher gewöhnlich platzte wenn
sie auf die Erde fielen. Ich erhielt hier ferner acht Arten von
Königsfischern, darunter einen sehr schönen neuen, den Herr Gould
Halcyon fulgidus genannt hat. Man traf ihn stets im Gebüsche
vom Wasser entfernt, und er schien Schnecken und Insecten vom
Boden aufzupicken nach Art des großen Riesenfischers (Laughing
Jackass)* von Australien. Die hübsche kleine violette und orangen-
farbene Art (Ceyx rufidorsa) findet man unter ähnlichen Verhältnissen, sie fliegt schnell dahin wie eine Feuerflamme. Hier auch
traf ich zum ersten Male den hübschen australischen Bienenfresser
(Merops ornatus). Dieser elegante kleine Vogel sitzt auf Zweigen
an freien Plätzen und blickt emsig umher, fliegt von Zeit zu Zeit
schnell fort um ein Insect zu fangen, das er in der Nähe gesehen, und kehrt dann auf denselben Zweig zurück um es zu
verzehren. Sein langer, scharfer, gebogener Schnabel, die zwei
langen schmalen Federn in seinem Schwanze, sein schönes grünes
Gefieder mit den reich braunen, schwarzen und lebhaft blauen Stellen
an der Kehle machen ihn zu dem zierlichsten und interessantesten
Object, das ein Naturforscher zum ersten Male sehen kann.

Von allen Vögel Lombots aber stellte ich am meisten
der schönen Erddrossel (Pitta concinna) nach und schätzte mich
stets glücklich, wenn ich eine erhielt. Sie wird nur auf trockenen
Ebenen, die dicht mit Gebüsch und in dieser Jahreszeit mit todten
Blättern bedeckt sind, gefunden. Sie war so scheu, daß ich
nur schwer zum Schusse kam, und erst nach vieler Erfahrung
fand ich aus, wie man es machen müsse. Es ist die Gewohnheit dieser Vögel auf dem Boden umherzuhüpfen, Insecten auf-

---

* Dacelo gigantea. A. d. Uebers.

zupicken, bei dem geringsten Geräusch in das dichteste Gebüsch zu laufen oder nahe über dem Boden hinzufliehen. Von Zeit zu Zeit stoßen sie einen eigenartigen Schrei von zwei Noten aus, der, wenn man ihn einmal gehört hat, leicht wieder erkannt wird und man hört sie auch durch die trockenen Blätter hüpfen. Meine Praxis war daher vorsichtig die engen Fußpfade, die das Land zahlreich durchziehen, entlang zu gehen, und wenn ich irgend ein Zeichen eines Pitta vernahm, bewegungslos still zu stehen und gelegentlich sanft zu flöten, indem ich die Töne so gut wie möglich nachahmte. Nach halbstündigem Warten wurde ich oft belohnt, indem ich den hübschen Vogel durch das Dickicht hüpfen sah. Dann verlor ich ihn vielleicht wieder aus dem Gesichte bis, nachdem ich meine Flinte angelegt und schußbereit hatte, ein zweites Erscheinen mich in den Stand setzte mir die Beute zu sichern und sein weiches bauschiges Gefieder und die lieblichen Farben zu bewundern. Der obere Theil ist sanft grün, der Kopf kohlschwarz mit einem blau und braunen Striche über jedem Auge; an der Schwanzbasis und an den Schultern sind Bänder von hellem Silberblau und die untere Seite ist zart ledergelb mit einem carmoisinrothen Streifen und schwarz geränderten Bauche. Hübsche grasgrüne Tauben, kleine hochrothe und schwarze Blumenvögel, große schwarze Kuckuke, metallisch glänzende Königskrähen, goldene Pirols und der schöne Jungle-Hahn — der Stammvater unserer ganzen Hausgeflügelzucht — waren es von Vögeln, welche hauptsächlich während unseres Aufenthaltes in Labuan Tring meine Aufmerksamkeit auf sich zogen.

Die charakteristischeste Eigenschaft des Jungle waren die Dornen. Die Stauden waren dornig, die Schlingpflanzen waren dornig und selbst die Bambusen waren es. Alles wuchs zickzack und in Spitzen und in einem unentwirrbaren Knäuel, so daß mit der Flinte oder dem Netz oder nur der Brille hindurch zu kommen für gewöhnlich unmöglich war und Insecten-Fangen in solchen Localitäten ganz außer Frage kam. An solchen Orten hielten sich die Pittas oft verborgen und wenn ich einen Vogel geschossen hatte, so war es schwierig ihn zu finden und selten gewann ich den Preis ohne einen Tribut an Stichen, Schrammen und zerrissenen Kleidern. Der trockene vulcanische Boden und das dürre Klima scheinen der Production solcher verkümmerten und dornigen Pflanzenwelt günstig zu sein, denn die Eingeborenen versicherten mich, daß es noch Nichts sei gegen die Dornen und Stacheln auf der Insel Sumbawa, deren Oberfläche noch eine Decke der vulcanischen Asche trägt, die vor vierzig Jahren durch die furchtbare Eruption von Tomboro ausgeworfen wurde. Unter den Stauden und Bäumen, die nicht dornig waren, fanden sich die Apocynaceae sehr zahlreich vertreten; ihre zweilappigen Früchte von verschiedener Gestalt und Farbe und oft von dem verführerischesten Aussehen hängen überall an den Seiten der Wege, als ob sie den müden, ihrer giftigen Eigenschaften unkundigen Wanderer, zu seinem eigenen Schaden einladen wollten. Eine vorzüglich, mit einer weichen scheinenden Haut von golden orangener Farbe, rivalisirt in ihrer äußeren Erscheinung mit den goldenen Aepfeln der Hesperiden und hat große Anziehungskraft für viele Vögel, von dem weißen Kakadu bis zu dem kleinen gelben Zosterops, der die hochrothen Samen verschmau'st, welche offen zu Tage liegen, wenn die Frucht platzt. Die große von den Eingeborenen „Gubbong" genannte Palme, eine Art Corypha, ist der auffallendste Baum der Ebenen, in denen er zu Tausenden wächst und in drei verschiedenen Stadien sich präsentirt — beblättert, mit Blumen und Früchten und abgestorben. Diese Palme hat einen cylindrischen Stamm von ungefähr hundert

Fuß Höhe und zwei bis drei Fuß Durchmesser; die Blätter sind groß und fächerförmig und fallen ab, wenn der Baum blüht, was nur einmal in seinem Leben in Form einer ungeheuren endständigen Aehre stattfindet, in welcher Mengen einer glatten runden Frucht von grüner Farbe und etwa einem Zolle Durchmesser producirt werden. Wenn diese reifen und fallen, stirbt der Baum ab und bleibt noch ein Jahr oder zwei stehen, ehe er umstürzt. Bäume nur mit Blättern sind bei weitem die zahlreichsten, dann solche mit Blumen und Früchten, während todte nur hier und da zwischen ihnen liegen. Wenn die Bäume Früchte tragen, so sind sie der Versammlungsort der großen grünen Fruchttauben, deren schon Erwähnung gethan wurde. Truppen von Affen (Macacus cynomolgus) besetzen oft einen Baum und schütteln die Früchte in großer Zahl herunter, schreien bei einer Störung und machen einen ungeheuren Lärm, wenn sie zwischen den todten Palmblättern davon laufen; auch die Tauben haben eine laute, schreiende Stimme, mehr dem Gebrüll eines wilden Thieres als Vogeltönen gleich.

Meine Sammlungen wurden hier unter mehr als gewöhnlichen Schwierigkeiten präservirt. Ein kleines Zimmer mußte zum Essen, Schlafen und Arbeiten, als Vorrathshaus und als Sectionszimmer dienen; es waren keine Börter, Schränke, Stühle oder Tische darin; Ameisen krochen überall umher und Hunde, Katzen und Federvieh trat nach Gefallen ein und aus. Daneben stellte es das Sprech- und Empfangszimmer meines Wirthes vor, und ich war genöthigt auf ihn und auf die zahlreichen Gäste, die uns besuchten, Rücksicht zu nehmen. Mein Hauptmöbel war ein Kasten, der mir als Eßtisch, als Stuhl beim Abbalgen und als Aufbewahrungsort für Vögel, wenn sie abgebalgt und getrocknet waren, diente. Um sie vor Ameisen zu schützen, ließen wir uns mit einiger Schwierigkeit eine alte Bank, deren vier Beine in mit Wasser gefüllte Kokosnußschalen gestellt wurden und uns so ziemlich frei von dieser Plage hielten. Der Kasten und die Bank waren jedoch buchstäblich die einzigen Plätze, wohin man etwas legen konnte, und sie waren gewöhnlich ganz eingenommen von zwei Insectenkasten und ungefähr hundert Vogelbälgen, die trocknen sollten. Man begreift daher wohl leicht, daß wenn irgend etwas von größerem Umfange oder etwas Außergewöhnliches gebracht wurde, die Frage: „Wo kann man es hinlegen?" ziemlich schwierig zu beantworten war. Dazu kommt noch, daß alle thierischen Substanzen eine gewisse Zeit brauchen um ganz zu trocknen, daß sie einen sehr unangenehmen Geruch dabei verbreiten und besonders anziehend für Ameisen, Fliegen, Hunde, Ratten, Katzen und anderes Ungeziefer sind, und eine besondere Vorsicht und beständige Aufsicht erfordern, welche unter den oben beschriebenen Umständen unmöglich war.

Meine Leser werden nun zum Theil wenigstens verstehen, wieso ein reisender Naturforscher mit beschränkten Mitteln, wie die meinigen, so viel weniger vollbringt als man erwartet und als er selbst zu thun wünscht. Es würde interessant sein, Skelete vieler Vögel und Säugethiere, Reptilien und Fische in Spiritus, Häute von größeren Thieren, bemerkenswerthe Früchte und Hölzer und die bedeutsamsten Gegenstände der Manufactur und des Handels aufzubewahren; aber man wird einsehen, daß es unter den eben beschriebenen Umständen unmöglich gewesen wäre, diese Dinge zu den Sammlungen, welche meine eigenen mehr speciellen Liebhabereien waren, hinzuzufügen. Wenn man zu Wasser reis't, so sind die Schwierigkeiten ebenso groß oder größer und sie sind auch nicht geringer bei einer Reise über Land. Es war daher absolut nothwendig, meine Sammlungen auf bestimmte

Gruppen zu beschränken, denen ich beständig meine persönliche Aufmerksamkeit widmen und auf diese Weise vor der Zerstörung oder dem Verfall Dinge bewahren konnte, welche oft nur mit vieler Arbeit und Mühe in meinen Besitz gekommen waren.

Während Manuel am Nachmittage seine Vögel abbalgte, gewöhnlich von einem kleinen Haufen Malayen und Sassaks (wie die Eingeborenen von Lombok genannt werden) umgeben, hielt er ihnen oft Vorträge mit der Miene eines Lehrers und man hörte ihm mit tiefer Aufmerksamkeit zu. Er sprach sehr gern über die „speciellen Schickungen," die ihm nach seiner Meinung täglich beschieden waren. „Allah ist heute dankbar gewesen," sagte er z. B. — denn obgleich Christ, hatte er doch die muhamedanische Sprachweise angenommen — „und hat uns einige sehr schöne Vögel beschert; wir können ohne ihn Nichts thun." Dann antwortete einer der Malayen: „Sicherlich, Vögel sind wie Menschen; sie haben ihre bestimmte Zeit zum Sterben; wenn diese Zeit kommt, so kann sie Nichts retten und wenn sie nicht gekommen ist, so kannst Du sie auch nicht tödten." Ein Beifallsgemurmel folgt dieser Meinungsäußerung und Rufe von „Butul! Butul!" (Wahr, wahr.) Dann konnte Manuel eine lange Geschichte erzählen von einer seiner erfolglosen Jagden; — wie er einen schönen Vogel gesehen und ihn weit verfolgte und ihn dann verlor und ihn wieder fand und zwei oder drei Mal danach schoß, ohne ihn je treffen zu können. „Ah!" sagt ein alter Malaye, „seine Zeit war nicht gekommen und daher war es Dir unmöglich ihn zu tödten." Diese Doctrin ist für den schlechten Schützen sehr trostreich und trägt den Thatsachen durchaus Rechnung, aber sie ist denn doch nicht ganz zufriedenstellend.

Man glaubt allgemein auf Lombok, daß manche Leute die Macht haben sich in Krokodile zu verwandeln, was sie thun,

um ihre Feinde zu verschlingen, und viele sonderbare Geschichten
werden von solchen Verwandlungen erzählt. Ich war deshalb
etwas überrascht, als ich eines Abends die folgende seltsame
Thatsache statuiren hörte, und da von keiner der anwesenden
Personen widersprochen wurde, so bin ich geneigt sie vorläufig
als einen Beitrag zur Naturgeschichte der Inseln anzunehmen.
Ein borneonischer Malaye, welcher seit vielen Jahren hier wohnte,
sagte zu Manuel: „Eine Sache ist in diesem Lande sonderbar
— die Spärlichkeit von Geistern." „Wie so?" fragte Manuel.
„Aber Du weißt doch," sagte der Malaye, „daß wir in unsern
westlichen Ländern, wenn Jemand stirbt oder getödtet wird, nachts
nicht bei dem Orte vorbeigehen dürfen, denn man hört aller Art
Geräusche, welche beweisen, daß Geister dort herum sind. Aber
hier werden viele Menschen getödtet und ihre Körper liegen un-
begraben in den Feldern und an der Straße und doch kannst
Du des Nachts dort gehen und hörst und siehst überhaupt Nichts,
wie es in unserem Lande der Fall ist und wie Du sehr wohl
weißt." „Sicherlich weiß ich das," sagte Manuel; und so kam
man überein, daß Geister sehr selten, wenn nicht ganz unbekannt
auf Lombok seien. Ich möchte mir aber zu bemerken erlauben,
daß wir es, da der Beweis rein negativ ist, an wissenschaftlicher
Vorsicht mangeln lassen würden, wenn wir diese Thatsache als
genügend gut festgestellt ansähen.

Eines Abends hörte ich Manuel, Ali und einen Malayen
emsig zusammen vor der Thür flüstern und konnte verschiedene
Anspielungen auf „Krisse," Kehlen=Abschneiden, Köpfe u. s. w.
u. s. w. unterscheiden. Endlich trat Manuel ein, sah sehr feier-
lich und angstvoll aus und sagte auf englisch zu mir: „Herr
— in Acht nehmen; — hier nicht sicher; — Kehle abschneiden."
Bei näherer Nachfrage erfuhr ich, daß der Malaye ihnen erzählt

hatte, der Rajah habe gerade einen Befehl in das Dorf gesendet, man solle eine bestimmte Zahl von Köpfen als Tempelopfer herbeischaffen um sich eine gute Reisernte zu sichern. Zwei oder drei andere Malayen und Bugis sowohl, als auch der Amboinese, in dessen Hause wir wohnten, bestätigten diese Erzählung und erklärten, daß das regelmäßig in jedem Jahre wiederkehre und daß es nothwendig sei, gut Wache zu halten und nie allein auszugehen. Ich lachte über die ganze Geschichte und versuchte sie zu überzeugen, daß es ein bloßes Gerede sei, allein ohne Erfolg. Sie waren Alle fest von ihrer Lebensgefahr überzeugt. Manuel wollte nicht allein zum Schießen ausgehen und ich war genöthigt ihn jeden Morgen zu begleiten, aber im Jungle entwischte ich ihm heimlich. Ali fürchtete sich ohne Begleitung Feuerholz zu suchen und holte nur mit einem enormen Speer bewaffnet Wasser aus dem Brunnen ein paar Schritte hinter dem Hause. Ich war durchaus überzeugt während der ganzen Zeit, daß ein solcher Befehl weder gegeben noch empfangen worden sei und daß wir vollkommen sicher wären. Das zeigte sich auch kurze Zeit darauf, als ein amerikanischer Seemann von seinem Schiffe an der Ostküste der Insel davonlief und seinen Weg zu Fuß und unbewaffnet quer durch nach Ampanam machte; überall war man ihm mit der größten Gastfreundschaft entgegengekommen. Nirgend wurde die geringste Bezahlung für Nahrung und Wohnung genommen, sondern sie wurden ihm bereitwilligst gegeben. Als ich Manuel auf diese Thatsache verwies, sagte er: „Er ein schlechter Mann, — lief weg von Schiff, — kein Wort, was sagt, kann glauben;" und so war ich genöthigt ihn in der unbehaglichen Ueberzeugung zu lassen, daß ihm eines Tages die Kehle abgeschnitten sein würde.

Ein Ereigniß fand hier statt, welches mir einiges Licht auf

die Ursache der furchtbaren Brandung bei Ampanam zu werfen schien. Eines Abends hörte ich ein seltsames brummendes Geräusch und zur selben Zeit schwankte das Haus leicht. In dem Gedanken es donnere, fragte ich: „Was ist das?" „Es ist ein Erdbeben," antwortete Inchi Daud, mein Wirth, und er erzählte mir dann, daß leichte Erschütterungen gelegentlich dort gefühlt würden, aber daß er nie heftige erlebt habe. Dies geschah am Tage des letzten Mondviertels und daher zu einer Zeit, als die Fluthen niedrig und die Brandungen gewöhnlich am schwächsten waren. Bei meiner Nachforschung später in Ampanam erfuhr ich, daß kein Erdbeben bemerkt worden sei, aber daß eines Nachts die Brandung sehr heftig gewesen, die Häuser geschwankt hätten und daß am folgenden Tage die Fluth sehr hoch gestiegen sei; das Wasser überschwemmte Herrn Carter's Grund und Boden höher, als er es je vorher erlebt hatte. Diese ungewöhnlichen Fluthen kommen dann und wann vor und man achtet ihrer nicht sehr; aber durch sorgfältige Nachforschung stellte ich fest, daß die Brandung in derselben Nacht eingetreten sei, in der ich in Labuan Tring, fast zwanzig Meilen davon entfernt, das Erdbeben gespürt hatte. Dieses scheint anzudeuten, daß wenn auch die gewöhnliche Brandung durch das An- und Abschwellen des großen südlichen Oceans, der hier in einen engen Kanal eintritt, hervorgerufen sein mag, unterstützt von einer besonderen Beschaffenheit des Bodens nahe dem Ufer, doch die plötzlichen und heftigen Brandungen und hohen Fluthen, welche gelegentlich bei vollkommen ruhigem Wetter statt haben, in leichten Erhebungen des Oceanbettes in dieser eminent vulcanischen Gegend ihren Grund haben.

Erstes Capitel.

Lombok; Sitten und Gebräuche des Volkes.

Als ich eine sehr schöne und interessante Sammlung von Vögeln in Labuan Tring gemacht hatte, nahm ich Abschied von meinem liebenswürdigen Wirth, Inchi Daud, und kehrte nach Ampanam zurück, um eine Gelegenheit nach Manglassar abzuwarten. Da kein nach jenem Hafen hin bestimmtes Schiff angekommen war, so beschloß ich einen Ausflug ins Innere der Insel zu unternehmen in der Begleitung des Herrn Roß, eines auf den Keeling Inseln geborenen Engländers, der jetzt für die holländische Regierung die Angelegenheiten eines Missionärs ordnete, welcher unglücklicherweise hier Bankerott gemacht hatte. Herr Carter lieh mir freundlicherweise sein Pferd und Herr Roß nahm seinen inländischen Diener mit.

Unser Weg ging eine Strecke weit durch vollkommen ebenes Land mit schön stehenden Reisfeldern. Die Straße war gerade und gewöhnlich von hohen Bäumen eingefaßt, die eine hübsche Allee bildeten. Sie war zuerst sandig, dann grasig und manchmal von Bächen und Sümpfen durchzogen. Nach einem Marsche von ungefähr vier Meilen erreichten wir Mataram, die Hauptstadt der

Insel und die Residenz des Rajah. Es ist ein großes Dorf mit breiten, von einer prächtigen Allee eingefaßten Straßen und niedrigen, hinter Lehmwällen verborgenen Häusern. Innerhalb dieser königlichen Stadt darf kein Eingeborener der niedrigeren Rangclassen reiten und unser Begleiter, ein Javane, war genöthigt abzusteigen und sein Pferd zu führen, während wir langsam hindurchritten. Die Wohnungen des Rajah und des Hohenpriesters zeichnen sich durch rothe Backsteinpfeiler aus, die mit vielem Geschmacke gebaut sind; aber der Palast selbst schien sich nur wenig von den gewöhnlichen Häusern des Landes zu unterscheiden. Jenseit Mataram und dicht dabei ist Karangassam, die alte Residenz des eingeborenen oder Sassak-Rajah vor der Eroberung der Insel durch die Balinesen.

Bald hinter Mataram begann das Land allmählich schön wellig anzusteigen; manchmal erhoben sich niedrige Hügel gegen die zwei Bergzüge hin in den nördlichen und südlichen Theilen der Insel. Hier zuerst erhielt ich eine vollständige Vorstellung von einem der wundervollsten Cultursysteme der Erde, das allem dem, was von dem chinesischen Fleiße erzählt wird, gleich kommt und das, so viel ich weiß, in Betreff der Arbeit, die ihm gewidmet worden, jedes Stück Land von gleicher Ausdehnung in den civilisirtesten Gegenden Europa's übertrifft. Ich ritt im höchsten Grade erstaunt durch diesen fremdartigen Garten und war kaum im Stande die Thatsache als wahr hinzunehmen, daß auf dieser entfernten und wenig bekannten Insel, von welcher alle Europäer, einige wenige Händler am Hafen ausgenommen, eifersüchtig fern gehalten werden, viele Hunderte von Quadratmeilen unregelmäßigen welligen Landes so geschickt terrassirt und geebenet, und so von künstlichen Kanälen durchsetzt sind, daß jeder Theil davon nach Gefallen berieselt und trocken gelegt werden kann.

Je nach dem mehr oder weniger steilen Falle des Bodens sind die terrassirten Plätzchen viele Morgen oder nur wenige Quadratellen groß. Wir sahen sie in jedem Stadium der Bebauung; einige als Stoppelfelder, andere gepflügt, noch andere mit Reisernten in verschiedenen Zuständen der Reife. Hier standen üppige Tabakanpflanzungen, dort brachten Gurken, süße Kartoffeln, Jamswurzeln, Bohnen oder Mais Abwechselung in die Scene. An einigen Orten waren die Gräben trocken, an anderen kreuzten kleine Flüsse unsere Straße und waren über Ländereien geleitet, welche gerade besäet oder bepflanzt werden sollten. Die Wälle, welche jede Terrasse begrenzten, stiegen regelmäßig in horizontalen Linien übereinander auf; manchmal umgaben sie einen steilen Hügel und hatten dann das Ansehen einer Festung, oder auch sie streckten sich über eine tiefe Senkung des Bodens hin und bildeten im riesigen Maßstabe die Sitze eines Amphitheaters. Jeder Bach und jedes Flüßchen war aus seinem Bette geleitet und anstatt den tiefstgelegenen Grund zu durchströmen, waren sie oft quer über unsere Straße halbwegs eine Anhöhe hinaufgeführt, eingezäunt durch alte Bäume und moosbewachsene Steine, so daß sie ganz das Ansehen eines natürlichen Kanals hatten und ein Zeugniß ablegten von der frühen Zeit, in welcher diese Werke gebaut worden waren. Als wir weiter landeinwärts kamen, wurde die Scene mannigfaltiger durch steile Felsenhügel, durch tiefe Bergschluchten und durch Gebüsche von Bambus und Palmen in der Nähe von Häusern und Dörfern; während in der Ferne die schöne Reihe von Bergen, von denen der Lombok Pic, achttausend Fuß hoch, den höchsten Punkt bildet, einen passenden Hintergrund abgeben für eine Aussicht, die kaum übertroffen werden kann sowohl hinsichtlich des menschlichen Interesses, welches sie bietet, als auch hinsichtlich ihrer malerischen Schönheit.

Auf dem ersten Theil unserer Straße kamen wir an Hunderten von Frauen vorbei, welche Reis, Obst und Gemüse zu Markt trugen; und weiterhin trafen wir eine fast ununterbrochene Reihe von Pferden mit Reis in Säcken oder in Aehren beladen auf dem Wege nach dem Hafen von Ampanam. Alle paar Meilen an der Straße unter schattigen Bäumen oder leichten Dächern saßen Verläufer von Zuckerrohr, Palmwein, gekochtem Reis, gesalzenen Eiern und geröstetem Pisang und einigen anderen Delicatessen. In diesen Buden kann man eine tüchtige Mahlzeit für einen Penny einnehmen, aber wir begnügten uns mit etwas süßem Palmwein, ein sehr köstliches Getränk in der Hitze des Tages. Nach einer Tour von etwa zwanzig Meilen erreichten wir eine höhere und trocknere Region, wo, da das Wasser spärlich war, die Culturen sich auf die kleinen flachen Stellen, welche die Flüsse beranden, einschränkten. Hier war die Gegend eben so schön wie früher, aber von einem andern Charakter; sie bestand aus welligen Dünen mit kurzem Rasen, von schönen Baum- und Gebüschgruppen unterbrochen, indem manchmal die Waldung, manchmal die Ebene vorherrschte. Wir kamen nur durch eine kleine Strecke wirklichen Waldes, wo wir von hohen Bäumen beschattet waren und um uns herum eine dunkle und dichte Vegetation sahen, die sehr angenehm berührte nach der Hitze und der Helle des offenen Landes.

Endlich, ungefähr eine Stunde nach Mittag, erreichten wir unseren Bestimmungsort — das Dorf Coupang, fast in der Mitte der Insel gelegen — und traten in den äußeren Hof eines Hauses, welches einem der Häuptlinge gehörte, mit denen mein Freund, Herr Roß, oberflächlich bekannt war. — Hier mußten wir uns unter einen offenen Schuppen auf einen erhöhten Bambusflur setzen, ein Platz, welcher dazu benutzt wird, Besuche zu empfangen und Audienzen zu geben. Wir ließen unsere Pferde auf dem üppigen Grase im Hofe und warteten bis des großen Mannes malayischer Dolmetscher erschien, der sich nach unserem Begehr erkundigte und uns davon benachrichtigte, daß der Pumbuckle (Häuptling) in dem Hause des Rajah sei, aber bald zurückkehren werde. Da wir noch nicht gefrühstückt hatten, so baten wir ihn uns etwas zum Essen zu schicken, was er auch so schnell als möglich zu thun versprach. Aber erst nach etwa zwei Stunden brachte man etwas auf einem kleinen Präsentirteller, zwei Schälchen mit Reis, vier kleine geröstete Fische und ein wenig Gemüse. Nachdem wir so gut als es eben ging gefrühstückt hatten, gingen wir ins Dorf und unterhielten uns nach unserer Rückkehr durch Plaudern mit einer Anzahl Männer und Knaben, welche sich um uns versammelt hatten; ferner dadurch, daß wir mit einer Anzahl Frauen und Mädchen, welche durch halb offene Thüren und andere Oeffnungen uns neugierig beguckten, liebäugelten und lachten. Zwei kleine Knaben, Namens Mousa und Isa (Moses und Jesus), wurden gut Freund mit uns und ein unverschämter kleiner Schlingel, Namens Kachang (eine Bohne) machte uns alle durch seine Nachäfferei und seine Possen lachen.

Endlich etwa um vier Uhr erschien der Pumbuckle und wir thaten ihm unsere Wünsche kund, einige Tage bei ihm zu bleiben, um Vögel zu schießen und das Land kennen zu lernen. Er schien darüber etwas betroffen und fragte, ob wir einen Brief von dem Anak Agong (Sohn des Himmels), welches der Titel des Rajahs von Lombok ist, hätten. Einen solchen hatten wir nicht, da wir es für ganz unnöthig gehalten; und er sagte uns dann plötzlich, daß er erst mit seinem Rajah sprechen müsse, ob wir bleiben könnten. Die Stunden vergingen, die Nacht trat

ein, er kehrte nicht zurück. Ich fing an zu glauben, wir wären
irgend welcher übeln Absichten verdächtig, denn der Pumbuckle
war augenscheinlich ängstlich, sich Ungelegenheiten zu bereiten.
Er ist ein Sassak-Fürst und wenn auch dem jetzigen Rajah zu
Diensten, so doch mit einigen der Häupter einer Verschwörung
verwandt, welche vor einigen Jahren unterdrückt wurde.

Ungefähr um fünf Uhr kam das Packpferd an, das meine
Flinten und Kleider trug, mit meinen Leuten Ali und Manuel,
die zu Fuße waren. Die Sonne ging unter, es wurde bald
finster und wir wurden ziemlich hungrig, als wir müde unter
dem Schuppen saßen und Niemand kam. Wir warteten weiter
Stunde auf Stunde, bis etwa um neun Uhr der Pumbuckle,
der Rajah, einige Priester und eine Menge Gefolge erschienen
und sich rund um uns herum setzten. Wir gaben uns die Hände
und einige Minuten lang herrschte tiefes Schweigen. Dann
fragte der Rajah, was wir wünschten; worauf Herr Roß antwortete und ihm verständlich zu machen suchte, wer wir wären
und weshalb wir gekommen, daß wir durchaus keine finsteren
Absichten hätten und keinen Brief vom „Anak Agong" besäßen,
lediglich weil wir es für ganz unnöthig gehalten. Es wurde
dann eine lange Unterhaltung in der Bali-Sprache geführt
und Fragen gestellt in Betreff meiner Büchsen, und was für
Pulver ich hätte, und ob ich Schrot oder Kugeln brauchte; ferner
zu was die Vögel dienten, und wie ich sie conservirte, und was
mit denselben in England gethan würde. Jeder meiner Antworten und Erklärungen folgte eine leise und ernste Unterhaltung,
welche wir nicht verstehen, aber deren Inhalt wir errathen konnten.
Sie waren augenscheinlich sehr in Verlegenheit und glaubten
nicht ein Wort von dem, was wir ihnen erzählt hatten. Dann
fragten sie, ob wir wirklich Engländer und nicht Holländer wären;

und obgleich wir uns energisch auf unsere Nationalität beriefen, schienen sie uns doch nicht zu glauben.

Jedoch nach Verlauf einer Stunde etwa brachten sie uns etwas Abendbrot (es war dasselbe wie das Frühstück, aber ohne den Fisch) und darauf etwas sehr schwachen Kaffee und Kürbis mit Zucker gekocht. Nachdem dieses nun verhandelt war, fand eine zweite Conferenz statt; es wurden wieder Fragen gestellt und die Antworten wieder ausgelegt. Dazwischen wurden leichtere Themata discutirt. Meine Brille (Concavgläser) wurde nach einander von drei oder vier alten Männern versucht, welche nicht verstehen konnten, wieso sie nicht dadurch sähen, und diese Thatsache gab zweifellos Anlaß zu neuem Argwohn gegen mich. Mein Bart war auch Gegenstand der Bewunderung, und es wurden mir viele Fragen gestellt über persönliche Eigenthümlichkeiten, über welche man in europäischer Gesellschaft nicht redet. Endlich etwa um ein Uhr Morgens stand die ganze Gesellschaft auf um fortzugehen, und nachdem sie einige Zeit am Thore noch zusammen gesprochen hatten, gingen sie auch Alle fort. Wir baten nun den Dolmetscher, welcher mit einigen Männern und Knaben bei uns geblieben, uns einen Platz zum Schlafen anzuweisen, worüber er sehr erstaunt schien und meinte, daß wir ja sehr gut logirt wären. Es war recht kalt und wir waren sehr dünn gekleidet und hatten keine Decken mitgebracht, aber Alles, was wir nach einer weiteren Stunde Unterhandelns bekommen konnten, war eine inländische Matte, ein Kopfkissen und einige alte Vorhänge, um sie an drei Seiten des offenen Schuppens zu hängen und uns ein wenig vor dem kalten Luftzuge zu schützen. Wir verbrachten den Rest der Nacht sehr unbequem und beschlossen am Morgen zurückzukehren und uns einer so schäbigen Behandlung nicht länger zu unterwerfen.

·

Wir standen mit Tagesanbruch auf, allein es dauerte fast eine Stunde bis der Dolmetscher kam. Wir baten dann um etwas Kaffee und wünschten den Pumbuckle zu sehen, da wir für Ali, der lahm war, ein Pferd brauchten und ihm Lebewohl sagen wollten. Der Mann sah uns bei diesen unerhörten Forderungen ganz verlegen an und verschwand in den innern Hof, indem er die Thür hinter sich zuschloß und uns wieder unsern Betrachtungen überließ. Es verging eine Stunde und Niemand kam; ich ließ daher die Pferde satteln und die Lastthiere beladen und rüstete mich zur Abreise. Da gerade kam der Dolmetscher zu Pferde an und sah bestürzt unsere Vorbereitungen. „Wo ist der Pumbuckle?" fragten wir. „Zu den Rajahs gegangen," sagte er. „Wir gehen," sagte ich. „Oh! bitte, thut es nicht," sagte er; „wartet ein wenig; sie berathen gerade und einige Priester werden Euch besuchen, und ein Häuptling geht nach Mataram, um von dem Anak Agong die Erlaubniß zu Eurem Bleiben zu erwirken." Das gab den Ausschlag. Mehr Reden, mehr Aufschub, und wieder acht bis zehn Stunden Berathungen waren nicht zu ertragen; deshalb gingen wir gleich fort, wenn auch der arme Dolmetscher fast weinte wegen unserer Hartnäckigkeit und Eile und uns versicherte, „der Pumbuckle würde sehr traurig sein und der Rajah würde sehr traurig sein und wenn wir nur warten wollten, so würde Alles ins Geleise kommen." Ich gab Ali mein Pferd und ging zu Fuß, aber er setzte sich später hinter Herrn Roß' Diener und wir kamen sehr gut nach Hause, wenn auch etwas heiß und ermüdet.

In Mataram sprachen wir in dem Hause des Gusti Gabioca vor, einem der Fürsten von Lombok, der ein Freund des Herrn Carter war und der mir zu zeigen versprochen hatte, wie die Flinten von den inländischen Arbeitern fabricirt würden. Zwei

Flinten wurden hergeholt, eine von sechs, die andere von sieben
Fuß Länge und von entsprechend weiten Läufen. Die Rohre
waren gedreht und gut gearbeitet, wenn auch nicht so hübsch wie
die unsrigen. Der Schaft war vortrefflich gemacht und reichte
bis ans Ende des Laufes. Silber- und Gold-Verzierungen
waren fast über die ganze Oberfläche eingelegt, aber die Schlösser
von englischen Gewehren genommen. Der Gusti versicherte mich
jedoch, daß der Rajah einen Arbeiter habe, welcher Schlösser und
auch gezogene Läufe mache. Man zeigte uns darauf die Werkstatt,
in der diese Flinten verfertigt und die Geräthschaften, mit denen
sie gemacht werden, und wir fanden sie in hohem Maße bemerkens=
werth. Ein offener Schuppen mit ein paar kleinen Erdschmieden
waren die wesentlichen sichtbaren Gegenstände. Die Blasebälge
bestanden aus zwei Bambuscylindern mit durch die Hand gear=
beiteten Stempeln. Sie bewegen sich sehr leicht und sind locker
mit Federn gestopft, welche dick um den Stempel gesetzt sind, so
daß er wie ein Ventil wirkt und regelmäßige Windstöße hervor=
ruft. Beide Cylinder communiciren mit derselben Schnauze und
ein Stempel hebt sich während der andere fällt. Ein längliches
Stück Eisen am Boden war der Amboß und ein kleiner Schraub=
stock fand sich auf einer heraussstehenden Baumwurzel draußen
angebracht. Dieses, zusammen mit einigen Feilen und Ham=
mern, waren buchstäblich die einzigen Werkzeuge, mit denen ein
alter Mann diese hübschen Gewehre selbst aus dem rohen Eisen
und Holz ganz fertig macht.

Ich war begierig zu erfahren, wie sie diese langen Läufe
bohren, welche vollkommen gerade sind und wunderbar schießen
sollen; als ich den Gusti fragte, bekam ich die räthselhafte Ant=
wort: „Wir brauchen dazu einen Korb mit Steinen." Da
ich durchaus nicht im Stande war mir vorzustellen, was er

meinte, so fragte ich, ob ich sehen könne, wie sie es machen und einer von dem Dutzend kleiner Knaben, die uns umstanden, mußte den Korb holen. Er kam bald mit dieser außergewöhn=

Gewehr=Bohren.

lichen Bohrmaschine zurück, deren Gebrauch mir der Gusti dann erklärte. Es war ein einfacher starker Bambuskorb, durch dessen Boden aufrecht eine etwa drei Fuß lange Stange gesteckt war, oben durch ein paar mit Rotang gebundene Stöcke festgehalten.

Das andere Ende der Stange trug einen eisernen Ring, in welchen viereckige Bohrer von Harteisen befestigt werden können. Der Lauf, der gebohrt werden soll, wird aufrecht in den Boden gegraben, der Bohrer wird aufgesetzt, das Ende des Stockes oder verticalen Schaftes wird durch ein mit einem Loch versehenes Querholz von Bambus gehalten und der Korb mit Steinen gefüllt, um das erforderliche Gewicht zu erlangen. Zwei Knaben drehen nun den Bambus. Die Läufe werden in Stücken von etwa achtzehn Zoll Länge gemacht, zuerst nur dünn gebohrt und dann auf einem geraden Rundeisen zusammengeschweißt. Der ganze Lauf wird dann mit Bohrern von allmälig wachsender Dicke bearbeitet und in drei Tagen ist er fertig. Die ganze Sache wurde mir in einer so ehrlichen Manier erklärt, daß ich keinen Zweifel darüber hege, daß der beschriebene Proceß wirklich so vorgenommen wird, wenn man es sich auch beim Anblick der schönen, gut gearbeiteten und zweckdienlichen Flinten schwer vorstellen konnte, daß sie von Anfang bis zu Ende mit Geräthen gemacht waren, welche einem englischen Grobschmiede kaum genügen würden, um ein Hufeisen zu verfertigen.

Am folgenden Tage kehrten wir von unserem Ausfluge zurück, der Rajah kam nach Ampanam zu einem von dem dort wohnenden Gusti Gadioca gegebenen Fest, und bald nach seiner Ankunft hatten wir eine Audienz. Wir fanden ihn in einem großen Hofraum auf einer Matte unter einem schattigen Baume sitzen und sein ganzes Gefolge, an drei bis vierhundert Menschen, lauerte auf dem Boden in einem großen Kreis um ihn herum. Er trug einen Sarong oder malavischen Unterrock und eine grüne Jacke. Er war ein Mann von etwa fünfunddreißig Jahren und hatte hübsche Gesichtszüge, die den Anschein von etwas Intelligenz mit Unentschiedenheit gepaart trugen. Wir verneigten uns und nahmen unsere Sitze am Boden nahe einigen Häuptlingen, mit denen wir bekannt waren; denn so lange der Rajah sitzt darf Niemand stehen oder höher sitzen. Er fragte zuerst wer ich wäre und was ich auf Lombok thäte und verlangte dann einige meiner Vögel zu sehen. Ich schickte daher nach einem meiner Kasten mit Vogelbälgen und Insecten, welche er sorgsam untersuchte und sehr erstaunt zu sein schien, daß man sie so gut conserviren könne. Wir führten dann ein kleines Gespräch über Europa und den russischen Krieg, an dem alle Eingebornen Antheil nahmen. Da ich viel von einem Landsitze des Rajah, Namens Gunong Sari, gehört hatte, so benutzte ich die Gelegenheit, ihn um die Erlaubniß anzugehen, dort einen Besuch machen und einige Vögel schießen zu dürfen, was er mir auch sofort gestattete. Ich dankte ihm und wir verabschiedeten uns.

Eine Stunde darauf kam sein Sohn, um Herrn Carter zu besuchen, begleitet von etwa hundert Menschen, welche sich alle auf dem Boden niedersetzten, während er in den offenen Schuppen kam, wo Manuel Vögel abbalgte. Nach einiger Zeit ging er ins Haus, schlief ein wenig auf einem hergerichteten Bette, trank dann etwas Wein und nach ein bis zwei Stunden wurde ihm Mittagessen von des Gusti Haus gebracht, welches er mit acht der ersten Priester und Fürsten zusammen einnahm. Er sprach einen Segen über den Reis und begann zuerst zu essen, worauf die andern ihm folgten. Sie rollten sich Reiskugeln in den Händen, tauchten sie in eine Sauce und verschlangen sie schnell mit kleinen Stücken Fleisch und Huhn, die auf verschiedene Weise zubereitet waren. Ein Knabe fächerte den jungen Rajah beim Essen. Er war ein Jüngling von etwa fünfzehn Jahren und hatte schon drei Frauen. Alle trugen den Kris oder malayischen gewundenen Dolch, auf dessen Schönheit und Werth sie sehr stolz sind. Ein Begleiter des Rajah hatte einen mit einer goldenen Handhabe, in welche achtundzwanzig Diamanten und verschiedene andere Edelsteine eingelegt waren. Er sagte, er habe ihn siebenhundert Lstrl. gekostet. Die Scheiden sind von geschnitztem Holz und Elfenbein, oft an einer Seite mit Gold bedeckt. Die Klingen sind schön marmorirt mit weißem, in das Eisen hineingearbeitetem Metall und werden sehr sorgfältig aufbewahrt. Jeder Mann ohne Ausnahme trägt ein Kris; es steckt hinten in dem großen, nie fehlenden Leibtuch und ist gewöhnlich das werthvollste Eigenthumsstück, das er besitzt.

Einige Tage später unternahmen wir den langbesprochenen Ausflug nach Gunong Sari. Unsere Gesellschaft war vergrößert durch den Capitain und Supercargo eines Hamburger Schiffes, das Reis für China lud. Wir ritten auf Lombok-Ponies von sehr gemischter Race, die wir nur mühsam mit den nothwendigen Sätteln und Zubehör hatten versehen können; und die meisten von uns flickten sich Sattelgurte, Zügel oder Steigbügelriemen zusammen, so gut es ging. Wir kamen durch Mataram, wo unser Freund Gusti Gadioca zu uns stieß auf einem schönen schwarzen Pferde und wie alle Eingeborenen ohne Sattel oder Steigbügel reitend, nur auf einer hübschen Satteldecke und mit verzierten Zügeln. Etwa drei Meilen auf angenehmen Nebenstraßen brachten uns an unseren Bestimmungsort. Wir traten durch einen recht hübschen Backstein-Thorweg, der durch scheußliche steinerne Hindu-Gottheiten gestützt wurde, ein. Drinnen war eine Umzäunung mit viereckigen Fischteichen und einigen schönen Bäumen; dann kam ein zweiter Thorweg, durch den wir in den Park traten. Rechts stand ein Backsteinhaus etwas im Hindu-Styl gebaut auf einer hohen Terrasse oder Plattform; links befand sich ein großer Fischteich, von einem kleinen Bache gespeist, der durch das Maul eines riesigen aus Backsteinen und Stein gut gearbeiteten Krokodiles hineinfloß. Die Ränder des Teiches waren mit Ziegelsteinen ausgelegt und in der Mitte stand ein phantastischer und malerischer, mit grotesken Statuen verzierter Pavillon. Der Teich war mit schönen Fischen gut versehen, welche jeden Morgen bei dem Ton eines hölzernen Gong, der für diesen Zweck in der Nähe hängt, zum Füttern herbeikommen. Wenn man daran schlug, so schwammen sofort eine Menge Fische aus den Massen von Unkraut, von dem der Teich voll ist, herbei und folgten uns dem Rande entlang in Erwartung des Futters. Zur selben Zeit kam einiges Wild aus dem anstoßenden Gehölze, fast zahm, da es selten geschossen und regelmäßig gefüttert wird. Das Jungle und Gehölz um den Park schien von Vögeln zu wimmeln; ich machte mich auf um einige zu schießen und wurde dadurch belohnt, daß ich mehre Exemplare des schönen neuen Königfischers, Halcyon fulgidus, und die seltene und hübsche Erddrossel, Zoothera andromeda, erhielt. Der erstere straft seinen Namen insofern Lügen, als er das Wasser nicht besucht und sich nicht von Fischen nährt. Er lebt beständig im niedrigen feuchten Gebüsch und pickt Insecten, Tausendfüße und kleine Mollusken vom Boden auf. Im Ganzen war ich sehr erfreut über meinen Besuch an diesem Orte und er gab mir eine bessere Meinung von dem Geschmacke dieses Volkes, wenn auch der Styl der Gebäude und Sculpturen dem der prächtigen Ruinen Java's weit untergeordnet ist. Ich will noch Einiges über den Charakter, die Sitten und Gebräuche dieses interessanten Volkes anführen.

Die Ureinwohner von Lombok werden Sassaks genannt. Sie sind malayischer Race und unterscheiden sich in ihrem Aussehen kaum von der Bevölkerung Malaka's oder Borneo's. Sie

sind Mohamedaner und machen die Masse des Volkes aus. Die
herrschenden Classen aber sind Eingeborene der anliegenden Insel
Bali und haben die braminische Religion. Die Regierung ist
eine absolute Monarchie, aber sie scheint mit mehr Weisheit und
Maß gehandhabt zu werden als gewöhnlich in malayischen Län=
dern. Der Vater des jetzigen Rajah eroberte die Insel, und
das Volk scheint nun ganz mit seinen neuen Herrschern versöhnt
zu sein, welche sich um ihre Religion nicht kümmern und sie
wahrscheinlich nicht schwerer besteuern, als es die eingeborenen
Häuptlinge thaten, denen sie folgten. Die jetzt auf Lombok gel=
tenden Gesetze sind sehr strenge. Diebstahl wird mit dem Tode
bestraft. Herr Carter erzählte mir, daß einmal ein Mann aus
seinem Hause eine metallene Kaffeekanne stahl. Er wurde gefaßt,
die Kanne zurückgestellt und der Mann Herrn Carter überliefert,
daß er ihn nach Gutdünken bestrafen solle. Alle Eingeborenen
empfahlen Herrn Carter ihn auf der Stelle zu „krissen"; „denn
wenn Sie es nicht thun," sagten sie, „wird er Sie wieder berau=
ben." Herr Carter aber ließ ihn laufen mit der Warnung,
daß wenn er je wieder in seinen Räumlichkeiten betroffen würde,
er sicherlich sterben müsse. Einige Monate später stahl derselbe
Mann ein Pferd des Herrn Carter. Das Pferd wurde gefunden,
aber der Dieb nicht gefangen. Es ist eine geltende Regel, daß,
wenn Jemand in einem Hause nach eingebrochener Dunkelheit
betroffen wird, es sei denn daß er sich dort mit Wissen des
Eigenthümers aufhält, er getödtet und sein Körper auf die Straße
oder ans Ufer geworfen werden kann, ohne daß Jemand danach
fragt.

Die Männer sind außerordentlich eifersüchtig und sehr strenge
mit ihren Frauen. Eine verheirathete Frau darf unter Todes=
strafe nicht eine Cigarre oder ein Sirihblatt von einem Fremden

annehmen. Man erzählte mir, daß vor einigen Jahren einer der englischen Händler eine balinesische Frau aus guter Familie hatte, die mit ihm lebte — und daß die Verbindung von den Eingeborenen als ganz ehrenhaft angesehen wurde. Während eines Festes verstieß dieses Mädchen gegen das Gesetz, indem sie eine Blume oder irgend eine andere Kleinigkeit von einem anderen Manne annahm. Dieses wurde dem Rajah hinterbracht (von dem einige Frauen mit dem Mädchen verwandt waren); er sandte sofort in das Haus des Engländers und befahl ihm das Mädchen aufzugeben, da sie „gekrißt" werden müsse. Vergebens bat und flehte dieser, erklärte sich bereit, jede Buße, welche der Rajah ihm auferlegen wolle, zu bezahlen und verweigerte schließlich sie aufzugeben, wenn er nicht mit Gewalt dazu gezwungen würde. Dazu wollte der Rajah seine Zuflucht nicht nehmen, denn er dachte ohne Zweifel, daß er ebenso sehr für die Ehre des Engländers als für seine eigene einträte; es schien also als hätte er die Sache fallen lassen. Aber einige Zeit darauf sandte er Jemanden aus seinem Gefolge in das Haus, der das Mädchen bat herauszukommen; dann sagte er: „Der Rajah sendet Dir dies," und stieß ihr den Dolch in das Herz. Ernstere Untreue wird noch grausamer bestraft; die Frau wird mit ihrem Liebhaber Rücken an Rücken zusammengebunden und so in die See geworfen, wo stets einige große Krokodile sich aufhalten und die Körper verschlingen. Eine derartige Execution fand statt als ich in Ampanam war, aber ich machte einen weiten Spaziergang landeinwärts, um außer dem Bereiche zu sein bis Alles vorüber war; ich ließ mir auf diese Weise die günstige Gelegenheit entgehen, eine schreckliche Geschichte meiner etwas ermüdenden Erzählung einflechten zu können.

Eines Morgens, als wir beim Frühstück saßen, benachrichtigte uns Herr Carter's Diener, daß ein Amok-Läufer im Dorfe sei. Sofort wurde der Befehl gegeben die Thore unserer Wohnung zu schließen und zu befestigen; aber da wir eine Zeit lang nichts hörten, so gingen wir hinaus und fanden, daß es ein falscher Lärm gewesen sei, von einem Manne herrührend, der fortgelaufen war und erklärt hatte, er werde „Amok" laufen, weil sein Herr ihn verkaufen wollte. Eine kurze Zeit vorher wurde ein Mann an einem Spieltische getödtet, weil er einen halben Dollar mehr, als er besessen, verloren und sich anschickte „Amok" zu laufen. Ein anderer hatte siebenzehn Menschen getödtet oder verwundet, ehe er unschädlich gemacht werden konnte. In ihren Kriegen kommt manchmal ein ganzes Regiment dieser Menschen zu dem Entschlusse „Amok" zu laufen und sie stürzen dann in so energischer Verzweiflung einher, daß sie für Männer, welche nicht so erregt sind wie sie selbst, sehr verderbenbringend werden. Bei den Alten würde man auf sie als auf Heroen oder Halbgötter geblickt haben, welche sich für ihr Vaterland hinopferten. Hier sagt man einfach, — sie liefen „Amok."

Mangkassar ist der berühmteste Ort im Osten für das Amok-Laufen. Man sagt, daß es ein- oder zweimal im Monate durchschnittlich vorkommt und manchmal werden fünf, zehn oder zwanzig Personen von Einem getödtet oder verwundet. Es ist bei den Eingeborenen von Celebes die nationale und daher die ehrenhafte Art Selbstmord zu begehen und es ist der anständige Weg um sich aus einer schwierigen Lage zu befreien. Ein Römer fiel in sein Schwert, ein Japanese schlitzt sich den Bauch auf und ein Engländer zerschmettert sich mit einer Pistole das Gehirn. Die Mode der Bugis hat viele Vorzüge für Jemanden, der zum Selbstmorde neigt. Ein Mann glaubt von der Gesellschaft geschädigt zu sein — er ist in Schulden und kann sie nicht bezahlen — er wird zum Sklaven gemacht oder hat sein Weib und sein Kind in die Sklaverei verspielt — er sieht keinen Weg um das, was er verloren hat, wiederzugewinnen und verzweifelt. So grausames Unrecht will er nicht geduldig ertragen, er will sich an der Menschheit rächen und als Held sterben. Er packt sein Kris, zieht die Waffe im nächsten Moment und stößt sie einem Manne ins Herz. Er rennt fort mit dem blutigen Kris in der Hand und stößt nach Jedem, der ihm in den Weg kommt. „Amok! Amok!" ertönt es dann durch die Straßen. Speere, Krisse, Messer und Flinten werden gegen ihn gerichtet. Wie besessen eilt er daher, tödtet Alles was er zu tödten vermag — Männer, Weiber und Kinder — und stirbt überwältigt von Vielen, mitten in allen Erregungen des Kampfes. Und was eine solche Erregung sagen will, das wissen die am besten, welche einen Kampf bestanden; aber ein Jeder, der jemals heftigen Leidenschaften Raum gegeben oder der nur heftige und erregende Leibesübungen betrieben hat, kann sich eine sehr gute Vorstellung davon machen. Es ist eine Vergiftung der Phantasie, eine temporäre Verrücktheit, die jeden Gedanken, jede Thatkraft absorbirt. Und kann es uns Wunder nehmen bei dem Kris tragenden, unwissenden, brütenden Malayen, daß er einen solchen Tod, der als ein ehrenhafter angesehen wird, den kaltblütigen Einzelheiten eines Selbstmordes vorzieht, wenn er überwältigenden Sorgen zu entfliehen wünscht, oder daß er ihn den mitleidlosen Klauen des Henkers und der Schande einer öffentlichen Hinrichtung vorzieht, wenn er sich selbst Recht geschaffen oder sich zu hastig selbst an seinem Feinde gerächt hat? In jedem Falle wählt er lieber das Amok Laufen.

Die Haupthandelsartikel von Lombok sowohl als auch von Bali sind Reis und Kaffee; ersterer wächst in den Ebenen, letzterer auf den Hügeln. Der Reis wird sehr viel nach den anderen Inseln des Archipels ausgeführt, nach Singapore und selbst nach China und gewöhnlich liegt eins oder mehre Schiffe ladend im Hafen. Nach Ampanam wird er auf Packpferden gebracht und fast täglich kam eine Reihe solcher in Herrn Carter's Hof. Das einzige Geld, das die Eingeborenen für ihren Reis nehmen, ist chinesische Kupfermünze, von der zwölfhundert auf einen Dollar gehen. Jeden Morgen mußten zwei große Säcke dieses Geldes in zur Bezahlung passenden Summen aufgezählt werden. Von Bali führt man ferner Mengen getrockneten Ochsenfleisches und Zungen aus und von Lombok sehr viele Enten und Ponies. Die Enten sind von einer besondern Zucht; sie haben sehr lange platte Körper und gehen aufrecht fast wie die Pinguins. Sie sind gewöhnlich von einer blassen, röthlich grauen Farbe und man hält sie in großen Heerden. Sie sind sehr billig und werden von den Matrosen der Reisschiffe, die sie Bali-Soldaten nennen, viel gegessen; anderswo sind sie unter dem Namen Pinguin-Enten allgemeiner bekannt.

Mein portugiesischer Vogelausstopfer Fernandez bestand jetzt darauf, seine Verabredung zu brechen und nach Singapore zurückzukehren; theilweise aus Heimweh, aber mehr, glaube ich, weil er von der Ansicht ausging, daß sein Leben unter so blutdürstigen und uncivilisirten Völkerschaften nicht für den Lohn einiger Monate feil sei. Es war für mich eine beträchtliche Einbuße, da ich ihm drei Mal voll den gewöhnlichen Preis für drei Monate im Voraus gezahlt hatte, von denen wir die Hälfte auf der Reise gewesen waren, und den Rest in einem Orte, wo ich ohne ihn hätte fertig werden können, weil so wenig Insecten dort vorkamen, daß ich meine eigene Zeit dem Schießen und Abbalgen widmen konnte. Einige Tage, nachdem Fernandez fort war, kam ein kleiner Schooner an, nach Mangkassar bestimmt, wohin ich einen Platz nahm. Als passenden Schluß zu obiger Skizze dieser interessanten Inseln will ich eine Anekdote erzählen, welche ich von dem jetzigen Rajah hörte, die, ob sie nun durchaus wahr sei oder nicht, den inländischen Charakter sehr gut beleuchtet und dazu dienen kann, einige Einzelheiten der Sitten und Gebräuche des Landes, von denen ich noch nicht gesprochen habe, vorzuführen.

Zwölftes Capitel.

Lombok. Wie der Rajah die Volkszählung vornahm.

Der Rajah von Lombok war ein sehr weiser Mann und zeigte seine Weisheit in hohem Maße durch die Art, wie er eine Volkszählung vornahm. Meine Leser müssen nämlich wissen, daß die Haupteinkünfte des Rajah durch eine Kopftaxe von Reis bestritten wurden, indem jährlich jeder Mann, jede Frau und jedes Kind auf der Insel ein kleines Maß lieferte. Es bestand darüber kein Zweifel, daß ein Jeder diese Taxe zahlte, denn es war eine sehr geringfügige und das Land war fruchtbar und das Volk befand sich wohlauf; aber sie hatte durch vieler Leute Hände zu gehen, ehe sie in die Regierungs-Vorrathshäuser gelangte. Wenn die Ernte vorbei war, brachten die Bauern ihren Reis dem Kapala tampong oder Häuptling des Dorfes, und er hatte zweifellos manchmal Mitleid mit den Armen oder Kranken und sah von ihrem kleinen Maße ab; auch war er manchmal genöthigt, sich denen, welche Klagen gegen ihn zu führen hatten, gnädig zu erweisen; dann aber mußten seiner Ehre halber seine Kornböden besser gefüllt sein als die seiner Nachbaren, und so war der Reis, den er zum „Waidono" brachte, der seinem Districte vorstand, gewöhnlich ein gutes Theil geringer, als es hätte sein sollen. Und alle „Waidonos" hatten natürlich für sich selbst Sorge zu tragen, denn sie waren alle verschuldet und es war ja so leicht etwas von dem Regierungs-Reis zu nehmen; für den Rajah würde ja doch noch eine Menge bleiben. Und ebenso bedienten sich die „Gustis" oder Fürsten, welche den Reis von den Waidonos erhielten; so kam es denn, daß wenn die Ernte vorüber und der Reis-Tribut eingebracht war, die Menge desselben mit jedem Jahre geringer befunden wurde. Krankheit in einem District, Fieber in einem anderen, Fehlschlagen der Ernte in einem dritten wurden natürlich als Ursache dieses Ausfalles angegeben; aber wenn der Rajah zur Jagd ging am Fuße des großen Berges oder einem „Gusti" einen Besuch abstattete an der anderen Seite der Insel, sah er stets die Dörfer voll von Menschen, die alle wohlgenährt und glücklich schienen. Und er bemerkte, daß die Krisse seiner Häuptlinge und Offiziere stets hübscher und hübscher wurden, und die Griffe von gelbem Holze verwandelten sich in elfenbeinerne, und die elfenbeinernen in goldene und Diamanten und Smaragden glitzerten auf vielen; und er wußte sehr wohl, welche Wege der Tribut-Reis wandelte. Aber da er keine Beweise in Händen hatte, so blieb er still und beschloß eines Tages bei sich, eine Zählung zu veranstalten, um die Größe seiner Bevölkerung kennen zu lernen und um nicht um mehr Reis betrogen zu werden, als recht und billig war.

Aber die Schwierigkeit war die, wie eine Volkszählung zu bewerkstelligen. Er konnte nicht selbst in jedes Dorf und jedes Haus gehen und alle Leute zählen; und wenn er anbefohlen hätte, daß es von den angestellten Beamten geschehen sollte, so würden sie sofort die Absicht gemerkt haben und sicherlich hätte dann die Zählung genau gestimmt mit der Menge Reis, die er im letzten Jahre erhalten. Es war daher einleuchtend, daß, um zu seinem Ziele zu gelangen, Niemand argwöhnen dürfe, weshalb die Volkszählung vorgenommen würde; und um ganz sicher zu gehen, durfte auch Niemand wissen, daß überhaupt eine Zählung stattfinde. Das war ein schweres Problem; und der Rajah dachte und dachte, so emsig wie man von einem malayischen Rajah nur erwarten kann daß er denkt, aber er konnte das Problem nicht lösen; und so wurde er sehr unglücklich und that nichts als rauchen und Betel kauen mit seiner Lieblingsfrau zusammen und aß fast nichts; und selbst wenn er zum Hahnenkampfe ging, schien er nicht darauf zu achten, ob seine besten Vögel gewönnen oder verlören. Er verblieb einige Tage in diesem traurigen Zustand und der ganze Hof fürchtete, daß ein böser Blick den Rajah behext habe; ein unglücklicher irischer Capitain, der gerade um eine Ladung Reis eingelaufen war und der furchtbar schielte, war nahe daran gekrißt zu werden, aber da man ihn erst vor des Königs Majestät brachte, so wurde ihm gnädig anbefohlen an Bord zu gehen und dort zu bleiben, so lange sein Schiff im Hafen läge.

Eines Morgens jedoch, nachdem diese unerklärliche Melancholie etwa eine Woche gedauert hatte, trat eine willkommene Veränderung ein, denn der Rajah ließ alle Häupter, Priester und Fürsten zusammenrufen, welche in Mataram, seiner Hauptstadt, waren; und als sie alle in gespannter Erwartung versammelt waren, redete er sie folgendermaßen an:

„Viele Tage lang war mein Herz sehr krank und ich wußte nicht weshalb, aber jetzt ist die Unruhe von mir gewichen, denn ich habe einen Traum gehabt. In der letzten Nacht erschien mir der Geist des „Gunong Agong" — des großen Feuerberges — und sagte zu mir, ich solle auf die Spitze des Berges gehen.

Ihr Alle sollt mit mir bis in die Nähe der Spitze kommen, aber dann muß ich allein hinaufgehen und der große Geist will mir wieder erscheinen und will mir etwas von großer Wichtigkeit mittheilen, mir und Euch und dem ganzen Volke der Insel. Geht nun Alle hin und gebt es kund über die ganze Insel und laßt jedes Dorf Männer senden, um uns einen Weg zu bahnen durch den Wald hinauf auf den großen Berg."

Es wurde nun die Neuigkeit, daß der Rajah den großen Geist auf der Spitze des Berges treffen solle, über die ganze Insel verbreitet; und jedes Dorf sandte seine Leute, und sie lichteten das Jungle und schlugen Brücken über die Bergwässer und ebneten die rauhen Pfade für des Rajahs Durchzug. Und als sie an die steilen und schroffen Felsen des Berges gekommen waren, suchten sie die besten Wege anzulegen, oft das Bette der Gebirgswässer entlang, oft auf schmalen Felsenrissen; hier fällten sie einen hohen Baum zu einer Brücke über einen Abgrund, dort bauten sie Leitern auf, um die glatte Oberfläche eines Abhanges zu erklimmen. Die Häuptlinge, welche das Werk überwachten, bestimmten die Länge jeder Tagereise im voraus, je nach der Natur des Weges, und wählten liebliche Plätze an den Ufern klarer Ströme und in der Nähe schattiger Bäume, wo sie Schuppen und Hütten von Bambus bauten, wohl bedacht mit Blättern von Palmen, in welchen der Rajah und sein Gefolge am Ende jeden Tages essen und schlafen könne.

Und als Alles fertig war, kamen die Fürsten, Priester und Häuptlinge wieder zum Rajah, um ihm zu sagen, was gethan sei und um ihn zu fragen, wann er den Berg besteigen wolle. Und er bestimmte einen Tag und befahl jedem Manne von Rang und Ansehen ihn zu begleiten, um den großen Geist zu ehren, der ihm die Reise vorgeschrieben, und um zu zeigen wie willig sie dessen Befehlen folgten. Und da gab es viel Vorbereitungen über die ganze Insel. Das beste Vieh wurde geschlachtet und das Fleisch gesalzen und an der Sonne getrocknet; und eine Menge von rothem Pfeffer und süßen Kartoffeln wurde gesammelt; und die hohen Pinang-Bäume wurden erklommen um die würzige Betelnuß herunterzuholen, das Sirih-Blatt wurde in Bündel gerollt und jeder Mann füllte seinen Tabacksbeutel und seine Kalkbüchse bis an den Rand, um während der Reise nicht Mangel zu leiden an Stoff zum Kauen des erfrischenden Betel. Und die Vorräthe wurden einen Tag vorauf gesendet. Am Tage aber vor dem zum Aufbruch bestimmten kamen alle Häuptlinge, sowohl große als kleine, nach Mataram, der Behausung des Königs, mit ihren Pferden und ihren Dienern und den Trägern ihrer Sirih-Büchsen und ihren Schlafmatten und Mundvorräthen. Und sie lagerten unter den hohen Waringi-Bäumen, welche alle Straßen um Mataram beschatten, und verscheuchten mit lodernden Flammen die Dämonen und bösen Geister, welche nächtlich die düsteren Alleen besuchen.

Am Morgen nun wurde eine große Procession gestellt, um den Rajah auf den Berg zu geleiten. Und die königlichen Prinzen und Verwandten des Rajah bestiegen ihre schwarzen Pferde, deren Schwänze den Boden fegten; sie brauchten keine Sättel und Steigbügel, sondern saßen auf hellen farbigen Decken; die Gebisse waren von Silber und die Zügel von vielfarbigen Bändern. Das weniger gewichtige Volk ritt auf kleinen, starken, für Gebirgstouren sehr passenden Pferden von verschiedenen Farben, und alle (selbst der Rajah) waren nacktbeinig bis an die Knie, nur mit der hellfarbigen wollenen Leibbinde, einer seidenen oder baumwollenen Jacke und einem großen Tuche, das geschmackvoll um den Kopf geschlungen war, bekleidet. Einen Jeden begleiteten ein oder zwei Diener, welche Sirih- und Betel-Büchsen trugen und auch auf Ponies ritten; und eine große Anzahl Leute waren vorauf gegangen oder warteten, um den Nachtrapp zu bilden. Die Männer von Ansehen zählten nach Hunderten und ihr Gefolge nach Tausenden und die ganze Insel war gespannt, was daraus werden würde.

Die ersten zwei Tage ging es gute Straßen entlang und durch viele Dörfer, welche rein gefegt waren, und wo helle Tücher aus den Fenstern wehten; und alles Volk kauerte respectvoll auf den Boden nieder, als der Rajah kam, und jeder berittene Mann stieg ab und kauerte auch nieder und Viele schlossen sich in jedem Dorfe der Procession an. An dem Orte, wo sie die Nacht blieben, hatten die Leute an jeder Seite der Straße vor den Häusern Pfähle aufgestellt. Diese waren an der Spitze quer gespalten und kleine Lampen aus Thon hingen daran und dazwischen waren grüne Blätter von Palmbäumen angebracht, welche vom Abendthau tropfend hübsch in den vielen funkelnden Lichtern erglänzten. Und Wenige gingen in jener Nacht vor dem hereinbrechenden Morgen zu Bette, denn jedes Haus barg eine Gesellschaft emsiger Erzähler und viel Betelnuß wurde consumirt und endlos waren die Vermuthungen, was wohl daraus werden würde.

Am zweiten Tage ließen sie das letzte Dorf hinter sich und betraten die wilde Gegend, welche den großen Berg umgiebt, und blieben in den Hütten, welche für sie an den Ufern eines Stromes mit kaltem und sprühendem Wasser gebaut worden waren. Und des Rajah Jäger, bewaffnet mit langen und schweren Büchsen, gingen auf die Jagd nach Hirschen und wilden Ochsen in dem angrenzenden Gehölz und brachten früh Morgens Fleisch von beiden heim und sandten es vorauf, um es zum Mittagsmahle zu bereiten. Am dritten Tage kamen sie so weit als die Pferde gehen konnten und lagerten an dem Fuße hoher Felsen, zwischen denen nur enge Fußwege angelegt werden konnten, um die Bergesspitze zu erreichen. Und am vierten Morgen, als der Rajah aufbrach, war er nur von einer kleinen Anzahl Priester und Prinzen mit ihrem nöthigsten Gefolge begleitet; und sie schlichen sich mühsam den rauhen Pfad hinauf und wurden oft von ihren Dienern getragen, bis sie jenseit der großen Bäume in das dornige Gebüsch kamen und dann den schwarzen und verbrannten Felsen auf dem höchsten Theile des Berges betraten.

Und als sie dem Gipfel nahe waren, befahl der Rajah ihnen Allen Halt zu machen, während er allein den großen Geist auf der höchsten Spitze des Berges treffen wollte. So ging er nur mit zwei Knaben weiter, welche seinen Sirih und Betel trugen, und erreichte bald die Spitze des Berges zwischen den großen Felsen an dem Rande des tiefen Schlundes, aus dessen Rachen fortwährend Rauch und Dämpfe aufstiegen. Und der Rajah befahl Sirih und hieß die Knaben unter einem Felsen niedersitzen und den Berg hinabsehen und nicht sich rühren, bis er zu ihnen zurückkehre. Und da sie müde waren und die Sonne warm und angenehm schien und der Felsen sie vor dem kalten Winde schützte, so schliefen die Knaben ein. Und der Rajah ging noch etwas weiter, unter einen anderen Felsen; und auch er war müde und die Sonne schien warm und angenehm und er schlief auch ein.

Und die, welche auf den Rajah warteten, fanden, daß er lange Zeit auf der Spitze des Berges bliebe, und meinten, der große Geist müsse viel zu sagen haben oder möchte ihn vielleicht für immer auf dem Berge behalten oder der Rajah habe vielleicht beim Herabsteigen den Weg verfehlt. Und sie debattirten noch,

ob sie sich aufmachen sollten um ihn zu suchen, als sie ihn mit den
beiden Knaben herabkommen sahen. Und als er zu ihnen stieß,
blickte er sehr ernst, aber sagte nichts; und dann stiegen Alle
zusammen hinab und die Procession kehrte zurück wie sie gekommen, und der Rajah ging in seinen Palast und die Häuptlinge
in ihre Dörfer und das Volk in seine Häuser, um ihren Weibern und Kindern Alles zu erzählen, was sich ereignet hatte, und
wieder in Spannung zu harren, was wohl daraus werden möge.

Und drei Tage darauf berief der Rajah die Priester und
Prinzen und Häuptlinge von Mataram, auf daß sie vernähmen,
was der große Geist ihm auf dem Bergesgipfel gesagt habe. Und
als sie Alle versammelt und Betel und Sirih rundgegangen waren,
erzählte er ihnen, was sich ereignet. Auf dem Bergesgipfel sei
er in Verzückung gesunken und der große Geist sei ihm erschienen
mit einem Gesicht wie glänzendes Gold und habe gesagt: „O
Rajah! viel Plage und Krankheit und Fieber wird über die
ganze Erde kommen, über Männer und Pferde und über das
Vieh; aber da du und dein Volk mir gehorcht, und da ihr her
auf meinen großen Berg gekommen seid, so will ich euch lehren,
wie ihr, du und das ganze Volk von Lombok, dieser Plage entgehen könnt." Und Alle warteten gespannt zu vernehmen, wie
sie von einer so fürchterlichen Plage errettet werden sollten.
Und nach einem kurzen Schweigen sprach der Rajah wieder und
sagte — daß der große Geist befohlen habe, zwölf heilige Krisse
anzufertigen und daß zu ihrer Anfertigung jedes Dorf und jeder
District ein Bund Nadeln senden müsse — eine Nadel für
jeden Kopf in dem Dorfe. Und wenn eine ernste Krankheit in
dem Dorfe sich zeige, so müsse eins der heiligen Krisse dorthin
gesandt werden; und wenn jedes Haus in jenem Dorfe die rechte
Zahl von Nadeln gesandt hätte, so würde die Krankheit sofort

schwinden; aber wenn die Zahl der gesandten Nadeln nicht genau richtig wäre, so würde das Kris keine Gewalt haben.

Es sendeten nun die Fürsten und Häuptlinge in alle ihre Dörfer die Botschaft von dieser wunderbaren Neuigkeit; und Alle beeilten sich die Nadeln mit der größten Genauigkeit zu sammeln, denn sie fürchteten, daß, wenn nur eine fehle, das ganze Dorf leiden würde. So brachten Ein bei Ein die Häuptlinge der Dörfer ihre Nadelbunde; die Mataram nahe wohnten, kamen zuerst, die entfernteren später; und der Rajah nahm sie eigenhändig in Empfang und legte sie sorgsam in eines der inneren Gemächer in einen Kasten von Kampherholz, dessen Schloß und Scharnier von Silber waren; und auf jedes Bund wurde der Name des Dorfes und Districtes, von wo es gekommen, geschrieben, auf daß man wisse, ob Alle die Befehle des großen Geistes vernommen und ihnen gehorcht hätten.

Und als es ganz sicher war, daß jedes Dorf seine Bunde gesandt hatte, theilte der Rajah die Nadeln in zwölf gleiche Theile und beorderte die besten Stahlarbeiter in Mataram mit ihren Schmieden und Blasebälgen und Hammern in den Palast, um die zwölf Krisse unter den Augen des Rajah und in Gegenwart aller Leute, welche es sehen wollten, anzufertigen. Und als sie geschmiedet waren, wurden sie in neue Seide eingehüllt und sorgfältig weggelegt, bis man sie brauchen sollte.

Es war nun die Reise auf den Berg in der Zeit des Ostwindes, bei dem kein Regen auf Lombok fällt, unternommen. Und bald nach Anfertigung der Krisse kam die Zeit der Reisernte heran, und die Häupter der Districte und Dörfer brachten dem Rajah ihre Abgaben, der Kopfzahl ihres Dorfes entsprechend. Und dort, wo nur wenig an der vollen Zahl fehlte, sagte der Rajah Nichts; aber zu denen, welche nur die Hälfte oder ein Viertel von dem brachten, was sie eigentlich bringen sollten, sagte er milde: „Die Nadeln, welche Du aus Deinem Dorfe gebracht hast, waren viel zahlreicher, als die aus dem Dorfe jenes Andern, und doch ist Dein Tribut geringer als seiner; geh' hin und sieh', wer seine Taxe nicht entrichtet hat." Und im nächsten Jahre wuchs der Ertrag der Taxe bedeutend, denn sie fürchteten, der Rajah möchte gerechterweise diejenigen tödten, welche ein zweites Mal den rechten Tribut zurückbehielten. Und so wurde der Rajah sehr reich und vermehrte die Zahl seiner Soldaten und schenkte seinen Frauen Gold und Juwelen und kaufte schöne schwarze Pferde von den bleichen Holländern und gab große Feste bei der Geburt und Verheirathung seiner Kinder; und keiner der Rajahs oder Sultane der Malayen war so groß oder so mächtig wie der Rajah von Lombok.

Und die zwölf heiligen Krisse hatten große Macht. Wenn eine Krankheit in einem Dorfe ausbrach, wurde eines hingesendet; und manchmal schwand die Krankheit und dann wurde das Kris mit großen Ehrenbezeugungen zurückgetragen und der Häuptling des Dorfes erzählte dem Rajah von seiner wunderbaren Macht und dankte es ihm. Und manchmal schwand die Krankheit nicht; dann war ein Jeglicher überzeugt, daß in der Zahl der Nadeln, die aus dem Dorfe gesandt worden, ein Irrthum vorgefallen sei und daß daher das heilige Kris seine Wirkung nicht habe, und es wurde mit schwerem Herzen von den Häuptlingen zurückgetragen, aber stets doch mit den gebührenden Ehrenbezeugungen — denn war es nicht ihre eigene Schuld?

Dreizehntes Capitel.

Timor.

(Kupang, 1857 bis 1859. Delli, 1861.)

Die Insel Timor ist etwa dreihundert Meilen lang und sechzig breit und scheint das Ende der großen Reihe von vulcanischen Inseln zu bilden, welche mit Sumatra mehr als zweitausend Meilen nach Westen beginnt. Sie unterscheidet sich jedoch in bemerkenswerthem Grade von allen andern Inseln der Kette, indem sie keine activen Vulcane besitzt mit einziger Ausnahme des Timor-Pic, nahe der Mitte der Insel, welcher früher thätig war, aber bei einer Eruption im Jahre 1638 auseinander gesprengt wurde und seitdem ruhig geblieben ist. In keinem andern Theile von Timor kommen irgend welche vulcanische Gesteine vor, so daß man diese Insel kaum als eine vulcanische bezeichnen kann. In der That ist ihre Lage gerade außerhalb des großen Vulcanengürtels, welcher sich von Floris durch Ombai und Wetta nach Banda hinzieht.

Ich besuchte Timor zuerst im Jahre 1857, blieb einen Tag in Kupang, der größten holländischen Stadt am Westende der Insel, und dann im Mai 1859, als ich mich vierzehn Tage in ihrer Nachbarschaft aufhielt. Im Frühling 1861 verbrachte ich vier Monate in Dehli, der Hauptstadt der portugiesischen Besitzungen im östlichen Theile der Insel.

Die ganze Umgegend von Kupang scheint zu einer spätern Zeit erst gehoben worden zu sein; sie besteht aus einer rauhen Oberfläche von Korallenfelsen, welche in einer verticalen Wand zwischen dem Ufer und der Stadt aufsteigen, deren niedrige weiße Häuser mit rothen Ziegeldächern ihr ein den andern holländischen Ansiedelungen des Ostens sehr ähnliches Aussehen geben. Die Vegetation ist überall arm und strauchicht. Pflanzen aus den Familien Apocynaceen und Euphorbiaceen kommen zahlreich vor, aber man kann es nirgend einen Wald nennen; die ganze Gegend hat ein ausgedörrtes und trauriges Aussehen und steht in schroffem Gegensatze zu den hohen Waldbäumen und dem perennirenden Grün der Molukken oder von Singapore. Am meisten in die Augen springend war die Menge von fächerblättrigen Palmen (Borassus flabelliformis), von deren Blättern die allgemein gebrauchten starken und haltbaren Wasserbehälter gemacht werden und welche weit vortrefflicher sind, als die aus irgend einer andern Palmenart. Von demselben Baume werden Palmwein und Zucker bereitet, und die gewöhnliche Bedachung der Häuser mit den Blättern desselben hält sich sechs bis sieben Jahre. Nahe der Stadt bemerkte ich die Grundmauern eines zerstörten Hauses unter der Hochwasserlinie, was ein neuerdings stattfindendes Sinken beweist. Erdbeben sind hier nicht stark und so selten und harmlos, daß die Hauptgebäude aus Stein gebaut sind.

Die Einwohner Kupangs sind Malayen, Chinesen und Holländer neben den Eingeborenen, so daß viele sonderbare und complicirte Mischlingsformen unter der Bevölkerung vorhanden sind.

Ein englischer Kaufmann wohnt dort und Walfischfahrer sowohl als auch australische Schiffe kommen um Vorrath und Wasser einzunehmen hin. Die eingeborenen Timoresen wiegen vor, und eine oberflächliche Beobachtung genügt schon um darzuthun, daß sie mit Malayen nichts gemein haben, sondern den ächten Papuas der Aru Inseln und Neu Guinea's viel näher verwandt sind. Sie sind groß, haben ausgesprochene Gesichtszüge, starke etwas Adlerartige Nasen und krauses Haar und im Allgemeinen eine dunkelbraune Farbe. Die Art, wie die Frauen unter einander und mit den Männern sprechen, ihre lauten Stimmen und ihr Gelächter, und der allgemeine Zug von Selbstbewußtsein würde einen erfahrenen Beobachter schon bestimmen, selbst ohne daß er sie sieht, sie nicht für Malayen zu halten.

Herr Arndt, ein Deutscher und der von der Regierung angestellte Arzt, lud mich ein in seinem Hause zu wohnen, so lange ich in Kupang weilte, und ich nahm dieses Anerbieten freudig an, da ich nur einen kurzen Besuch zu machen gedachte. Wir sprachen zuerst französisch mit einander, aber er wurde so schlecht damit fertig, daß wir bald unmerklich ins Malayische übergingen; und wir hielten später lange Discussionen über Literatur, Wissenschaft und philosophische Fragen in jener halbbarbarischen Sprache, deren Unzulänglichkeit wir durch den freien Gebrauch französischer und lateinischer Wörter hoben.

Auf einigen Spaziergängen in der Umgegend der Stadt fand ich so wenig Insecten und Vögel, daß ich beschloß auf einige Tage nach der Insel Samao, an dem westlichen Ende von Timor, zu gehen, wo Waldland mit Vögeln, die in Kupang nicht vorkommen, sein sollte. Mit einiger Schwierigkeit erhielt ich zur Ueberfahrt — eine Entfernung von etwa zwanzig Meilen — ein großes ausgehöhltes Boot mit Außengestellen (outriggers). Ich fand das

Land sehr hübsch bewaldet, aber mehr mit Gestrüpp und dornigem
Gebüsch als mit Waldbäumen bedeckt, und überall sehr ausgedörrt
und vertrocknet durch die lang andauernde trockene Jahreszeit.
Ich blieb in dem Dorfe Olassa, das durch seine Seifenquellen
bekannt ist. Eine derselben liegt in der Mitte des Dorfes; sie
sprudelt aus einem kleinen Schlammkegel, zu welchem der Boden
rund herum allmälig ansteigt, hervor, wie ein Vulcan im Kleinen. Das Wasser fühlt sich seifenartig an und schäumt stark,
wenn man etwas Fettiges darin wäscht. Es enthält Alkali und
Jod in solchen Mengen, daß aller Pflanzenwuchs in der Nähe
zerstört ist. Dicht bei dem Dorfe ist eine der schönsten Quellen,
die ich je gesehen habe, in mehre felsige Bassins eingefaßt, die
durch enge Kanäle mit einander in Verbindung stehen. Diese
sind hübsch eingefriedet, wo es nöthig war, und zum Theil ge-
ebnet und bilden so vortreffliche natürliche Bäder. Das Wasser
hat einen guten Geschmack, ist klar wie Krystall und die Bassins
sind umgeben von einem Haine hoher vielstämmiger Bananen,
welche sie immer kühl und schattig erhalten und viel zu der
malerischen Schönheit des Ortes beitragen.

    Das Dorf besteht aus seltsamen kleinen Häusern, die sehr
von allen abweichen, die ich sonst gesehen habe. Sie sind oval
und die Wände werden von etwa vier Fuß hohen Stöcken, die
dicht aneinander gestellt sind, gebildet. Von da erhebt sich ein
hohes kenisches Dach, das mit Gras bedeckt ist. Die einzige
Oeffnung ist eine etwa drei Fuß hohe Thür. Das Volk hat
wie die Timoresen krauses oder welliges Haar und eine kupfer-
braune Hautfarbe. Die bessere Klasse scheint sich mit einer höheren
Race vermischt zu haben, was von großem Einfluß auf ihre
Gesichtszüge gewesen ist. Ich sah in Kupang einige Häuptlinge
von der Insel Sawu weiter nach Westen, welche Charaktere dar-

boten, sehr verschieden sowohl von denen der malayischen als auch von denen der Papua-Racen. Sie ähnelten am meisten Hindus mit ihren schön geformten Zügen, geraden dünnen Nasen und ihrer klaren braunen Gesichtsfarbe. Da die braminische Religion einst über ganz Java herrschte und selbst jetzt noch auf Bali und Lombok existirt, so ist es nicht durchaus unwahrscheinlich, daß einige Eingeborene Indiens diese Inseln, entweder zufällig oder um Verfolgungen zu entgehen, erreicht und eine bleibende Ansiedelung hier gegründet haben.

Ich blieb vier Tage in Classa und kehrte dann, da ich gar keine Insecten und nur sehr wenig neue Vögel fand, nach Kupang zurück, um das nächste Postdampfschiff zu erwarten. Unterwegs wäre ich fast untergegangen. Das tiefe Sarg-artige Schiff war mit meinem Gepäck und mit Gemüse, Kokosnüssen und andern Früchten für den Markt in Kupang angefüllt, und als wir ein Stück in die etwas bewegte See hinausgefahren waren, fanden wir eine Menge Wasser eingedrungen, welches wir nicht ausschöpfen konnten. Wir sanken daher tiefer, die Wellen schlugen ins Boot und die Ruderer, welche vorher erklärt hatten, es wäre Nichts, wurden unruhig und drehten um, um nach der Küste von Samao, die nicht weit entfernt war, zurückzukommen. Als wir Etwas von der Ladung auswarfen, konnte ein wenig Wasser ausgeschöpft werden, aber kaum so schnell als es wieder eindrang, und als wir uns der Küste näherten, fanden wir Nichts als senkrechte Felswände, gegen welche die See heftig anschlug. Wir fuhren eine Strecke die Küste entlang, bis wir eine kleine Bucht trafen, in welche wir einliefen, das Boot auf's Ufer zogen, und als wir es geleert hatten, ein großes Loch am Boden fanden, welches zeitweilig sich durch einen Pflock von Kokosnuß, der herauskam, gestopft hatte. Wären wir eine Viertelmeile weiter entfernt gewesen, ehe wir den Leck entdeckten, so hätten wir sicherlich das Meiste unseres Gepäckes über Bord werfen müssen und leicht unser Leben einbüßen können. Nachdem wir Alles in Ordnung gebracht und sicher gemacht hatten, fuhren wir wieder ab und geriethen, als wir halbwegs hinüber waren, in einen so starken Strom und in ein solches Gekreuze hoher Wellen, daß wir zum zweiten Male nahe daran waren unterzugehen, was mich zu dem Gelübde veranlaßte, mich nie wieder so kleinen und elenden Schiffen anzuvertrauen.

Das Postdampfschiff kam erst nach einer Woche an; ich beschäftigte mich damit, so viel Vögel als möglich zu erhalten, und fand einige von hohem Interesse. Darunter fünf Taubenarten aus eben so vielen Gattungen und die meisten derselben der Insel eigenthümlich; zwei Papageien — der schöne rothbeschwingte Breitschwanz (Platycercus vulneratus), einer australischen Art verwandt, und eine grüne Art der Gattung Geoffroyus. Der Tropidorhynchus timorensis war ebenso überall zu finden und ebenso lärmend wie ich ihn auf Lombok angetroffen hatte; und der Sphaecothera viridis, ein seltener grüner Pirol, um die Augen nackt und roth, war eine große Acquisition. Es waren darunter ferner mehre hübsche Finken, Buschsänger und Fliegenfänger und dabei der elegante blaue und rothe Cyornis hyacinthina; aber ich kann unter meinen Sammlungen die von Dampier erwähnte Art nicht wieder erkennen, welcher, wie es scheint, über die Anzahl kleiner Singvögel auf Timor sehr erstaunt gewesen ist. Er sagt: „Eine Art dieser hübschen kleinen Vögel nannten meine Leute den Glockenvogel (ringing bird), weil er sechs Töne hatte und stets alle seine Töne zweimal hintereinander wiederholte, hoch und schrill beginnend und leise endigend. Der Vogel war von der

Stärke einer Lerche, mit einem kleinen scharfen Schnabel und blauen Flügeln, Kopf und Brust blaßroth und um den Nacken ein blauer Streif." In Samao giebt es viele Affen. Es sind gewöhnliche Hasenschart-Affen (Macacus cynomolgus), welche über alle westlichen Inseln des Archipels verbreitet gefunden werden und die von den Eingeborenen, welche sie oft gefangen bei sich haben, eingeführt worden sein mögen. Es giebt auch Wild da, aber es ist nicht ganz sicher, ob es von derselben Art, wie das auf Java gefundene ist.

Ich kam in Dehli, der Hauptstadt der portugiesischen Besitzungen auf Timor, am 12. Januar 1861 an und wurde von Capitän Hart freundlich aufgenommen, einem Engländer, der seit lange dort ansässig ist, mit den Producten des Landes Handel treibt und auf einer Plantage am Fuße der Hügel Kaffee baut. Durch ihn wurde ich bei Herrn Geach eingeführt, einem Minen-Ingenieur, welcher seit zwei Jahren nach Kupfer in genügender Menge, um bearbeitet werden zu können, suchte.

Dehli ist ein höchst elender Ort, selbst mit den ärmsten der holländischen Städte verglichen. Die Häuser sind alle von Schlamm und mit Stroh gedeckt; das Fort ist nur eine Schlammumzäunung, und das Zollhaus und die Kirche sind von demselben gemeinen Baustoffe, ohne irgend einen Versuch zu Verzierungen oder nur zur Reinlichkeit. Das ganze Aussehen des Ortes ist das einer armen inländischen Stadt und rund herum giebt es kein Zeichen der Cultur oder der Civilisation. Sr. Excellenz des Gouverneurs Haus ist das einzige, welches einen Anspruch auf Aeußeres macht, und es ist doch nur eine niedrige geweißte Hütte wie ein inländisches Sommerhaus. Doch Etwas giebt es, wodurch sich die Civilisation kund giebt. Beamte in schwarz und weißen europäischen Costümen und Offiziere in schimmernden

Uniformen sind in einem, zu dem Umfange und dem Ansehen des Platzes, ganz unverhältnißmäßigen Grade vorhanden.

Die Stadt, eine Strecke weit von Sümpfen und Schlammflächen umgeben, ist sehr ungesund und eine einzige Nacht zieht Neuangekommenen oft Fieber zu, das nicht selten verderbenbringend ist. Um dieser Malaria zu entgehen, schlief Capitän Hart stets auf seiner Plantage, auf einer kleinen Anhöhe etwa zwei Meilen von der Stadt; Herr Geach besaß dort auch ein kleines Haus, das er mich gütigst einlud mit ihm zu theilen. Wir ritten Abends dorthin und nach zwei Tagen wurde mein Gepäck hinaufgebracht, so daß ich im Stande war, mich nach etwas Sammelnswerthem umzusehen.

Die ersten paar Wochen befand ich mich sehr schlecht und konnte mich nicht weit vom Hause entfernen. Das Land war von niedrigem, dornigem Gestrüpp und von Akazien bedeckt, außer in einem kleinen Thale, wo ein Bach von den Hügeln herabfloß und einige schöne Bäume und Büsche das Wasser beschatteten; es war ein sehr angenehmer Ort zum Spazierengehen. Es gab dort viele Vögel und eine Reihe verschiedener Arten, aber sehr wenig hellgefärbte. In der That waren mit einer oder zwei Ausnahmen die Vögel dieser tropischen Insel kaum so bunt wie die von Großbritannien. Käfer gab es so wenige, daß ein Sammler leicht sagen könnte, es gäbe gar keine, da die wenigen dunkelen und uninteressanten Arten das Suchen nicht verlohnen. Die einzigen überhaupt bemerkenswerthen oder interessanten Insecten waren die Schmetterlinge, welche, wenn auch verhältnißmäßig gering an Artenzahl, so doch in genügender Menge vorhanden waren, und darunter ein großer Theil neue und seltene. Die Ufer des Baches bildeten meine besten Sammelgründe und ich wanderte täglich sein schattiges Bett hinauf und hinunter, welches etwa eine Meile aufwärts felsig und jäh wurde. Hier erhielt ich die seltenen und schönen schwalbenschwänzigen Schmetterlinge Papilio aenomaus und P. liris; die Männchen derselben sind ganz von einander verschieden und gehören thatsächlich zu verschiedenen Abtheilungen dieser Gattung, während die Weibchen sich so sehr gleichen, daß sie fliegend nicht unterschieden werden können und für ein unerzogenes Auge auch nicht in dem Cabinete. Durch mehre andere schöne Schmetterlinge wurde ich für mein Suchen an diesem Orte belohnt; ich mache darunter speciell Cethosia leschenaultii namhaft, dessen Schwingen vom tiefsten Purpur mit ledergelb in der Weise berändert sind, daß er auf den ersten Blick unserm Trauermantel* gleicht, obschon er zu einer andern Gattung gehört. Am zahlreichsten kamen die weißen und gelben Schmetterlinge vor (Pieridae), von denen ich einige schon auf Lombok und in Kupang gefunden hatte, während andere mir neu waren.

Anfang Februar trafen wir Vorbereitungen, um uns eine Woche in einem Dorfe Namens Baliba aufzuhalten, das etwa vier Meilen entfernt im Gebirge und zweitausend Fuß hoch liegt. Wir packten unsere Sachen und einen Vorrath von allem Nöthigen auf Pferde, aber obgleich die Entfernung auf dem Wege, den wir wählten, nicht mehr als sechs bis sieben Meilen betrug, so brauchten wir doch einen halben Tag um hinzukommen. Die Straßen bestanden in Nichts als in Spuren, manchmal steile felsige Treppen hinauf, manchmal in schmalen Rinnen, die von den Hufen der Pferde ausgehöhlt und so eng waren, daß wir unsere Beine auf den Hals der Thiere hinaufziehen mußten, um nicht gequetscht zu werden. An einigen Orten mußte man das

---

* Vanessa Antiopa.   A. d. Ueberj.

Gepäck abladen, an andern wurde es herabgeworfen. Manchmal war das Hinauf- oder Hinabsteigen so steil, daß man besser that zu Fuße zu wandern, als sich an den Rücken der Ponies anzuklammern; und so ging es Berg auf und Berg ab über nackte Hügel, deren Oberfläche mit kleinen Kieseln bedeckt war und auf denen Eucalypten zerstreut standen; es erinnerte mich die Scenerie mehr an das, was ich von einigen Theilen im Innern von Australien gelesen hatte, als an den malayischen Archipel.

Das Dorf bestand nur aus drei Häusern mit niedrigen, einige Fuß hoch auf Pfählen stehenden Wänden und sehr hohen, mit Gras bedeckten Dächern, das inwendig bis zwei oder drei Fuß vom Boden herabhing. Ein unvollendetes und hinten halb offenes Haus wurde uns zum Gebrauche überlassen, und dieses staffirten wir mit einem Tische, einigen Bänken und einem Vorhange aus, während ein innerer abgeschlossener Raum uns als Schlafzimmer diente. Wir genossen eine herrliche Aussicht auf Dehli und die See jenseit. Die Umgegend war wellig und offen außer in den Vertiefungen, wo einige Strecken Waldes vorkamen, welcher, wie Herr Geach, der den ganzen östlichen Theil von Timor kannte, mich versicherte, der üppigste war, welchen er noch auf der Insel gesehen. Ich durfte also hoffen, dort einige Insecten zu finden, aber ich wurde sehr enttäuscht, wahrscheinlich in Folge der Feuchtigkeit des Klimas; denn erst wenn die Sonne sehr hoch stand, klärten sich die Nebel auf und Mittags schon war es gewöhnlich wieder bewölkt, so daß selten mehr als ein bis zwei Stunden unbeständiger Sonnenschein herrschte. Wir suchten nach allen Richtungen hin Vögel und andere Jagd, aber sie war sehr spärlich. Unterwegs hatte ich die schöne weißköpfige Taube, Ptilonopus cinctus, geschossen und den hübschen kleinen Loriket, Trichoglossus euteles. Bei den blühenden Eucalypten fand ich noch einige Exemplare und auch die verwandte Art Trichoglossus iris und einige kleine aber interessante Vögel. Der gewöhnliche Jungle-Hahn von Indien (Gallus bankiva) kam hier vor und gab uns manchmal einen leckeren Bissen; aber Wild konnten wir nicht erhalten. Kartoffeln wachsen den Berg höher hinauf in Menge und sind sehr gut. Jeden zweiten Tag ließen wir ein Schaf schlachten und verzehrten unseren Braten mit vielem Appetit in dem kalten Klima, in welchem ein Feuer stets angenehm war.

Obgleich die Hälfte der europäischen Einwohner von Dehli beständig fieberkrank liegt und die Portugiesen den Ort seit drei Jahrhunderten inne haben, so hat doch noch Niemand sich ein Haus auf diesen schönen Hügeln gebaut, welche, auf einer guten Straße, nur etwa eine Stunde zu reiten von der Stadt entfernt liegen; und fast ebenso gute Plätze könnten auch tiefer gefunden werden, nur eine halbe Stunde entfernt. Die Thatsache, daß Kartoffeln und Weizen von vortrefflicher Qualität und Fülle in einer Höhe von 3000 bis 3500 Fuß wachsen, zeigt, was Klima und Boden leisten würden, wenn man passende Culturen anlegte. Auf einer Höhe von ein bis zweitausend Fuß würde Kaffee gedeihen; und Hunderte von Quadratmeilen Land sind vorhanden, auf denen alle die verschiedenen Producte, welche ein Klima zwischen dem für Kaffee und Weizen erforderlichen bedürfen, vortrefflich fortkommen würden; aber nicht ein Versuch ist bis jetzt gemacht worden, eine einzige Meile weit eine Straße anzulegen oder einen einzigen Acker zu bepflanzen!

Es muß in dem Klima von Timor etwas sehr ungewöhnliches liegen, daß es Weizen in einer so geringen Erhebung zu wachsen gestattet. Das Korn ist von vortrefflicher Beschaffenheit; das Brot, das daraus bereitet wird, kommt dem besten gleich, das ich je gegessen habe, und es ist allgemein anerkannt, daß es nicht übertroffen wird von irgend welchem, aus importirtem europäischen oder amerikanischen feinen Weizenmehl gebackenen. Die Thatsache, daß die Eingeborenen (gänzlich aus eigenem Antriebe) zum Anbau so fremde Artikel wie Weizen und Kartoffeln gewählt haben, welche sie in kleinen Mengen auf den Rücken der Ponies auf den fürchterlichsten Bergwegen hinunterbringen und sehr billig an der See verkaufen, beweist zur Genüge, was geschehen könnte, wenn gute Straßen angelegt und das Volk belehrt, ermuthigt und beschützt würde. Schafe kommen ebenfalls gut auf den Bergen fort; und eine Zucht starker Ponies, die über den ganzen Archipel in gutem Rufe stehen, treibt sich dort wild umher, so daß es den Anschein hat, als ob dieses Land, welches so unfruchtbar aussieht und die gewöhnlichen Züge einer tropischen Vegetation nicht besitzt, doch speciell dazu geeignet wäre, eine Menge von Producten zu ziehen, welche für den Europäer wesentlich sind, welche die anderen Inseln nicht produciren und welche sie demgemäß von der anderen Seite der Erdkugel importiren.

Am 24. Februar verließ mein Freund, Herr Geach, Timor, nachdem er endgültig darüber Bericht erstattet hatte, daß sich keine der Bearbeitung werthe Mineralien vorfänden. Es ärgerte die Portugiesen sehr, da sie es sich in den Kopf gesetzt hatten, daß eine Menge Kupfer vorhanden sein müsse, und sie glaubten auch jetzt noch, daß dem so sei. Es scheint, daß vor undeutlichen Zeiten reines inländisches Kupfer an einem Ort an der Küste etwa dreißig Meilen östlich von Dehli gefunden worden ist. Die Eingeborenen sagen, daß sie es in dem Bett eines Gebirgstromes fanden, und man erzählt sich, daß vor vielen Jahren ein Schiffscapitän einige Centner davon bekommen habe. Jetzt aber ist es sicherlich sehr selten, da während des zweijährigen Aufenthaltes des Herrn Geach in dem Lande keines gefunden worden ist. Man zeigte mir ein mehre Pfunde schweres Stück, das sehr einem größeren australischen Klumpen ähnelte, aber von reinem Kupfer statt von Gold. Die Eingeborenen und die Portugiesen haben sich sehr natürlich eingeredet, daß dort, wo diese Bruchstücke herkommen, auch mehr sein müsse; und es geht unter ihnen eine Erzählung oder eine Tradition um, daß an der Quelle dieses Gebirgstromes ein Berg von fast reinem Kupfer existire, natürlich von sehr bedeutendem Werthe.

Nach vielen Schwierigkeiten bildete sich schließlich eine Gesellschaft, um den Kupferberg auszunutzen; ein portugiesischer Kaufmann von Singapore gab das meiste Geld dazu her. Sie vertrauten so durchaus auf das Vorhandensein des Kupfers, daß sie es für Zeit- und Geldverlust hielten, die Sache erst untersuchen zu lassen; sie schrieben deshalb nach England wegen eines Minen-Ingenieurs, der alle nothwendigen Geräthschaften, Maschinen, Laboratorien, Werkzeuge, eine Anzahl Mechaniker und Vorräthe für zwei Jahre mitbringen sollte, um mit der Ausbeutung einer Kupfermine, die, wie man ihm sagte, schon entdeckt war, den Anfang zu machen. In Singapore angelangt, wurde ein Schiff befrachtet, um die Leute und die Vorräthe nach Timor zu bringen, wo sie endlich nach vieler Verzögerung, einer langen Reise und großen Kosten ankamen.

Es wurde dann ein Tag bestimmt, um die „Minen zu öffnen." Capitän Hart begleitete Herrn Geach als Dolmetscher. Der Gouverneur, der Commandant, der Richter und alle angesehenen Leute des Platzes gingen in ihrem Staate auf den Berg, zusammen mit Herrn Geach's Assistenten und einigen Arbeitern. Beim Hinaufsteigen im Thale untersuchte Herr Geach die Felsen, aber sah keine Anzeichen von Kupfer. Sie gingen weiter, aber noch zeigte sich Nichts außer einigen wenigen bloßen Spuren eines sehr armen Erzes. Endlich standen sie auf dem Kupferberge selbst. Der Gouverneur hielt an, die Beamten bildeten einen Kreis, und er sagte dann zu ihnen — daß endlich der Tag gekommen sei, den sie Alle so lange erwartet, an dem die Schätze des Bodens von Timor ans Licht des Tages gefördert werden würden, — und viel mehr noch in sehr pathetischem Portugiesisch, und schloß, indem er sich an Herrn Geach wandte und ihn bat, daß er den besten Ort bezeichnen möge, um sogleich die Arbeit zu beginnen und die Masse des unangerührten Kupfers aufzuschließen. Da die Schluchten und Abstürze, zwischen denen sie durchgekommen und welche sorgfältig untersucht worden waren, sehr klar die Natur und die mineralische Beschaffenheit des Landes erhellten, so sagte Herr Geach einfach, daß keine Spur von Kupfer hier sei und daß es ganz nutzlos wäre die Arbeit zu beginnen. Die Versammlung war wie vom Schlage gerührt! Der Gouverneur traute seinen Ohren nicht. Endlich als Herr Geach seine Ansicht wiederholt hatte, sagte der Gouverneur strenge, daß er sich irre, daß sie Alle wüßten, es sei Kupfer in Fülle dort, und daß Alles, was sie von ihm verlangten, nur wäre, daß er als Minen-Ingenieur sagen solle, wie man es am besten bekommen könne, und daß er jedenfalls irgendwo mit der Arbeit beginnen müsse. Herr Geach weigerte sich dieses zu thun, indem er ihnen zu erklären versuchte, daß die Bergwässer den Berg viel tiefer eingeschnitten hätten, als er es in Jahren zu thun vermöchte, und daß er weder Geld noch Zeit an irgend einen nutzlosen Versuch verschwenden wolle. Nachdem diese Rede dem Gouverneur verdolmetscht worden war, sah er, daß es vergeblich sei, drehte, ohne ein Wort zu sagen, sein Pferd um, ritt fort und ließ meinen Freund auf dem Berge allein. Sie glaubten

Alle, daß es sich um eine Verschwörung handele — daß die Engländer kein Kupfer finden wollten und daß sie grausam betrogen worden seien.

Herr Geach schrieb dann dem Kaufmann in Singapore, der ihn angestellt hatte, und sie kamen überein, daß er die Mechaniker wieder nach Hause schicken und selbst das Land nach Mineralien durchforschen solle. Zuerst legte ihm der Gouverneur Schwierigkeiten in den Weg und verhinderte es, daß er irgendwohin kommen konnte; aber endlich erlaubte man ihm herumzureisen, und länger als ein Jahr durchforschten er und sein Assistent den östlichen Theil von Timor, indem sie an verschiedenen Stellen querüber von See zu See gingen und jedes größere Thal hinaufwandelten, ohne irgend welche Mineralien zu finden, welche die Bearbeitungskosten decken würden. Kupfererz kommt an verschiedenen Orten vor, aber immer zu arm in der Qualität. Das beste würde sich gut bezahlt machen, wenn es in England läge; aber im Innern eines äußerst unfruchtbaren Landes, in welchem man erst Straßen anlegen und alles nothwendige Material importiren müßte, würde es ein schlechtes Unternehmen gewesen sein. Gold kommt auch vor, aber sehr sparsam und in schlechter Qualität. Eine schöne reine Petroleumquelle wurde tief im Innern entdeckt, wo sie einmal nützen kann, wenn das Land civilisirt ist. Die ganze Sache war für die portugiesische Regierung eine furchtbare Enttäuschung, da es für eine so ganz ausgemachte Sache gehalten worden war, daß sie mit den holländischen Postdampfern einen Contract abgeschlossen hatte, in Dehli anzuhalten; und mehre Schiffe von Australien waren veranlaßt worden mit verschiedenartigen Ladungen hinzukommen, für welche sie unter der Bevölkerung der neueröffneten Minen guten Absatz zu finden erwarteten. Die Klumpen inländischen Kupfers sind aber noch ein Räthsel. Herr Geach hat das Land nach jeder Richtung hin durchforscht, ohne im Stande gewesen zu sein ihren Ursprung aufzuspüren, so daß es wahrscheinlich ist, daß sie aus den Bruchstücken alter kupferhaltiger Schichten herrühren und in Wirklichkeit nicht häufiger vorkommen als Goldklumpen in Australien oder Californien. Es wurde dem Eingeborenen, welcher ein Stück finden und genau den Ort bezeichnen würde, woher er es erhalten, eine hohe Belohnung ausgesetzt, aber ohne Erfolg.

Die Bergbewohner von Timor sind ein Volk vom Papua-Typus, mit ziemlich schlanten Formen, buschigem krausen Haar und dunkelbrauner Hautfarbe. Sie haben die lange Nase mit überhängender Spitze, welche für die Papuas so charakteristisch und unter den Racen von malayischem Ursprung absolut unbekannt ist. An der Küste findet man viel Beimischung von einigen malayischen Racen und vielleicht auch von Hindus und Portugiesen. Die Statur ist hier im Allgemeinen kleiner, das Haar wollig, statt kraus und die Gesichtsbildung weniger ausgezeichnet. Die Häuser werden auf dem Boden erbaut, während die Hochländer sie auf Pfähle drei bis vier Fuß hoch stellen. Die gewöhnliche Bekleidung ist ein langes um den Leib geschlungenes und bis auf die Knie herabhängendes Tuch, wie die Abbildung, S. 277, die nach einer Photographie angefertigt ist, zeigt. Beide Männer tragen den National-Sonnenschirm, der aus einem ganzen fächerigen Palmblatte gemacht ist, sorgfältig an der Falte jeden Blättchens geheftet, um das Auseinandersplittern zu verhindern. Dieser wird geöffnet und schräg über den Kopf und Rücken gehalten, wenn es regnet. Die kleine Wasserschale ist aus einem ganzen ungeöffneten Blatte derselben Palme verfertigt und der bedeckte Bambusbehälter enthält wahrscheinlich Honig zum Verkaufe. Sie tragen gewöhnlich einen selt-

jamen Quersack; der aus einem Quadrat starkgewebten Zeuges
besteht, dessen vier Ecken mit Stricken aneinandergebunden und

Timoresen (nach einer Photographie).

oft sehr mit Perlen und Quästen verziert sind. An das Haus
gelehnt hinter der Figur zur Rechten stehen Bambusen, welche
statt der Wasserkrüge gebraucht werden.

Eine herrschende Sitte ist der „pomali", genau äquivasent dem „taboo" der Pacific-Insulaner und ebenso im Ansehen. Er wird bei den gewöhnlichsten Gelegenheiten angewendet und ein paar Palmblätter an der Außenseite eines Gartens, als Zeichen des „pomali", bewahren das dort Wachsende ebenso wirksam vor Dieben, als drohende Fußangeln, Selbstgeschosse oder ein wilder Hund es bei uns thun würde. Die Todten werden auf ein Gerüst gelegt, sechs bis acht Fuß über dem Boden, manchmal offen und manchmal mit einem Dache bedeckt. Hier bleibt der Körper so lange, bis die Verwandten ein Fest bestreiten können, bei dem er begraben wird. Die Timoresen sind im Allgemeinen große Diebe, aber sie sind nicht blutdürstig. Sie kämpfen beständig untereinander und nehmen jede Gelegenheit wahr, um unbeschützte Leute anderer Stämme als Sklaven wegzuschleppen; aber Europäer können überall sicher durch das Land reisen. Außer einigen Mischlingen in der Stadt giebt es auf der Insel Timor keine eingeborenen Christen. Das Volk bewahrt in großem Maße seine Unabhängigkeit und hegt eine Abneigung gegen seine scheinbaren Herrscher, ja verachtet sie, sowohl Holländer als auch Portugiesen.

Die portugiesische Regierung auf Timor ist eine höchst miserable. Niemand scheint sich im Geringsten um die Verbesserung des Landes zu kümmern und bis auf den heutigen Tag, nach dreihundertjährigem Besitze, ist noch nicht eine Meile Straße jenseit der Stadt angelegt und im Innern ist nirgend ein alleinstehender Europäer ansässig. Alle Regierungsbeamten bedrücken und berauben die Eingeborenen, so viel sie nur können, und doch ist gar keine Sorge getragen die Stadt vertheidigen zu können, falls die Timoresen es versuchen sollten sie anzugreifen. Die Officiere des Militairs sind so unwissend, daß z. B., als sie einen kleinen Mörser und einige Bomben erhielten, Niemand gefunden werden konnte, der sie zu gebrauchen wußte; und bei einem Aufstande der Eingeborenen (als ich in Dehli war) wurde der Officier, der es erwartete gegen die Insurgenten geschickt zu werden, sofort krank! und man gestattete diesen von einem wichtigen Passe, drei Meilen von der Stadt, Besitz zu ergreifen, wo sie sich gegen die zehnfache Zahl vertheidigen konnten. Infolge dessen wurden keine Provisionen von den Hügeln herabgebracht, eine Hungersnoth drohte und der Gouverneur mußte den holländischen Gouverneur von Amboina um Proviant bitten.

In seinem gegenwärtigen Zustande gereicht Timor seinen holländischen und portugiesischen Beherrschern mehr zur Unruhe als zum Vortheil, und das wird so weitergehen, bis man ein anderes System einschlägt. Einige wenige gute Straßen nach den höherliegenden Districten des Innern, eine friedliche Polizei, genaue Rechtspflege den Eingeborenen gegenüber und die Einführung eines guten Cultursystems wie in Java und Nord-Celebes könnte Timor zu einem productiven und werthvollen Lande machen. Reis gedeiht gut auf den morastigen Niederungen, welche oft die Küste umgeben, Mais wächst auf allen Marschen und ist die gewöhnliche Nahrung der Eingeborenen, wie es zu den Zeiten Dampier's im Jahre 1699 war, als er die Insel besuchte. Die kleine Menge Kaffee, welche jetzt gebaut wird, ist von sehr vortrefflicher Qualität und man könnte den Anbau bis zu jedem Belaufe steigern. Schafe kommen fort und würden als frische Nahrung für Walfischfänger und um die anliegenden Inseln mit Fleisch zu versehen, stets werthvoll sein, wenn nicht schon wegen der Wolle; auch ist es wahrscheinlich, daß dieses Product im Gebirge bald durch verständige Zuchten erhalten werden könnte. Pferde kommen erstaunlich gut fort; und es könnte genug Weizen wachsen, um den ganzen Archipel damit zu versorgen, wenn die

Eingeborenen genügend angeregt werden würden, ihre Pflanzungen auszudehnen, und wenn es gute Straßen gäbe, um ihn billig an die Küste zu schaffen. Unter einem solchen Systeme würden die Eingeborenen bald einsehen, daß eine europäische Regierung ihnen vortheilhaft wäre. Sie würden anfangen Geld zu sparen und mit der Sicherung des Eigenthums schnell neue Bedürfnisse und einen neuen Geschmack sich aneignen und viel europäische Waaren consumiren. Dieses würde für ihre Beherrscher eine weit sicherere Einnahmequelle sein als Abgaben und Erpressungen und würde zu gleicher Zeit wahrscheinlicher zum Frieden und Gehorsam führen, als diese militairische Spott-Herrschaft, die sich bis jetzt höchst unwirksam gezeigt hat. Um ein solches System aber einzuführen, dazu gehörte eine sofortige Capitalsanlage, welcher weder Holländer noch Portugiesen geneigt zu sein scheinen — und eine Anzahl ehrlicher und energischer Beamten, welche die letztgenannte Nation wenigstens nicht im Stande zu sein scheint hervorzubringen; und so muß man sehr fürchten, daß Timor viele Jahre noch in seinem gegenwärtigen Zustande der immerwährenden Insurrection und der Mißregierung bleiben wird.

Die Moralität steht in Dehli auf einer ebenso niedrigen Stufe wie im fernen Innern Brasiliens und man läßt Verbrechen durchschlüpfen, welche in Europa Ehrlosigkeit und Kriminalverfolgung zuzögen. Während ich dort war, wurde es am Platze allgemein behauptet und auch geglaubt, daß zwei Officiere die Männer von Frauen vergiftet hätten, mit denen sie eine Liebschaft gehabt und mit denen sie auch gleich nach dem Tode ihrer Rivalen zusammen lebten. Und dennoch dachte Niemand jemals einen Augenblick daran, Mißbilligung des Verbrechens zur Schau zu tragen oder überhaupt es als Verbrechen anzusehen, da die

betreffenden Ehegatten niedrige Mischlinge waren, welche natürlicherweise den Vergnügungen Höherstehender Raum geben mußten.

Nach meinem eignen Urtheil und nach den Beschreibungen
des Herrn Geach ist die auf Timor einheimische Vegetation arm
und einförmig. Die niedrigeren Hügelreihen sind überall mit
Eucalypten bedeckt, welche nur gelegentlich zu hohen Waldbäumen
aufschießen. Gemischt mit diesen in kleinerer Anzahl sind Akazien
und das wohlriechende Santelholz, während die höheren Berge,
welche bis zu sechs oder siebentausend Fuß ansteigen, entweder
mit gemeinen Gräsern bewachsen oder ganz und gar unfruchtbar
sind. In den niedrigeren Gründen steht eine Menge verschiedener Unkrautbüsche und große offene Plätze sind überall von
einer Nessel-artigen Krausemünze bedeckt. Hier kommt die schöne
Rankenlilie, Gloriosa superba, vor; sie windet sich zwischen den
Büschen und entfaltet ihre prachtvollen Blüthen in großer Menge.
Ein wilder Weinstock wächst auch hier; er trägt große unregelmäßige Bündel haariger Trauben von gewöhnlichem, aber sehr
widerlich süßen Geschmack. In einigen der Thäler, wo die Vegetation reicher ist, steht so viel borniges Gestrüpp und Schlinggewächs, daß das Dickicht ganz undurchdringlich wird.

Der Boden scheint sehr arm zu sein; er besteht hauptsächlich aus sich zersetzenden thonigen Schiefern und fast überall ist
die nackte Erde und der bloße Fels sichtbar. Die Dürre der
heißen Jahreszeit ist so groß, daß die meisten Flüsse in den
Ebenen austrocknen, ehe sie die See erreichen; Alles wird verbrannt und die Blätter der größeren Bäume fallen so vollständig
ab wie bei uns im Winter. Auf den Bergen von zwei bis
viertausend Fuß Höhe ist eine feuchtere Atmosphäre, so daß Kartoffeln und andere europäische Producte das ganze Jahr hindurch gezogen werden können. Neben Ponies sind fast die ein-

zigen Exportartikel Timors Santelholz und Bienenwachs. Das Santelholz (Santalum sp.) ist das Product eines kleinen Baumes, der spärlich auf den Bergen Timors und auf vielen der anderen Inseln des fernen Ostens wächst. Das Holz ist von schöner gelber Farbe und besitzt den wohlbekannten köstlichen Wohlgeruch, der wunderbar lange haftet. Es wird nach Dehli in kleinen Klötzen herabgebracht und hauptsächlich nach China exportirt, wo man es viel zum Verbrennen in den Tempeln und den Häusern der Reichen gebraucht.

Das Bienenwachs ist ein noch wichtigeres und werthvolleres, von den wilden Bienen (Apis dorsata) bereitetes Product; sie bauen ungeheure Wachsscheiben und hängen sie frei in die Luft an die Unterseite hoher Zweige der größten Bäume. Sie sind von halbkreisförmiger Gestalt und oft drei bis vier Fuß im Durchmesser. Ich sah einmal die Eingeborenen ein Bienennest ausnehmen; es war höchst interessant zu beobachten. In dem Thale, in welchem ich Insecten zu sammeln pflegte, sah ich eines Tages drei oder vier timoresische Männer und Knaben unter einem hohen Baum und beim Hinaufschauen bemerkte ich auf einem sehr hohen horizontalen Aste drei große Honigscheiben. Der Baum war gerade und glattrindig und ohne einen Ast bis zu siebzig oder achtzig Fuß von der Erde, wo er einen Zweig ausschickte, den die Bienen für ihr Haus gewählt hatten. Da die Männer augenscheinlich nach den Bienen sahen, so wartete ich um ihr Verfahren zu beobachten. Einer von ihnen holte zuerst ein langes Holzstück hervor, anscheinend der Stamm eines kleinen Baumes oder einer Schlingpflanze, den er mitgebracht hatte, und begann ihn nach verschiedenen Richtungen hin zu zersplittern; er zeigte sich sehr zäh und faserig, dann wurde er in Palmblätter gewickelt und diese durch Herumbinden eines bieg-

samen Schlinggewächses befestigt. Der Mann band sich nun
sein Gewand fest um die Lenden, nahm noch ein anderes Tuch
hervor, schlang es sich um Kopf, Nacken und Körper und heftete
es fest um seinen Nacken; Gesicht, Arme und Beine blieben vollkommen unbedeckt. An seinen Gürtel geschlungen trug er ein langes
dünnes rundgelegtes Tau; während er diese Vorbereitungen traf,
hatte einer seiner Begleiter ein starkes acht bis zehn Ellen langes
Schlinggewächs oder Buschtau abgeschnitten, an dessen oberes
Ende die Holzfackel befestigt und am untern Ende angezündet
wurde; sie schickte eine starke Rauchsäule empor. Gerade über
der Fackel war an einem kurzen Seil ein Hackmesser befestigt.

Der Bienenjäger erfaßte nun das Buschtau gerade über
der Fackel und legte das andere Ende um den Stamm des
Baumes, ein Ende in jeder Hand haltend. Indem er es dann
ein wenig über seinen Kopf den Baum hinaufschnellte, setzte er
seinen Fuß gegen den Stamm und fing zurückgelehnt an hinaufzusteigen. Es war wunderbar das Geschick zu sehen, mit welchem er von der leisesten Unregelmäßigkeit der Rinde oder Schief-
heit des Stammes Vortheil zog, um sich im Hinaufsteigen zu
unterstützen, indem er die steife Ranke ein paar Fuß höher hinaufschnellte, wenn er für seinen nackten Fuß einen festen Halt gefunden hatte. Es machte mich fast schwindelig zu sehen wie
schnell er hinaufklomm — dreißig, vierzig, fünfzig Fuß über dem
Boden, und ich war gespannt auf die Art, wie er über die
nächsten paar Fuß des geraden glatten Stammes kommen würde.
Aber er ging noch weiter mit so viel Kaltblütigkeit und anschei-
nender Sicherheit, als ob er eine Leiter hinaufstiege, bis er auf
zehn oder fünfzehn Fuß den Bienen nahe war. Dann hielt er
einen Augenblick inne und ließ die Fackel (welche gerade an seinen
Füßen hing) ein wenig gegen diese gefährlichen Insecten schwin-

gen, so daß der Rauch zwischen ihm und ihnen aufstieg. Er
ging immer vorwärts, nach einer Minute befand er sich unter
dem Ast und gelangte auf diesen in einer mir ganz unver-
ständlichen Weise, da ich doch sah, daß beide Hände durch das
Stützen auf die Ranke in Anspruch genommen waren, die er
handhabte um hinaufzukommen.

Jetzt fingen die Bienen an unruhig zu werden und bildeten
einen dichten summenden Schwarm gerade über ihm, aber er
brachte die Fackel sich näher und bürstete kaltblütig die, welche
sich auf seine Arme und Beine gesetzt hatten, weg; dann streckte
er sich den Ast entlang, kroch bis an die nächste Honigscheibe
und schwang die Fackel gerade darunter. Im Moment als der
Rauch sie berührte, veränderte sich ihre Farbe in einer sehr
sonderbaren Weise von schwarz in weiß, da die Myriaden von
Bienen, welche sie bedeckten, fortflogen und eine dichte Wolke
darüber und rund herum bildeten. Der Mann lag nun in
voller Länge auf dem Ast und streifte die zurückbleibenden Bienen
mit der Hand fort, zog sein Messer, schnitt die Honigscheibe
dicht an dem Baume ab, befestigte das dünne Seil daran und
ließ es seinem Begleiter unten herab. Er war die ganze Zeit
in einen Haufen wüthender Bienen eingehüllt und es überschritt
meine Fassungskraft, wie er ihre Stiche so kaltblütig ertragen
und so umsichtig in dieser schwindelnden Höhe seine Arbeit ver-
folgen konnte. Die Bienen waren augenscheinlich von dem Rauche
nicht betäubt und wurden auch nicht weit davon weggetrieben;
es war auch unmöglich, daß die kleine Rauchsäule von der
Fackel seinen ganzen Körper bei der Arbeit schützen konnte.
Es hingen noch drei andere Scheiben an demselben Baum
und alle wurden nach einander heruntergenommen und versorgten die ganze Gesellschaft mit einem köstlichen Mahle von

Honig und jungen Bienen und mit einer werthvollen Partie Wachs.

Nachdem zwei der Scheiben heruntergelassen waren, wurden die Bienen unten etwas zahlreich; sie flogen wild umher und stachen sehr unangenehm. Mehre kamen in meine Nähe und ich war bald gestochen und lief fort, indem ich sie mit meinem Netze wehrte und sie als Exemplare für meine Sammlung fing. Mehre folgten mir mindestens eine halbe Meile weit, krochen in mein Haar und verfolgten mich höchst hartnäckig, so daß ich über die Immunität der Eingeborenen noch mehr erstaunen mußte. Ich bin geneigt anzunehmen, daß ruhige und umsichtige Bewegungen und kein Versuch zu entfliehen vielleicht das beste Schutzmittel sind. Eine Biene, die sich auf einen ruhigen Eingeborenen setzt, behagt sich dort wahrscheinlich ebenso wie auf einem Baume oder auf einer andern unbelebten Substanz, welche sie nicht zu stechen versucht. Und doch müssen sie oft leiden; allein sie sind an den Schmerz gewöhnt und lernen es ihn empfindungslos zu ertragen, denn ohnedem könnte Niemand Bienenjäger sein.

Vierzehntes Capitel.

Die Naturgeschichte der Timor-Gruppe.

Wenn wir einen Blick auf die Karte des Archipels werfen, so scheint Nichts unwahrscheinlicher, als daß die eng verbundene Inselkette von Java bis Timor in ihren Naturproducten wesentliche Verschiedenheiten zeigen sollte. Allerdings sind gewisse Unterschiede im Klima und in der physischen Geographie zu constatiren, aber diese entsprechen nicht der Theilung, welche der Naturforscher zu machen sich genöthigt sieht. Zwischen den beiden Endpunkten der Kette besteht ein großer klimatischer Contrast; der Westen ist außerordentlich feucht und hat nur eine kurze und unregelmäßige trockene Jahreszeit, und der Osten ist ebenso trocken und ausgedörrt und hat nur eine kurze nasse Jahreszeit. Diese Verschiedenheit jedoch macht sich erst ungefähr in der Mitte Java's geltend, indem der östliche Theil dieser Insel ebenso scharf markirte Jahreszeiten besitzt wie Lombok und Timor. Es existirt auch eine Verschiedenheit in der physischen Geographie; aber diese ist erst an dem östlichen Endpunkte der Kette zu constatiren, wo die Vulcane, welche die ausgesprochenen Charakteristica von Java, Bali, Lombok, Sumbawa und Floris sind, sich nach Norden durch

Gunong Api nach Banda wenden, abseits von Timor mit seiner einen vulcanischen Spitze im Innern, während der Haupttheil dieser Insel aus alten Sedimentgesteinen besteht. Keiner dieser physischen Unterschiede aber entspricht der bemerkenswerthen Veränderung in den Naturproducten, welche an der Lombok Straße, welche die Insel dieses Namens von Bali trennt, statt hat und welche sogleich von so bedeutendem Belang und von so fundamentalem Charakter ist, daß sie ein gewichtiges Charakteristicum der zoologischen Geographie des Erdballes ausmacht.

Der holländische Naturforscher Zollinger, welcher lange Zeit auf der Insel Bali wohnte, unterrichtet uns, daß seine Producte vollständig denen Java's gleichen und daß ihm dort nicht ein einziges Thier bekannt ist, welches nicht zugleich die größere Insel bewohnte. Während der wenigen Tage, welche ich an der Nordküste von Bali auf meinem Wege nach Lombok zubrachte, sah ich verschiedene für die javanische Ornithologie höchst charakteristische Vögel. Darunter befanden sich der gelbköpfige Webervogel (Ploceus hypoxanthus), die schwarze Grashüpferdrossel (Copsychus amoenus), der rosige Bartvogel (Megalaema rosea), der malayische Pirol (Oriolus horsfieldi), der javasche Erdstaar (Sturnopastor jalla), und der javasche dreizehige Specht (Chrysonotus tiga). Auf der Insel Lombok, die durch eine Meeresenge von weniger als zwanzig Meilen Breite von Bali getrennt ist, erwartete ich natürlich einige dieser Vögel wieder zu treffen; aber während eines dreimonatlichen Aufenthaltes daselbst sah ich niemals einen derselben, sondern fand eine total verschiedene Reihe von Arten, von denen die meisten nicht nur auf Java äußerst unbekannt waren, sondern auch auf Borneo, Sumatra und der Halbinsel Malaka. Beispielsweise waren auf Lombok unter den gemeinsten Vögeln die weißen Kakadus und drei Arten von Meliphagidae oder **Honigsauger**, die zu Familiengruppen gehören, welche gänzlich auf der westlichen oder indo-malayischen Region des Archipels fehlen. Geht man hinüber nach Floris und Timor, so steigern sich die Unterschiede von den javanischen Producten und wir finden, daß diese Inseln eine natürliche Gruppe bilden, deren Vögel mit denen Java's und Australiens verwandt, aber von beiden ganz verschieden sind. Außer meinen eigenen Sammlungen auf Lombok und Timor, legte mein Assistent, Herr Allen, eine gute Sammlung auf Floris an; und diese zusammen mit einigen Arten, welche von holländischen Naturforschern geliefert wurden, setzen uns in den Stand eine sehr gute Vorstellung von der Naturgeschichte dieser Inselgruppe zu gewinnen und aus derselben einige sehr interessante Resultate abzuleiten.

Die Zahl von Vögeln, welche man bis jetzt von diesen Inseln kennt, beläuft sich auf 63 von Lombok, 86 von Floris, 118 von Timor und auf 188 Arten von der ganzen Gruppe. Mit Ausnahme von zwei oder drei Arten, welche von den Molukken zu stammen scheinen, können alle diese Vögel entweder direct oder durch nahe Verwandtschaft auf Java einerseits und auf Australien andererseits zurückgeführt werden, obgleich nicht weniger als 82 nirgend anders als auf dieser kleinen Inselgruppe vorkommen. Jedoch gehört der Gruppe nicht eine einzige Gattung eigenthümlich an, oder selbst nur eine, welche durch eigenthümliche Arten in hervorragendem Maße repräsentirt wird; diese Thatsache beweist, daß die Fauna durchaus eine eingewanderte ist, d. h. daß ihr Ursprung nicht jenseit einer der neuesten geologischen Epochen zurück datirt werden kann. Natürlich giebt es eine große Anzahl von Arten (wie die meisten der Wadvögel, viele der Raubvögel, einige der Königfischer, Schwalben und einige wenige andere), welche sich so weit über einen großen Theil des

Archipels ausbreiten, daß man unmöglich sagen kann, sie stammten eher von diesem als von jenem Theile. Solche Arten finde ich siebenundfünfzig in meinen Listen verzeichnet und außer diesen noch weitere fünfunddreißig, welche, obgleich der Timor-Gruppe eigenthümlich, doch mit weit verbreiteten Formen verwandt sind. Ziehen wir diese zweiundneunzig Arten ab, so bleiben fast hundert Vögel, deren Beziehungen zu denen anderer Länder wir jetzt betrachten wollen.

Nehmen wir zuerst jene Arten, welche, so weit wir bis jetzt wissen, durchaus auf jede der Inseln localisirt sind, so finden wir auf —

Lombok 4, zu 2 Gattungen gehörend, von denen 1 australisch, 1 indisch.
Floris 12 . 7 „ „ „ „ 5 „ 2 „
Timor 42 „ 20 „ „ „ „ 10 „ 4 „

Ich halte die wirkliche Zahl der jeder Insel eigenthümlichen Arten durchaus nicht für genau bestimmt, da die rapid wachsenden Zahlen augenscheinlich eine Folge der auf Timor in ausgedehnterem Maßstabe als auf Floris, und auf Floris in ausgedehnterem als auf Lombok angelegten Sammlungen sind; aber worauf wir mehr geben können und was von speciellerem Interesse ist, das ist das bedeutend wachsende Verhältniß australischer und das abnehmende Verhältniß indischer Formen beim Fortschreiten von Westen nach Osten. Das ergiebt sich in einer noch schlagenderen Weise, wenn wir die Zahl der Arten aufzählen, welche mit denen von Java und Australien auf jeder Insel identisch sind; folgendermaßen:

	Auf Lombok	Auf Floris	Auf Timor.
Javanische Vögel . . .	33	23	11
Australische Vögel . .	4	5	10

Hier sehen wir klar den Gang der Wanderungen, welche

seit Hunderten und Tausenden von Jahren stattgefunden haben und welche noch bis auf den heutigen Tag währen. Die Vögel, welche aus Java stammen, sind am zahlreichsten auf der Java nächsten Insel; jede Meerenge, die passirt werden muß um eine andere Insel zu erreichen, bietet ein Hinderniß, und so gelangt nur eine kleinere Anzahl auf die nächste Insel.* Man sieht, daß die Zahl der Vögel, welche von Australien eingewandert zu sein scheinen, weit geringer ist als die, welche von Java kamen, und man könnte auf den ersten Blick vermuthen, daß die breite See, welche Australien von Timor trennt, daran Schuld sei. Allein das wäre eine voreilige und, wie wir gleich sehen werden, eine ungerechtfertigte Vermuthung. Neben diesen Vögeln, welche mit Java und Australien bewohnenden identisch sind, giebt es eine beträchtliche Anzahl anderer, diesen Ländern eigenthümlichen Arten sehr nahe verwandte, und wir müssen auch diese in Rechnung ziehen, ehe wir uns irgend einen Schluß über diese Thatsachen erlauben. Es wird gut sein diese mit der obigen Tabelle in folgender Weise zusammenzustellen:

	Auf Lombok.	Auf Floris.	Auf Timor.
Javanische Vögel	33	23	11
Javanischen Vögeln nahe verwandt	1	5	6
Total	34	28	17
Australische Vögel	4	5	10
Australischen Vögeln nahe verwandt	3	9	26
Total	7	14	36

Wir sehen nun, daß die Gesammtzahl der Vögel, welche von Java und Australien herzustammen scheinen, sehr nahe gleich

* Die Namen aller Vögel, welche diese Inseln bewohnen, findet man in „Proceedings of the Zoological Society of London" 1863.

ist; aber folgende bemerkenswerthe Differenz besteht zwischen den beiden Reihen; während bei weitem der größere Theil der javanischen Reihe identisch ist mit denen, welche noch jetzt dieses Land bewohnen, gehört ein fast gleich großer Theil der australischen Reihe verschiedenen, wenn auch oft sehr nahe verwandten Arten an. Man muß ferner beachten, daß diese stellvertretenden oder verwandten Arten mit der Entfernung von Australien an Zahl abnehmen, während sie mit der Entfernung von Java an Zahl zunehmen. Dafür giebt es zwei Gründe; der eine ist der, daß die Inseln an Umfang von Timor nach Lombok hin schnell sich vermindern und daher immer eine kleinere Zahl von Arten nur bergen können; der andere und gewichtigere ist der, daß die Entfernung von Australien nach Timor die Unterstützung frischer Einwanderung hintanhält und daher der Abänderung freier Spielraum gelassen wurde; während die Nachbarschaft Lomboks mit Bali und Java einen beständigen Zufluß frischer Individuen gestattete, welche, indem sie sich mit den früheren Einwanderern mischten, der Abänderung Einhalt thaten.

Um unsern Einblick in die Herkunft der Vögel dieser Inseln noch mehr zu verdeutlichen, wollen wir sie noch als Ganzes betrachten, um auf diese Weise ihre respectiven Beziehungen zu Java und Australien vielleicht ersichtlicher zu machen.

Die Timor-Inselgruppe enthält:

Javanische Vögel . . . 36	Australische Vögel . . . 13
Nahe verwandte Arten . 11	Nahe verwandte Arten . 35
Von Java herstammend . 47	Von Australien herstammend 48

Wir finden hier eine wunderbare Uebereinstimmung in der Zahl der zu der australischen und javanischen Gruppe gehörigen Vögel, aber sie verhalten sich genau in umgekehrtem Verhältniß:

drei Viertel javanischer Vögel sind identische Arten und ein Viertel stellvertretende, während nur ein Viertel der australischen Formen identisch sind und drei Viertel stellvertretende. Dieses ist die wichtigste Thatsache, welche wir aus dem Studium der Vögel dieser Inseln zu Tage fördern können, da sie uns einen sehr vollständigen Schlüssel zu vielen Momenten ihrer vergangenen Geschichte bietet.

Abänderung der Art ist ein langsamer Proceß. Darüber sind wir Alle einer Meinung, wenn wir auch hinsichtlich der Art des Processes auseinandergehen können. Die Thatsache, daß die australischen Arten auf diesen Inseln sich am meisten verändert haben, während die javanischen fast alle unverändert geblieben sind, würde daher darauf hinweisen, daß der District zuerst von Australien aus bevölkert worden sei. Aber wenn das der Fall gewesen sein könnte, so müssen die physischen Bedingungen sehr verschieden von den jetzigen gewesen sein. Jetzt trennen fast dreihundert Meilen offene See Australien von Timor und diese Insel ist mit Java durch eine Kette zerrissenen Landes verbunden, dessen Stücke durch Meeresengen von einander getrennt werden, die nirgend eine größere Breite als etwa zwanzig Meilen besitzen. Augenscheinlich also liegt jetzt für die Naturproducte Java's eine größere Leichtigkeit vor sich zu verbreiten und alle diese Inseln zu überziehen, während die australischen beim Ueberschreiten sehr großen Schwierigkeiten begegnen. Um den gegenwärtigen Stand der Dinge zu erklären, müßten wir natürlich annehmen, daß Australien einst viel enger mit Timor verbunden gewesen ist als heut zu Tage, und daß dieses der Fall gewesen, wird im höchsten Grade durch die Thatsache wahrscheinlich gemacht, daß eine untermeerische Bank sich der ganzen Nord- und Westküste Australiens entlang erstreckt und an einer Stelle bis auf zwanzig Meilen

Timors Küste nahe kommt. Dieses weist auf ein neuerliches Sinken von Nord=Australien, welches sich einst wahrscheinlich so weit wie die Grenze dieser Bank erstreckte, zwischen welcher und Timor der Ocean eine noch unergründete Tiefe besitzt.

Ich glaube nicht, daß Timor je thatsächlich mit Australien verbunden gewesen ist, weil eine so große Anzahl sehr viel vorkommender und charakteristischer Gruppen australischer Vögel vollständig fehlen und nicht ein einziges australisches Säugethier Timor betreten hat; das wäre sicherlich nicht der Fall gewesen, wenn die Länder in thatsächlicher Verbindung gestanden hätten. Solche Gruppen wie die Laubenvögel (Ptilonorhynchus), die schwarzen und rothen Kakadus (Calyptorhynchus), die blauen Zaunkönige (Malurus), die Krähenwürger (Cracticus), die australischen Würger (Falcunculus und Colluricincla) und viele andere, welche über Australien weit verbreitet sind, würden sicherlich sich auch in Timor vorfinden, falls diese Insel mit jenem Lande vereinigt gewesen wäre oder selbst wenn sie nur eine Zeit lang sich demselben auf mehr als zwanzig Meilen genähert hätte. Ebensowenig kommen irgend welche der charakteristischesten Gruppen australischer Insecten auf Timor vor; so daß Alles zusammentrifft um zu constatiren, daß stets ein Arm des Meeres diese Insel von Australien getrennt hat, aber daß zu einer Zeit dieser Arm auf eine Breite von etwa zwanzig Meilen reducirt war.

Aber damals als diese Verschmälerung der See nach einer Richtung hin Platz griff, muß an dem andern Ende der Kette eine bedeutendere Trennung vorhanden gewesen sein, sonst würden wir eine größere Gleichheit in der Zahl der identischen und stellvertretenden Arten, die von jedem äußersten Punkte herstammen, vorfinden. Allerdings würde, durch Versinken des Landes herbeigeführt, die Verbreiterung der Meerenge an dem australischen

Ende, dadurch daß sie der Einwanderung und Kreuzung der Individuen vom Mutterlande her Einhalt that, den Ursachen, welche zu der Modification der Arten führten, vollen Spielraum gelassen haben, während der ununterbrochene Strom von Einwanderern aus Java durch beständige Kreuzung solche Modificationen gehindert haben würde. Es erklärt jedoch diese Ansicht nicht alle Thatsachen; denn der Charakter der Fauna der Timor-Gruppe wird ebensowohl durch die Formen bestimmt, welche ihr fehlen, als durch die, welche sie enthält, und durch einen solchen Beweis wird dargethan, daß sie viel mehr australisch als indisch ist. Nicht weniger als neunundzwanzig Gattungen, welche alle mehr oder weniger auf Java zahlreich vertreten sind und von denen die meisten über ein weites Gebiet sich verbreiten, fehlen alle zusammen; während von den ebenso zerstreuten australischen Gattungen nur etwa vierzehn nicht vorkommen. Dieses würde klar darthun, daß bis in die neueste Zeit ein großer Abstand von Java vorhanden gewesen ist; und die Thatsache, daß die Inseln Bali und Lombok klein und fast ganz vulcanisch sind und eine kleinere Anzahl modificirter Formen enthalten als die andern Inseln, würde dieselben von verhältnißmäßig neuerem Ursprunge erscheinen lassen. Wahrscheinlich nahm, zur Zeit als Timor Australien am nächsten lag, ihre Stelle ein breiter Meeresarm ein, und in dem Maße wie die unterirdischen Feuer langsam die neuen fruchtbaren Inseln Bali und Lombok aufwarfen, konnten die nördlichen Gestade Australiens unter den Ocean versinken. Einige solche Veränderungen, wie sie hier angedeutet worden sind, setzen uns in den Stand zu verstehen, wie es möglich ist, daß, wenn die Vögel dieser Inselgruppe auch im Ganzen fast eben so sehr indisch wie australisch sind, doch die derselben eigenthümlichen Arten meist den australischen Charakter tragen; und auch wieso eine so große Anzahl gemeiner indischer Formen, welche sich von Java bis Bali verbreiten, nicht einen einzigen Repräsentanten auf die weiter östlich gelegenen Inseln gesandt haben.

Die Säugethiere Timors sowohl als auch die der andern Inseln der Gruppe sind mit Ausnahme der Fledermäuse außerordentlich spärlich vorhanden. Diese letzteren sind ziemlich zahlreich vertreten und zweifellos sind noch viel mehr aufzufinden. Von fünfzehn timoresischen Arten kommen neun auch auf Java oder auf den Inseln westlich davon vor; drei sind moluccische Arten, von denen die meisten auch auf Australien gefunden werden, und der Rest ist Timor eigenthümlich.

Landsäugethiere finden sich nur die folgenden sieben: 1) Der gemeine Affe, Macacus cynomolgus, der auf allen indo malayischen Inseln verbreitet ist und von Java durch Bali und Lombok nach Timor gelangte. Diese Art ist an den Ufern der Flüsse sehr zahlreich und kann bei Ueberschwemmungen hinabgeführten Bäumen von Insel zu Insel transportirt worden sein. 2) Paradoxurus fasciatus; eine über einen großen Theil des Archipels sehr gemeine Zibethkatze. 3) Felis megalotis; eine Tigerkatze, angeblich Timor eigenthümlich, wo sie nur im Innern und sehr selten vorkommt. Ihre nächsten Verwandten finden sich auf Java. 4) Cervus timoriensis; ein Hirsch, der javanischen und moluccischen Art nahe verwandt, wenn überhaupt verschieden von ihr. 5) Ein wildes Schwein, Sus timoriensis; vielleicht dasselbe wie eine der moluccischen Arten. 6) Eine Spitzmaus, Sorex tenuis; angeblich Timor eigenartig. 7) Ein östliches Opossum, Cuscus orientalis; auch auf den Molukken vorkommend, wenn nicht eine distincte Art.

Die Thatsache, daß keine dieser Arten australisch oder auch nur einer australischen Form nahe verwandt ist, unterstützt die

Ansicht in hohem Maße, daß Timor niemals einen Theil jenes Landes gebildet habe, da in diesem Falle einige Kängeruhs oder andere Beutelthiere sich fast sicher hier gefunden haben würden. Es ist ohne Zweifel sehr schwierig sich über die Gegenwart einiger der wenigen Säugethiere, welche auf Timor existiren, Rechenschaft zu geben, speciell von der Tigerkatze und dem Hirsche. Wir müssen aber bedenken, daß während Tausenden von Jahren, und vielleicht während Hunderten von Tausenden diese Inseln und die dazwischen liegenden Meere vulcanischer Thätigkeit ausgesetzt gewesen sind. Das Land ist gehoben worden und wieder gesunken; die Meeresengen haben sich verschmälert und wieder erweitert; viele der Inseln können verbunden gewesen und wieder getrennt worden sein; heftige Ueberschwemmungen haben wieder und wieder die Berge und Ebenen verwüstet, Hunderte von Waldbäumen der See zuführend, wie es oft bei vulcanischen Eruptionen auf Java der Fall gewesen ist; und es hat nichts Unwahrscheinliches an sich, daß einmal im Laufe von tausend oder zehntausend Jahren eine so günstige Verkettung von Umständen stattgefunden habe, daß sie zu der Ueberwanderung von zwei oder drei Landthieren von einer Insel zur andern führte. Das ist Alles, was wir verlangen müssen, um der sehr dürftigen und fragmentarischen Gruppe der Säugethiere, welche jetzt die große Insel Timor bewohnen, Rechnung zu tragen. Der Hirsch mag sehr wahrscheinlicherweise vom Menschen eingeführt worden sein, denn die Malayen halten sich oft zahme junge Rehkälber; und es bedarf vielleicht nicht tausend oder selbst nicht fünfhundert Jahre, um einem Thiere neue Charaktere aufzuprägen, welches in ein, was Klima und Vegetation anbetrifft, von dem Mutterlande so verschiedenes Land übergeführt worden ist, wie von den Molukken nach Timor. Ich erwähnte die Pferde nicht, von denen man oft meint, daß sie wild auf Timor vorkommen, weil es überhaupt keine Gründe für diese Annahme giebt. Die timoresischen Ponies haben alle ihre Eigenthümer und sind ganz so domesticirte Thiere, wie das Vieh auf einer südamerikanischen Hacienda.

Ich habe mich des Längeren über den Ursprung der timoresischen Fauna verbreitet, weil es mir ein höchst interessantes und lehrreiches Problem zu sein scheint. Es kommt selten vor, daß wir die Thiere eines Districtes so klar wie in diesem Fall aus zwei bestimmten Quellen herleiten können; und noch seltener, daß sie so entschiedene Beweise von der Zeit, der Art und den Verhältnißzahlen ihrer Einführung liefern. Wir haben hier eine Gruppe oceanischer Inseln im Kleinen — Inseln, welche nie Theile der anliegenden Länder waren, obgleich sie ihnen so sehr nahe liegen, und ihre Producte zeigen die Charakteristica wahrer oceanischer Inseln, leicht modificirt. Diese Charakteristica sind die Abwesenheit aller Säugethiere, Fledermäuse ausgenommen, und das Vorkommen eigenthümlicher Arten von Vögeln, Insecten und Landmuscheln, welche, wenn sie auch sonst nirgend gefunden werden, deutlich mit denen der nächsten Länder verwandt sind. So haben wir eine vollständige Abwesenheit von australischen Säugethieren und die Anwesenheit von nur einigen wenigen verlaufenen vom Westen her, welche man in der schon angegebenen Weise deuten kann. Fledermäuse sind ziemlich zahlreich vertreten. Die Vögel haben viele eigenthümliche Arten mit entschiedener Verwandtschaft zu jenen der zwei nächsten Ländermassen. Die Insecten zeigen ähnliche Beziehungen wie die Vögel. Beispielsweise sind vier Arten von Papilionidae Timor eigenthümlich, drei andere werden auch auf Java gefunden und eine in Australien. Von den vier eigenthümlichen Arten sind zwei entschiedene Modificationen javanischer Formen, während die andern denen von den Molukken und Celebes verwandt zu sein scheinen. Die sehr wenigen bekannten Landconchylien sind alle, seltsam genug, verwandt mit molukkischen oder celebensischen Formen oder mit ihnen identisch. Die Pieridae (weiß und gelbe Schmetterlinge), welche mehr wandern und welche, da sie sich auf offenen Gründen aufhalten, mehr dem Hinauswehen auf die See ausgesetzt sind, scheinen so ziemlich gleichmäßig denen von Java, Australien und den Molukken verwandt zu sein.

Man hat gegen Herrn Darwin's Theorie — daß die oceanischen Inseln nie mit dem Hauptlande in Verbindung gestanden hätten — eingeworfen, daß dieses ihre Thierbevölkerung einem Zufalle Preis geben würde; man hat sie die „Strandgut- und Wrackgut-Theorie" (flotsam and jetsam theory) genannt, und man hat behauptet, daß die Natur nicht in dem „Capitel der Zufälligkeiten" arbeite. Aber in dem hier beschriebenen Falle haben wir den positivsten Beweis, daß das wirklich die Art der Bevölkerung der Inseln gewesen ist. Ihre Producte sind von einem so gemischten Charakter, wie wir sie bei einem solchen Ursprung erwarten sollten, und die Annahme, daß sie Theile von Australien und Java gebildet haben, führt durchaus nicht zu hebende Schwierigkeiten ein und macht es ganz unmöglich, jene seltsamen Beziehungen zu erklären, welche die bestbekannte Gruppe von Thieren (die Vögel), wie gezeigt wurde, darbietet. Auf der andern Seite weist Alles — die Tiefe der umgebenden See, die Form der versunkenen Bänke und der vulcanische Charakter der meisten der Inseln auf einen unabhängigen Ursprung.

Ehe ich schließe, muß ich noch eine Bemerkung machen, um Mißverständnissen vorzubeugen. Wenn ich sage, daß Timor nie

Theil von Australien gebildet hat, so habe ich dabei nur neue geologische Epochen im Auge. In der Secundär-Periode oder selbst zur Zeit des Eocen oder Miocen mögen Timor und Australien verbunden gewesen sein; aber wenn dem so war, so sind alle Zeichen eines solchen Zusammenhanges durch das folgende Versinken verloren gegangen, und in Bezug auf die gegenwärtigen Landbewohner einer Gegend haben wir allein jene Veränderungen in Betracht zu ziehen, welche seit der letzten Erhebung über Wasser Platz gegriffen haben. Seit einer solchen letzten Erhebung, davon bin ich überzeugt, hat Timor mit Australien nicht in Zusammenhang gestanden.

Fünfzehntes Capitel.

Celebes.

(Mangkassar, September bis November 1856.)

Ich verließ Lombok am 30. August und erreichte Mangkassar in drei Tagen. Mit großer Befriedigung betrat ich ein Ufer, welches ich seit Februar vergeblich zu erreichen versucht hatte, und wo ich mit so vielem Neuen und Interessanten bekannt zu werden erwartete.

Die Küste dieses Theiles von Celebes ist niedrig und flach, mit Bäumen und Dörfern besetzt, so daß das Innere verdeckt wird, außer an den Stellen, an welchen der Wald gelichtet ist und die einen Blick auf weit ausgedehnte kahle und sumpfige Reisfelder gestatten. Einige Hügel von nicht bedeutender Höhe kamen im Hintergrunde zum Vorschein; aber in Folge des beständigen dicken Nebels, der zu dieser Jahreszeit über dem Lande liegt, konnte ich nirgend die hohe Centralkette der Halbinsel oder das berühmte Pic von Bonthein am Südende unterscheiden. Auf der Rhede von Mangkassar lag eine schöne Fregatte von zweiundvierzig Kanonen, das Wachtschiff des Ortes und ein kleines Kriegsdampfschiff; ferner drei oder vier kleine Kutter, welche

zum Kreuzen gegen die Piraten, welche diese Meere unsicher
machen, gebraucht werden, einige Handelsschiffe mit Raasegeln
und zwanzig bis dreißig malayische Prauen von verschiedenen
Größen. Ich hatte Einführungsschreiben an einen Holländer,
Herrn Mesman, und auch an einen dänischen Ladeninhaber;
beide Herren konnten englisch und versprachen mir, mich beim
Suchen nach einem Platze, der meinen Zwecken entspräche, zu
unterstützen. Inzwischen ging ich in eine Art von Clubhaus in
Ermangelung eines Hotels am Platze.

Manglassar war die erste holländische Stadt, welche ich
besuchte, und ich fand sie hübscher und reinlicher als irgend eine
Stadt, welche ich bis dahin im Osten gesehen hatte. Die Holländer
halten einige vortreffliche Localvorschriften aufrecht. Alle europäischen Häuser müssen schön geweißt sein und Jedermann muß
um vier Uhr Nachmittags vor seinem Hause sprengen. Die
Straßen werden von Unrath frei gehalten und verdeckte Abzugs-
canäle befördern allen Schmutz in große offene Gruben, in welche
bei Hochwasser die Fluth eintritt; die Ebbe schwemmt dann alles
schmutzige Wasser mit sich fort in die See. Die Stadt besteht
hauptsächlich aus einer langen engen Straße, die sich dem Meere
entlang zieht, für die Geschäfte bestimmt ist und größtentheils
von den Geschäftsräumen der holländischen und chinesischen Kaufleute, von Waarenhäusern und von Läden und Bazaren der
Eingeborenen eingenommen wird. Diese erstreckt sich weiter als
eine Meile nordwärts, wo fast nur Häuser der Eingeborenen
liegen, die sich oft in einem sehr miserabeln Zustande befinden;
aber sie sehen doch nicht so übel aus, da sie alle genau in der
geraden Flucht der Straße gebaut und im Allgemeinen von Fruchtbäumen beschattet sind. Diese Straße ist gewöhnlich gedrängt
voll von eingebornen Bugis und Manglassaren; sie tragen etwa

zwölf Zoll lange baumwollene Hosen, welche von der Hüfte herab nur etwa die Hälfte des Schenkels bedecken, und den gewöhnlichen malayischen Sarong von hellen buntscheckigen Farben um den Leib oder in der verschiedensten Weise quer über die Schultern geschlungen. Parallel mit dieser Straße laufen zwei kurze, welche die alte holländische Stadt bezeichnen und durch Thore abgeschlossen sind. Hier stehen Privathäuser und am Südende derselben befindet sich das Fort, die Kirche und im rechten Winkel dazu eine Straße, die an den Strand führt, mit den Häusern des Gouverneurs und der obersten Beamten. Jenseit des Forts wiederum, dem Strande entlang, zieht sich eine andere lange Straße von inländischen Hütten und vielen Landhäusern der Handels- und Kaufleute. Ringsherum dehnen sich die flachen Reisfelder aus, jetzt kahl und trocken und häßlich mit schmutzigen Stoppeln und Unkraut bedeckt. Vor wenigen Monaten standen sie im schönsten Grün und ihr trauriges Aussehen zu dieser Jahreszeit bot einen schlagenden Contrast mit den beständig schön stehenden Feldern in einer Gegend derselben Art auf Lombok und Bali, wo die Jahreszeiten genau so fallen, aber wo ein mühsames Bewässerungssystem die Wirkung eines beständigen Frühlings hervorruft.

Den Tag nach meiner Ankunft machte ich einen Anstandsbesuch beim Gouverneur, von meinem Freunde, dem dänischen Kaufmanne, begleitet, der vortrefflich englisch sprach. Se. Excellenz waren sehr höflich und boten mir jede Erleichterung bei meinen Reisen im Lande und bei meinen Untersuchungen in der Naturgeschichte an. Wir unterhielten uns französisch, welches alle holländischen Beamten vortrefflich sprechen.

Da ich es wenig bequem und sehr theuer fand in der Stadt zu bleiben, so bezog ich nach einer Woche ein kleines Bambus-

haus, welches Herr Mesman mir freundlichst angeboten hatte.
Es lag etwa zwei Meilen von der Stadt auf einer kleinen
Kaffeeplantage und Farm und etwa eine Meile jenseit Herrn M.'s
eigenem Landhause. Es bestand aus zwei Zimmern, die etwa sieben
Fuß über dem Boden lagen. Der untere Theil war halb offen
(vortrefflich zum Abbalgen von Vögeln) und wurde theilweise als
Reisschuppen benutzt. Es waren auch Küche und andere Räumlichkeiten dabei und mehre Hütten in der Nähe wurden von Leuten
des Herrn M. bewohnt.

Nachdem ich einige Tage in meinem neuen Hause zugebracht
hatte, fand ich, daß man keine Sammlungen machen könne, wenn
man nicht viel weiter landeinwärts ginge. Die Reisfelder im
Umkreise von einigen Meilen glichen englischen Stoppelfeldern
im Spätherbst und bargen ebensowenig wie diese Vögel oder
Insecten. Es lagen mehre inländische Dörfer zerstreut umher
und so von Fruchtbäumen eingehüllt, daß sie von ferne wie Gebüsche oder kleine Wälder aussahen. Das waren meine einzigen
Sammelplätze, aber sie boten mir nur eine sehr begrenzte Zahl
von Arten und waren bald abgesucht. Ehe ich einen ver-
sprechenderen District aufsuchen konnte, mußte ich die Erlaubniß
vom Rajah von Goa einholen, dessen Territorium bis etwa zwei
Meilen von der Stadt Manglassar reicht. Ich begab mich daher
in das Büreau des Gouverneurs und erbat mir einen Brief
an den Rajah, um seinen Schutz anzurufen und die Erlaubniß
zu erlangen, in seinen Ländereien zu jeder Zeit reisen zu dürfen.
Man stellte ihn mir sofort aus und gab mir einen eigenen
Boten als Ueberbringer des Briefes mit.

Mein Freund, Herr Mesman, lieh mir freundlicherweise
ein Pferd und begleitete mich auf meinen Besuch beim Rajah,
mit dem er sehr gut Freund war. Wir fanden Se. Majestät

draußen sitzend und die Errichtung eines neuen Hauses erwartend. Er war nackt bis zum Leibe und trug nur die gewöhnlichen kurzen Hosen und den Sarong. Es wurden zwei Stühle für uns herausgebracht, aber alle Häuptlinge und andere Eingeborene saßen auf dem Boden. Der Bote kauerte zu Füßen des Rajah nieder und überreichte den Brief, welcher in gelber Seide eingewickelt war. Er wurde einem der obersten Officiere übergeben, der ihn öffnete und ihn dem Rajah zurückstellte; dieser las ihn dann und zeigte ihn Herrn M., der die Manglassar-Sprache fließend spricht und lies't und der genau erklärte, was ich wünschte. Es wurde uns sofort die Erlaubniß gegeben in den Ländereien von Goa, wo ich wollte, umherzuwandern, aber der Rajah wünschte, daß, wenn ich mich längere Zeit an einem Orte aufhalten wolle, ich ihn vorher davon benachrichtigen möge, um Jemanden zu senden, der darüber wache, daß mir kein Unrecht geschähe. Dann wurde uns Wein gebracht und nachher etwas abscheulicher Kaffee und erbärmliches Zuckerwerk; es ist eine Thatsache, daß ich nie guten Kaffee trank, wo das Volk ihn selbst baut.

Obgleich jetzt der Höhepunkt der trockenen Jahreszeit herrschte und fortwährend ein hübscher Wind wehte, so war es doch durchaus kein gesunder Monat. Mein Knabe Ali war kaum einen Tag am Lande, als er vom Fieber ergriffen wurde; es versetzte mich in große Ungelegenheiten, da in dem Hause, in welchem ich wohnte, außer zu den Eßstunden Nichts zu bekommen war. Nachdem ich Ali geheilt und mit vieler Mühe einen anderen Diener zum Kochen für mich erhalten hatte, war ich kaum in meinem Landaufenthalte eingerichtet, als letzterer von derselben Krankheit ergriffen wurde und, da er eine Frau in der Stadt hatte, mich verließ. Eben war er fort, als ich selbst an einem heftigen, jeden zweiten Tag intermittirenden Fieber erkrankte. Nach einer Woche war ich in Folge tüchtiger Dosen Chinin davon frei, und kaum war ich wieder auf den Beinen, als Ali wieder krank wurde und schlimmer als je. Das Fieber befiel ihn täglich; Morgens früh aber befand er sich sehr wohl und kochte mir dann genügend für den Tag. In einer Woche stellte ich ihn her, und es gelang mir auch einen andern Knaben zu bekommen, der kochen und schießen konnte und sich nicht sträubte ins Innere mit zu gehen. Er hieß Baderoon, war unverheirathet und an ein Vagabundenleben gewöhnt, da er mehre Reisen nach Nord-Australien gemacht hatte, um Trepang* oder „bêche de mer" zu holen und so durfte ich hoffen, ihn bei mir behalten zu können. Ich bekam auch einen kleinen unverschämten Schlingel von zwölf oder vierzehn Jahren, der etwas Malayisch sprechen konnte, meine Flinte oder mein Insectennetz tragen und sich überhaupt allgemein nützlich machen sollte. Ali war mit der Zeit ein sehr guter Vogel Abbalger geworden, so daß ich gut mit Dienern versehen war.

Ich machte Excursionen ins Land, um eine gute Station zum Vögel- und Insecten-Sammeln zu suchen. Einige der Dörfer, mehre Meilen landeinwärts, liegen auf baumreichem Boden, auf welchem einst Urwald gestanden hat, dessen Bäume aber größtentheils durch Fruchtbäume ersetzt worden sind und hauptsächlich durch die große Palme, Arenga saccharifera, aus welcher Wein und Zucker bereitet werden und die auch eine grobe schwarze Faser als Tauwerk liefert. Der zum Leben nothwendige Bambus ist auch reichlich angepflanzt. Auf solchen Plätzen fand ich eine hübsche Anzahl von Vögeln; darunter die

---

* Holothuria edulis Less. A. d. Ueberj.

schöne rahmfarbige Taube, Carpophaga luctuosa, und die seltene blauköpfige Rake, Coracias temmincki, die eine sehr mißtönende Stimme hat und gewöhnlich paarweis geht, von Baum zu Baum fliegt, beim Ausruhen sich ganz zusammenduckt und mit Kopf und Schwanz wippende Bewegungen vollführt, welche für die große Gruppe der Fissirostres, zu der sie gehört, so charakteristisch sind. Nach dieser Gewohnheit allein könnten die Königfischer, Bienenfresser, Rollen, Trogons und südamerikanische Puffvögel (puff-birds)* von Jemandem, der sie im Naturzustande beobachtet, aber nie Gelegenheit hat, ihre Form und ihren Bau im Einzelnen zu studiren, in eine Gruppe vereinigt werden. Tausende von Krähen, aber etwas kleiner als unsere Saatkrähen, krächzen fortwährend in diesen Anpflanzungen; die seltsamen Schwalbenwürger (Artami), welche in ihren Gewohnheiten und ihrem Fluge sehr den Schwalben ähneln, aber in Form und Bau bedeutend von ihnen abweichen, zwitschern von den Baumwipfeln herab, und ein Leier-schwänziger Drongowürger mit brillantem schwarzen Gefieder und milchweißen Augen leitet den Naturforscher beständig durch die Mannigfaltigkeit seiner unmelodischen Töne irre.

An den schattigeren Orten waren Schmetterlinge ziemlich häufig; die gewöhnlichsten sind Arten von Euplaca und Danais, welche Gärten und Gebüsche besuchen und auf ihrem langsamen Fluge leicht zu fangen sind. Ein schöner blaßblauer und schwarzer Schmetterling, der nahe dem Boden zwischen dem Dickicht umherflattert und sich gelegentlich auf Blumen niederläßt, war einer der auffallendsten; und kaum weniger war es einer mit einem schön orangenen Band auf schwärzlichem Grunde: diese beiden gehören zu den Pieridae, der Gruppe, welche unsere

---

* Tamatia. A. d. Uebers.

gewöhnlichen weißen Schmetterlinge enthält, wenn sie äußerlich auch sehr von diesen differiren. Beide waren den europäischen Naturforschern ganz neu.* Manchmal dehnte ich meine Spaziergänge einige Meilen weiter aus, hin zu der einzigen Strecke wirklichen Waldes, welchen ich finden konnte, von meinen beiden Knaben mit Gewehren und Insectennetzen begleitet. Wir pflegten früh aufzubrechen, nahmen unser Frühstück mit und verzehrten es irgendwo im Schatten an einer Quelle. Bei solchen Gelegenheiten legten meine mangkassarischen Knaben ein klein wenig Reis und Fleisch oder Fisch auf ein Blatt und boten es auf einem Steine oder Baumstumpfe der Local-Gottheit dar; denn obgleich nominell Mohamedaner, bewahren die Mangkassaren viel von ihrem heidnischen Aberglauben und sind in ihren religiösen Verrichtungen nur lax. Schweinefleisch allerdings verabscheuen sie, aber wenn man ihnen Wein anbietet, so weisen sie ihn nicht zurück und consumiren große Mengen „Sagueir" oder Palmwein, welcher ebenso verderblich wirkt, wie etwa unser Bier oder wie Apfelwein. Gut zubereitet ist es ein sehr erfrischendes Getränk und wir nahmen oft einen Schluck in einem der kleinen Schuppen, welche man mit dem Namen Bazars beehrt und welche über das Land zerstreut liegen, wo überall etwas Handel getrieben wird.

Eines Tages erzählte mir Herr Mesman von einem großen Walde, in welchem er manchmal Wild schösse, aber er versicherte mich, daß es sehr weit sei und daß es keine Vögel dort gäbe. Trotzdem entschloß ich mich ihn zu durchforschen, und am folgenden Morgen fünf Uhr brachen wir auf, nahmen unser Frühstück und etwas andern Proviant mit uns und beabsichtigten die Nacht in einem Hause am Rande des Gehölzes zu bleiben. Zu

---

* Ersterer wurde Eronia tritaea, letzterer Tachyris ithome benannt.

meinem Erstaunen brachte uns schon ein guter zweistündiger
Marsch an dieses Haus, in welchem man uns gestattete die
Nacht zuzubringen. Wir machten uns dann Alle zusammen auf;
Ali und Baderoon jeder mit einer Flinte, Bajo trug unsern
Proviant und meine Insectenschachtel, während ich nur Netz und
Sammelflasche nahm und beschloß, mich lediglich dem Insecten-
fange zu widmen. Eben hatte ich den Wald betreten, als ich
einige schöne kleine grün- und goldgesprenkelte Kornwürmer entdeckte, der Gattung Pachyrhynchus verwandt, eine Gruppe,
welche fast auf die philippinischen Inseln begrenzt ist und die
man auf Borneo, Java oder Malaka gar nicht kennt. Die
Straße war schattig und dem Anscheine nach stark von Pferden
und Vieh begangen, und ich erhielt sehr bald einige Schmetterlinge, denen ich vorher noch nicht begegnet war. Nicht lange
darauf hörte ich ein paar Schüsse fallen, und als ich zu meinen
Knaben kam, fand ich, daß sie zwei der schönsten Kalaoos,
Phoenicophaus callirhynchus, erlegt hatten. Der Vogel trägt
seinen Namen wegen seines großen Schnabels, der in etwa
gleichen Theilen brillant gelb, roth und schwarz gefärbt ist.
Der Schwanz ist außerordentlich lang und von schön metallischem
Purpur, während das Gefieder des Körpers hell kaffeebraun ist.
Er gehört zu den für Celebes charakteristischen Vögeln und
beschränkt sich auf diese Insel.

Nachdem wir ein paar Stunden umhergeschlendert hatten,
erreichten wir einen kleinen Fluß, der so tief war, daß Pferde
ihn nur schwimmend kreuzen konnten; wir mußten also umkehren,
aber da wir hungrig wurden und das Wasser des fast stagni-
renden Flusses zu schlammig zum Trinken war, so gingen wir
auf ein Haus zu, das einige hundert Schritt entfernt lag. In
der Pflanzung sahen wir eine kleine hochstehende Hütte, welche

uns sehr passend zum Frühstücken schien; ich trat also ein und
fand drinnen ein junges Weib mit einem Kinde. Sie gab mir
einen Krug mit Wasser, aber schaute sehr angstvoll drein. Ich
setzte mich jedoch auf die Haustreppe nieder und forderte den
mitgenommenen Proviant. Als Baderoon ihn mir herreichte,
sah er das Kind und schreckte zurück, als hätte er eine Schlange
gesehen. Es kam mir dann sofort in den Sinn, daß wir uns
in einer Hütte befänden, in welcher, wie bei den Dajaks auf
Borneo und bei vielen andern wilden Stämmen, die Frauen
einige Zeit nach der Geburt ihres Kindes abgesondert leben und
daß wir sehr unrecht gethan hatten einzutreten; wir gingen daher
fort und baten um die Erlaubniß unser Frühstück in der Familien=
wohnung dicht dabei verzehren zu dürfen, was natürlich auch
gestattet wurde. Während ich aß, beobachteten drei Männer, zwei
Frauen und vier Kinder jede meiner Bewegungen und wendeten
den Blick nicht eher von mir, als bis ich fertig war.

Auf unserm Rückwege in der Hitze des Tages war ich so
glücklich drei Exemplare einer schönen Ornithoptera zu fan=
gen, die größten, vollkommensten und schönsten Schmetterlinge.
Ich zitterte vor Erregung, als ich den ersten aus meinem Netze
nahm und ihn ganz unversehrt fand. Die Grundfarbe dieses
herrlichen Insectes war ein reiches und schimmerndes Bronze=
Schwarz, die Hinterflügel zart mit Weiß getüpfelt und von einer
Reihe großer Flecke vom brillantesten Atlas=Gelb besetzt. Der
Körper war in Schattirungen weiß, gelb und feurig orange
gezeichnet, Kopf und Brust intensiv schwarz. An der untern
Seite waren die Hinterflügel Atlas-weiß mit halbschwarzen und
halbgelben Randflecken. Ich betrachtete meine Beute mit dem
äußersten Interesse, da ich sie zuerst für eine neue Art hielt.
Sie wies sich jedoch als eine Varietät der Ornithoptera remus

aus, eine der seltensten und bemerkenswerthesten Arten dieser hochgeschätzten Gruppe. Ich erhielt noch verschiedene andere neue und hübsche Schmetterlinge. Als wir zurückgekehrt waren, hing ich, besonders ängstlich mit meinen Insectenschätzen, den Behälter an einem Bambus auf, an dem ich Nichts von Ameisen entdecken konnte, und begann dann einige Vögel abzubalgen. Während der Arbeit blickte ich oft auf meinen werthvollen Behälter, um nachzusehen, ob auch keine Eindringlinge angekommen wären, bis ich nach einer längeren Zeit als gewöhnlich wieder hinschaute und zu meinem Entsetzen eine Kolonne kleiner rother Ameisen bemerkte, welche die Schnur hinabliefen und in den Behälter eindrangen. Sie waren schon geschäftig um die Körper meiner Schätze und eine weitere halbe Stunde hätte meine ganze Tagessammlung vernichtet gesehen. Wie die Sache nun lag, hatte ich jedes Inject herauszunehmen, es von Grund aus ebenso wie den Behälter zu reinigen und dann nach einem sicheren Platze dafür zu suchen. Als einzig dem Zweck entsprechend erbat ich von meinem Wirth einen Teller und eine Schale, füllte ersteren mit Wasser, stellte die letztere hinein, darauf meinen Kasten und fühlte mich so für die Nacht sicher; ein paar Zoll reinen Wassers oder Oeles sind die einzigen Barrieren, welche diese furchtbaren Plagegeister nicht im Stande sind zu überschreiten.

Bei meiner Rückkehr nach Mamájam (so hieß mein Haus) hatte ich wieder einen leichten Anfall von intermittirendem Fieber, welches mich einige Tage ans Zimmer fesselte. Sobald ich wiederhergestellt war, ging ich, von Herrn Mesman begleitet, nach Goa, um mir die Hülfe des Rajahs bei dem Bau eines kleinen Hauses in der Nähe des Waldes zu erbitten. Wir fanden ihn nahe seinem Palaste bei einem Hahnenkampfe, welchen er

jedoch sofort verließ, um uns zu empfangen; er ging eine geneigte
Ebene von Brettern mit uns hinauf, welche als Haustreppe
diente. Dieses Haus war groß, gut gebaut und hoch, mit Bambus=
Fußböden und Glasfenstern. Der größere Theil desselben schien
eine große Halle zu sein, welche durch die sie tragenden Pfeiler
abgetheilt war. Nahe einem Fenster saß die Königin auf einem
rohen hölzernen Lehnstuhle hockend, den ewigen Sirih und die
Betelnuß kauend, während ein metallener Spucknapf an ihrer
Seite und eine Sirih=Büchse vor ihr bereit standen, ihren Be=
dürfnissen Genüge zu thun. Der Rajah setzte sich ihr gegenüber
in einen gleichen Stuhl und eine gleiche Sirih=Büchse wurden
von einem kleinen Knaben, der an seiner Seite lauerte, gehalten.
Zwei andere Stühle wurden für uns gebracht. Mehre junge
Weiber, einige des Rajahs Töchter, andere Sclavinnen, standen
umher; ein paar arbeiteten an einem Gestell an Sarongs, aber
die Meisten faullenzten.

Hier müßte ich eigentlich (wenn ich dem Beispiele der meisten
Reisenden folgte) zu einer glühenden Beschreibung der Reize
dieser Dämchen, der eleganten Costüme, welche sie trugen, und
der Gold= und Silber=Verzierungen, mit denen sie geschmückt
waren, abschweifen. Die Jacke oder der Ueberwurf aus Purpur=
Gaze würde in einer solchen Beschreibung vortrefflich figuriren,
indem der wogende Busen darunter zum Vorschein kommt,
und „funkelnde Augen" und „pechschwarzes Haargeflechte" und
„zierliche Füßchen" müßten freigiebig dazwischen gestreut werden.
Aber, ach! die Rücksicht auf die Wahrheit erlaubt mir nicht zu
bewundernd auf solchen Gemeinplätzen mir freien Lauf zu lassen,
da ich mich entschlossen habe, so weit ich kann, ein treues Ge=
mälde der Völker und der Orte, die ich besuche, zu geben. Die
Prinzessinnen sahen allerdings ganz gut aus, allein weder ihre

Persönlichkeiten noch ihre Gewänder hatten jenen Anschein von Frische und Reinlichkeit, ohne den keine anderen Reize mit Vergnügen betrachtet werden können. Alles hatte ein schmutziges und fades Aussehen, für ein europäisches Auge sehr wenig gefällig und unköniglich. Das Einzige, was etwas Bewunderung abnöthigte, war die ruhige und würdige Art des Rajah und der große Respect, der ihm stets gezollt wurde. Niemand darf in seiner Gegenwart gerade stehen, und wenn er auf einem Stuhle sitzt, kauern alle Anwesenden (Europäer natürlich ausgenommen) auf dem Boden nieder. Der höchste Sitz ist bei diesem Volke buchstäblich der Ehrenplatz und das Rangzeichen. Die Regeln für diesen Respect sind so unbeugsam, daß, als ein englischer Wagen ankam, den sich der Rajah von Lombok bestellt hatte, er zum Gebrauch unmöglich befunden wurde, weil der Sitz des Kutschers der höchste war, und er blieb daher in der Wagenremise als Schaustück. Als der Rajah den Grund meines Besuches erfahren hatte, sagte er sofort, daß er anbefehlen würde, mir ein Haus einräumen zu lassen, was viel besser wäre als eins zu bauen, da das sehr viel Zeit in Anspruch nähme. Schlechter Kaffee und Zuckerwerk wurden uns wie vordem gegeben.

Zwei Tage darauf sprach ich bei dem Rajah ein, um ihn zu bitten, mir einen Führer zu schicken, der mir das Haus, welches ich beziehen sollte, zeigen könnte. Er ließ sogleich einen Mann kommen, gab ihm Instructionen und nach wenigen Minuten waren wir unterwegs. Mein Führer konnte nicht Malayisch sprechen; so gingen wir eine Stunde schweigend fort, bis wir in einem sehr hübschen Hause einkehrten und man mich bat nieder zusitzen. Hier wohnte der Häuptling des Districtes; nach einer halben Stunde etwa machten wir uns wieder auf und eine weitere Stunde Marschirens brachte uns in das Dorf, in welchem ich

legirt werden sollte. Wir gingen in die Wohnung des Dorf-
häuptlings, der sich mit meinem Begleiter eine Zeitlang unterhielt. Da ich müde wurde, bat ich, mir das Haus zu zeigen,
das für mich gerüstet sei, aber die einzige Antwort, die ich erlangen konnte, war die: „Warte ein wenig," und die Leute fuhren
fort sich zu unterhalten. So sagte ich ihnen denn, ich könne
nicht warten, da ich das Haus zu sehen und dann in den Wald
schießen zu gehen wünschte. Das schien sie in Verlegenheit zu
setzen, und zuletzt kam es in Antwort auf die Fragen, welche
sehr schlecht von einem oder zwei Anwesenden, die ein wenig
Malayisch verstanden, erklärt wurden, heraus, daß keine Wohnung bereit und daß Niemand die geringste Ahnung davon
zu haben schien, woher eine zu nehmen sei. Da ich den Rajah
nicht mehr belästigen wollte, so hielt ich es für das Beste, sie
ein wenig zu erschrecken; ich sagte, wenn sie mir nicht sofort
ein Haus, wie es der Rajah angeordnet habe, anschafften, ich
zurückgehen und mich bei ihm beklagen würde, aber daß ich, wenn
man mir ein Haus fände, für den Gebrauch desselben bezahlen
wolle. Das hatte die gewünschte Wirkung und einer der Häuptlinge des Dorfes bat mich, mit ihm zu gehen und nach einem
Hause zu suchen. Er zeigte mir ein oder zwei im miserabelsten,
ruinenhaften Zustande, welche ich ein für allemal zurückwies;
ich sagte: „Ich muß ein gutes und nahe bei dem Walde stehendes
haben." Das nächste, welches er mir zeigte, paßte sehr gut,
und so hieß ich ihn dafür sorgen, daß es am folgenden Tage
leer sei, da ich es morgen beziehen wolle.

Den Tag war ich nicht ganz fertig zur Abreise und sandte
meine beiden manglassarischen Knaben mit Besen hin, um das
Haus von Grund aus zu reinigen. Sie kehrten am Abend
heim und erzählten, daß, als sie hingekommen wären, das Haus

noch bewohnt gewesen und nicht ein einziger Gegenstand weggebracht worden sei. Als jedoch die Einwohner hörten, daß sie es reinigen und davon Besitz ergreifen wollten, machten sie Anstalten, wenn auch etwas unwillig, was mich nicht ganz behaglich darüber denken ließ, wie die Leute im Allgemeinen mein Eindringen in ihr Dorf aufnehmen würden. Am nächsten Morgen packten wir unsere Sachen auf drei Pferde und gelangten nach einigem Mißgeschick ungefähr um Mittag an unseren Bestimmungsort an.

Nachdem ich Alles in Ordnung gebracht und ein hastiges Mahl eingenommen hatte, beschloß ich wenn möglich mit den Leuten gut Freund zu werden. Ich ließ daher den Eigenthümer des Hauses und so viele seiner Bekanntschaft kommen als da wollten, um eine „Bitchara" oder Unterredung abzuhalten. Als sie Alle Platz genommen hatten, gab ich ihnen etwas Taback herum und versuchte mit meinem Knaben Baderoon als Dolmetscher ihnen den Grund meines Kommens auseinanderzusetzen; daß es mich sehr betrübte sie aus dem Hause herauszutreiben, aber daß der Rajah es anbefohlen habe, um nicht ein neues bauen zu lassen, um das ich gebeten, und legte schließlich fünf Silberrupien als Miethe für einen Monat in des Eigenthümers Hand. Ich versicherte dann, daß meine Anwesenheit ihnen zum Vortheil gereiche, da ich ihre Eier, ihr Geflügel und Obst kaufen würde; und daß sie, wenn ihre Kinder mir Muscheln und Insecten brächten, von denen ich ihnen Exemplare zeigte, auch eine hübsche Menge Kupfergeld einnehmen könnten. Nachdem ihnen dieses Alles genau erklärt worden war mit langer Rederei und vielem Geschwätz zwischen jedem Satze, konnte ich bemerken, daß ich auf sie einen vortheilhaften Eindruck gemacht hatte; und noch denselben Nachmittag, um mein Versprechen, selbst miserable kleine Schneckenhäuser zu kaufen, zu erproben, kamen ein Dutzend Kinder, eines nach dem andern, und brachten mir einige Exemplare einer kleinen Helix, für welche sie schuldigermaßen „Kupfer" erhielten und erstaunt, aber erfreut fortgingen.

Einige Tage Umherstreifens machten mich mit der Umgebung gut bekannt. Ich befand mich weit von der Straße entfernt in dem Walde, den ich zuerst besucht hatte und eine Strecke weit um mein Haus waren alte Lichtungen und Hütten. Ich entdeckte einige gute Schmetterlinge, aber Käfer waren sehr spärlich vorhanden und selbst faulendes Bauholz und neu gefällte Bäume (die gewöhnlich so productiv sind) bargen hier fast Nichts. Das überzeugte mich, daß eine nicht genügende Menge Waldes in der Nachbarschaft war, um einen längeren Aufenthalt an dem Orte zu lohnen, aber es war nun zu spät, um daran denken zu können weiter zu gehen, da etwa in einem Monate die nasse Jahreszeit einsetzen sollte, und so beschloß ich, hier zu bleiben und mir so viel wie möglich zu verschaffen. Unglücklicherweise wurde ich nach wenigen Tagen etwas fieberkrank und dabei außerordentlich träge und zu keiner Arbeit aufgelegt. Vergebens versuchte ich es abzuschütteln; Alles, was ich thun konnte, war, jeden Tag eine Stunde in den Gärten der Nachbarschaft umherzugehen und an den Brunnen, wo manchmal einige gute Insecten zu finden waren; den Rest des Tages mußte ich ruhig zu Hause bleiben und das annehmen, was mein kleines Corps von Sammlern mir jeden Tag an Käfern und Muscheln brachte. Ich schrieb meine Krankheit hauptsächlich dem Wasser zu, welches aus seichten Quellen genommen wurde, um welche fast immer ein stehender Sumpf sich befand, in dem sich die Büffel wälzten. Dicht bei meinem Hause war ein umzäuntes Schmutzloch, in das drei Büffel jede Nacht gesperrt wurden, deren Ausdünstungen frei durch den offenen

Bambusflur eindrangen. Mein malayischer Knabe Ali wurde von derselben Krankheit befallen und da er mein Haupt-Vogel-Abbalger war, so kam ich mit meinen Sammlungen nur langsam vorwärts.

Die Beschäftigungen und die Lebensweise der Dorfeinwohner waren nur wenig von der anderer malayischen Racen verschieden. Die Zeit der Frauen war fast ganz mit Reis stampfen und reinigen für den täglichen Gebrauch in Anspruch genommen, mit Feuerungsholz und Wasser holen, mit waschen, färben, spinnen und weben. Sie verweben die inländische Baumwolle zu Sarongs und es geschieht in der einfachsten Weise in einem Rahmen, der auf dem Boden liegt; allein es ist ein sehr langsames und mühseliges Arbeiten. Um das gewöhnlich gebrauchte gewürfelte Muster zu erhalten, muß jedes Stück gefärbter Fäden getrennt mit der Hand aufgelegt und das Weberschiff zwischen durch geworfen werden, so daß etwa ein Zoll per Tag der gewöhnliche Fortschritt an einem ein und eine halbe Elle breiten Stoff ist. Die Männer bauen ein wenig Sirih (das scharfe Pfefferblatt, das man zum Kauen mit der Betelnuß braucht) und etwas Gemüse; und einmal im Jahre bepflügen sie grob ein kleines Stück Erde mit ihren Büffeln und pflanzen Reis, der dann bis zur Ernte wenig Aufmerksamkeit erfordert. Dann und wann müssen sie Reparaturen an ihren Häusern machen und verfertigen Matten, Körbe oder andere Gegenstände zum Hausgebrauch, aber der größte Theil ihrer Zeit wird mit Nichtsthun verbracht.

Keine einzige Person im Dorfe konnte mehr als ein paar Worte Malayisch sprechen und kaum Einer der Leute schien vorher einen Europäer gesehen zu haben. Eine höchst unangenehme Folge davon war, daß ich sowohl Menschen als Thieren zum Schrecken diente. Wo ich ging bellten die Hunde und schrien die Kinder, die Frauen liefen fort und die Männer starrten mich an, als wäre ich ein frembartiges und furchtbares Kannibalen-Monstrum. Selbst die Packpferde an den Straßen und Wegen schreckten zur Seite, wenn ich mich näherte, und liefen in das Jungle; und jenen entsetzlich häßlichen Thieren, den Büffeln, konnte ich mich nie nähern; nicht etwa aus Furcht und meiner eigenen Sicherheit wegen, sondern wegen der Anderer. Zuerst streckten sie die Hälse vor und starrten mich an, brachen dann bei näherem Ansehen von ihren Halftern und Spannseilen los und rannten über Hals und Kopf fort, als ob ein Dämon hinter ihnen her wäre, ohne Rücksicht auf das, was ihnen in den Weg kam. Wenn ich Büffel traf, die einen Fußweg entlang etwas trugen oder die ins Dorf heim getrieben wurden, ging ich abseits ins Jungle und versteckte mich, bis sie vorüber waren, um eine Katastrophe zu vermeiden, welche nur das Mißfallen, mit welchem ich schon betrachtet wurde, vermehrt hätte. Täglich um Mittag wurden die Büffel ins Dorf gebracht und im Schatten der Häuser angebunden; dann mußte ich wie ein Dieb auf Hinterwegen umherkriechen, denn Niemand konnte voraussagen, welches Unheil sie Kindern und Häusern zugefügt hätten, wenn ich zwischen ihnen spazieren ginge. Kam ich plötzlich an eine Quelle, an der Frauen Wasser schöpften oder Kinder badeten, so war eine schnelle Flucht die sichere Folge; und da das Tag auf Tag geschah, so war es nicht gerade sehr angenehm für Jemanden, der es nicht liebt gehaßt zu werden und der es nicht gewöhnt war, sich wie ein Ungeheuer behandelt zu sehen.

Als ich Mitte November mich nicht besser befand und Insecten, Vögel und Muscheln alle sehr spärlich waren, beschloß ich nach Mamájam zurückzukehren und meine Sammlungen zu verpacken, ehe der heftige Regen einsetzte. Der Wind hatte schon angefangen von Westen zu wehen, und viele Zeichen deuteten an, daß die Regenzeit diesesmal früher als gewöhnlich beginnen würde. Dann aber wird Alles sehr feucht und es ist fast unmöglich Sammlungen gut zu trocknen. Mein gefälliger Freund, Herr Mesman, lieh mir wieder seine Packpferde, und mit Hülfe einiger Leute, die meine Vögel und Insecten trugen, welche ich nicht Pferderücken anzuvertrauen liebte, kam Alles gut zu Hause an. Wenige meiner Leser werden es sich vorstellen können, welche Wohlthat es mir war, mich auf ein Sopha ausstrecken und mein Abendbrot bequem am Tische sitzend in meinem leichten Bambussessel einnehmen zu können, nachdem ich fünf Wochen lang all' meine Mahlzeiten unbequem auf dem Fußboden verzehrt hatte. Solche Dinge sind, wenn man sich wohl befindet, Kleinigkeiten, aber wenn der Körper durch Krankheit geschwächt ist, können die Gewohnheiten einer ganzen Lebenszeit nicht so leicht gelassen werden.

Mein Haus stand, wie alle Bambusgebäude des Landes, schief, indem die Westwinde der nassen Jahreszeit alle seine Pfähle so stark aus der senkrechten Lage gebracht hatten, daß ich dachte, es könnte eines Tages möglicherweise ganz und gar überfallen. Es ist eine bemerkenswerthe Thatsache, daß die Eingeborenen von Celebes den Gebrauch von diagonalen Streben zur Festigung von Gebäuden nicht entdeckt haben. Ich zweifle daran, ob in dem Lande ein inländisches Haus aufrecht steht, das zwei Jahre alt und dem Winde ganz ausgesetzt ist; und es ist auch kein Wunder, da sie nur aus Pfosten und Querbalken bestehen, welche alle aufrecht oder horizontal gestellt und roh durch Rotang mit einander verbunden sind. Man kann sie in jedem Stadium des Umfallens sehen, von der ersten leichten Neigung an bis zu einem so gefährlichen Ueberhängen, daß die Einwohner sie verlassen müssen.

Die mechanischen Genies des Landes haben nur zwei Wege entdeckt, dem Uebel zu steuern. Der eine ist, nachdem es begonnen, das Haus an einen Pfosten im Boden an der Windseite mit Rotang oder Bambustau festzubinden. Der andere will vorbeugen; aber wie sie ihn je ausfindig gemacht und dabei nicht den richtigen Weg entdeckt haben, das ist mir ein Räthsel. Dieser Plan ist der, das Haus in gewöhnlicher Weise zu bauen, aber anstatt alle Hauptstützen aus geraden Pfählen zu machen, zwei oder drei derselben so krumm wie möglich auszuwählen. Ich hatte oft diese krummen Pfosten in Häusern bemerkt, aber sie der Spärlichkeit guten geraden Bauholzes zugeschrieben, bis ich eines Tages einigen Männern begegnete, welche einen Pfahl nach Hause trugen, der etwa wie das Hinterbein eines Hundes geformt war, und meinen inländischen Knaben fragte, was sie mit so einem Stück Holz anfingen. „Sie machen einen Häuserpfosten davon," sagte er. „Aber warum nehmen sie nicht einen geraden, es sind doch viele da?" fragte ich. „Oh," erwiederte er, „sie ziehen einen solchen wie jenen da in einem Hause vor, weil es dann nicht umfällt;" man schreibt augenscheinlich die Wirkung einer versteckten Eigenschaft des krummen Bauholzes zu. Ein wenig Ueberlegung aber und ein Diagramm zeigen, daß der Effect, welchen man dem krummen Pfosten zuschreibt, wirklich durch ihn bewirkt wird. Ein Quadrat verändert sich leicht in ein Rhomboid oder eine schiefe Figur, aber wenn ein oder zwei der aufrechtstehenden Pfeiler sich biegen oder neigen und einander gegenübergestellt werden, so wird dadurch die Wirkung einer Strebe hervorgerufen, wenn auch in einer rohen und plumpen Manier.

Gerade bevor ich Mamájam verließ hatten die Leute eine
beträchtliche Menge Mais gesäet, welcher in zwei oder drei Tagen
aufschießt und bei günstiger Witterung in weniger als zwei Monaten reift. In Folge der eine Woche zu früh eingetroffenen
Regen war der Boden, als ich zurückkehrte, überall überschwemmt
und die gerade in Aehren schießenden Pflanzen wurden gelb und
starben ab. Nicht ein Korn wurde von dem ganzen Dorf ein-
geerntet, aber glücklicherweise ist es kein nothwendiges Lebensbedürfniß. Der Regen war ein Signal, um mit dem Pflügen

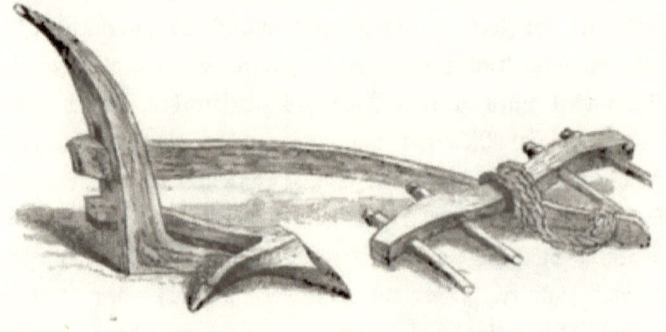

Inländischer Holzpflug.

zu beginnen und um auf dem flachen Lande zwischen uns und
der Stadt Reis zu säen. Der hier gebrauchte Pflug ist ein
rohes hölzernes Instrument mit einer einzigen sehr kurzen Handhabe, einem ziemlich gut geformten Kolter, die Spitze aus einem
Stück harten Palmholzes geschnitzt und mit Keilen befestigt. Ein
oder zwei Büffel ziehen ihn, sehr langsam fortschreitend. Der
Saame wird mit der Hand ausgestreut und die Oberfläche mit
einer rohen Holzegge geebenet.

Anfang December setzte die regelmäßige nasse Jahreszeit

ein. Westwinde und strömender Regen hielten manchmal ganze Tage an; die Felder meilenweit in der Runde standen unter Wasser und die Enten und Büffel befanden sich äußerst wohl. Die ganze Straße nach Manglassar entlang wurde täglich weiter gepflügt in Schlamm und Wasser, durch welche der hölzerne Pflug leicht dringt; der Pflüger hält die Handhabe des Pfluges mit einer Hand, während er mit einem langen Bambus in der andern den Büffel lenkt. Diese Thiere müssen sehr angetrieben werden um überhaupt vorwärts zu gehen; fortwährend wird ihnen zugerufen und: „Oh! ah! gee! ugh!" hört man in verschiedenen Tonarten und in ununterbrochener Folge den ganzen Tag hindurch. Nachts beglückte uns eine andere Art von Concert. Der trockene Boden rund um mein Haus hatte sich in einen Sumpf verwandelt, den die Frösche bewohnten, und diese unterhielten vom Abend bis zum Morgen einen unglaublichen Lärm. Sie waren noch dazu etwas musikalisch, indem sie eine tiefe vibrirende Note hervorbrachten, welche zu Zeiten genau dem Stimmen von zwei oder drei Bratschen in einem Orchester glichen. In Malaka und Borneo hatte ich nie solche Töne wie diese gehört, was darauf deutet, daß die Frösche, wie die meisten Thiere von Celebes, einer dieser Insel eigenthümlichen Art angehören.

Mein liebenswürdiger Freund und Wirth, Herr Mesman, war ein guter Repräsentant der in Manglassar gebornen Holländer. Er war etwa fünfunddreißig Jahre alt, hatte eine große Familie und wohnte in einem weitläufigen Hause nahe der Stadt, das mitten in einem Hain von Fruchtbäumen lag und von einem Labyrinthe von Nebengebäuden, Ställen und inländischen Hütten umgeben war, welche seine zahlreichen Diener, Sklaven und die von ihm abhängigen Leute bewohnten. Er stand

gewöhnlich vor Sonnenaufgang auf und sah, nachdem er eine
Tasse Kaffee genommen, nach seinen Dienern, Pferden und Hunden bis sieben Uhr, um welche Zeit ein solides Frühstück von
Reis und Fleisch in einer kühlen Veranda bereit stand. Dann
legte er sich ein reines weißes Leinengewand an und fuhr in
seinem Einspänner zur Stadt, wo er ein Büreau hatte mit zwei
oder drei chinesischen Commis, welche seine Geschäfte versahen.
Er hatte einen Kaffee- und Opiumhandel, besaß eine Kaffeepflanzung in Vonthein und eine kleine Prau, welche von den
östlichen Inseln nahe Neu Guinea Perlenmutter und Schildkrötenschalen holte. Ungefähr um ein Uhr kehrte er nach Hause
zurück, nahm etwas Kaffee und Kuchen oder gerösteten Pisang,
nachdem er erst sein Gewand mit einem farbigen baumwollenen
Hemde und Hosen vertauscht hatte und barfüßig dann mit einem
Buch in der Hand seine Siesta hielt. Um vier Uhr etwa,
nach einer Tasse Thee, besuchte er sein Gewese und schlenderte
gewöhnlich nach Mamájam hinunter, um nach mir und seiner
Farm zu sehen.

Diese bestand aus einer Kaffee-Plantage und einem Garten
von Fruchtbäumen, einem Dutzend Pferde und etwa zwanzig
Stück Vieh mit einem kleinen Dorfe timoresischer Sklaven und
mangkassarischer Diener. Eine Familie hatte das Vieh zu besorgen und versah das Haus mit Milch; auch mir wurde jeden
Morgen ein großes Glas voll gebracht, eine meiner größten
Delicatessen. Andere hatten die Pferde zu warten, welche jeden
Nachmittag eingetrieben und mit geschnittenem Grase gefüttert
wurden. Noch andere mußten Gras schneiden für ihres Herrn
Pferde in Mangkassar — keine so leichte Aufgabe in der trockenen Jahreszeit, wenn das ganze Land wie gehärteter Schlamm
aussieht, oder in der Regenzeit, wenn meilenweit alles über-

schwemmt ist. Wie sie es fertig brachten, das war mir ein Räthsel, aber sie wissen, daß Gras angeschafft werden muß und sie schaffen es an. Ein lahmes Weib hatte einen Flug Enten zu hüten. Zweimal am Tage ließ sie dieselben auf den sumpfigen Plätzen Futter suchen und ein bis zwei Stunden herumwatscheln und schnattern, dann trieb sie sie zurück und schloß sie in einen kleinen dunkeln Schuppen ein, wo sie ihr Mahl verdauen mußten, und von wo aus sie von Zeit zu Zeit ein melancholisches Gequacke ertönen ließen. Nachts wurde ein Wächter ausgestellt, hauptsächlich wegen der Pferde, da das Volk von Goa, nur zwei Meilen entfernt, notorisch diebisch war und Pferde den leichtesten und werthvollsten Raub ausmachten. Dadurch aber schlief ich in Sicherheit, obgleich viele Leute in Manglassar meinten, ich liefe eine große Gefahr, daß ich allein an einem so einsamen Orte und bei so schlechter Nachbarschaft wohne.

Mein Haus war von einer Art wuchernder Hecke von Rosen, Jasmin und andern Blumen umgeben und jeden Morgen pflückte eine der Frauen einen Korb voll Blüthen für Herrn Mesman's Familie. Ich nahm gewöhnlich auch einige für meinen eigenen Frühstückstisch; der Vorrath ging während meines Aufenthaltes nie aus und ich glaube er thut es überhaupt nicht. Fast jeden Sonntag machte Herr M. mit seinem ältesten Sohne, einem jungen Manne von fünfzehn Jahren, einen Jagdausflug, und ich begleitete ihn gewöhnlich, denn wenn auch die Holländer Protestanten sind, so beobachten sie doch keine strenge Sonntagsfeier, wie solche in England und den englischen Kolonien gehalten wird. Der Gouverneur des Platzes hat jeden Sonntag seinen öffentlichen Empfangsabend, an dem man regelmäßig Karten spielt.

Am 13. December ging ich an Bord einer Prau, die nach den Aru Inseln bestimmt war, eine Reise, die ich im letzten Theile dieses Werkes beschreiben werde.

Bei meiner Rückkehr, nach einer Abwesenheit von sieben Monaten, besuchte ich einen andern District nördlich von Mangkassar, der im nächsten Capitel geschildert werden soll.

Sechzehntes Capitel.

Celebes.
(Manglassar. Juli bis November 1857.)

Ich erreichte Manglassar wieder am 11. Juli und richtete mich in meinem alten Quartier in Mamájam ein, um meine Aru-Sammlungen zu sortiren, zu ordnen, zu reinigen und zu verpacken. Das beschäftigte mich einen Monat lang; und nachdem ich sie nach Singapore abgeschickt, meine Gewehre reparirt und ein neues von England zusammen mit einem Vorrath von Nadeln, Arsenik und anderen Sammelrequisiten erhalten hatte, fühlte ich mich wieder stark zur Arbeit und hatte zu überlegen, wo ich meine Zeit bis zum Ende des Jahres zubringen sollte. Ich hatte Manglassar vor sieben Monaten als einen überflutheten Sumpf, der zum Reissäen aufgepflügt war, verlassen. Die Regen hatten fünf Monate gedauert und doch war jetzt schon aller Reis geschnitten und trockene und schmutzige Stoppeln bedeckten das Land gerade so wie zur Zeit meines ersten Besuches.

Nach vielem Umherfragen beschloß ich den District von Máros, etwa dreißig Meilen nördlich von Manglassar, zu besuchen, wo Herr Jacob Mesman, ein Bruder meines Freundes,

wohnte, der sich liebenswürdigerweise angeboten hatte mir eine
Wohnung zu finden und mich zu unterstützen, falls ich mich geneigt
fühlte ihn zu besuchen. Ich erhielt demgemäß einen Paß vom
Residenten und, nachdem ich ein Boot gemiethet, fuhr ich eines
Abends nach Máros ab. Mein Knabe Ali war so fieberkrank,
daß ich ihn im Hospital unter der Aufsicht meines Freundes, des
deutschen Arztes, zurücklassen mußte, und ich hatte mich mit zwei
neuen Dienern, die in allen Dingen äußerst unwissend waren,
zu behelfen. Wir fuhren während der Nacht die Küste entlang,
liefen mit Tagesanbruch in den Máros-Fluß ein und erreichten
um drei Uhr Nachmittags das Dorf. Ich besuchte sofort den
Assistent-Residenten und bat um zehn Mann für mein Gepäck
und um ein Pferd für mich selbst. Diese wurden mir für die
Nacht bereit versprochen, so daß ich so früh Morgens, als mir
lieb war, aufbrechen konnte. Nach einer Tasse Thee verabschiedete
ich mich und schlief in dem Schiffe. Einige der Leute kamen wie
versprochen in der Nacht, aber andere kamen erst am folgenden
Morgen. Es nahm etwas Zeit in Anspruch, mein Gepäck gerecht
unter sie zu vertheilen, da sie Alle sich um die schweren Kasten
herumzuschleichen suchten, irgend einen leichten Gegenstand ergriffen und damit fort gingen, bis ich sie nöthigte zurückzukommen
und zu warten, bis Alles gut vertheilt war. Endlich um acht
Uhr etwa war Alles arrangirt und wir brachen nach Herrn Mesman's Gut auf.

Die Gegend bestand zuerst aus einer gleichmäßigen Ebene
verbrannten Reisbodens, aber nach einigen Meilen kamen steile
Hügel zum Vorschein, mit der hohen Centralbergkette der Halbinsel im Hintergrunde. Gegen diese hin lag unser Weg und
nachdem wir sechs bis acht Meilen marschirt waren, fingen die
Hügel an rechts und links gegen die Ebene hin vorzurücken,

der Boden war hier und da von Blöcken und Säulen eines Kalksteinfelsens durchbrochen und einige steile konische Hügel und Spitzen stiegen wie Inseln empor. Als wir einen Höhenzug überschritten hatten, bot sich uns ein malerischer Anblick dar. Wir sahen in ein kleines Thal hinab, das fast gänzlich von Bergen umgeben war, die plötzlich steil anstiegen und eine Aufeinanderfolge von Hügeln und Spitzen und Kuppen in den verschiedensten und fantastischesten Formen bildeten. Gerade in der Mitte des Thales stand ein großes Bambushaus, während rund herum etwa ein Dutzend Hütten aus demselben Materiale zerstreut lagen.

Ich wurde von Herrn Jacob Mesman freundlich empfangen in einem luftigen vom Hause abgesonderten Saale, der ganz aus Bambus gebaut und mit Gras gedeckt war. Nach dem Frühstück führte er mich in das Haus seines Aufsehers, das einige hundert Fuß abseits lag; die Hälfte dieses Hauses wurde mir überlassen, bis ich mich entscheiden würde, wo ich eine Hütte zum eigenen Gebrauche gebaut haben wollte. Ich fand bald, daß dieser Ort dem Wind und Staub zu sehr ausgesetzt war, ein Umstand, der es erschwert, mit Schriften oder Insecten zu arbeiten. Es war auch Nachmittags fürchterlich heiß und nach einigen Tagen befiel mich ein heftiges Fieber, welches mich veranlaßte fortzugehen. Ich bestimmte mich demnach für einen Platz etwa eine Meile entfernt am Fuße eines Wald-bedeckten Hügels, wo Herr Mesman in wenigen Tagen mir ein niedliches kleines Haus aufbauen ließ, das eine hübsch große eingezäunte Veranda oder offenes Zimmer und ein kleines inneres Schlafgemach enthielt, mit einer kleinen Küche draußen. Sobald es fertig war, zog ich ein und fand den Wechsel höchst angenehm.

Der Wald in meiner Nähe war offen und frei von Unter-

Holz und aus hohen weit auseinander stehenden Bäumen gebildet, darunter eine große Menge von Palmbäumen (Arenga saccharifera), aus denen Palmwein und Zucker bereitet werden.

Zuckerpalme (Arenga saccharifera.)

Auch waren sehr viele wilde Jack-Fruchtbäume (Artocarpus) vorhanden, welche Mengen großer netziger Früchte trugen, ein vortreffliches Gemüse. Der Boden war so dick mit trocknen Blättern bedeckt, wie in einem englischen Gehölz im November;

die kleinen felsigen Bäche waren alle trocken und kaum konnte man irgendwo einen Tropfen Wasser oder selbst nur eine feuchte Stelle sehen. Etwa fünfzig Ellen unterhalb meines Hauses, am Fuße des Hügels, befand sich ein tiefes Loch in einem Wasserlaufe, wo gutes Wasser zu haben war und wohin ich täglich zum Baden ging, d. h. wo ich Eimer mit Wasser schöpfen und mir über den Körper gießen ließ.

Mein Wirth, Herr M., erfreute sich eines durchaus ländlichen Lebens, fast gänzlich in Betreff der Versorgung seines Tisches auf sein Gewehr und seine Hunde angewiesen. Wilde Schweine von bedeutender Größe gab es sehr viele, und er schoß gewöhnlich eins oder zwei in der Woche, daneben gelegentlich einen Hirsch und eine Menge von Jungleehühnern, Hornvögeln und großen Fruchttauben. Seine Büffel gaben Milch die Fülle, aus welcher er seine eigene Butter bereitete; er pflanzte seinen eigenen Reis und Kaffee und hatte Enten, Geflügel und deren Eier, so viel er wollte. Seine Palmbäume versorgten ihn das ganze Jahr mit „Sagueir," das die Stelle des Bieres vertritt; und der daraus bereitete Zucker ist ein vortreffliches Naschwerk. Alle die schönen tropischen Gemüse und Früchte waren zu ihrer Zeit in Menge vorhanden und seine Cigarren wurden aus Taback seiner eigenen Zucht gedreht. Er sandte mir jeden Morgen freundlicherweise ein Bambusgefäß voll Büffelmilch; sie war so dick wie Rahm und man mußte sie mit Wasser verdünnen, um sie den Tag über flüssig zu erhalten. Sie mischt sich sehr gut mit Thee und Kaffee, wenngleich sie einen leichten, besonderen Geschmack hat, welcher aber nach einiger Zeit nicht unangenehm ist. Ich erhielt auch so viel süßen „Sagueir," wie ich nur zu trinken wünschte, und Herr M. sandte mir stets ein Stück von jedem Schweine, das er schlachtete, welches mit Geflügel, Eiern und den Vögeln, welche wir selbst schossen, und Büffelfleisch alle vierzehn Tage einmal, meine Speisekammer vortrefflich gefüllt erhielten.

Jedes Stückchen flachen Landes war gelichtet und als Reisfeld benutzt und an den niedrigeren Abhängen vieler Hügel standen Taback und Gemüse. Die meisten der Abhänge sind mit großen Felsblöcken bedeckt, die das Begehen derselben sehr erschweren, und eine Anzahl von Hügeln sind wegen ihrer Abschüssigkeit ganz unzugänglich. Diese Umstände zusammen mit der außerordentlichen Trockenheit waren für meine Zwecke sehr ungünstig. Vögel waren spärlich vorhanden, und ich erhielt nur wenige mir neue. Insecten in ziemlicher Anzahl, aber ungleich vertreten. Käfer, gewöhnlich so zahlreich und interessant, waren äußerst selten, einige Familien ganz fehlend, andere nur durch sehr kleine Arten vertreten. Die Fliegen und Bienen dagegen in großen Mengen, und von diesen erhielt ich täglich neue und interessante Arten. Die seltenen und schönen Schmetterlinge von Celebes waren der Hauptgegenstand meines Suchens, und ich fand viele mir durchaus neue Arten, aber sie waren im Allgemeinen so schnell und scheu, daß ihr Fang eine sehr schwierige Sache war. Fast der einzige gute Aufenthaltsort für sie war in den trockenen Betten der Waldströme, wo an feuchten Orten, sumpfigen Pfühlen oder selbst auf trockenen Felsen alle Sorten Insecten gefunden werden konnten. In diesen felsigen Wäldern hausen einige der schönsten Schmetterlinge der Erde. Drei Arten von Ornithoptera, die sieben bis acht Zoll quer über den Flügeln messen und mit Flecken oder Massen von Atlas-artigem Gelb auf schwarzem Grunde gezeichnet sind, winden sich durch das Dickicht in schnellem, segelnden Fluge. An den sumpfigen Plätzen tummeln sich Schwärme schöner, blaugebänderter Papilios, miletus und telephus, der prächtige goldgrüne P. macedon und der seltene kleine Schwalbenschwanz Papilio rhesus, von welchen Allen es mir gelang, trotz ihrer Schnelligkeit, schöne Reihen von Exemplaren zu erlangen.

Ich habe nicht häufig angeregtere Stunden verbracht als während meines Aufenthaltes an diesem Orte. Wenn ich meinen Kaffee um sechs Uhr des Morgens nahm, kamen oft seltene Vögel auf die nahen Bäume geflogen, und wenn ich in meinen Pantoffeln schnell einen Ausfall machte, so erwischte ich manchmal eine Beute, nach der ich wochenlang gesucht hatte. Die großen Hornvögel von Celebes (Buceros cassidix) kamen oft mit lautem Flügelschlag und setzten sich auf einen hohen Baum gerade vor mir; und die schwarzen Paviane (Cynopithecus nigrescens) glotzten herab, erstaunt über den Einfall in ihre Domainen; Nachts streiften Heerden wilder Schweine um das Haus, verschlangen die Abfälle und nöthigten uns, alles Eßbare und Zerbrechliche aus unserer kleinen Küche zu entfernen. In ein paar Minuten konnte ich von den gefällten Bäumen in der Nähe meines Hauses bei Sonnenauf- und Untergang oft mehr Käfer absuchen, als ich sonst an einem ganzen Sammeltage fand, und so konnten freie Augenblicke verwerthet werden, welche, wenn man in einem Dorfe oder vom Walde entfernt wohnt, unvermeidlich verloren gehen. Wo die Zuckerpalmen von Saft tropften, kamen die Fliegen in ungeheurer Anzahl zusammen, und in einer halben Stunde, die ich dabei zubrachte, erhielt ich die schönste und beachtenswertheste Sammlung dieser Gruppe von Insecten, die ich je gemacht habe.

Und dann, welch' herrliche Stunden waren es, wenn ich die trockenen Flußbetten hinauf und hinunter ging, die, voll von Tümpeln, Felsen und gestürzten Bäumen, ein prachtvoller Pflanzenwuchs beschattete! Ich kannte bald jedes Loch, jeden Felsen und jeden Baumstumpf, näherte mich stets mit vorsichtigen Schritten und hielt den Athem an, wenn ich neue Schätze entdecken zu können hoffte. An einem Orte fand ich manchmal eine kleine Anzahl des seltenen Schmetterlings Tachyris zarinda, welche sich bei meinem Nahen erhoben und ihre lebhaft orangenen und zinnoberrothen Flügel entfalteten, während zwischen ihnen einige der schönen blaugebänderten Papilios flatterten. Wo blattreiche Zweige über Vertiefungen hingen, konnte ich eine große ruhende Ornithoptera erwarten, die mir leicht zur Beute ward. Auf gewissen faulenden Baumstümpfen fand ich mit Sicherheit den seltenen kleinen Tigerkäfer, Therates flavilabris. In den dichteren Gebüschen fing ich manchmal einen kleinen metallischblauen Schmetterling (Amblypodia), der auf den Blättern saß, und einige seltene und schöne Blattkäfer der Familien Hispidae und Chrysomelidae.

Ich fand, daß die faulende Jack-Frucht für viele Käfer große Anziehungskraft besaß, und pflegte sie deshalb halb aufgeschlitzt nahe meinem Hause im Walde zum Faulen umherzustreuen. Ein Morgenbesuch an diesen Stellen brachte mir oft an zwanzig Arten — Staphylinidae, Nitidulidae, Onthophagi und kleine Carabidae waren am zahlreichsten. Dann und wann brachten mir die „Sagueir"-Bereiter einen schönen Rosenkäfer (Sternoplus schaumii), welchen sie gefunden hatten, als er sich an dem süßen Safte gütlich that. Fast die einzigen neuen Vögel, welche ich eine Zeit hindurch träf, waren die hübsche Erddrossel (Pitta celebensis) und eine schöne violett-gekrönte Taube (Ptilonopus celebensis), beide Vögeln sehr ähnlich, welche ich letzthin in Aru erhalten, aber von verschiedenen Arten.

Ungefähr in der zweiten Hälfte des September fielen heftige

Regenschauer, die uns daran erinnerten, daß wir bald nasses Wetter erwarten müßten, sehr zum Vortheil des verbrannten Landes. Ich beschloß daher, den Fällen des Máros-Flusses einen Besuch abzustatten; sie sind an dem Punkte gelegen, wo der Fluß aus den Bergen tritt; Reisende besuchen diesen Ort oft und er wird für sehr schön gehalten. Herr M. lieh mir ein Pferd und ich erhielt einen Führer aus einem benachbarten Dorfe; ich nahm einen von meinen Leuten mit und wir brachen um sechs Uhr Morgens auf; nach einem zweistündigen Ritt über die flachen Reisfelder, welche die an unserer Linken in bedeutenden Abhängen aufsteigenden Berge umringen, erreichten wir den Fluß etwa halbwegs zwischen Máros und den Fällen, und hatten von da an einen guten Reitweg bis an unser Ziel, an welchem wir nach etwa zwei Stunden eintrafen. Die Hügel hatten sich, je weiter wir vorgingen, desto mehr einander genähert, und bei einer verfallenen, zur Bequemlichkeit der Besucher erbauten Hütte, war das Thal flachgrundig und ungefähr eine viertel Meile breit von steilen und oft überhängenden Kalksteinfelsen umgrenzt. Bis hierher hatte man das Land bebaut, aber von nun an kamen wir durch Gebüsch und an großen einzelstehenden Bäumen vorbei.

Sowie mein weniges Gepäck angekommen und gut in der Hütte untergebracht war, machte ich mich allein nach dem Falle auf, der noch etwa eine viertel Meile weiter liegt. Der Fluß ist hier ungefähr zwanzig Ellen breit und tritt aus einer Kluft zwischen zwei verticalen Kalksteinklippen heraus, über abgerundete Basaltfelsen, die etwa vierzig Fuß hoch sind, und macht zwei, durch ein kleines Riff von einander getrennte Biegungen. Das Wasser breitet sich sehr hübsch in einer dünnen Lage von Schaum über diese Oberfläche aus; es träufelt und wirbelt einher in einer Menge von concentrischen Kegeln, bis es in eine schöne tiefe Ausbuchtung des Bettes hinunterstürzt. Dicht an dem äußersten Rande des Falles führt ein schmaler und sehr schlecht gangbarer Pfad an den Fluß hinauf und setzt sich von da dicht unter dem Abgrunde, dem Wasserrande entlang und manchmal im Wasser selbst, einige Hundert Ellen weit fort, worauf die Felsen ein wenig zurücktreten und einem mit Bäumen bestandenen Uferplan an einer Seite Raum geben, dem entlang der Pfad weiter führt, bis man, nach etwa einer halben Meile, einen zweiten und kleineren Fall erreicht. Hier scheint der Fluß aus einer Höhle auszutreten; die Felsen sind von oben herabgefallen und versperren den Weg, so daß man nicht weiter vordringen kann. Der Fall selbst kann nur auf einem Pfad erreicht werden, welcher hinter einem ungeheuren Felsenstück ansteigt, das zum Theil vom Berg abgefallen ist und einen Raum von zwei bis drei Fuß läßt, aber den Blick in eine dunkle Kluft freigiebt, welche in die Tiefen des Berges hinabsteigt und deren Erforschung meine Neugier nicht reizte, da ich schon mehre solche besucht hatte.

Jenseit des Stromes, ein wenig unter dem oberen Falle, steigt der Pfad einen steilen Abhang, etwa fünfhundert Fuß hoch, hinan und tritt durch ein Felsenthor in ein enges Thal ein, das von absolut senkrechten Felsenwällen von bedeutender Höhe eingeschlossen ist. Eine halbe Meile weiter wendet sich dieses Thal plötzlich nach rechts und wird schließlich zu einer bloßen Bergspalte. Diese erstreckt sich noch eine halbe Meile weiter, die Wände nähern sich allmälig bis auf nur zwei Fuß von einander und der Boden steigt steil zu einem Passe hinauf, der wahrscheinlich in ein anderes Thal führt, aber den zu erforschen ich nicht Zeit hatte. Ich kehrte zurück bis an den Beginn dieser Felsenspalte; der Hauptpfad windet sich zur Linken hinauf bis zu einer Art von Vertiefung und erreicht einen Höhepunkt, über

welchen sich ein schöner natürlicher, etwa fünfzig Fuß hoher Felsen-
bogen wölbt. Von da fiel er durch dickes Jungle steil ab, in
welchem man nur dann und wann die Abhänge und fernen
Felsenberge sieht, und führt dem Anscheine nach wieder in das
Hauptflußthal. Es reizte mich sehr, diese Gegend zu durchforschen, allein ich konnte aus mehren Gründen nicht weiter gehen.
Ich hatte keinen Führer und keine Erlaubniß die Bugis-Terri-
torien zu betreten, und da der Regen zu jeder Stunde einsetzen
konnte, so hätte ich durch Ueberschwemmungen des Flusses an
der Rückkehr verhindert werden können. Ich befliß mich daher,
während der kurzen Zeit meines Aufenthaltes so viel Kenntnisse
als möglich von den Naturproducten des Platzes zu gewinnen.

Die engen Klüfte bargen mehre schöne Insecten, die mir
ganz neu waren, und einen neuen Vogel, den seltsamen Phlaegenas tristigmata, eine große Erdtaube mit gelber Brust und
Krone und purpurnem Nacken. Dieser holperige Weg bildet die
Landstraße von Máros in das Bugis-Land jenseit der Berge.
Während der Regenzeit ist sie ganz unpassirbar, der Fluß füllt
das Bett aus und rauscht zwischen senkrechten, viele Hundert Fuß
hohen Klippen. Selbst zur Zeit meines Besuches war sie sehr
steil und ermüdend, und doch kamen Weiber und Kinder täglich
herüber und Männer trugen schwere Lasten von Palmzucker
von sehr geringem Werthe. Auf dem Wege zwischen den unteren
und oberen Fällen und am Rande der oberen Ausbuchtung fand
ich die meisten Insecten. Der große halb durchsichtige Schmetterling, Idea tondana, flog langsam dutzendweise umher, und hier
war es, wo ich endlich ein Inject erhielt, das ich lange erwünscht,
aber kaum zu treffen erwartet hatte — den prächtigen Papilio
androcles, einen der größten und wenigst bekannten schwalbenschwänzigen Schmetterlinge. Während meines viertägigen Aufent-

haltes an den Fällen war ich so glücklich sechs gute Exemplare
zu erhalten. Wenn dieses schöne Geschöpf fliegt, flattern die
langen weißen Schwänze wie Fahnen, und wenn es sich an dem
Ufer niederläßt, trägt es dieselben hoch erhoben, als wollte es
sie vor Beschädigung bewahren. Dieser Schmetterling ist selbst
hier selten, denn ich sah nicht mehr als ein Dutzend Exemplare
im Ganzen und mußte vielen davon das Flußufer wiederholt
auf und nieder folgen, ehe es mir gelang sie zu fangen. Wenn
die Sonne um Mittag am heißesten schien, bot das feuchte Ufer
des kleinen Sees unter dem oberen Fall einen hübschen Anblick
dar, indem es mit Gruppen hellfarbiger Schmetterlinge gesprenkelt
war — orangener, gelber, weißer, blauer und grüner — welche
aufgestört sich zu Hunderten in buntfarbigen Wolken in die Lüfte
erhoben.

Solche Schlünde, Klüfte und Abgründe, wie hier überall
sind, habe ich nirgend sonst im Archipel gesehen. Man findet
fast stets schräg abfallende Oberflächen und ungeheure Wälle und
rauhe Felsmassen schließen alle Berge und Thäler ein. Vieler
Orten trifft man auch senkrechte oder selbst überhängende Felsen
von fünf- bis sechshundert Fuß Höhe, und doch sind sie vollständig mit einem Pflanzenteppiche belegt. Farne, Pandanaceen,
Sträuche, Schlinggewächse und selbst Waldbäume sind in ein
immergrünes Netzwerk verschlungen, durch dessen Lücken der weiße
Kalksteinfelsen oder die dunkeln Höhlungen und Klüfte, die überall
zu finden sind, hindurchscheinen. Diese Abgründe können wegen
ihrer besonderen Structur eine solche Fülle von Pflanzen bergen.
Ihre Oberfläche ist sehr unregelmäßig, in Löcher und Spalten
zerrissen und mit Riffen, welche die Mündungen düsterer Höhlen
überragen, bedeckt; aber von jeder vorspringenden Partie herab
haben sich Stalactiten gebildet, oft in wilden gothischen Schnörkeln

über Gruben und zurücktretenden Vertiefungen; diese bieten den Wurzeln der Büsche, Bäume und Schlingpflanzen einen vortrefflichen Halt, sie gedeihen üppig in der warmen reinen Atmosphäre und in der wohlthuenden Feuchtigkeit, welche beständig aus den Felsen ausschwitzt. An Orten, wo der Abhang eine ebene und feste felsige Oberfläche bietet, bleibt er ganz nackt oder nur spärlich mit Flechten und mit Farnbüschen besetzt, welche auf den kleinen Riffen und in den unbedeutendsten Lücken wachsen.

Der Leser, welcher die Tropennatur lediglich durch das Studium der Bücher und der botanischen Gärten kennt, wird sich selbst für diese Orte andere Naturschönheiten ausmalen. Er wird denken, daß ich unverantwortlicherweise die glänzenden Blumen vergessen habe, welche in schimmernden Massen von Roth, Gold oder Azur an diesen grünen Abhängen flimmern, über den Cascaden hängen, und welche die Ränder des Bergstromes schmücken müssen. Aber wie ist es in Wirklichkeit? Vergebens ließ ich den Blick über diese großen Mauern von Grün schweifen, vergebens suchte ich zwischen den hängenden Schlingpflanzen und den buschigen Sträuchern rings um den Wasserfall, an den Ufern des Flusses oder in den tiefen Höhlen und düsteren Spalten — nicht ein einziger Fleck glänzender Farbe war zu entdecken, nicht ein einziger Baum oder Busch oder eine einzige Schlingpflanze trug eine Blume, die hinlänglich auffiel, um in der Landschaft eine Rolle zu spielen. Nach jeder Richtung hin fiel das Auge auf grünes Laubwerk und gesprenkelten Felsen. Es gab unendliche Abstufungen in der Farbe und in der Form des Laubwerkes, es lag Erhabenheit in den felsigen Massen und in der überschwänglichen Üppigkeit des Pflanzenwuchses, aber es gab keine prächtigen Farben, es waren keine jener glänzenden Blumen und schimmernden Blüthenmassen vorhanden, von denen man so allgemein glaubt, daß sie überall in den Tropen vorhanden sind. Ich habe hier eine genaue Skizze einer üppigen tropischen Scene gegeben, wie ich sie an Ort und Stelle niederschrieb, und ihre allgemeinen charakteristischen Züge hinsichtlich der Farben sind so oft wiederholt worden, sowohl für Südamerika als auch für viele tausend Meilen in den östlichen Tropen, daß ich zu dem Schlusse gedrängt werde, daß alle diese Schilderungen den allgemeinen Ansichten der Natur in den äquatorialen (d. h. den tropischsten) Theilen der tropischen Regionen entsprechen. Wie kommt es nun, daß die Beschreibungen von Reisenden allgemein eine andere Vorstellung davon geben? und wo sind, könnte man fragen, die prächtigen Blumen, von denen wir doch wissen, daß sie in den Tropen existiren? Diese Fragen können leicht beantwortet werden. Die schönen tropischen blühenden Pflanzen, die in unseren Treibhäusern gezogen werden, sind aus den verschiedensten Gegenden zusammengesucht worden und geben daher eine höchst irrthümliche Vorstellung von der Häufigkeit ihres Vorkommens in irgend einer Gegend. Viele derselben sind sehr selten, andere außerordentlich localisirt, während eine beträchtliche Anzahl die dürreren Gegenden Afrika's und Indiens bewohnen, in welchen tropischer Pflanzenwuchs sich nicht in seiner gewöhnlichen Ueppigkeit entfaltet. Schönes und verschiedenartiges Laubwerk ist mehr als freundliche Blumen charakteristisch für jene Theile, in denen die tropische Vegetation ihre höchste Entwickelung erlangt, und in solchen Districten ist die Blüthezeit aller Arten von Pflanzen selten länger als wenige Wochen, ja manchmal nicht länger als einige Tage. An jedem Orte wird man nach einem längeren Aufenthalt eine Anzahl von prächtigen und glänzend blühenden Pflanzen auffinden, aber man muß sie suchen und sie sind selten zu irgend einer Zeit oder an irgend einem Orte so zahlreich, daß sie einen bemerkenswerthen Zug der Landschaft ausmachen. Jedoch ist es eine Sitte der Reisenden, alle schönen Pflanzen, welche sie während einer langen Wanderung angetroffen haben, zu beschreiben und zusammenzustellen, und so zaubern sie eine freundliche und blumengeschmückte Landschaft hervor. Selten haben sie einzelne landschaftliche Ansichten studirt und beschrieben, wo die Vegetation sehr üppig und schön war und einfach constatirt, welche Wirkung durch Blumen auf sie hervorgebracht worden ist. Ich habe es öfter gethan und das Resultat dieser Untersuchungen hat mich gelehrt, daß die glänzenden Farben der Blumen einen viel größeren Einfluß auf das allgemeine Aussehen der Natur in gemäßigten Klimaten haben, als in tropischen. Während eines zwölfjährigen Aufenthaltes in der großartigsten tropischen Vegetation habe ich Nichts gesehen, was sich mit der Wirkung vergleichen ließe, welche in unsern Landschaften durch Ginster, Färbe- und Haidekraut, wilde Hyacinthen, Weißdorn, Knabenkraut und Butterblumen hervorgerufen wird.

Die geologische Structur dieses Theiles von Celebes ist interessant. Die Kalksteinfelsen scheinen, wenn auch weit ausgedehnt, doch nur ganz oberflächlich zu liegen, und ruhen auf einer Grundlage von Basalt, welcher an einigen Stellen niedrige abgerundete Hügel zwischen den mehr abschüssigen Bergen bildet. In den felsigen Flußbetten findet man fast stets Basalt und über eine Stufe dieses Felsens fällt auch die oben beschriebene Cascade. Von da steigen die Kalksteinabhänge plötzlich an, und wenn man den kleinen Treppenweg längs der Seite des Falles hinaufgeht, schreitet man zwei oder dreimal von der einen Felsenart auf die andere — der Kalkstein trocken und rauh, vom Wasser und Regen zu scharfen Kanten und kleinzelligen Löchern ausgehöhlt — der Basalt feucht, eben, glatt und schlüpferig gerieben durch das Begehen barfüßiger Wanderer. Die Löslichkeit des Kalkfelsens durch

Regenwasser ist an den kleinen Blöcken und Spitzen, welche sehr viel in der Nähe der Berge aus dem Boden der Alluvialebenen hervorragen, gut zu beobachten. Sie sind alle kegelförmig, in der Mitte dicker als an der Basis, haben ihren größten Durchmesser in einer Höhe, welche dem Wasserstande bei überschwemmtem Lande in der nassen Jahreszeit entspricht, und nehmen von da an regelmäßig bis unten ab. Viele derselben hängen beträchtlich über und einige der schlankeren Pfeiler scheinen nur auf einem Punkte zu ruhen. Wenn der Felsen weniger solide ist, so wird er von dem Regen der aufeinanderfolgenden Winter merkwürdig kleinzellig ausgewaschen, und ich bemerkte einige Massen, die ganz auf ein vollständiges Netzwerk von Stein reducirt und nach allen Richtungen hin durchsichtig waren. Von diesen Bergen bis zur See erstreckt sich eine vollkommen flache Alluvialebene mit gar keinem Fingerzeige darauf hin, daß sich Wasser in einer großen Tiefe darunter angesammelt haben könnte, und doch haben die Behörden von Mangkassar viel Geld darauf verwandt, einen tausend Fuß tiefen Brunnen zu graben, in der Hoffnung einen Vorrath von Wasser zu finden, wie jenen, den man durch artesische Brunnen in den Becken von London und Paris erhielt. Man braucht sich nicht darüber zu wundern, daß der Versuch erfolglos gewesen ist.

In meine Waldhütte zurückgekehrt, setzte ich mein tägliches Suchen nach Vögeln und Insecten fort. Aber das Wetter war furchtbar heiß und trocken, jeder Tropfen Wasser verschwand aus den Tümpeln und Felsenhöhlungen, und mit ihm die Insecten, welche sie zu besuchen pflegten. Nur eine Gruppe blieb von der intensiven Dürre unangefochten; die Diptera oder Zweiflügler kamen so zahlreich wie immer herbei, und auf diese war ich fast gezwungen, meine Aufmerksamkeit eine bis zwei Wochen lang zu concentriren, wodurch ich meine Sammlung dieser Ordnung auf etwa zweihundert Arten vermehrte. Ich erhielt auch noch einige neue Vögel, darunter zwei oder drei Arten kleiner Habichte und Falken, ein schöner Bürsten-zungiger Perroquet, Trichoglossus ornatus, und eine seltene schwarz und weiße Krähe, Corvus advena.

Endlich, ungefähr Mitte October, nach mehren düsteren Tagen kam eine Sündfluth herab, welche fast jeden Nachmittag wieder einsetzte, und den Beginn des ersten Theiles der Regenzeit anzeigte. Nun hoffte ich eine gute Insectenernte halten zu können, und nach einigen Richtungen hin wurde ich auch nicht enttäuscht. Käfer wurden viel zahlreicher und unter der dichten Blattdecke, die sich auf einigen Felsen an der Seite des Waldstromes angesammelt hatte, fand ich Mengen von Carabidae, eine Familie, die im Allgemeinen in den Tropen selten ist. Schmetterlinge jedoch verschwanden. Zwei meiner Diener wurden vom Fieber befallen, von der Dysenterie und bekamen geschwollene Füße, gerade zur Zeit als der Dritte mich verlassen hatte, und einige Tage lang lagen Beide stöhnend im Hause. Als sie ein wenig in der Besserung, wurde ich selbst ergriffen, und da meine Vorräthe fast aufgezehrt waren und Alles feucht wurde, so sah ich mich zur Rückreise nach Manglassar genöthigt, besonders da die heftigen Westwinde die Ueberfahrt in einem kleinen offenen Boot unangenehm, wenn nicht gefährlich machen würden.

Vom Beginne des Regens an krochen Mengen von ungeheueren Tausendfüßen, so dick wie mein Finger und acht bis zehn Zoll lang, überall herum, auf den Wegen, den Bäumen, um das Haus — und eines Morgens, als ich aufstand, fand ich einen in meinem Bette! Sie waren gewöhnlich von einer matten Bleifarbe oder einem tiefen Ziegelroth, und diese häßlichen Dinger

kamen mir stets in die Quere; sie sind jedoch ganz harmlos.
Auch Schlangen zeigten sich jetzt. Ich tödtete zwei von einer
sehr verbreiteten Art, dickköpfig und von schöner grüner Farbe,
welche auf Blättern und Stauden aufgerollt liegen und kaum
zu bemerken sind, bis man dicht vor ihnen steht. Braune
Schlangen geriethen in mein Netz, während ich unter den todten
Blättern nach Insecten herumschlug, und machten mich etwas
vorsichtiger; ich griff nicht hinein, ehe ich nicht wußte, welche
Art von Wild ich gefangen hatte. Die Felder und Wiesen,
welche ausgetrocknet und nackt gewesen waren, bedeckten sich jetzt
plötzlich mit schönem langen Grase; das Flußbett, in dem ich so
oft über heiße Felsen gewandelt war, wurde nun ein tiefer und
reißender Strom; und Mengen von Kräutern und Stauden kamen
überall auf und blühten. Ich fand viele neue Insecten, und
wenn ich ein gutes, geräumiges, Wasser- und Wind-dichtes Haus
gehabt hätte, wäre ich vielleicht während der nassen Jahreszeit
dort geblieben, da ich sicher bin, daß dann viele Dinge vorkommen, welche in einer andern Zeit gar nicht vorhanden sind. Mit
meiner Sommerhütte jedoch war das unmöglich. Während der
heftigen Regen drang ein feiner Staubnebel überall ein, und ich
hatte die größten Schwierigkeiten, meine Exemplare trocken zu
erhalten.

Anfang November kehrte ich nach Mangkassar zurück, und
nachdem ich meine Sammlungen verpackt hatte, ging ich mit dem
holländischen Postdampfer nach Amboina und Ternate. Diesen
Theil meiner Reise lasse ich fürs Erste bei Seite und beschließe
vorher im nächsten Capitel meinen Bericht über Celebes mit der
Beschreibung des äußersten nördlichen Theiles der Insel, den ich
zwei Jahre später besuchte.

Siebenzehntes Capitel.

Celebes.

(Menado. Juni bis September 1859.)

Es war nach meinem Aufenthalt auf Timor-Kupang, als ich das nordöstliche Ende von Celebes besuchte und auf meinem Wege Banda, Amboina und Ternate berührte. Ich erreichte Menado am 10. Juni 1859 und wurde von Herrn Tower, einem Engländer, der sehr lange schon in Menado wohnt, wo er ein großes Geschäft betreibt, sehr gütig aufgenommen. Er führte mich bei Herrn L. Duivenboden ein (mit dessen Vater auf Ternate ich befreundet war), und der an der Naturforschung viel Gefallen fand, und bei Hrn. Neys, einem Eingeborenen von Menado, der aber in Calcutta erzogen war, und der Holländisch, Englisch und Malayisch so geläufig wie eine Muttersprache redete. Alle diese Herren erwiesen mir die größte Aufmerksamkeit, begleiteten mich auf meinen ersten Spaziergängen über Land und unterstützten mich durch alle in ihrer Macht stehenden Mittel. Ich verbrachte eine Woche sehr angenehm in der Stadt, erkundigte mich genau nach einer guten Sammelstation, welche ich sehr schwer fand infolge des ausgebreiteten Anbaues von Kaffee und Kakao, durch welchen der Wald viele Meilen um die Stadt und auch viele Strecken mehr ins Innere hinein gelichtet ist.

Die kleine Stadt Menado ist eine der hübschesten des Ostens. Sie hat das Aussehen eines großen Gartens mit Hecken und ländlichen Villen mit breiten Wegen dazwischen, die gewöhnlich mit einander rechtwinkelige Straßen bilden. Gute Landwege zweigen sich in verschiedenen Richtungen gegen das Innere hin ab; sie sind von niedlichen Hütten mit reinlichen Gärten und von gut gedeihenden Pflanzungen besetzt, denen überall üppig stehende Fruchtbäume beigemischt sind. Gegen Westen und Süden ist das Land bergig, mit Gruppen schöner vulcanischer Spitzen von sechstausend bis siebentausend Fuß Höhe, die der Landschaft einen bedeutenden und malerischen Hintergrund verleihen.

Die Einwohner der Minahassa (wie dieser Theil von Celebes genannt wird) sind sehr von denen der ganzen übrigen Insel verschieden, und in der That auch von jedem anderen Volke des Archipels. Sie sind von lichtbrauner oder gelber Färbung und nähern sich oft der europäischen Blässe; sie sind von kleiner Statur, kräftig und wohlgeformt, besitzen offene und gefällige Gesichtszüge, die allerdings mit zunehmendem Alter durch das Hervortreten der Backenknochen mehr oder weniger entstellt werden, und das gewöhnliche lange, straffe, kohlschwarze Haar der malayischen Racen. In einigen der Inseldörfer, in denen man annehmen kann, daß sie sich in der Race sehr rein erhalten haben, sind sowohl Männer als auch Frauen außerordentlich hübsch; während sie sich der Küste näher, wo die Reinheit ihres Blutes durch die Vermischung mit anderen Racen getrübt ist, mehr den gemeineren Typen der wilden Einwohner der Umgebung nähern.

In intellectueller und moralischer Hinsicht sind sie ebenfalls höchst eigenthümlich. Sie sind außerordentlich ruhig und sanften

Gemüthes, sie fügen sich der Autorität, welche sie als über sich stehend anerkannt haben, werden leicht zum Lernen angeregt und nehmen die Sitten civilisirter Völker an. Sie sind geschickte Mechaniker, und es scheint, daß sie einer tüchtigen geistigen Entwicklung fähig sind.

Bis auf die neueste Zeit waren diese Völkerschaften durchaus Wilde, und es giebt noch jetzt Leute in Menado, welche sich eines Thatbestandes erinnern, der mit dem von Schriftstellern des sechzehnten und siebenzehnten Jahrhunderts gegebenen identisch ist. Die Bewohner der verschiedenen Dörfer waren von einander getrennte Stämme, ein jeder unter seinem eigenen Häuptling; sie redeten in Sprachen, die sie gegenseitig nicht verstanden, und waren fast beständig im Kriege. Sie bauten ihre Häuser hoch auf Pfählen, um sich vor den Angriffen ihrer Feinde zu vertheidigen. Sie waren Kopfjäger, wie die Dajaks auf Borneo, und sollen sogar manchmal Menschenfresser gewesen sein. Wenn ein Häuptling starb, so wurde sein Grab mit zwei frischen Menschenköpfen geschmückt; und wenn diese von Feinden nicht zu erhalten waren, so wurden zu diesem Zwecke Sclaven getödtet. Menschliche Schädel waren die größten Zierden in dem Hause eines Häuptlings. Aus Streifen von Rinde bestand ihre einzige Kleidung. Das Land war eine pfadlose Wildniß und nur kleine Strecken mit Reis und Gemüse bebaut, oder hier und da unterbrachen Haine von Fruchtbäumen den sonst unwegsamen Wald. Ihre Religion war eine solche, wie sie sich bei dem unentwickelten Zustande des menschlichen Geistes naturgemäß herausbildet bei der Betrachtung der großen Naturereignisse und der Ueppigkeit einer tropischen Zone. Der feuerspeiende Berg, der Gebirgstrom und der See waren die Wohnungen ihrer Gottheiten; und von gewissen Bäumen und Vögeln meinte man, daß sie einen besondern Einfluß auf die Thaten und das Geschick des Menschen ausübten. Sie feierten wilde und erregte Feste, um ihre Gottheiten und Dämonen zu versöhnen, und glaubten, daß die Menschen von ihnen in Thiere verwandelt werden könnten, sowohl bei Lebzeiten als auch nach dem Tode.

Das ist in der That das Lebensbild einer wilden Völkerschaft: kleine isolirte Gemeinwesen, die mit allen rund um sich herum im Kriege stehen, den Bedürfnissen und dem Elend einer solchen Lage ausgesetzt, trotz der Ueppigkeit des Bodens nur eine unsichere Existenz fristend und von Generation zu Generation ohne den Wunsch nach physischer Verbesserung und ohne die Aussicht auf einen moralischen Fortschritt weiterlebend.

So war ihre Lage bis zum Jahre 1822, als die Kaffeepflanze zuerst eingeführt und Versuche sie zu cultiviren gemacht wurden. Man fand, daß sie ganz vortrefflich gedieh von fünfzehnhundert Fuß an bis viertausend Fuß hoch über dem Meere. Die Dorfhäuptlinge wurden dazu veranlaßt den Anbau zu unternehmen. Saamen und inländische Sachverständige als Lehrer wurden von Java geschickt; die Arbeiter, welche engagirt waren, um Lichtungen und Pflanzungen anzulegen, wurden mit Nahrungsmitteln versehen; ein Preis wurde festgesetzt, den man für allen Kaffee zahlte, welcher den Regierungs-Angestellten eingeliefert ward, und die Dorfhäuptlinge, welche jetzt den Titel „Major" führten, erhielten fünf Procent von dem Erträgniß. Nach einiger Zeit wurden Straßen von der Hafenstadt Menado nach der Hochebene hingeführt und kleinere Wege von Dorf zu Dorf angelegt; Missionäre wurden in den bevölkerteren Districten ansässig und eröffneten Schulen, und chinesische Händler drangen ins Innere und boten Kleider und andere Luxusartikel an gegen Geld, das der Verkauf von Kaffee eingebracht hatte. Zu gleicher

Zeit wurde das Land in Districte getheilt und das System der „Controleure," das in Java so gute Wirkungen erzielt hatte, eingeführt. Der „Controleur" war ein Europäer oder ein Eingeborener von europäischem Blute; er war der oberste Aufseher der Anpflanzungen des Districtes, der Rathgeber für die Häuptlinge, der Beschützer des Volkes, und er vermittelte zwischen diesen beiden und der europäischen Regierung. Es war seine Pflicht, jedes Dorf einmal im Monate zu besuchen und dem Residenten einen Bericht über die Lage einzuschicken. Da Streitigkeiten zwischen benachbarten Dörfern jetzt durch Anrufung einer höheren Autorität geschlichtet wurden, so kamen die alten und unbequemen halbbefestigten Wohnungen ab und unter der Leitung des Controleurs wurden die meisten der Häuser nach einem hübschen und gleichmäßigen Plan aufgebaut. Dieser interessante District also war es, den ich jetzt im Begriffe stand zu besuchen.

Als ich mich in Betreff der einzuschlagenden Route entschieden hatte, machte ich mich am 22. Juni acht Uhr Morgens auf. Herr Tower fuhr mich die ersten drei Meilen in seiner Chaise und Herr Neys begleitete mich zu Pferde noch drei Meilen weiter bis an das Dorf Lotta. Hier trafen wir den Controleur des Districtes von Tondáno, der von einer seiner monatlichen Rundreisen zurückgekehrt war und der mir als Führer und Begleiter auf der Reise dienen wollte. Von Lotta aus stiegen wir fast beständig sechs Meilen weit an und kamen auf die Hochebene von Tondáno, etwa 2400 Fuß hoch. Wir passirten Dörfer, deren Reinlichkeit und Schönheit mich ganz in Erstaunen versetzten. Die Hauptstraße, über welche aller Kaffee vom Innern in von Büffeln gezogenen Karren herabgebracht wird, wendet sich an dem Eingang in das Dorf immer zur Seite und führt hinten herum, so daß die Dorfstraße selbst nett und rein gehalten werden kann. Diese ist von hübschen Hecken, die oft ganz aus Rosenbäumen bestehen und beständig in Blüthe sind, eingefaßt. Es ist immer ein breiter Hauptweg und an den Seiten Pfade von schönem Rasen, der gut gefegt und hübsch kurz geschnitten gehalten wird. Die Häuser sind alle von Holz, etwa sechs Fuß hoch auf soliden, blau angestrichenen Pfählen stehend, während die Mauern des Hauses geweißt sind. Sie haben alle eine mit einer passenden Brüstung versehene Veranda und stehen gewöhnlich unter Orangenbäumen und blühenden Sträuchern. Die Umgebung ist grünend und malerisch. Kaffeepflanzungen von außerordentlicher Ueppigkeit, herrliche Palmen und Farnbäume, bewaldete Hügel und vulcanische Bergspitzen sieht man überall. Ich hatte viel von der Schönheit dieses Landes gehört, allein die Wirklichkeit übertraf bei Weitem meine Erwartungen.

Etwa um ein Uhr erreichten wir Tomohón, den Hauptort des Districtes, der einen eingeborenen Häuptling, jetzt „Major" genannt, besitzt, in dessen Hause wir Mittag halten sollten. Hier wartete meiner eine neue Ueberraschung. Das Haus war groß, luftig und sehr solide aus hartem inländischen Holze gebaut, das in höchst kunstreicher Manier behauen und zusammengefügt war. Das Meublement nach europäischem Style mit hübschen Hängelampen und Stühle und Tische von inländischen Arbeitern vortrefflich gefertigt. Bald nach unserem Eintritte wurde uns Madeira und Bitterer angeboten. Dann reichten zwei hübsche, reinlich in Weiß gekleidete Knaben mit glatt gebürstetem kohlschwarzem Haar einem Jeden von uns ein Becken mit Wasser und ein reines Handtuch auf einem Präsentirteller. Das Mittagessen war vortrefflich. Verschiedenartig zubereitetes Geflügel, wildes Schwein, geröstet, gedämpft und gebraten, ein Fricassée von Fledermäusen, Kartoffeln, Reis und anderes Gemüse, alles auf gutem Porzellan servirt, endlich Mundschalen mit feinen Handtüchern und guter Claret und Bier, so viel man verlangte, — Alles das erschien mir etwas sonderbar an dem Tische eines eingeborenen Häuptlings in den Bergen von Celebes. Unser Wirth war in einem vollständigen schwarzen Anzuge mit Patent-Lederschuhen und sah wirklich nett und fast vornehm darin aus. Er saß am Kopfe des Tisches und machte vortrefflich die Honneurs, wenn er auch nicht viel sprach. Unsere Unterhaltung wurde vollständig Malayisch geführt, da das die officielle Sprache hier ist und in der That die Muttersprache und einzige Sprache des Controleurs, eines im Lande geborenen Mischlings. Des Majors Vater, der vor ihm Häuptling gewesen, trug, wie man mir erzählte, einen Streifen aus Rinde als einzige Bekleidung und wohnte in einer rohen Hütte, die auf hohen Pfählen erbaut und überreich mit Menschenköpfen verziert war. Allerdings wurden wir erwartet und unser Diner war im besten Style vorher zugerichtet worden, aber man versicherte mich, daß es ein Stolz aller Häuptlinge sei, europäische Kleidung anzunehmen und ihren Besuch in anständiger Weise zu empfangen.

Nach dem Mittagessen und Kaffee ging der Controleur nach Tondáno, und ich schlenderte in der Nähe des Dorfes umher, um mein Gepäck zu erwarten, das auf einem Ochsenkarren verladen war, aber erst nach Mitternacht eintraf. Das Abendessen war dem Mittagessen sehr ähnlich, und als ich mich zurückziehen wollte, fand ich ein elegantes kleines Zimmer, ein bequemes Bett mit blau und roth drapirten Gazevorhängen und alle erdenklichen Annehmlichkeiten. Am nächsten Morgen bei Sonnenaufgang stand das Thermometer in der Veranda 69°,*

---

* 16½° Réaumur. A. d. Uebers.

was, wie man mir sagte, ungefähr die gewöhnliche niedrigste Temperatur an diesem Orte, 2500 Fuß über dem Meere, ist. Ich bekam ein gutes Frühstück von Kaffee, Eiern und frischem Brod und Butter, das ich in der großen Veranda unter dem Wohlgeruche der Rosen, Jasminen und anderen süßduftenden Blumen, welche den Vordergarten füllten, einnahm, und ungefähr um acht Uhr verließ ich Tomohón mit einem Dutzend Leute, welche mein Gepäck trugen.

Unsere Straße führte über einen Bergrücken etwa viertausend Fuß über dem Meere und stieg dann etwa fünfhundert Fuß bis zum Dorfe Rurúkan herab, das höchste in dem Districte Minahassa und wahrscheinlich auch in ganz Celebes. Hier hatte ich beschlossen einige Zeit zu bleiben, um zu erforschen, ob diese Höhe ein Variiren der Thierwelt herbeigeführt hätte. Das Dorf war erst vor etwa zehn Jahren gegründet worden und ganz so nett wie diejenigen, durch welche ich schon gekommen war, aber noch viel malerischer. Es steht auf einer kleinen Erhöhung, von welcher ein steiler, bewaldeter Abhang hinunter an den schönen See von Tondáno mit seinen jenseitigen vulcanischen Bergen führt. An einer Seite ist ein Bergstrom und darüber hinaus ein schön bergiges und bewaldetes Land.

Nahe dem Dorfe stehen Kaffee-Plantagen. Die Bäume sind in Reihen gepflanzt und man kappt sie, so daß sie stets nur etwa sieben Fuß hoch sind. Dadurch wachsen die Seitenzweige sehr stark, so daß einige der Bäume vollkommen halbkugelig werden und von oben bis unten mit Früchten beladen sind; jeder trägt zehn bis zwanzig Pfund gereinigten Kaffees jährlich. Diese Plantagen sind alle von der Regierung angelegt worden und werden von den Dorfbewohnern unter Leitung ihres Häuptlings bestellt. Bestimmte Tage sind für das Gäten oder

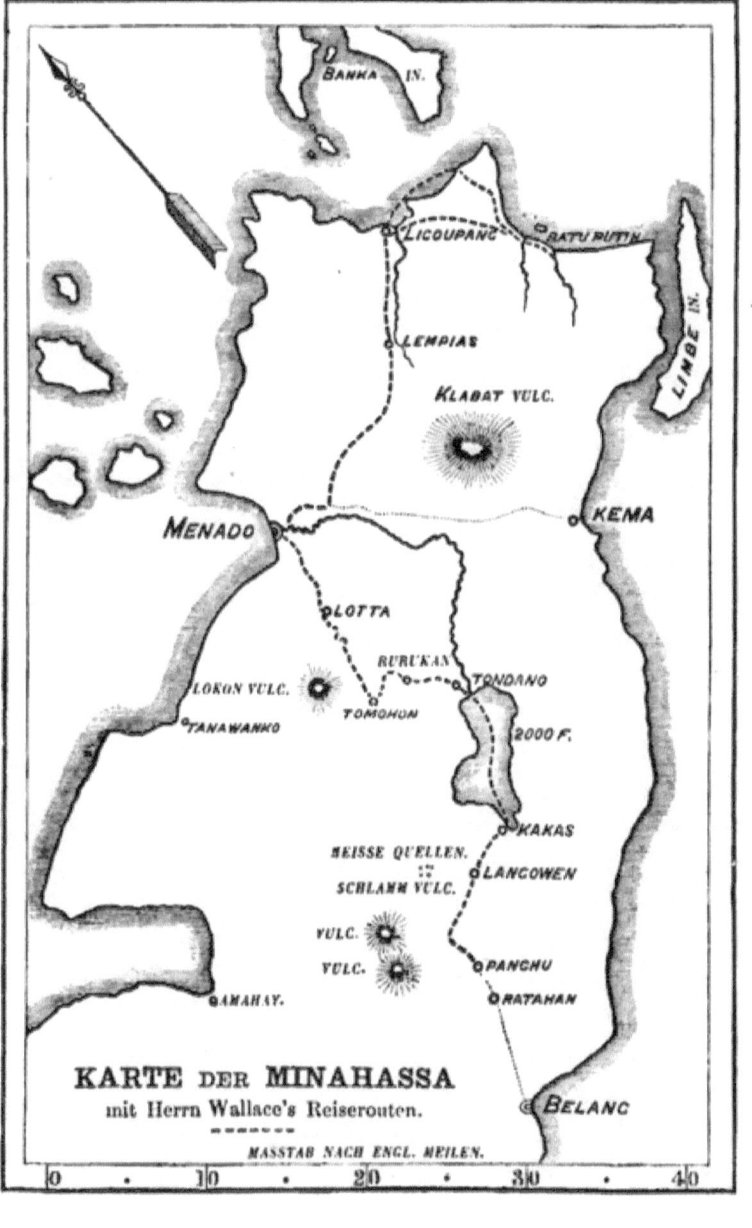

Einsammeln festgesetzt, und die ganze Arbeiterbevölkerung wird durch Gong-Töne zusammenberufen. Man führt über die von jeder Familie geleisteten Arbeitstunden Buch und am Jahresschluß wird der Ueberschuß vom Verkaufe proportional unter sie vertheilt. Der Kaffee wird in die Regierungs-Vorrathshäuser gebracht, welche an Centralplätzen über das ganze Land zerstreut sind, und ein niedriger festgesetzter Preis dafür gezahlt. Von diesem erhalten die Häuptlinge und Majore bestimmte Procente und der Rest wird unter die Einwohner vertheilt. Dieses System schafft sehr gut, und ich glaube, es ist für jetzt viel besser für das Volk als der Freihandel es sein würde. Auch große Reisfelder sind da, und man sagte mir, daß in diesem kleinen Dorfe von siebenzig Häusern für den Werth von hundert Lstrl. Reis verkauft wird.

Ich hatte ein kleines Haus am äußersten Ende des Dorfes inne, das fast über dem steilen Abhange, der an den Fluß hinabführt, hing und von dessen Veranda aus sich eine herrliche Aussicht darbot. Das Thermometer Morgens stand oft 62° und stieg nie bis auf 80°, so daß es uns in der in den tropischen Ebenen gebräuchlichen Kleidung stets kühl und manchmal positiv kalt war, und das Wasser, an das ich täglich zum Baden ging, sich ganz eisig anfühlte. Obgleich es mir in diesen schönen Bergen und Wäldern sehr behagte, so war ich doch in Betreff meiner Sammlungen etwas enttäuscht. Es bestand kaum ein merkbarer Unterschied zwischen dem animalischen Leben dieser gemäßigten Region und dem der dörrenden Ebenen unten, und der Unterschied, welcher zu constatiren war, gereichte mir in den meisten Fällen nicht zum Vortheil. Dieser Höhe schien nichts absolut Eigenthümliches anzugehören. Vögel und Vierfüßer waren weniger zahlreich, und die vorhandenen von denselben Arten,

Bei den Insecten schien schon ein größerer Unterschied obzuwalten. Die seltsamen Käfer aus der Familie der Cleridae, welche hauptsächlich auf Rinde und faulendem Holze gefunden werden, waren hier schöner, als ich sie irgendwo anders gesehen habe. Die hübschen Bockkäfer (Longicornia) waren spärlicher als gewöhnlich vertreten und die wenigen Schmetterlinge betrafen alle tropische Arten. Einer derselben, Papilio blumei, von dem ich nur einige wenige Exemplare erhielt, gehört zu den prächtigsten, die ich je gesehen habe. Es ist ein grün und goldener Schwalbenschwanz mit azurblauen, Löffel-artigen Anhängen und man sah ihn oft im Sonnenschein um das Dorf flattern, aber in einem sehr beschädigten Zustande. Das meist nasse und wolkige Wetter während meines Aufenthaltes in Rurúkan war mir sehr hinderlich.

Auch der Pflanzenwuchs zeigt nur in geringem Grade die Erhebung an. Die Bäume sind mehr mit Flechten und Moosen bedeckt und die Farnkräuter und Baumfarne sind schöner und üppiger, als ich sie in den niedrigeren Gründen zu sehen gewohnt war, beides wahrscheinlich eine Folge der fast beständig hier vorherrschenden Feuchtigkeit. Mengen einer wenig schmackhaften Himbeere und blaue und gelbe Compositen verleihen der Gegend das Ansehen einer etwas gemäßigten; und ganz kleine Farne und Orchideen zusammen mit Zwerg-Begonien auf den Felsen nähern die Vegetation mehr einer subalpinen. Der Wald jedoch ist im höchsten Grade üppig. Edele Palmen, Pandanen und Baumfarne sind zahlreich in demselben vertreten und die Bäume des Waldes sind über und über mit Orchideen, Bromelien, Araceen, Lycopodien und Moosen behangen. Es überwiegen die gewöhnlichen stammlosen Farne; einige mit riesigen, zehn bis zwölf Fuß langen Wedeln, andere nur einen Zoll hoch; einige mit ganzrandigen und schweren Blättern, andere gefällig sich wiegend mit ihrem zierlich gezackten Laubwerk und den Waldpfaden endlose Abwechselung und Reize verleihend. Die Kalaomußpalme trägt noch viele Früchte, aber hinsichtlich des Oeles soll sie zu wünschen übrig lassen. Orangen gedeihen besser als unten und herrliche Früchte reifen in Menge; aber die Pompelmus (Citrus decumana) erfordert die ganze Kraft einer tropischen Sonne, denn sie kommt selbst in Tondano, tausend Fuß tiefer, nicht fort. An den Hügelabhängen wird Reis in großem Maßstabe gebaut und reift sehr gut, obgleich die Temperatur selten oder nie bis zu 80° ansteigt, so daß man meinen sollte, er würde in schönen Sommern selbst in England gedeihen, besonders wenn man die jungen Pflanzen unter Glas hielte.

Auf den Bergen liegt eine ungewöhnliche Menge Erde oder vegetabilischer Materie. Selbst an den steilsten Abhängen findet sich überall eine Decke von Lehm und Sand und gewöhnlich eine tüchtige Lage vegetabilischen Bodens. Das ist es vielleicht, was dem Walde diese gleichmäßige Ueppigkeit ertheilt und dem Erscheinen jener subalpinen Flora hinderlich ist, welche fast ebensosehr von dem vielfachen Vorhandensein felsiger und bloßliegender Oberflächen, als von dem Unterschiede des Klimas abhängt. In einer viel geringeren Höhe auf dem Berge Ophir in Malaka traten Dacrydien, Rhododendren und eine Menge von Kannenpflanzen, Farne und Erd-Orchideen plötzlich an die Stelle der hohen Waldbäume; aber das war lediglich die Folge des Vorkommens eines ausgedehnten Abhanges von nacktem Granitfelsen in einer Höhe von weniger als dreitausend Fuß. Die Menge vegetabilischen Bodens und auch von losem Sand und Lehm, die an den steilen Abhängen, an den Gipfeln von Hügeln und an den Seiten der Bergschluchten haftet, ist eine seltsame und wichtige Erscheinung. Vielleicht liegt die Ursache zum Theil in beständigen leichten Erderschütterungen, welche den Zerfall der Felsen begünstigen; aber es zeigt auch wohl an, daß das Land lange Zeit leicht wirkenden atmosphärischen Einflüssen ausgesetzt gewesen ist, und daß seine Hebung außerordentlich langsam und andauernd stattgefunden hat.

Während meines Aufenthaltes in Rurúkan wurde meine Neugierde durch die Erprobung einer ziemlich starken Erderschütterung zufriedengestellt. Am Abend des 29. Juni, ein Viertel nach acht Uhr, als ich gerade lesend dasaß, begann das Haus mit einer sehr sanften, aber rapide wachsenden Bewegung zu schwanken. Ich saß noch, mich der neuen Empfindung einige Secunden lang erfreuend, aber in weniger als einer halben Minute wurde sie stark genug, um mich in meinem Stuhle zu schütteln, und das Haus sichtbar hin- und herschaukeln, schwirren und knarren zu machen, als ob es in Stücke zerfallen wollte. Sofort hörte man im Dorfe: „Tana goyang! tana goyang!" (Erdbeben! Erdbeben!) schreien. Jedermann stürzte aus seinem Hause — Weiber kreischten und Kinder schrieen — und auch ich hielt es für gerathen hinauszugehen. Beim Aufstehen schwindelte mir der Kopf, meine Schritte waren unsicher und ich konnte kaum ohne zu fallen hinauskommen. Der Stoß hielt etwa eine Minute an, und während dieser Zeit hatte ich das Gefühl, als ob ich um und um gedreht worden wäre und war beinahe seekrank. Als ich wieder ins Haus trat, fand ich eine Lampe und eine Flasche mit Arrack umgestürzt. Das Glas der Lampe war aus dem Gestell, in welchem es stand, herausgeschleudert. Der Stoß schien fast senkrecht, plötzlich, vibrirend und wippend gewesen zu sein. Er wäre stark genug gewesen, wie ich nicht bezweifele, Schornsteine, Mauern und Kirchthürme aus Backsteinen niederzuwerfen; aber da die Häuser hier alle niedrig und stark aus

Holz gebaut sind, so ist es nicht möglich, daß sie bedeutend beschädigt werden können, es sei denn durch einen Erdstoß, der eine europäische Stadt von Grund aus zerstören würde. Die Leute sagten mir, daß vor zehn Jahren eine stärkere Erschütterung als diese stattgehabt habe, bei welcher viele Häuser niedergeworfen und einige Menschen getödtet wurden.

In Zwischenräumen von zehn Minuten bis zu einer halben Stunde wurden leichte Stöße und Erzitterungen verspürt, die manchmal stark genug waren, um uns Alle wieder vor die Thüren zu jagen. Das Grausige und Komische unserer Lage mischte sich in sonderbarer Weise. Wir hätten in jedem Augenblick einen viel stärkeren Stoß erhalten können, der die Häuser über uns zusammenstürzen machte, oder — was ich mehr fürchtete — einen Erdrutsch verursachen konnte, der uns in die tiefe Bergschlucht, an deren äußerstem Rande das Dorf gebaut ist, hinabexpedirte; und doch konnte ich das Lachen nicht unterdrücken, wenn wir jedesmal bei einem leichten Stoße hinaus und dann nach einigen Augenblicken wieder herein stürzten. Es war hier buchstäblich vom Erhabenen zum Lächerlichen nur ein Schritt. Auf der einen Seite das fürchterlichste und zerstörendste Naturphänomen um uns in Thätigkeit — die Felsen, die Berge, der feste Boden unter uns wankend und in Zuckungen und wir selbst im äußersten Maße unfähig uns gegen die Gefahr zu schützen, die uns in einem Augenblicke vernichten konnte. Auf der andern das Schauspiel, daß eine Anzahl Männer, Weiber und Kinder ein- und ausliefen aus ihren Häusern, was jedesmal einen unnöthigen Lärm verursachte, da jeder Stoß gerade aufhörte, wenn er stark genug geworden war, uns zu schrecken. Es schien gerade so, als ob man „Erdbeben spielte", und es machte viele Leute mit mir lachen, während man sich gegenseitig daran erinnerte, daß es dabei in der That Nichts zu lachen gäbe.

Zuletzt wurde der Abend sehr kalt, ich war sehr schläfrig und beschloß drinnen zu bleiben; ich ließ meinen Knaben, welche näher der Thür schliefen, die Ordre, mich, im Falle das Haus in Gefahr sei, zu wecken. Allein ich hatte mich in meinem Gleichmuthe verrechnet, denn ich konnte nicht viel schlafen. Die Stöße wiederholten sich in Zwischenräumen von einer halben Stunde bis zu einer Stunde die ganze Nacht durch und waren gerade stark genug, um mich jedesmal vollständig aus dem Schlafe zu rütteln und mich bereit sein zu lassen im Falle der Gefahr aufzuspringen. Ich war daher sehr froh als der Morgen hereinbrach. Die meisten der Einwohner waren überhaupt nicht zu Bette gewesen und einige hatten die ganze Nacht vor den Thüren zugebracht. Die nächsten zwei Tage und Nächte hielten die Erdstöße noch in kurzen Zwischenräumen an und selbst noch mehre Male am Tage, eine Woche lang; sie bewiesen, daß eine sehr bedeutende Störung unter unserem Theile der Erdkruste Platz gegriffen haben mußte. Wie ungeheuer die Arbeitskräfte in Wirklichkeit dabei sind, das können wir streng genommen nur dann annähernd schätzen, wenn wir, nachdem wir ihre Wirkungen verspüren, umherschauen über den weiten Umkreis von Hügel und Thal, Ebene und Berg, und so in einem geringen Grade die ungeheuere Masse von Stoff vor Augen haben, die gehoben und erschüttert wird. Die durch ein Erdbeben hervorgerufene Empfindung vergißt man nie. Man fühlt sich in der Gewalt von Mächten, gegen welche die wildeste Wuth der Stürme und der Wellen Nichts ist, und die Wirkung ist mehr die eines Schauers der Ehrfurcht, als dem Schrecken gleich, den der tobendere Krieg der Elemente hervorruft. Es herrscht dabei eine mysteriöse Ungewißheit in Betreff der Größe der Gefahr, welche man läuft, eine Ungewißheit, welche der Einbildungskraft und den Einflüssen von Hoffnung und Furcht mehr Spielraum läßt. Diese Bemerkungen beziehen sich nur auf ein mildes Erdbeben. Ein heftiges ist die vernichtendste und furchtbarste Katastrophe, welcher menschliche Wesen ausgesetzt sein können.

Wenige Tage nach dem Erdbeben machte ich einen Spaziergang nach Tondáno, einem großen Dorfe von etwa siebentausend Einwohnern am unteren Ende des Sees desselben Namens gelegen. Ich aß mit dem Controleur zusammen zu Mittag, Herrn Bensneider, der mein Führer nach Tomohón gewesen war. Er besaß ein schönes großes Haus, in welchem er oft Besuch empfing, und sein Garten war, was Blumen anbetrifft, der schönste, den ich überhaupt in den Tropen gesehen habe, obgleich keine große Mannigfaltigkeit darin herrschte. Er war es, der die Rosenhecken eingeführt hatte, die den Dörfern ein so entzückendes Aussehen gaben; und ihm verdankt man hauptsächlich die allgemeine Sauberkeit und die gute Ordnung, welche überall herrscht. Ich frug ihn in Betreff einer neuen Localität um Rath, da ich fand, daß Rurúkan zu sehr in den Wolken lag, entsetzlich feucht und düster war und das Vögel- und Insecten-Leben dort sehr daniederlag. Er empfahl mir ein Dorf etwas jenseit des Sees gelegen, nahe dem ein großer Wald war, in welchem er meinte, daß ich viele Vögel finden würde. Da er selbst in wenigen Tagen dorthin gehen wollte, so beschloß ich ihn zu begleiten.

Nach dem Essen bat ich ihn um einen Führer an den berühmten Wasserfall an dem aus dem See tretenden Flusse. Er liegt etwa anderthalb Meilen unterhalb des Dorfes, wo eine leichte Erhebung das Becken umgiebt, die augenscheinlich einstmals das Ufer des Sees bildete. Hier tritt der Fluß in eine Kluft ein, die sehr eng ist und sich sehr windet, der entlang er eine kurze Strecke tobend rauscht und dann in einen großen Schlund stürzt, welcher den Kopf des großen Thales bildet. Gerade über dem Fall ist das Flußbett nicht mehr als zehn Fuß breit und hier sind einige wenige Bretter querüber geworfen, von wo aus man, halb von dem üppigen Pflanzenwuchse verdeckt, die tobenden Gewässer hinunter rauschen und ein paar Fuß weiter in den Abgrund stürzen sieht. Der Anblick und das Getöse ist mächtig und eindrucksvoll. Hier war es, wo vier Jahre vor meinem Besuche der Gouverneur-General von Niederländisch-Indien sich das Leben nahm, indem er in den Strudel sprang. Das wenigstens ist die allgemeine Meinung, da er an einer schmerzhaften Krankheit litt, von der man vermuthete, daß sie ihn lebensüberdrüssig gemacht hatte. Sein Körper wurde am nächsten Tag im Flusse unten aufgefunden.

Unglücklicherweise konnte man jetzt keine gute Aussicht auf den Fall genießen, da die Ränder des Abgrundes von einer Menge Gesträuch und hohem Grase bedeckt waren. Es sind dort zwei Fälle; der unterste ist der höchste, und nur auf einem großen Umwege ist es möglich ins Thal hinabzusteigen und sie von unten aus zu betrachten. Würden die schönsten Aussichtspunkte aufgesucht und zugänglich gemacht, so würden sich diese Fälle wahrscheinlich als die sehenswerthesten im Archipel erweisen. Die Kluft scheint von großer Tiefe zu sein, anscheinend fünfhundert bis sechshundert Fuß. Unglücklicherweise gebrach es mir an Zeit dieses Thal zu durchforschen, da ich ernstlich darauf bedacht war, jeden schönen Tag der Vermehrung meiner bis dahin ärmlichen Sammlungen zu widmen.

Gerade meiner Wohnung in Rurúkan gegenüber lag das Schulhaus. Der Schullehrer war ein Eingeborner, von dem

Missionär in Tomosón erzogen. Jeden Morgen war Schule ungefähr drei Stunden lang und zwei Mal in der Woche Abends Katechismusübungen und Predigt. Gottesdienst war auch am Sonntagmorgen. Die Kinder wurden alle Malayisch unterrichtet, und ich hörte sie oft die Multiplicationstabelle bis hinauf zu 20 mal 20 sehr zungenfertig hersagen. Sie schlossen immer mit einem Gesang und es war sehr wohlthuend viele unserer alten Psalmweisen in diesen fernen Gebirgen mit malayischen Worten singen zu hören. Die Einführung des Gesanges ist eine der wirklichen Wohlthaten, welche die Missonäre den wilden Nationen erweisen, deren eigene Gesänge fast immer monoton und melancholisch sind.

Die Abende beim Katechisiren war der Schulmeister ein großer Mann; er predigte und lehrte drei Stunden hintereinander in einem Zuge, in dem Styl eines englischen Methodisten. Das war für seine Zuhörer etwas erkältend, er selbst aber wurde warm dabei und ich bin geneigt zu glauben, daß diese inländischen Lehrer, da sie sich eine gewisse Leichtigkeit der Rede angeeignet haben und ihnen ein endloser Vorrath von religiösen Plattheiten als Redethemate zu Gebote steht, ihren Gaul ziemlich derb reiten, ohne viel Rücksicht auf ihre Heerde. Allein die Missionäre haben in diesem Lande Grund stolz zu sein. Sie haben der Regierung beigestanden, ein wildes Gemeinwesen in ein civilisirtes zu verwandeln und das in einer wunderbar kurzen Zeitspanne. Vierzig Jahre vorher war das Land eine Wildniß, das Volk nackte Barbaren, die ihre rohen Häuser mit Menschenköpfen besteckten. Jetzt ist es ein Garten, seines süßen inländischen Namens „Minahassa" würdig. Gute Straßen und Wege durchschneiden die Gegend nach allen Richtungen; einige der schönsten Kaffee-Plantagen des Erdenrundes umgeben die Dörfer, dazwischen ausgedehnte Reisfelder, die mehr als genügend wären, um die Bevölkerung zu ernähren.

Das Volk ist jetzt das gewerbfleißigste, friedfertigste und civilisirteste des ganzen Archipels. Die Leute gehen am Besten gekleidet, besitzen die besten Häuser, genießen die beste Nahrung und sind am Besten erzogen; sie haben eine höhere sociale Stufe betreten. Ich glaube, es giebt nirgend anderswo ein Beispiel von so schlagenden Erfolgen nach so kurzer Zeit — Erfolge, welche lediglich dem Regierungssystem zuzuschreiben sind, welches jetzt von den Holländern in ihren östlichen Besitzungen eingeführt ist. Das System ist eines, das man einen „väterlichen Despotismus" nennen könnte. Nun lieben wir Engländer keinen Despotismus — wir hassen den Namen und die Sache, und wir würden ein Volk lieber unwissend, faul und lasterhaft sehen, denn andere als moralische Mächte anwenden, um es weise, fleißig und gut zu machen. Und wir sind im Rechte, wenn wir es mit Menschen unserer eigenen Race zu thun haben, mit Menschen, welche sich in ähnlichen Vorstellungskreisen wie wir bewegen und welche den unsrigen gleiche Fähigkeiten besitzen. Beispiel und Lehre, die Macht der öffentlichen Meinung und die langsame aber sichere Ausbreitung der Erziehung wird Alles mit der Zeit vollbringen, ohne daß man jene bitteren Gefühle zu erregen brauchte oder jene Servilität, jene Heuchelei und jenes Abhängigkeitsgefühl herausbilden müßte, welche die sicheren Folgen eines despotischen Regimentes sind. Aber was würden wir wohl von einem Manne denken, welcher diese Principien der vollkommenen Freiheit für die Familie oder für die Schule in Anspruch nehmen wollte? Wir würden sagen, er wende ein gutes allgemeines Princip auf einen Fall an, in welchem die Verhältnisse es unanwendbar machen — der Fall, in welchem die zu Leitenden in einem gegebenen Stadium geistiger Inferiorität sich jenen gegenüber befinden, welche sie leiten, und in welchem sie unfähig sind zu entscheiden, was für ihre dauernde Wohlfahrt am Besten sei. Kinder müssen bis zu einem bestimmten Grade der Autorität und der Führung unterworfen werden; und wenn man diese der Sache gemäß handhabt, so werden sie sich mit frohem Muthe unterordnen, weil sie ihre eigene Inferiorität kennen und es glauben, daß ihre Eltern lediglich zu ihrem eigenen Besten handeln. Sie lernen Vieles, dessen Nutzen sie nicht einsehen, und was sie nie lernen würden ohne etwas moralischen und gesellschaftlichen, wenn nicht physischen Druck. Die Gewohnheit der Ordnung, des Fleißes, der Reinlichkeit, der Achtung und des Gehorsams werden auf ähnliche Weise eingeprägt. Kinder würden nie zu wohlgesitteten und wohlerzogenen Männern aufwachsen, wenn dieselbe absolute Freiheit zu handeln, wie sie Männern gestattet ist, ihnen gestattet wäre. Die beste Erziehung unterwirft die Kinder einem milden Despotismus zu ihrem eigenen Besten und zu dem der Gesellschaft; und ihr Zutrauen in die Weisheit und Güte derjenigen, welche diesen Despotismus anordnen und anwenden, giebt den schlechten Leidenschaften und den sie herabwürdigenden Empfindungen, welche unter weniger günstigen Bedingungen seine gewöhnlichen Folgen sind, ein Gegengewicht.

Nun herrscht hier nicht etwa nur eine Analogie, sondern nach vielen Seiten hin eine Identität von Beziehungen zwischen Lehrer und Schüler oder Eltern und Kindern auf der einen Seite und einer uncivilisirten Race und seinen civilisirten Herrschern auf der andern. Wir wissen (oder glauben es zu wissen), daß die Erziehung und der Gewerbfleiß und die allgemeinen Sitten der civilisirten Menschen denen des wilden Lebens vorzuziehen sind; und wenn der Wilde mit ihnen bekannt wird, so

giebt er es selbst zu. Er bewundert die überlegenen Errungen
schaften des civilisirten Menschen und mit Stolz nimmt er solche
Gebräuche an, welche nicht zu sehr mit seiner Trägheit, seinen
Leidenschaften oder seinen Vorurtheilen im Widerspruche stehen.
Aber wie das eigensinnige Kind oder der faule Schulknabe, dem
nie Gehorsam gelehrt und der nicht angehalten wurde Etwas zu
thun, was er, wenn es nach seinem eigenen freien Willen ginge,
nicht geneigt war zu thun, in den meisten Fällen weder Erziehung
noch Manieren sich aneignen würde, so ist es noch viel unwahrscheinlicher, daß der Wilde mit all' seiner festen Mannhaftigkeit
und mit all' jenen traditionellen Vorurtheilen seiner Race jemals
mehr als einige der wenigst wohlthätigen Gebräuche der Civilisation lediglich copiren würde, ohne einen nachhaltigeren Anreiz
als den der Lehre, welche durch das Beispiel nur sehr unvollkommen unterstützt wird.

Wenn wir ein Recht zu haben glauben die Herrschaft über
eine wilde Race an uns zu reißen und ihr Land in Besitz zu
nehmen; und wenn wir es weiter für unsere Pflicht halten,
alles Mögliche zu thun, um unsere rohen Unterthanen zu ver-
edeln und sie auf gleiche Stufe mit uns selbst zu heben, so
dürfen wir nicht zu ängstlich sein in Betreff eines Rufes über
„Despotismus" und „Sclaverei", sondern wir müssen die Au
torität, welche wir besitzen, benutzen, um sie zur Arbeit anzu
halten, welche sie vielleicht überhaupt nicht lieben, aber von welcher wir wissen, daß sie ein unumgänglich nothwendiger Schritt
ist zu moralischem und physischem Fortschritt. Die Holländer
haben viel gute Politik bewiesen in der Art, wie sie dieses zu
Wege brachten. Sie haben in den meisten Fällen die Autorität
der eingeborenen Häuptlinge, denen das Volk gewohnt war einen
willenlosen Gehorsam entgegenzutragen, aufrecht erhalten und

gekräftigt; und indem sie auf die Intelligenz und das Eigeninteresse dieser Häuptlinge wirkten, haben sie Veränderungen in den Sitten und Gebräuchen des Volkes zu Wege gebracht, welche Mißstimmung und vielleicht Aufstand erregt haben würden, wären sie direct von Fremden erzwungen worden.

Wenn man ein solches System anwendet, so hängt viel von dem Charakter des Volkes ab; und das System, welches vortrefflich an einem Orte einschlägt, kann vielleicht nur in einem sehr beschränkten Grad an einem andern angewandt werden. In der Minahassa haben die natürliche Gelehrigkeit und die Intelligenz der Race ihren Fortschritt rapide herbeigeführt; und wie wichtig dieser Factor ist, das illustrirt vortrefflich die Thatsache, daß in der unmittelbaren Nachbarschaft der Stadt Menado ein Stamm existirt (die Banteks), von einer viel weniger zu beeinflussenden Naturanlage, welcher bis jetzt allen Anstrengungen der holländischen Regierung, irgend eine systematische Cultur dort einzuführen, Trotz bot. Diese Menschen verharren in ihren roheren Verhältnissen, aber dienen willig bei Gelegenheit als Träger und Arbeiter, wozu ihre größere Kraft und Rührigkeit sie auch gut geeignet macht.

Es unterliegt wohl keinem Zweifel, daß das hier skizzirte System ernsten Einwürfen zugänglich erscheint. Es ist bis zu einem gewissen Belange despotisch und steht im Widerspruche mit dem Freihandel, der freien Arbeit und dem freien Verkehr. Ein Eingeborener darf sein Dorf nicht ohne Paß verlassen und darf sich nicht von irgend einem Kaufmann oder Capitän ohne Erlaubniß der Regierung anstellen lassen. Aller Kaffee muß an die Regierung verkauft werden zu einem Preise, der weniger als die Hälfte von dem beträgt, den der Kaufmann des Ortes dafür geben würde, und dieser schreit daher laut gegen „Monopol" und „Bedrückung". Allein er übersieht, daß die Kaffee-Plantagen von der Regierung mit einer großen Capitalauslage und mit vielem Geschick eingerichtet worden sind; daß sie das Volk unentgeltlich unterrichtet und daß das Monopol an die Stelle der Steuern tritt. Er übersieht, daß die Producte, die er kaufen und durch die er verdienen will, von der Regierung geschaffen wurden, ohne welche das Volk noch ein wildes geblieben wäre. Er weiß sehr wohl, daß der Freihandel in erster Linie die Einfuhr ganzer Ladungen von Arrack zur Folge hätte, der über Land gebracht und für Kaffee eingetauscht würde, daß Trunksucht und Armuth Platz griffe; daß die öffentlichen Kaffeeplantagen nicht besorgt werden würden; daß die Qualität und Quantität des Kaffees bald sich verringern würde; daß Händler und Kaufleute reich würden, aber daß das Volk in Armuth und Barbarei zurückfiele. Daß das unabänderlich die Folge des Freihandels bei irgend welchen wilden Stämmen ist, welche ein werthvolles Product besitzen, sei es natürlich gezogen oder künstlich eingeführt, das ist Allen denen wohlbekannt, welche solche Völkerschaften besucht haben; aber wir könnten es selbst aus allgemeinen Principien vorhersagen, daß üble Resultate daraus entstehen müssen. Wenn man sagen könnte, daß bei einer Sache mehr als bei einer andern das große Gesetz der Continuität oder der Entwicklung seine Anwendung findet, so wäre es bei dem menschlichen Fortschritt. Es giebt gewisse Stadien, welche die Gesellschaft durchlaufen muß auf ihrem vordringenden Marsche von der Barbarei zur Civilisation. Nun ist eines dieser Stadien stets irgend eine Form des Despotismus gewesen, wie z. B. der Feudalismus oder die Dienstbarkeit oder ein despotisch väterliches Regiment; und wir haben allen Grund zu glauben, daß es der Menschheit nicht möglich ist über diese Uebergangsepoche hinwegzuspringen und sofort von reiner Wildheit in einen Zustand freier Civilisation zu gelangen. Das holländische System versucht es, dieses fehlende Glied darzubieten und das Volk über regelmäßige Stufen zu jener höheren Civilisation vorwärts zu bringen, welche wir (die Engländer) auf einmal ihnen aufzudrängen trachten. Unser System hat immer Mißerfolge gehabt. Wir demoralisiren und wir vernichten, aber wir civilisiren nie in Wahrheit. Ob das holländische System auf die Dauer von Erfolgen begleitet sein wird, das ist sehr fraglich, da es vielleicht nicht möglich ist, die Arbeit von zehn Jahrhunderten in eines zusammenzudrängen; aber auf alle Fälle nimmt es die Natur als Führer und kann daher mehr Anspruch auf Erfolg machen und wird auch wahrscheinlich mehr Erfolg haben als das unsrige.

Ein Punkt steht in Verbindung mit dieser Frage, welchen, wie ich glaube, die Missionäre mit großen physischen und moralischen Erfolgen aufnehmen sollten. In diesem schönen und gesunden Lande, in welchem Nahrung und alles zum Leben Nothwendige so reichlich geboten ist, vermehrt sich die Bevölkerung nicht, wie es doch der Fall sein müßte. Ich kann diesen Umstand nur einer Ursache zuschreiben. Es ist die Sterblichkeit der Kinder, die durch Nachlässigkeit, während die Mütter in den Plantagen arbeiten, bewirkt wird, und ferner durch die allgemeine Unwissenheit über die gesundheitliche Pflege der Kinder. Alle Frauen arbeiten wie sie es stets gewohnt waren. Es ist für sie keine Mühseligkeit, sondern ich glaube es gereicht ihnen oft zum Vergnügen und zur Erholung. Sie nehmen entweder ihre Kinder mit sich, lassen sie dann an irgend einem schattigen Ort auf der Erde und gehen von Zeit zu Zeit zu ihnen um sie zu nähren; oder sie lassen sie zu Hause unter der Obhut anderer Kinder, welche zu jung zum Arbeiten sind. Unter keiner dieser beiden Bedingungen aber können Kinder angemessen gewartet werden und die Folge ist eine große Sterblichkeit, welche das Anwachsen der Bevölkerung in einem weit größeren Maße hemmt, als es uns das allseitige Gedeihen des Landes und die Allgemeinheit der Ehe erwarten lassen sollten. Dies ist eine Angelegenheit, welche direct im Interesse der Regierung liegt, denn nur bei einer Vermehrung der Bevölkerung kann ein bedeutendes und anhaltendes Wachsen der Kaffee-Production statthaben. Die Missionäre sollten diese Angelegenheit in die Hand nehmen, denn wenn sie die verheiratheten Frauen dahin bringen, ihren häuslichen Pflichten obzuliegen, so werden sie sicherlich eine höhere Stufe der Civilisation herbeiführen und direct die Wohlfahrt und die Glückseligkeit der ganzen Gemeinschaft fördern. Das Volk ist so gelehrig und so willig, Sitten und Gebräuche der Europäer anzunehmen, daß die Veränderung leicht herbeigeführt werden könnte, wenn man ihnen nur zeigt, daß es eine Frage der Moralität und der Civilisation ist und ein wesentlicher Schritt in ihrer Annäherung zu der Gleichheit mit ihren Beherrschern.

Nach einem Aufenthalte von vierzehn Tagen in Rurúkan verließ ich dieses hübsche und interessante Dorf, um einen Ort und ein Klima zu suchen, das für Vögel und Insecten günstiger ist. Ich verbrachte den Abend mit dem Controleur von Tondano und verließ ihn am nächsten Morgen um neun Uhr in einem kleinen Boot, um mich nach dem andern Ende des Sees etwa zehn Meilen von da zu begeben. Das untere Ende des Sees ist von Sümpfen und Niederungen von beträchtlicher Ausdehnung begrenzt, welche ein wenig weiter, von den Hügeln bis an den Rand des Wassers reichen und ihm das Aussehen eines großen Flusses verleihen, dessen Breite etwa zwei Meilen ist.

Am oberen Ende liegt das Dorf Kálas, wo ich mit dem Häuptling in einem guten Hause, ähnlich jenen, welche ich schon beschrieben habe, zu Mittag speis'te, und dann nach Langówan ging, vier Meilen weiter über ebenes Land. An diesem Orte hatte man mir gerathen zu bleiben, ich packte daher meine Sachen aus und machte es mir in dem großen für Besucher bestimmten Hause bequem. Ich erhielt einen Jäger und einen andern Mann als Begleiter für den nächsten Tag in den Wald, in welchem ich einen guten Sammelboden zu finden hoffte.

Am Morgen nach dem Frühstücke brach ich auf, aber sah, daß ich vier Meilen über eine ermüdende gerade Straße durch Kaffee-Plantagen zu gehen hatte, ehe ich in den Wald gelangte, und sowie ich ihn erreicht hatte, fing es heftig an zu regnen und hörte bis zum Abend nicht auf. Für ein vortheilhaftes Arbeiten war diese Entfernung zu weit, wenn man sie täglich gehen sollte, besonders bei so unbeständigem Wetter. Ich beschloß daher sofort weiter zu marschiren, bis ich einen Ort nahe bei oder in einem Walde fände. Am Nachmittag kam mein Freund, Herr Bensneider, an, zusammen mit dem Controleur des nächsten Districtes, Belang, von welchem ich erfuhr, daß sechs Meilen weiter ein Dorf namens Panghu sei, das erst kürzlich gebaut war und ein hübsches Stück Wald in der Nähe habe; und er sagte mir ein kleines Haus zu, falls ich dorthin gehen wollte.

Am nächsten Morgen besuchte ich die heißen Quellen und Schlammvulcane, wegen welcher dieser Ort berühmt ist. Ein malerischer Weg zwischen Plantagen und Bergwässern brachte uns an ein hübsches rundes Bassin von etwa vierzig Fuß Durchmesser, von einem kalkartigen Gestein eingefaßt und so gleichmäßig rund geformt, daß es wie künstlich angelegt aussah. Es war mit klarem Wasser fast auf dem Siedepunkte gefüllt und sandte Rauchwolken und einen starken Schwefelgeruch aus. Es fließt an einer Stelle über und bildet einen kleinen Strom heißen Wassers, welches in einer Entfernung von mehren hundert Fuß noch zu heiß ist, um die Hand hinein halten zu können. Ein wenig weiter waren zwei andere nicht so regelmäßig geformte aber anscheinend viel heißere, da sie fortwährend lebhaft aufwallten. In Zwischenräumen von wenigen Minuten stieg eine Menge Dampf oder Gas auf und warf eine Wassersäule drei bis vier Fuß hoch.

Wir gingen dann an die Schlammquellen, welche etwa eine Meile von da entfernt und noch merkwürdiger sind. Auf einem etwas abfallenden Terrain befindet sich in einer leichten Vertiefung ein kleiner See flüssigen Schlammes, blau, roth und weiß gefleckt und an vielen Stellen heftig kochend und Blasen aufwerfend. Rund herum auf dem gehärteten Thon sind kleine Quellen und Krater voll von kochendem Schlamm. Diese scheinen sich fortwährend neu zu bilden, indem zuerst ein kleines Loch zum Vorschein kommt, aus welchem Strahlen von Schaum und kochendem Schlamm aufsteigen, der im Erhärten kleine Kegel mit einem Krater in der Mitte bildet. Der Boden ist eine Strecke weit sehr unsicher, augenscheinlich in einer geringen Tiefe flüssig und auf Druck nachgiebig wie dünnes Eis. An einen der kleineren Strahlen am Rande, dem ich mich genähert hatte, hielt ich die Hand, um zu prüfen, ob er wirklich so heiß sei, wie er aussah, als ein kleiner Schlammtropfen mir auf die Finger spritzte und mich wie kochendes Wasser verbrühte. Etwas davon entfernt war eine flache nackte Felsenoberfläche, so glatt und heiß wie eine Ofenwand, offenbar ein alter aufgetrockneter und gehärteter Schlammpfuhl. Hunderte von Fußen im Umkreise, wo sich Dämme von röthlichem und weißem Thon befanden, der zum Weißen gebraucht wird, war es nahe der Oberfläche noch

so heiß, daß die Hand kaum in wenige Zoll tiefe Spalten gehalten
werden konnte, Spalten, aus denen ein starker Schwefelgeruch
aufstieg. Man erzählte mir, daß vor einigen Jahren ein
Franzose, der diese Quellen besuchte, sich zu nahe an den flüssigen Schlamm wagte, und, als die Kruste nachgab, in diesen
furchtbaren Kochkessel stürzte.

Dieses Vorhandensein einer so intensiven Hitze nahe der
Oberfläche über einen großen Strich Landes war sehr eindrucksvoll und ich konnte mich kaum des Gedankens entschlagen, daß
plötzlich einmal eine furchtbare Katastrophe das Land verwüsten
würde. Doch ist es möglich, daß alle diese Oeffnungen wahre
Sicherheitsventile sind, und daß der ungleiche Widerstand der
verschiedenen Theile der Erdrinde eine Ansammlung der Kräfte,
wie sie nothwendig wäre, um ein ausgedehntes Areal zu heben
und zu verschütten, stets verhindert. Etwa sieben Meilen westlich
davon ist ein Vulcan, der ungefähr dreißig Jahre vor meinem
Besuch in Thätigkeit war und damals, als er die Umgegend
mit Aschenregen überschüttete, einen großartigen Anblick dar-
geboten haben soll. Der Boden um den See, der aus dem
Gemische der vulcanischen Auswurfstoffe und aus deren Zer-
setzungsproducten besteht, ist von erstaunlicher Fruchtbarkeit und
könnte bei einer angemessenen Fruchtfolge beständig Erzeugnisse
liefern. Jetzt wird drei bis vier Jahre hintereinander Reis darauf gebaut, dann liegt er eine Zeitlang brach, bis wieder Reis
und Mais darauf gedeihen. Guter Reis giebt ein dreißigfaches
Erträgniß und Kaffeebäume tragen zehn bis fünfzehn Jahre lang
üppig ohne Dünger und fast ohne irgend welche Pflege.

Ich wurde einen Tag durch unaufhörlichen Regen aufgehalten und ging dann nach Panghu, welches ich gerade vor dem
täglichen Regen um elf Uhr Vormittag erreichte. Nachdem die

Straße die Hochebene am Seebecken verlassen hat, zieht sie den Fall eines schönen Waldbergwassers entlang. Das Absteigen dauert lange, so daß ich meinte, das Dorf läge nicht mehr als fünfzehnhundert Fuß über dem Meere, allein ich fand die Morgentemperatur oft 69°, ebenso wie in Tondano, das wenigstens sechs bis siebenhundert Fuß höher liegt. Ich war erfreut über das Aussehen des Ortes mit seinem schönen Wald und unbebautem Land in der Umgebung, und fand für mich ein kleines Haus gerüstet, das nur aus einer Veranda und einem Hinterzimmer bestand. Es war nur zur Rast oder zur Nachtruhe für Reisende bestimmt, allein es paßte mir sehr gut. Ich war jedoch so unglücklich, gerade um diese Zeit meine beiden Jäger zu verlieren. Der eine war in Tondano mit Fieber und Diarrhoe zurückgelassen worden, der andere bekam in Langówan eine Brustentzündung, und da sein Fall recht ernst schien, so ließ ich ihn nach Menado zurücktransportiren. Das Volk hier war sehr geschäftig bei seiner Reisernte, welche es nothwendig beenden mußte, da der Regen so früh eingesetzt hatte, und so konnte ich keinen Menschen zum Schießen für mich bekommen.

Während der drei Wochen, welche ich in Panghu war, regnete es fast täglich, entweder nur am Nachmittage oder den ganzen Tag hindurch; aber gewöhnlich waren am Morgen einige Stunden Sonnenschein und ich nahm diese wahr, um die Straßen und Wege, die Felsen und Schluchten nach Insecten zu durchsuchen. Diese waren nicht sehr zahlreich vertreten; ich sah jedoch genug, um die Ueberzeugung zu gewinnen, daß die Localität eine gute war; wenn ich nur am Beginne statt am Ende der trockenen Jahreszeit dort gewesen wäre! Die Eingeborenen brachten mir täglich einige Insecten, die sie bei den Zagueir-Palmen erhielten,

darunter einige schöne Cetonias und Hirschkäfer. Zwei kleine
Knaben waren sehr geschickt mit dem Blasrohr und brachten
mir viele kleine Vögel, welche sie mit Lehmkügelchen schossen.
Darunter war ein hübscher kleiner Blumenpicker, eine neue Art
(Prionochilus aureolimbatus) und mehre der lieblichsten Honigsauger, die ich je gesehen habe. Meine Hauptsammlung von Vögeln
aber vermehrte sich fast nicht; denn wenn ich auch schließlich einen
Jäger bekam, so taugte er doch nicht viel und brachte mir selten mehr
als einen Vogel per Tag. Das beste, was er schoß, war eine
große und seltene Fruchttaube, die dem nördlichen Celebes eigenthümlich ist (Carpophaga forsteni) und nach der ich schon lange
gesucht hatte.

Ich selbst hatte vielen Erfolg in einer schönen Gruppe von
Insecten, den Tigerkäfern, welche hier zahlreicher und verschiedenartiger zu sein scheinen als an irgend einem anderen Ort im
Archipel. Ich traf zuerst auf sie an einem Einschnitte der Straße,
wo ein harter thoniger Wall theilweise mit Mosen und kleinen
Farnen überwachsen war. Hier fand ich eine kleine olivengrüne
Art, welche nie entfloh, und seltener ein schönes purpurschwarzes
flügelloses Insect, das stets bewegungslos in Ritzen vorkam,
wahrscheinlich ein nächtliches Thier. Es schien mir eine neue
Gattung zu sein. Um die Straßen im Walde fand ich die
große hübsche Cicindela heros, welche ich vordem selten einmal
in Mangkassar erhalten hatte; aber in dem Bergwasser der
Schlucht selbst erhielt ich das Beste. Auf todten über dem Wasser
hängenden Zweigen und an den Ufern und dem Laubwerke fand
ich drei hübsche Arten von Cicindela, ganz von einander in Größe,
Form und Farbe verschieden, aber mit einer fast identischen Zeichnung blasser Flecken. Ich fand auch ein einzelnes Exemplar
einer höchst sonderbaren Art mit langen Antennen. Aber meine

schönste Entdeckung hier war die Cicindela gloriosa, welche ich auf moosigen Steinen, die eben aus dem Wasser heraussahen, fand. Nachdem ich das erste Exemplar dieses eleganten Insects bekommen hatte, pflegte ich den Strom hinaufzuwandern und sorgsam jeden moosbedeckten Felsen und Stein zu besehen. Es war etwas scheu und führte mich oft von Stein zu Stein auf eine lange Jagd, indem es jedesmal, wenn es auf das feuchte Moos kam, wegen seiner reichen sammetgrünen Farbe unsichtbar wurde. An einigen Tagen konnte ich es nur auf Augenblicke sehen, an andern erhielt ich ein einziges Exemplar und bei einigen Gelegenheiten zwei, aber nie ohne eine mehr oder weniger eifrige Verfolgung. Diese und mehre andere Arten sah ich nirgend als in dieser einen Bergschlucht.

Unter dem Volke hier beobachtete ich Individuen verschiedenartiger Typen, welche, zusammen mit den Eigenthümlichkeiten ihrer Sprachen, mir einen Fingerzeig in Betreff ihrer wahrscheinlichen Abstammung gaben. Eine auffallende Illustration der niedrigen Civilisationsstufe dieses Volkes, bis vor ganz kurzer Zeit, liegt in den großen Differenzen ihrer Sprachen. Drei bis vier Meilen von einander entfernte Dörfer haben verschiedenartige Dialecte und jede Gruppe von drei bis vier solcher Dörfer hat eine eigene, allen Andern ganz unverständliche Sprache, so daß bis auf die neuerliche Einführung des Malayischen durch die Missionäre, dem freien Verkehre dadurch eine Schranke gesetzt gewesen sein muß. Diese Sprachen bieten viele Eigenthümlichkeiten. Sie enthalten ein celebensisch-malayisches und ein papuanisches Element, damit parallel einige Wurzel-Eigenthümlichkeiten, die auch in den Sprachen der Siao- und Sangir-Insulaner mehr nach Norden gefunden werden und daher wahrscheinlich von den Philippinen herstammen. Physische Charaktere entsprechen dem. Einige der weniger civilisirten Stämme haben halb papuanische Gesichtszüge und Haare, während in einigen Dörfern die echte Celebes- und Bugis-Physiognomie vorherrscht. Die Hochebene von Tondáno ist hauptsächlich von einem Volke bewohnt, das so weiß ist wie die Chinesen, mit sehr gefälligen halb europäischen Gesichtszügen. Das Volk von Sjao und Sangir gleicht diesen sehr und ich glaube, daß sie vielleicht von einigen der Inseln Nord-Polynesiens eingewandert sind. Der Papua-Typus würde den Rest der Ureinwohner repräsentiren, während die Bugis-Charaktere die Verbreitung der höheren malayischen Racen nach Norden andeuten.

Da ich wegen des schlechten Wetters und der Krankheit meiner Jäger eine werthvolle Zeit in Panghu verlor, so kehrte ich nach einem Aufenthalte von drei Wochen nach Menado zurück. Hier befiel mich ein kleines Fieber und daher und bis ich meine Sammlungen getrocknet und verpackt und neue Diener engagirt hatte, vergingen vierzehn Tage, ehe ich wieder zur Abreise gerüstet war. Ich ging nun nach Osten über ein welliges Land, das den großen Vulcan von Klábat umgiebt, bis an ein Dorf Namens Lempías, dicht neben dem ausgedehnten Walde gelegen, welcher die niedrigen Abhänge jenes Berges bedeckt. Mein Gepäck wurde von Dorf zu Dorf durch sich ablösende Männer getragen, und da jeder Wechsel etwas Aufenthalt erforderte, so erreichte ich meinen Bestimmungsort (eine Entfernung von achtzehn Meilen) erst nach Sonnenuntergang. Ich war durch und durch naß und mußte eine Stunde in einem unbehaglichen Zustande warten, bis der erste Theil meines Gepäckes ankam, der glücklicherweise meine Kleider enthielt, während der Rest nicht vor Mitternacht eintraf.

Da dieses der District war, welchen jenes sonderbare Thier,

der Babirussa (Hirscheber) bewohnt, so suchte ich nach Schädeln und erhielt bald einige ziemlich gut erhaltene und auch einen von dem seltenen und bemerkenswerthen „Sapi-utan" (Anoa drepressicornis). Von diesem Thiere hatte ich zwei lebende Exemplare in Menado gesehen und war von ihrer großen Aehnlichkeit mit kleineren Rindern oder noch mehr mit der südafrikanischen Elenantilope überrascht. Ihr malayischer Name bedeutet „Waldochse" und sie unterscheiden sich von sehr kleinen gut gezüchteten Ochsen hauptsächlich durch die tief herabhängende Wampe und durch die geraden spitzen Hörner, welche sich über den Nacken herab neigen. Ich fand hier den Wald nicht so reich an Insecten, wie ich erwartet hatte, und meine Jäger brachten nur sehr wenig Vögel, aber was sie erhielten, war sehr interessant. Darunter der seltene Wald-Königsfischer (Cittura cyanotis), eine kleine neue Art von Megapodius und ein Exemplar des großen und interessanten Maleo (Megacephalon rubripes), den zu bekommen einer meiner Hauptbeweggründe zum Besuche dieses Districtes gewesen war. Als ich mich aber zehn Tage vergebens um weitere bemüht hatte, ging ich nach Licoupang, am äußersten Ende der Halbinsel, ein Platz, der für diese Vögel sowohl, als auch für den Babirussa und den Sapiutan berühmt ist. Ich fand hier Herrn Goldmann, den ältesten Sohn des Gouverneurs der Molukken, der die Errichtung einiger Regierungs-Salzwerke beaufsichtigte. Es war dies eine günstigere Localität und ich erhielt einige schöne Schmetterlinge und sehr gute Vögel, darunter noch ein Exemplar der seltenen Erdtaube (Phlegaenas tristigmata), die ich zuerst nahe dem Máros-Wasserfall in Süd-Celebes gefunden hatte.

Als Herr Goldmann erfuhr, wonach ich hauptsächlich suchte, bot er mir freundlicherweise eine Jagdpartie nach dem Platze an, an welchem die „Maleos" am zahlreichsten vorkommen, ein entferntes und unbewohntes Seegestade, etwa zwanzig Meilen von da. Das Klima war hier ganz von dem in den Bergen verschieden, nicht ein Tropfen Regen war seit vier Monaten gefallen; ich traf daher Veranstaltungen, eine Woche an der Küste zu bleiben, um mir eine gute Anzahl Exemplare zu sichern. Wir fuhren theils per Schiff theils gingen wir durch den Wald, von dem Major oder Häuptling von Licoupang begleitet, mit einem Dutzend Eingeborner und etwa zwanzig Hunden. Unterwegs fingen sie einen jungen Sapi-utan und fünf wilde Schweine. Von Ersterem bewahrte ich den Kopf auf. Dieses Thier ist gänzlich auf die fernen Bergwälder von Celebes und eine oder zwei der anliegenden Inseln, welche zu derselben Gruppe gehören, begrenzt; bei den ausgewachsenen ist der Kopf schwarz, mit einem weißen Punkt über jedem Auge, einem auf jeder Backe und einem andern an der Kehle. Die Hörner sind sehr glatt und scharf in der Jugend, und werden mit dem Alter dicker und unten gerifft. Die meisten Naturforscher betrachten dieses seltsame Thier als einen kleinen Ochsen, aber nach dem Charakter der Hörner, nach dem schönen Haarkleide und der herabhängenden Wampe scheint es sich sehr den Antilopen zu nähern.

An unserm Bestimmungsort angelangt bauten wir eine Hütte und rüsteten uns zu einem Aufenthalte von einigen Tagen, ich um „Maleos" zu schießen und abzubalgen, Herr Goldmann und der Major um wilde Schweine, Babirussas und Sapi-utans zu jagen. Der Ort liegt in einer großen Bucht zwischen den Inseln Limbé und Banca und besteht aus einem steilen Küstensaume von mehr als einer Meile Länge, von tiefem losen und groben vulcanischen Sand oder besser Kies, in dem es sich schlecht geht. Er wird jederseits von einem kleinen Flusse mit hügeligem Boden jenseits begrenzt; der Wald hinter dem Ufer ist ziemlich eben und in seinem Wachsthume verkümmert. Wir haben hier wahrscheinlich einen alten Lavastrom von dem Klabat-Vulcan, welcher ein Thal hinab in die See geflossen ist und dessen Zersetzungsproducte den losen schwarzen Sand gebildet haben. Um diese Ansicht zu stützen, mag noch erwähnt sein, daß die Ufer jenseit der kleinen Flüsse nach beiden Richtungen hin von weißem Sande sind.

In diesen losen heißen Sand legen jene merkwürdigen Vögel, die „Maleos", ihre Eier nieder. In den Monaten August und September, wenn wenig oder kein Regen fällt, kommen sie paarweise vom Innern an diesen oder an einen oder zwei andere Lieblingsplätze und kratzen drei bis vier Fuß tiefe Löcher, gerade über der Hochwasserlinie, wohinein das Weibchen ein einziges großes Ei legt, welches sie etwa einen Fuß hoch mit Sand bedeckt und dann in den Wald zurückkehrt. Nach zehn bis zwölf Tagen kommt sie wieder an denselben Ort und legt ein zweites Ei und jedes Weibchen soll sechs bis acht Eier während einer Saison legen. Das Männchen unterstützt das Weibchen bei der Herstellung des Loches, kommt mit demselben ans Ufer und kehrt mit ihm zurück. Das Aussehen des Vogels, wenn er am Strande geht, ist sehr hübsch. Das glänzende Schwarz und das rosige Weiß des Gefieders, der behelmte Kopf und der, wie beim gewöhnlichen Huhn in die Höhe gerichtete Schwanz verleihen ihm einen auffallendes Aussehen, welches der langsame und etwas bedächtige Gang noch bemerkbarer macht. Zwischen den Geschlechtern besteht kaum ein Unterschied, außer daß beim männlichen Vogel der Helm oder die Haube hinten am Kopfe und die Tuberkeln an den Nasenöffnungen etwas größer und die schöne rosige Lachsfarbe etwas tiefer ist, aber der Unterschied ist so leichter Natur, daß man nicht immer ohne die Section entscheiden kann, ob man es mit einem Männchen oder Weibchen zu thun hat. Sie laufen schnell, aber wenn man nach ihnen schießt oder sie plötzlich stört, so fliegen sie mit schwerem, geräuschvollem Flügelschlage auf irgend einen benachbarten Baum, wo sie sich auf einen niedrigen Zweig setzen. Sie schlafen wahrscheinlich des Nachts in einer ähnlichen sitzenden Stellung. Viele Vögel legen in dasselbe Loch, denn oft werden ein Dutzend Eier zusammen gefunden; diese sind so groß, daß es für den Körper des Vogels nicht möglich ist, mehr als ein vollständig entwickeltes Ei zur Zeit zu tragen. In allen Weibchen, welche ich schoß, überstieg keines der Eier, außer dem einen großen, die Größe von Erbsen, und es waren nur acht oder neun darin, welches wahrscheinlich die äußerste Anzahl ist, die ein Vogel in einer Saison legen kann.

Jedes Jahr kommen die Eingeborenen fünfzig Meilen weit aus der Runde hierher, um diese Eier zu sammeln, welche für eine große Delicatesse gehalten werden und ganz frisch in der That delicat sind. Sie sind fettiger als Hühnereier und von einem schöneren Geschmacke, jedes füllt eine gewöhnliche Theetasse vollständig und giebt mit Brod und Reis eine sehr gute Mahlzeit ab. Die Farbe der Schale ist blaß ziegelroth oder sehr selten rein weiß. Sie sind länglich und an einem Ende ein klein wenig schmäler, vier bis vier und einen halben Zoll lang und zwei und ein viertel bis zwei und einen halben breit.

Wenn die Eier in den Sand gelegt sind, kümmert sich die Mutter nicht weiter um sie. Die jungen Vögel durchbrechen die Schale, arbeiten sich durch den Sand durch und eilen sofort in den Wald; Herr Duivenboden von Ternate versicherte mich, daß sie an demselben Tage, an welchem sie auskriechen, schon fliegen können. Er hatte einige Eier an Bord seines Schooners mitgenommen, welche während der Nacht auskamen, und am Morgen flogen die kleinen Vögel sofort durch die Kajüte. Wenn man die große Entfernung in Betracht zieht, welche die Vögel zurücklegen, um ihre Eier in passende Verhältnisse zu bringen (oft zehn bis fünfzehn Meilen), so scheint es doch sehr bemerkenswerth, daß sie keine weitere Sorge um sie tragen. Allein es ist ganz sicher gestellt, daß sie dieselben nicht bewachen, und sie können es auch gar nicht. Die Eier werden von einer Anzahl Hennen nacheinander in dasselbe Loch gelegt, und es wäre unmöglich für eine jede die eigenen herauszuerkennen; und die für so große Vögel nothwendige Nahrung (sie besteht lediglich aus gefallenen Früchten) kann nur dadurch beschafft werden, daß sie über weite Districte herumstreifen; es würden also viele vor Hunger sterben müssen, wenn alle, welche an dieses einzige Seegestade zur Brütezeit herabkommen, — es sind viele Hunderte — genöthigt wären in der Nachbarschaft zu bleiben.

In dem Bau der Füße dieses Vogels können wir einen Grund dafür suchen, daß er von den Gewohnheiten seiner nächsten Verwandten, der Megapodii und Talegalli, abgeht, welche Erde, Blätter, Steine und Stöcke zu ungeheuren Bergen aufthürmen, in welchen sie ihre Eier vergraben. Die Füße des Maleo sind verhältnißmäßig lange nicht so groß und stark wie bei jenen Vögeln, und die Krallen sind kurz und gerade, statt lang und sehr gebogen. Die Zehen sind aber durch eine starke Haut an der Basis miteinander verbunden und bilden einen breiten, mächtigen Fuß, welcher zusammen mit dem ziemlich langen Bein sich sehr wohl dazu eignet, den losen Sand wegzuscharren (der in Wolken auffliegt, wenn die Vögel bei der Arbeit sind), aber welcher nicht ohne viele Mühe die Haufen vermischten Unrathes aufthürmen könnte, welche die großen Greiffüße des Megapodius mit Leichtigkeit zusammenbringen.

Wir können auch, wie mir scheint, in der besonderen Organisation der ganzen Familie der Megapodidae oder Buschtruthühner einen Grund finden, weshalb sie sich so weit von den üblichen Gewohnheiten der Klasse der Vögel entfernen. Jedes Ei ist so groß, daß es die Abdominalhöhle des Vogels ganz ausfüllt und mit Schwierigkeit durch das Becken tritt, so daß ein beträchtlicher Zeitraum erforderlich ist, um die aufeinander folgenden Eier zur Reife zu bringen (die Eingeborenen sagen etwa dreizehn Tage). Jeder Vogel legt sechs bis acht Eier oder selbst noch mehr in jeder Saison, so daß zwischen dem ersten und letzten ein Zwischenraum von zwei bis drei Monaten sein mag. Wenn nun diese Eier auf dem gewöhnlichen Wege ausgebrütet würden, so müßten entweder die Eltern während dieser langen Zeit beständig sitzen bleiben, oder, wenn sie erst zu sitzen anfingen, wenn das letzte Ei gelegt ist, so würde das erste dem schädlichen Einflusse des Klimas oder der Zerstörung durch große Eidechsen, Schlangen oder andere Thiere, welche in dem Districte verbreitet sind, ausgesetzt sein; denn so große Vögel müssen über weite Strecken schweifen, um sich Nahrung zu suchen. Hier also, scheint es, haben wir einen Fall, in welchem die Gewohnheiten eines Vogels direct seiner exceptionellen Organisation angepaßt sind; denn man wird doch schwerlich behaupten wollen, daß diese abnorme Structur und die besondere Nahrung den Megapodidae deshalb verliehen worden seien, damit sie nicht jene Elternliebe zur Schau tragen oder jene häuslichen Instincte besitzen sollten, welche in der Klasse der Vögel so allgemein sind und so sehr unsere Bewunderung erregen.

Es ist im Allgemeinen bei den Schriftstellern über Naturgeschichte üblich geworden, die Gewohnheiten und Instincte der Thiere als feste Punkte hinzustellen und ihre Bauart und Organisation als speciel mit diesen in Harmonie zu betrachten. Diese Annahme ist jedoch eine willkürliche und hat die üble Wirkung, daß sie das Forschen nach der Natur und den Ursachen der „Instincte und Gewohnheiten" hemmt, da sie dieselben als direct von einer „ersten Ursache" abhängig behandelt und daher für uns unbegreiflich sein läßt. Ich glaube, daß eine sorgsame Betrachtung des Structur einer Art und der besonderen physischen und organischen Bedingungen, von denen sie umgeben ist oder in früherer Zeit umgeben war, oft, wie in diesem Falle, viel Licht auf den Ursprung ihrer Gewohnheiten und Instincte werfen wird. Diese wiederum combinirt mit den Veränderungen in den äußern Verhältnissen reagiren auf die Structur und vermittelst der „Variation" und der „natürlichen Zuchtwahl" werden beide miteinander in Harmonie gehalten.

Meine Freunde blieben drei Tage und schossen viele wilde Schweine und zwei Anóas, aber die letzteren waren von den Hunden sehr beschädigt, so daß ich nur die Köpfe aufbewahren konnte. Eine große Jagd, welche wir am dritten Tage anzustellen versuchten, mißlang in Folge des schlechten Arrangements das Wild einzutreiben, und wir warteten an fünf Stunden, hoch in Bäumen sitzend, ohne zum Schuß zu kommen, obgleich man uns versichert hatte, daß Schweine, Babirussas und Anóas zu Dutzenden bei uns vorüberrauschen würden. Ich selbst blieb mit zwei Leuten drei Tage länger, um mehr Exemplare von Maleos zu erhalten, und es gelang mir auch sechsundzwanzig sehr schöne Thiere aufzubewahren, deren Fleisch und Eier uns mit einer Fülle guter Nahrung versahen.

Der Major sandte ein Boot, wie er versprochen hatte, um mein Gepäck nach Hause zu schicken, während ich mit meinen zwei Knaben und einem Führer durch den Wald marschirte, etwa vierzehn Meilen weit. Auf der ersten Hälfte dieses Marsches gab es keinen Pfad, und wir mußten unsern Weg oft durch verwickelte Rotangs und Bambusdickichte schneiden. Bei einigen unserer Wendungen, um den leichtest zu begehenden Weg zu finden, gab ich meiner Furcht Ausdruck, daß wir die Richtung verlieren würden, da die senkrecht stehende Sonne keinen Anhaltepunkt für dieselbe abgab. Meine Führer jedoch lachten bei dem Gedanken, welcher ihnen überhaupt ganz komisch vorzukommen schien; und etwa halbwegs stießen wir plötzlich gerade auf eine Hütte, wohin Volk aus Licoupang zum Jagen und Auftreiben von wilden Schweinen gekommen war. Mein Führer sagte mir, er habe nie vorher den Wald zwischen diesen zwei Punkten durchschritten; und das ist es, was von einigen Reisenden als ein „Instinct" der Wilden angesehen wird, während es lediglich das Resultat bedeutender allgemeiner Kenntnisse ist. Der Mann kannte die Topographie des ganzen Districtes, den Fall des Landes, die Richtung der Flüsse, die Strecken von Bambus oder Rotang und viele andere Eigenschaften der Localität und Richtung; und er war daher im Stande gerade auf die Hütte zu treffen, in deren Nachbarschaft er oft gejagt hatte. In einem Walde, in welchem er Nichts gekannt hätte, wäre er gerade so verloren gewesen, wie ein Europäer. So ist es nach meiner Ueberzeugung mit all den wunderbaren Geschichten von Indianern, welche ihren Weg durch pfadlose Wälder nach bestimmten Punkten hin finden. Sie mögen vielleicht nie vorher gerade zwischen den zwei bestimmten Punkten gegangen sein, aber sie sind mit der Nachbarschaft beider gut bekannt und haben eine so allgemeine Kenntniß des ganzen Landes, seines Wassersystems, seines Bodens und seiner Vegetation, daß, wenn sie sich dem Punkte, den sie erreichen wollen, nähern, viele leicht erkennbare

Zeichen sie in den Stand setzen, mit Sicherheit gerade darauf zu treffen.

Das Haupt-Charakteristicum dieses Waldes war die Masse von Rotang-Palmen, welche von den Bäumen herabhingen, sich am Boden herumwanden und oft in unentwirrbaren Knäueln verschlungen waren. Man wundert sich zuerst darüber, wie sie so seltsame Formen annehmen können; aber es ist augenscheinlich eine Folge des Zerfalles und des Sturzes der Bäume, auf denen sie zuerst hinaufklimmen, worauf sie den Boden entlang wachsen bis sie einen andern Stamm treffen, den sie ansteigen. Eine verschlungene Masse von lebendem Rotang ist daher ein Zeichen, daß vor einer bestimmten Zeit ein großer Baum dort gestürzt ist, wenn auch nicht die geringste Spur mehr von ihm auffindbar sein sollte. Der Rotang scheint ein unbegrenztes Wachsthumsvermögen zu besitzen und eine einzige Pflanze kann nacheinander mehre Bäume erklimmen und auf diese Weise die enorme Länge erreichen, welche man ihnen manchmal zuschreibt. Sie verleihen der Vegetation das Aussehen eines Waldes, den man von der Küste aus sieht, denn sie geben den sonst gleichförmigen Baumspitzen Abwechselung durch die Blätter-Federkronen, welche frei über sie hinausragen und jede in einer geraden blätterigen Spitze wie Blitzableiter enden.

Ein anderes höchst interessantes Object im Walde war eine schöne Palme, deren vollkommen glatter und cylindrischer Stamm mehr als hundert Fuß hoch aufschießt in einer Dicke von acht bis zehn Zoll; die fächerartigen Blätter, welche seine Krone bilden, stehen in fast vollständigen Kreisen von sechs bis acht Fuß Durchmesser, auf langen und schlanken Blattstielen hoch getragen und um die Ränder durch die Enden der Blättchen, welche nur ein paar Zoll von der Peripherie abstehen, hübsch gezähnelt. Es ist wahrscheinlich die Livistonia rotundifolia der Botaniker, und es ist dies das vollständigste und schönste Fächerblatt, das ich je gesehen habe, das vortrefflich zu Wassereimern und improvisirten Körben gestaltet werden kann und auch zum Dachdecken und für andere Zwecke gebraucht wird.

Einige Tage später kehrte ich zu Pferde nach Menado zurück; mein Gepäck sandte ich zur See. Ich hatte gerade Zeit, alle meine Sammlungen zu verpacken, um noch mit dem nächsten Postdampfschiffe nach Amboina zu gehen. Ehe ich in meiner Reisebeschreibung fortfahre, will ich einige Seiten einem Bericht über die Haupteigenthümlichkeiten der Zoologie von Celebes und ihre Beziehungen zu der der umliegenden Länder widmen.

Achtzehntes Capitel.

Naturgeschichte von Celebes.

Die Insel Celebes liegt im Centrum des Archipels. Unmittelbar nach Norden sind die Philippinen; im Westen Borneo; im Osten die Molukken; im Süden die Timor-Gruppe: und sie ist von allen Seiten mit diesen Inseln durch ihre eigenen Satelliten, durch kleine Eilande und Korallenriffe, so eng verbunden, daß man weder durch Betrachtung der Karte, noch durch thätige Beobachtung an der Küste im Stande ist, genau zu bestimmen, welche mit ihr, oder welche mit den umliegenden Districten zusammen gruppirt werden müssen. Bei dieser Sachlage ließe sich natürlich erwarten, daß die Producte dieser Centralinsel bis zu einem gewissen Grade den Reichthum und die Mannigfaltigkeit des ganzen Archipels darbieten würden, während wir nicht viel individuelle Züge in einem Lande vermuthen werden, welches so gelegen ist, daß es vorwiegend dazu geeignet scheint, Einwanderung von allen Seiten rund herum aufzunehmen.

Aber wie es so oft in der Natur der Fall ist, der Thatbestand erweis't sich als das gerade Gegentheil von dem, was man erwarten sollte; und eine Betrachtung der Thierwelt von

Celebes zeigt, daß es sowohl die ärmste Insel ist in Betreff der Anzahl ihrer Arten, als auch die isolirteste unter allen großen Inseln des Archipels in Betreff des Charakters ihrer Producte. Mit den dazu gehörigen Inselchen breitet sie sich über eine Meeresfläche aus, die an Länge und Breite kaum der von Borneo eingenommenen nachsteht, und ihr thatsächliches Landareal ist beinahe das doppelte von dem von Java; und doch beläuft sich die Zahl der dort gefundenen Säugethiere und Landvögel kaum auf mehr als die Hälfte der Arten der letztgenannten Insel. Die Lage von Celebes ist eine solche, daß sie mit größerer Leichtigkeit Einwanderung von allen Seiten erhalten könnte als Java, und doch scheinen von den sie bewohnenden Arten im Verhältniß viel weniger von anderen Inseln hergekommen, als ihr selbst durchaus eigenthümlich zu sein; eine beträchtliche Anzahl ihrer Thierformen ist deshalb so bemerkenswerth, weil man keine nahe Verwandte in irgend einem anderen Theile der Erde findet. Ich will nun die bestbekannten Gruppen celebensischer Thiere etwas im Detail vorführen, um ihre Beziehungen zu denen anderer Inseln klarzulegen und die Aufmerksamkeit auf viele interessante Punkte, welche sie darbieten, zu lenken.

Wir wissen viel mehr von den celebensischen Vögeln, als von irgend einer andern Thiergruppe. Nicht weniger als 191 Arten sind entdeckt worden, und obgleich ohne Zweifel noch viel mehr Wad- und Schwimmvögel diesen hinzuzufügen sind, so muß doch die Liste der Landvögel, 144 an Zahl, und für unsern gegenwärtigen Zweck bei Weitem die wichtigsten, sehr nahezu vollständig sein. Ich selbst sammelte fast zehn Monate lang emsig Vögel auf Celebes und mein Assistent, Herr Allen, verbrachte zwei Monate auf den Sula Inseln. Der holländische Naturforscher Forsten lebte zwei

Jahre in Nord-Celebes (zwanzig Jahre vor meinem Besuch) und Vogelsammlungen sind auch von Mangkassar nach Holland gesandt worden. Das französische Schiff, L'Astrolabe, berührte auf seiner Entdeckungsreise Menado und legte Sammlungen an. Seit meiner Rückkehr nach Hause haben die Naturforscher Rosenberg und Bernstein ausgedehnte Sammlungen gemacht, sowohl in Nord-Celebes, als auch auf den Sula Inseln; jedoch haben alle ihre Forschungen zusammen nur acht Arten von Landvögeln denen, welche meine eigene Sammlung ausmachen, hinzugefügt — eine Thatsache, welche es fast sicher stellt, daß es nur noch sehr wenige dort zu entdecken geben wird. Außer Salaija und Buton im Süden und Peling und Bangai im Osten gehören die drei Inseln des Sula- (oder Zula-) Archipels auch in zoologischer Hinsicht zu Celebes, obgleich ihre Lage eine solche ist, daß sie sich scheinbar natürlicher zu den Molukken gruppiren. An 48 Landvögel sind von der Sula-Gruppe bekannt, und wenn wir von diesen fünf Arten abziehen, welche über den Archipel eine weite Verbreitung haben, so sind die übrigen viel charakteristischer für Celebes als für die Molukken. Einunddreißig Arten sind identisch mit denen der erstgenannten Insel und vier repräsentiren celebensische Formen, während nur elf molukkische Arten sind und zwei weitere Repräsentanten solcher.

Aber obgleich die Sula Inseln zu Celebes gehören, so liegen sie doch so nahe an Buru und den südlichen Inseln der Dschilolo-Gruppe, daß mehre rein molukkische Formen dorthin auswanderten, welche auf der Insel Celebes ganz unbekannt sind; alle dreizehn molukkischen Arten gehören in diese Kategorie, und sie theilen daher den Producten von Celebes ein fremdes Element zu, welches in Wirklichkeit nicht dahin gehört. Wenn wir daher die Eigenthümlichkeiten der celebensischen Fauna studiren wollen, so werden wir gut thun, nur die Producte der Hauptinsel in Betracht zu ziehen.

Die Anzahl der Landvögel auf der Insel Celebes ist 128, und von diesen können wir, wie vorher, eine kleine Anzahl von Arten streichen, welche über den ganzen Archipel (oft von Indien bis in den stillen Ocean) verbreitet sind und welche daher nur dazu dienen, die Eigenthümlichkeiten der einzelnen Inseln zu verwischen. Diese sind 20 an Zahl, und es bleiben also 108 Arten, welche wir als mehr charakteristisch für die Insel betrachten können. Wenn wir nun diese genau mit den Vögeln aller umliegenden Länder vergleichen, so finden wir, dass nur neun sich über die Inseln nach Westen ausdehnen und neunzehn über die Inseln nach Osten, während nicht weniger als 80 lediglich der celebensischen Fauna angehören — ein Grad von Individualität, welcher, in Hinblick auf die Lage der Insel, kaum von irgend einem anderen Theile der Erde erreicht wird. Wenn wir diese 80 Arten noch genauer betrachten, so überraschen uns die vielen Eigenthümlichkeiten, welche sie in ihrer Structur darbieten und auch die seltsamen Verwandtschaftsbeziehungen zu entfernten Theilen der Erde, welche viele derselben zu besitzen scheinen. Diese Punkte sind von so grossem Interesse und von so grosser Wichtigkeit, dass es nothwendig ist, alle jene Arten, welche der Insel eigenthümlich sind, Revue passiren zu lassen und die Aufmerksamkeit auf Alles, was in dieser Hinsicht der Betrachtung werth ist, zu lenken.

Sechs Arten von Falken sind Celebes eigenthümlich; drei derselben sind sehr verschieden von verwandten Vögeln, welche über ganz Indien, Java und Borneo verbreitet sind und welche auf diese Weise plötzlich beim Betreten von Celebes verändert zu sein scheinen. Ein anderer (Accipiter trinotatus) ist ein schöner Falke mit eleganten Reihen großer runder weißer Flecken auf dem Schwanze, welche ihn sehr auffallend machen und durchaus von allen anderen bekannten Vögeln der Familie unterscheiden. Drei Eulen sind auch eigenartig; eine, eine Schleiereule (Strix rosenbergii) ist sehr viel größer und stärker als ihre Verwandte, die Strix javanica, welche von Indien an über alle Inseln bis Lombok vorkommt.

Von den zehn auf Celebes gefundenen Papageien sind acht dieser Insel eigenthümlich. Darunter sind zwei Arten der sonderbaren Rackett-schwänzigen Papageien, welche die Gattung Prioniturus bilden, und welche dadurch charakterisirt sind, daß sie zwei lange Löffel-förmige Federn im Schwanze besitzen. Zwei verwandte Arten werden auf der benachbarten Insel Mindanao, eine der Philippinen, gefunden und diese Form des Schwanzes kommt bei keinen anderen Papageien auf der ganzen Erde vor. Eine kleine Lorikel-Art (Trichoglossus flavoviridis) scheint die nächsten Verwandten in Australien zu besitzen.

Die drei Spechte, welche die Insel bewohnen, sind ihr alle eigenthümlich und sind mit auf Java und Borneo gefundenen Arten verwandt, wenn auch sehr von ihnen allen unterschieden.

Unter den drei der Insel eigenthümlichen Kukuken sind zwei sehr bemerkenswerth. Phoenicophaus callirhynchus ist die größte und schönste Art der Gattung und ist durch die drei Farben des Schnabels unterschieden, hellgelb, roth und schwarz. Eudynamis melanorynchus weicht von allen seinen Verwandten durch seinen kohlschwarzen Schnabel ab, da die anderen Arten der Gattung ihn stets grün, gelb oder röthlich haben.

Der celebensische Roller (Coracias temmincki) ist ein interessantes Beispiel, wie eine Art einer Gattung von den andern Arten derselben Gattung abgeschieden ist. Es giebt Arten von

Coracias in Europa, Asien und Afrika, aber keine auf der Halbinsel Malaka, auf Sumatra, Java oder Borneo. Die vorliegende Art scheint also ganz außerhalb zu liegen; und noch seltsamer ist die Thatsache, daß sie durchaus nicht irgend einer asiatischen Art ähnlich ist, sondern mehr den afrikanischen zu gleichen scheint.

In der nächsten Familie, den Bienenfressern, befindet sich ein anderer gleich alleinstehender Vogel, Meropogon forsteni, welcher die Charaktere der afrikanischen und indischen Bienenfresser in sich vereint und dessen einziger naher Verwandter, Meropogon breweri, von Herrn Du Chaillu in Westafrika entdeckt wurde!

Die zwei celebensischen Hornvögel haben keine nahen Verwandten unter denen, welche in den angrenzenden Ländern vielfach vorkommen. Die einzige Drossel, Geocichla erythronota, steht einer Timor eigenthümlichen Art am nächsten. Zwei der Fliegenfänger sind indischen Arten nahe verwandt und kommen auf den malayischen Inseln nicht vor. Zwei Elstern ähnelnde Gattungen (Streptocitta und Charitornis), sind auf Celebes begrenzt, aber ihre Verwandtschaften sind so unsicher, daß Professor Schlegel sie zu den Staaren stellt. Es sind hübsche langschwänzige Vögel mit schwarz und weißem Gefieder, die Federn des Kopfes etwas steif und Schuppen-artig.

Vielleicht den Staaren nahestehend sind zwei andere sehr isolirte und schöne Vögel. Einer, Enodes erythrophrys, hat aschgraues und gelbes Gefieder, aber ist mit breiten Streifen von Orangeroth über den Augen geziert. Der andere, Basilornis celebensis, ist ein blauschwarzer Vogel mit einem weißen Flecken jederseits auf der Brust, und der Kopf mit einem schönen zusammengedrückten schuppigen Federkamm, in der Form dem des wohlbekannten Klipphuhns* von Südamerika gleich. Der einzige Verwandte dieses Vogels wird auf Ceram gefunden und hat die Kammfedern in ganz anderer Art aufwärts verlängert.

Ein noch merkwürdigerer Vogel ist der Scissirostrum pagei, welcher, obgleich er augenblicklich zu der Familie der Staare gestellt wird, von allen anderen Arten in der Form des Schnabels und der Nasenlöcher abweicht und in seinem allgemeinen Bau sehr nahe den Ochsenhockern (Buphaga) des tropischen Afrika verwandt scheint, denen nahe der rühmlich bekannte Ornithologe Prinz Bonaparte sie schließlich gestellt hat. Er ist fast gänzlich von einer schieferigen Farbe, mit gelbem Schnabel und Füßen, aber die Federn des Rumpfes und die oberen Schwanzdecken enden jede in einen steifen glänzenden Pinsel oder Büschel von einem lebhaften Carmoisinroth. Diese hübschen kleinen Vögel nehmen die Stelle der metallisch grünen Staare der Gattung Calornis ein, welche auf den meisten andern Inseln des Archipels gefunden werden, aber welche auf Celebes nicht vorkommen. Sie halten sich in Schaaren auf, nähren sich von Korn und Obst, besuchen meist abgestorbene Bäume, in deren Löchern sie ihre Nester bauen, und erklimmen die Aeste so leicht wie Spechte oder Baumläufer.

Von achtzehn auf Celebes vorkommenden Tauben sind elf der Insel eigenthümlich. Zwei davon, Ptilonopus gularis und Turacaena menadensis, haben ihre nächsten Verwandten in Timor. Zwei andere, Carpophaga forsteni und Phlaegenas tristigmata, gleichen am meisten philippinischen Arten; und Carpophaga radiata gehört zu einer Gruppe Neu Guineas. Endlich unter den hühnerartigen Vögeln ist der seltsame, behelmte

---

* Rupicola aurantia. A. d. Uebers.

Maleo (Megacephalon rubripes) ganz alleinstehend; er hat seine nächsten (aber doch fernstehenden) Verwandten in den Großfußhühnern von Australien und Neu Guinea.

Urtheilen wir daher nach den Meinungen der hervorragenden Naturforscher, welche die Vögel von Celebes beschrieben und klassificirt haben, so finden wir, daß viele der Arten durchaus keine nahe Verwandte in den Ländern, welche dieser Insel naheliegen, besitzen, sondern entweder ganz alleinstehend sind oder Verwandtschaften mit so entfernten Gegenden wie Neu Guinea, Australien, Indien oder Africa aufweisen. Andere Fälle gleich entfernter Verwandtschaften zwischen den Producten weit auseinanderliegender Länder existiren zweifellos; aber auf keinem mir bis jetzt bekannten Fleck der Erde kommen so viele zusammen vor oder bilden einen so entschiedenen Charakterzug in der Naturgeschichte des Landes.

Die Säugethiere von Celebes sind an Zahl gering; vierzehn Land=Arten und sieben Fledermäuse. Von ersteren sind nicht weniger als elf eigenthümlich, darunter zwei, von denen man Grund hat zu glauben, daß sie neuerdings durch den Menschen auch auf andere Inseln übergeführt worden sind. Drei Arten, welche eine ziemlich weite Verbreitung über den Archipel haben, sind 1) der seltsame Lemur, Tarsius spectrum, welcher auf allen Inseln bis Malata westlich vorkommt; 2) die gewöhnliche malayische Zibethkatze, Viverra tangalunga, welche noch eine größere Verbreitung hat; und 3) ein Hirsch, welcher derselbe wie der Rusa hippelaphus von Java zu sein scheint und wahrscheinlich in früheren Zeiten durch den Menschen eingeführt worden ist.

Die charakteristischeren Arten sind die folgenden:

Cynopithecus nigrescens, ein seltsamer Pavian=ähnlicher

Affe, wenn nicht ein ächter Pavian, der über ganz Celebes verbreitet ist und sonst nur auf der einen kleinen Insel Batchan vorkommt, wo er wahrscheinlich zufällig eingeführt worden ist. Eine verwandte Art ist auf den Philippinen, aber auf keiner andern Insel des Archipels kommt irgend etwas Aehnliches vor. Diese Geschöpfe sind etwa von der Größe eines Wachtelhundes, von kohlschwarzer Farbe, mit der vorspringenden Hunde-ähnlichen Schnauze und den überhängenden Augenbrauen der Paviane. Sie haben große rothe Schwielen und einen kurzen fleischigen Schwanz, kaum einen Zoll lang und fast unsichtbar. Sie gehen in großen Schaaren, leben hauptsächlich auf den Bäumen, aber steigen oft auf die Erde herab und berauben die Gärten und Obstanlagen.

Anoa depressicornis, Sapi-utan, oder wilde Kuh der Malayen, ist ein Thier, über welches man viel gestritten hat, ob es als Ochs, Büffel oder Antilope klassificirt werden sollte. Es ist kleiner als irgend ein anderes wildes Rind und scheint sich nach vielen Richtungen hin einigen der Ochsen-ähnlichen Antilopen Afrikas zu nähern. Es wird nur in den Bergen gefunden, und man sagt, es halte sich nie an Plätzen auf, an denen es Wild giebt. Es ist etwas kleiner wie eine kleine Hochland-Kuh und hat lange gerade Hörner, welche an der Basis geringelt sind und nach hinten über den Nacken liegen.

Das wilde Schwein scheint von einer der Insel eigenthümlichen Art zu sein; aber ein viel seltsameres Thier dieser Familie ist der Babirussa oder Hirscheber, von den Malayen so genannt wegen seiner langen und schlanken Beine und seiner wie Geweihe gebogenen Fangzähne. Dieses außergewöhnliche Geschöpf gleicht im allgemeinen Aussehen einem Schweine, aber es wühlt nicht mit der Schnauze, da es sich von gefallenen Früchten nährt. Die Fangzähne des Unterkiefers sind sehr lang und scharf, aber die oberen wachsen, statt nach unten wie gewöhnlich, gerade umgekehrt nach oben, aus einer knochigen Zahnhöhle heraus durch die Haut jederseits von der Schnauze, biegen sich nach hinten bis nahe an die Augen und erreichen bei alten Thieren oft eine

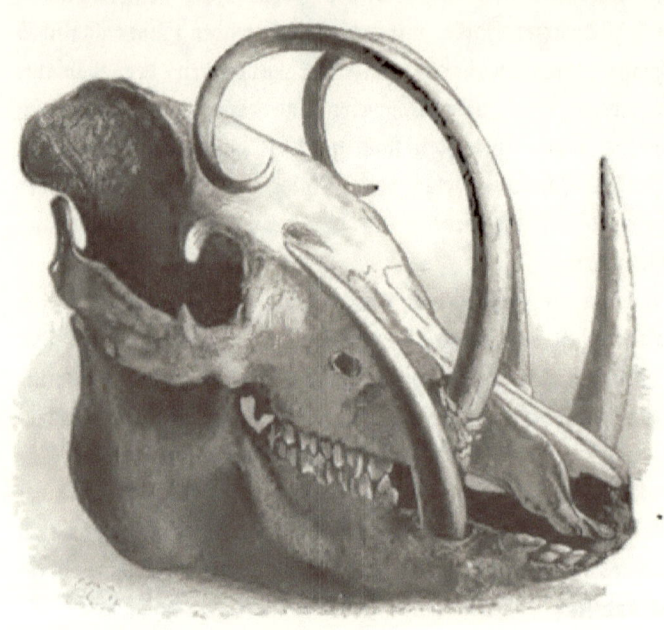

Schädel des Babirussa.

Länge von acht bis zehn Zoll. Es ist schwer den Nutzen dieser außergewöhnlichen Horn-artigen Zähne zu verstehen. Einige der alten Schriftsteller vermutheten, daß sie als Haken dienten, an denen das Thier seinen Kopf an einem Zweige ruhen lassen könnte. Aber die Art, wie sie gewöhnlich gerade über und vor dem Auge auseinanderweichen, hat den wahrscheinlicheren Gedanten eingegeben, daß sie diesen Organen als Wächter vor Dornen und Gestrüpp dienen, während das Thier nach abgefallenen Früchten zwischen dem verschlungenen Dickicht von Rotang oder anderen stacheligen Pflanzen sucht. Allein auch diese Ansicht ist nicht zufriedenstellend, denn das Weibchen, das seine Nahrung ganz auf dieselbe Weise suchen muß, besitzt sie nicht. Ich wäre eher geneigt zu glauben, daß diese Zähne einstmals von Nutzen waren, und damals nach unten hingen, wie sie wuchsen; aber daß eine veränderte Lebensweise sie entbehrlich machte und sie in eine monströse Form entarten ließ, gerade wie die Schneidezähne des Biebers oder des Kaninchens fortwachsen, wenn die gegenüberstehenden Zähne es nicht hindern. Bei alten Thieren erreichen sie eine enorme Größe und sind gewöhnlich abgebrochen, wie es im Kampfe geschehen könnte.

Hier haben wir wiederum eine Aehnlichkeit mit den Warzenschweinen von Afrika, deren obere Eckzähne nach außen wachsen und sich nach oben umbiegen, so daß sie einen Uebergang von der gewöhnlichen Art des Wachsthums zu der des Babirussa bilden. In anderen Beziehungen scheint zwischen diesen Thieren keine Verwandtschaft zu herrschen, der Babirussa steht vollkommen allein und hat keine Aehnlichkeit mit den Schweinen irgend eines andern Theiles der Erde. Er wird über ganz Celebes verbreitet gefunden und auf den Sula Inseln, aber auch auf Borneo, der einzigen Insel, auf der er außer auf Celebes vorkommt, eine Insel, die auch hinsichtlich der Vögel einige Verwandtschaften mit den Sula Inseln aufweis't, was vielleicht auf eine engere Verbindung zwischen ihnen in einer früheren Erdperiode hinweis't.

Die anderen Landsäugethiere von Celebes sind fünf Arten von Eichhörnchen, welche alle von denen Javas und Borneos verschieden sind und den äußersten östlichen Punkt dieser Gattung in den Tropen bilden, und zwei der östlichen Opossums (Cuscus), welche von denen der Molukken verschieden sind und den äußersten westlichen Punkt dieser Gattung und der Beutelthier-Ordnung überhaupt bewohnen. Wir sehen also, daß die Säugethiere von Celebes nicht weniger individuell und bemerkenswerth sind als die Vögel, da drei der größten und interessantesten Arten keine nahe Verwandte in den anliegenden Ländern besitzen, sondern dunkel auf eine Beziehung zum afrikanischen Continent hinweisen.

Viele Insectengruppen scheinen speciell localen Einflüssen unterworfen zu sein, da ihre Formen und Farben mit jeder Aenderung in den Verhältnissen abändern oder sogar bei einem Wechsel in der Localität, an welcher die Verhältnisse fast identisch zu sein scheinen. Wir sollten deshalb vermuthen, daß das Individuelle, was sich bei den höheren Thieren manifestirt, bei diesen Geschöpfen mit ihrem weniger stabilen Organismus noch hervorspringender ist. Auf der andern Seite jedoch müssen wir bedenken, daß die Verbreitung und Wanderung der Insecten weit leichter bewerkstelligt wird, als die der Säugethiere oder selbst der Vögel. Es ist viel wahrscheinlicher, daß sie von heftigen Winden fortgeführt werden; ihre Eier können auf Blättern durch den Sturmwind oder durch schwimmende Bäume transportirt werden und ihre Larven und Puppen, die oft in Baumstämmen vergraben liegen oder in wasserdichte Cocons eingeschlossen sind, können wohl Tage und Wochen lang unbeschädigt über den Ocean treiben. Diese Erleichterungen für die Verbreitung wirken darauf dahin, die Producte der naheliegenden Länder auf zweierlei Art einander ähnlich zu machen: erstlich durch directen gegenseitigen Austausch der Arten; und zweitens durch wiederholte Einwanderungen frischer Individuen einer Art, welche auf anderen

Inseln gemein ist, und welche durch Kreuzung die Abänderungen in Form und Farbe, welche Unterschiede in den Verhältnissen sonst hervorbringen würden, zu verwischen streben. Mit Berücksichtigung dieser Thatsachen werden wir finden, daß die Eigenartigkeit der Insecten von Celebes noch größer ist, als wir irgend Grund haben zu erwarten.

Um in den Vergleichungen mit andern Inseln Genauigkeit zu verbürgen, will ich mich auf die Gruppen beschränken, welche am Besten bekannt sind oder welche ich selbst sorgsam untersucht habe. Um mit den Papilionidae oder schwalbenschwänzigen Schmetterlingen zu beginnen, so besitzt Celebes 24 Arten, von denen die große Zahl von 18 nicht auf irgend einer andern Insel gefunden wird. Wenn wir dieses mit Borneo vergleichen, welche Insel von 29 Arten nur zwei eigenthümlich besitzt, die sonst nirgend vorkommen, so ist der Unterschied so auffallend, wie er nur sein kann. In der Familie der Pieridae oder weißen Schmetterlinge ist der Unterschied nicht ganz so groß, vielleicht in Folge der größeren Wander-Gewohnheit der Gruppe; aber er ist doch sehr bemerkenswerth. Von 30 Arten, welche die Insel Celebes bewohnen, sind ihr 19 eigenthümlich, während Java (von wo mehr Arten bekannt sind als von Sumatra oder Borneo) von 37 Arten nur 13 eigenthümlich besitzt. Die Danaidae sind große, aber schlecht fliegende Schmetterlinge, welche Wälder und Gärten besuchen und einfach, aber oft auch sehr reich gefärbt sind. Von diesen enthält meine eigene Sammlung 16 Arten von Celebes und 15 von Borneo; aber während nicht weniger als 14 auf die erstgenannte Insel begrenzt sind, sind nur zwei der letzteren eigenthümlich; die Nymphalidae bilden eine sehr ausgedehnte Gruppe von gewöhnlich starkflügeligen und sehr hellgefärbten Schmetterlingen; sie sind sehr häufig in den Tropen und in unserm eigenen Lande durch unsere Perlmutterfalter, Vanessas und Schillerfalter repräsentirt. Vor einigen Monaten stellte ich die östlichen Arten dieser Gruppe in eine Liste zusammen, einschließlich aller neuen von mir aufgefundenen und gelangte bei der Vergleichung zu den folgenden Resultaten:

Arten von Nymphalidae.		Jeder Insel eigenthümliche Arten.	Procent Verhältniß der eigenthümlichen Arten.
Java	70	23	33
Borneo	52	15	29
Celebes	48	35	73

Coleoptera giebt es so viele, daß wenige Gruppen derselben bis jetzt genau bearbeitet sind. Ich will mich daher nur auf eine beziehen, welche ich selbst kürzlich studirt habe — die Cetoniadae oder Rosenkäfer, — eine Käfergruppe, welcher, in Folge ihrer außerordentlichen Schönheit, viel nachgestellt worden ist. Von Java sind 37 Arten dieser Insecten bekannt, und von Celebes nur 30; und doch sind nur 13 oder 35 Procent der ersteren Insel eigenthümlich und 19 oder 63 Procent der letzteren.

Das Resultat aus diesen Vergleichungen ist daher dieses, daß obgleich Celebes eine einzige große Insel ist mit nur einigen wenigen kleineren Inselgruppen in der Nähe, wir sie doch als eine der großen Abtheilungen des Archipels ansehen müssen, mit der ganzen Molukken- oder Philippinen-Gruppe, mit den Papua Inseln, oder mit den indo-malayischen Inseln (Java, Sumatra, Borneo und der Halbinsel Malaka) gleich im Rang und gleich an Wichtigkeit. Wenn man die Insecten- und Vögel-Familien, welche am Besten bekannt sind, zusammenstellt, so zeigt die folgende Tabelle die Vergleichung von Celebes mit den anderen Inselgruppen:

	Papilionidae und Pieridae. Procente der eigenthümlichen Arten.	Falken, Papageien und Tauben. Procente der eigenthümlichen Arten.
Indo-malayische Region	56	54
Philippinen-Gruppe	66	73
Celebes	69	60
Molukken-Gruppe	52	62
Timor-Gruppe	42	47
Papua-Gruppe	64	74

Diese großen und wohlbekannten Familien repräsentiren sehr gut den allgemeinen Charakter der Zoologie von Celebes, und sie zeigen, daß diese Insel in der That einen der isolirtesten Theile des Archipels ausmacht, obgleich sie gerade in der Mitte desselben liegt.

Aber die Insecten von Celebes bieten uns noch andere seltsamere und schwieriger zu erklärende Phänomene dar, als ihre auffallende Individualität. Die Schmetterlinge dieser Inseln sind in vielen Fällen durch eine Besonderheit in den äußeren Umrissen charakterisirt, welche sie auf einen Blick von jenen aus irgend einem anderen Theile der Erde unterscheiden läßt. Sie manifestirt sich höchst ausgesprochen bei den Papilios und den Pieriden und besteht darin, daß die vorderen Schwingen entweder stark gebogen oder nahe der Basis plötzlich umgeknickt oder am Ende verlängert und oft etwas hakenförmig sind. Von den 14 Arten von Papilio auf Celebes zeigen 13 diese Eigenthümlichkeit in größerem oder geringerem Grade, wenn man sie mit den nächst verwandten Arten der umliegenden Inseln vergleicht. Zehn Arten von Pieris haben denselben Charakter und in vier oder fünf der Nymphalidae ist er auch sehr deutlich ausgesprochen. In fast allen Fällen ist die auf Celebes gefundene Art viel größer, als jene der Inseln mehr nach Westen und wenigstens gleich denen der Molukken, oder selbst größer.

Der Unterschied der Form ist jedoch das Bemerkenswertheste, da es etwas ganz und gar Neues ist, daß eine Reihe von Arten in einem Lande gerade in derselben Weise von den correspondirenden Reihen in allen umliegenden Ländern differirt; und es ist so sehr ausgesprochen, daß die meisten celebensischen Papilios und viele Pieriden, ohne daß man die Einzelheiten in der Färbung sieht, sofort lediglich durch ihre Form von denen anderer Inseln unterschieden werden können.

Die äußere Figur von jedem hier gezeichneten Paare giebt die genaue Größe und Form des vorderen Flügels eines Schmetterlings von Celebes wieder, während die innere die nächst verwandte Art von einer der anliegenden Inseln repräsentirt. Fig. 1 zeigt den stark gebogenen Rand der celebensischen Art, Papilio gigon, verglichen mit dem viel geraderen Rande von Papilio demolion von Singapore und Java. Fig. 2 zeigt die plötzliche Knickung über der Basis des Flügels bei Papilio miletus von Celebes, verglichen mit der leichten Biegung bei dem gewöhnlichen Papilio sarpedon, welcher fast genau dieselbe Form von Indien bis nach Neu Guinea und Australien besitzt. Fig. 3 zeigt den verlängerten Flügel von Tachyris zarinda, eine auf Celebes einheimische Art, verglichen mit dem viel kürzeren Flügel von Tachyris nero, eine sehr nahe verwandte Art, welche auf allen westlichen Inseln gefunden wird. Der Unterschied der Form ist in jedem Falle durchaus unverkennbar; aber wenn die Insecten selbst verglichen werden, ist er viel schlagender, als bei diesen einfachen Umrissen.

Nach der Analogie der Vögel sollten wir vermuthen, daß die zugespitzten Flügel eine vermehrte Schnelligkeit im Fluge verleihen, da es ein Charakter der Seeschwalben, Schwalben, Falken und der schnellfliegenden Tauben ist. Ein kurzer und abgerundeter Flügel auf der anderen Seite ist stets mit einem schwächeren oder mühseligeren Fluge vergesellschaftet und mit einem, der viel weniger unter der Herrschaft des Thieres steht. Wir

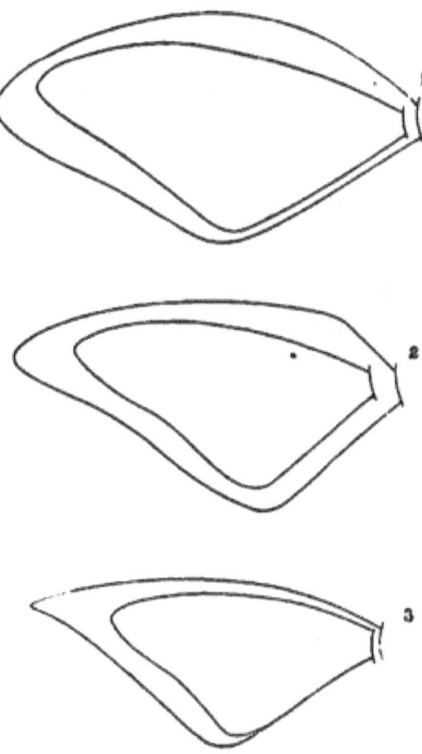

könnten daher vermuthen, daß die Schmetterlinge, welche diese besondere Form besitzen, besser im Stande sind, der Verfolgung zu entgehen. Aber es scheint kein ungewöhnlicher Ueberfluß an Insecten-fressenden Vögeln da zu sein, um es nothwendig erscheinen zu lassen, und da wir nicht annehmen können, daß eine so sonderbare Eigenart ohne Bedeutung sei, so scheint es wahrscheinlich, daß es das Resultat einer früheren Lage der Dinge ist, als die Insel noch eine viel reichere Fauna besaß, deren Ueberreste wir in den isolirt stehenden Vögeln und Säugethieren, die sie jetzt bewohnen, erblicken, und als die Menge von Insecten-fressenden Geschöpfen den großbeschwingten und auffälligen Schmetterlingen ein ungewöhnliches Mittel zur Flucht als eine Nothwendigkeit aufdrängte. Dieser Gesichtspunkt wird durch die Thatsache etwas gestützt, daß weder die sehr kleinen noch die sehr dunkel gefärbten Gruppen von Schmetterlingen verlängerte Flügel haben, noch ist irgend eine Modification in jenen starkbeschwingten Gruppen zu bemerken, welche schon große Kraft und Schnelligkeit im Fluge besitzen. Diese waren schon genügend vor ihren Feinden geschützt und bedurften nicht einer vermehrten Kraft, um ihnen zu entfliehen. Es ist übrigens durchaus nicht klar, wie die besondere Krümmung der Flügel wirkt, wenn sie etwa den Flug modificirt.

Ein anderer seltsamer Zug in der Zoologie von Celebes ist auch der Aufmerksamkeit werth. Ich habe das Fehlen verschiedener Gruppen im Auge, welche an beiden Seiten der Insel gefunden werden, sowohl auf den indo-malayischen Inseln, als auch auf den Molukken, und welche also aus irgend einem unbekannten Grunde unfähig erscheinen, auf der dazwischen liegenden Insel Fuß zu fassen. Unter den Vögeln haben wir die zwei Familien der Podargidae und Laniadae, welche über den ganzen Archipel und über Australien verbreitet sind und welche doch eine Repräsentanten auf Celebes haben. Die Gattungen Ceyx unter den Königfischern, Criniger unter den Drosseln, Rhipidura unter den Fliegenfängern, Calornis unter den Staaren und Erythrura unter den Finken werden alle sowohl auf den Mosulfen als auch auf Borneo und Java gefunden — aber nicht eine einzige Art, die zu ihnen gehört, kommt auf Celebes vor. Unter den Insecten ist die große Gattung der Rosenkäfer, Lomaptera, in jedem Lande und auf jeder Insel zwischen Indien und Neu Guinea zu Hause, nur auf Celebes nicht. Dieses unerwartete Fehlen vieler Gruppen in einem begrenzten Districte gerade im Mittelpunkte ihres Verbreitungs-Areals, ist zwar kein durchaus einzig dastehendes Phänomen, allein, ich glaube, es ist nirgend so ausgesprochen wie in diesem Falle und es macht sicherlich den sonderbaren Charakter dieser bemerkenswerthen Insel noch auffälliger.

Die Anomalien und Besonderheiten in der Naturgeschichte von Celebes, welche ich mich bestrebt habe in diesem Capitel zu schildern, weisen alle auf einen Ursprung in einem fernen Zeitalter. Die Geschichte der ausgestorbenen Thiere lehrt uns, daß ihre Verbreitung nach Zeit und Raum auffallend gleichförmig ist. Die Regel ist, daß, gerade wie die Producte neben einanderliegender Districte sich gewöhnlich einander genau ähnlich sind, so auch die Producte aufeinander folgender Perioden in denselben Districten; und wie die Producte weit auseinanderliegender Districte im Allgemeinen weit voneinander differiren, so auch die Producte derselben Districte in weit auseinanderliegenden Zeiträumen. Wir werden daher unwiderstehlich zu dem Schlusse getrieben, daß die Abänderung der Arten, und noch mehr die der Gattungs- und Familienformen eine Sache der Zeit ist. Aber die Zeit kann zu einer Abänderung der Art in einem Lande geführt haben, während die Formen in einem anderen mehr stabil geblieben sind, oder die Abänderung mag in beiden in gleichem Schritte vor sich gegangen sein, aber in verschiedener Weise. In beiden Fällen aber wird die Höhe der individuellen Entwicklung in den Producten eines Districtes bis zu einem gewissen Grade ein Maß der Zeit sein, welche dieser District von denjenigen, welche ihn umgeben, isolirt gewesen ist. Nach diesem Gesichtspunkte beurtheilt muß Celebes einer der ältesten Theile des Archipels sein. Die Insel datirt wahrscheinlich aus einer Periode, welche nicht nur der vorherging, in welcher Borneo, Java und Sumatra vom Festlande getrennt wurden, sondern aus jener noch weiter abliegenden Zeit, in der das Land, welches jetzt diese Inseln bildet, noch nicht sich über den Ocean erhoben hatte. Ein solches Alter ist nothwendig, um jener Zahl von animalischen Formen Rechnung zu tragen, welche die Insel besitzt und welche keine Beziehung zu jenen von Indien und Australien, sondern eher zu denen von Afrika zeigen; und wir werden dahin geführt, über die Möglichkeit nachzudenken, ob nicht einstmals ein Festland im indischen Ocean existirt haben könnte, welches als Brücke diente, um diese von einander entfernten Länder zu verbinden. Es ist nun eine auffallende Thatsache, daß die Existenz eines solchen Landes schon als nothwendig erdacht worden ist, um die Verbreitung der merkwürdigen Vierhänder, welche die Familie der Lemuren bilden, zu erklären. Diese haben ihren Hauptsitz auf Madagaskar, aber werden auch in Afrika gefunden, auf Ceylon, auf der Halbinsel Malaka, und im malayischen Archipel bis Celebes, welches die äußerste östliche Grenze bildet. Dr. Sclater hat für dieses hypothetische Festland, welches diese weitauseinanderliegenden Punkte verbindet und dessen frühere Existenz durch die maskarenischen Inseln und die maledivische Korallengruppe angedeutet wird, den Namen Lemuria vorgeschlagen. Ob man nun an die Existenz eines solchen in der gerade hier angedeuteten Form glaubt oder nicht, so muß doch derjenige, welcher die geographische Verbreitung studirt, in den außergewöhnlichen und isolirten Producten von Celebes Beweise der früheren Existenz irgend eines Continentes, von dem die Vorfahren dieser Geschöpfe und vieler anderer intermediärer Formen hergeleitet werden könnten, erblicken.

In dieser kurzen Skizze der auffälligsten Eigenthümlichkeiten der Naturgeschichte von Celebes war ich genöthigt sehr ins Detail zu gehen, welches, wie ich fürchte, für die meisten meiner Leser uninteressant gewesen ist; aber wenn ich es nicht gethan hätte, so würde meine Auseinandersetzung viel an Gewicht und Werth verloren haben. Nur durch diese Details konnte ich die ungewöhnlichen Momente, die Celebes uns bietet, darlegen. Gerade in der Mitte des Archipels und von allen Seiten von Inseln eng eingeschlossen, welche mit verschiedenartigen Lebeformen angefüllt sind, haben die Producte der Insel doch eine überraschend individuelle Färbung. Während sie arm ist an der thatsächlichen Zahl ihrer Arten, ist sie doch wundervoll reich an eigenthümlichen Formen; viele davon sind sonderbar oder schön und in einigen Fällen absolut einzig auf dem Erdenrund. Wir erblicken hier das auffällige Phänomen von Insecten Gruppen, welche ihre äußeren Umrisse in übereinstimmender Weise abgeändert haben, verglichen mit jenen der Insecten auf den umliegenden Inseln; es weist das auf eine gemeinsame Ursache, welche nie anderswo in genau derselben Weise gewirkt zu haben scheint, hin. Celebes giebt daher ein Beispiel, das in hervorragender Weise zeigt, wie interessant das Studium der geographischen Verbreitung der Thiere ist. Wir können sehen, daß ihre gegenwärtige Verbreitung auf der Erde das Resultat von all den neueren Veränderungen, welche die Oberfläche erlitten hat, ist; und durch ein sorgsames Studium der Phänomene sind wir manchmal im Stande annähernd auszusagen, welches jene vergangenen Veränderungen gewesen sein müssen, um die Verbreitung zu bewirken, welche wir jetzt vorfinden. In dem vergleichsweise einfachen Falle der Timor-Gruppe sind wir in der Lage, diese Veränderungen mit einiger Annäherung an die Gewißheit zu bestimmen. In dem viel complicirteren Falle von Celebes können wir nur ihre allgemeine Natur andeuten, da wir jetzt das Resultat nicht von irgend einer einzigen oder neueren Veränderung allein sehen, sondern von einer ganzen Reihe der späteren Revolutionen, welche auf die gegenwärtige Vertheilung des Landes in der östlichen Hemisphäre eingewirkt haben.

Neunzehntes Capitel.

Banda.

December 1857, Mai 1859, April 1861.

Der holländische Postdampfer, in welchem ich von Mangkassar nach Banda und Amboina reiste, war ein geräumiges und bequemes Schiff, obgleich es nur sechs Meilen die Stunde bei dem schönsten Wetter zurücklegte. Da nur drei Passagiere außer mir darauf waren, so hatten wir eine Menge Platz und ich war im Stande, eine solche Reise mehr, als ich je vorher gethan hatte, zu genießen. Die Einrichtungen sind etwas verschieden von jenen am Bord englischer oder indischer Dampfschiffe. Es giebt keine Cabinen-Wärter, da jeder Cabinen-Passagier ohne Ausnahme seinen eigenen mitbringt und der Schiff-Steward bedient nur im Salon und im Eßzimmer. Um sechs Uhr Morgens wird eine Tasse Thee oder Kaffee für den gereicht, der es mag. Zwischen sieben und acht Uhr nimmt man ein leichtes Frühstück von Thee, Eiern, Sardinen 2c. Um zehn werden Madeira, Branntwein und Bittere als Appetit erregende Mittel zu dem soliden elf-Uhr-Frühstück, welches sich von einem Diner nur durch die Abwesenheit einer Suppe unterscheidet, an

Deck gebracht. Um drei Uhr Nachmittag werden Thee und Kaffee herumgereicht; bittere Schnäpse 2c. wieder um fünf Uhr, ein gutes Diner mit Bier und Claret um halb sieben und zum Schluß Thee und Kaffee um acht. Dazwischen Bier und Sodawasser, wenn man es wünscht, so daß man keinen Mangel an kleinen gastronomischen Anregungen leidet und sich die Langeweile einer Seereise vertreiben kann.

Unser erster Halteplatz war Kupang am Westende der großen Insel Timor. Wir fuhren dann mehre hundert Meilen der Küste dieser Insel entlang und hatten immerwährend eine Aussicht auf mit spärlicher Vegetation bedeckte Hügelreihen, Höhenzug hinter Höhenzug bis zu sechs oder sieben Tausend Fuß ansteigend. Indem wir uns nun gegen Banda hin wandten, passirten wir Pulo-Kambing, Wetta und Roma, alles verlassene und nackte vulcanische Inseln, fast ebenso uneinladend wie Aden und zu dem gewöhnlichen Grün und der Ueppigkeit des Archipels einen sonderbaren Contrast bildend. Nach zwei weiteren Tagen erreichten wir die vulcanische Gruppe von Banda, die mit einer ungewöhnlich dichten und brillianten grünen Vegetation bedeckt ist, was uns bewies, daß wir den Strich der heißen trockenen Winde, die von den Ebenen Central-Australiens herwehen, überschritten hatten. Banda ist ein lieblicher kleiner Fleck Erde; die drei Inseln schließen einen sicheren Hafen ein, von dem aus kein Ausgang sichtbar ist und der so durchsichtiges Wasser besitzt, daß lebende Korallen und selbst die kleinsten Gegenstände deutlich auf dem vulcanischen Sand und in einer Tiefe von sieben bis acht Faden zu sehen sind. Der immer rauchende Vulcan thürmt seine nackte Spitze an einer Seite auf, während die zwei größeren Inseln mit Pflanzenwuchs bis an den Gipfel der Hügel bedeckt sind.

Aus Land gekommen, wandelte ich einen hübschen Pfad

hinan, welcher auf den höchsten Punkt der Insel führt, auf dem
die Stadt gebaut ist, mit einer Telegraphenstation, von der aus
man eine herrliche Aussicht genießt. Unten liegt die kleine Stadt
mit ihren reinlichen, weißen Häusern mit rothen Ziegeldächern und
den Stroh-bedachten Hütten der Eingeborenen, an der einen
Seite von dem alten portugiesischen Fort begrenzt. Jenseit, etwa
eine halbe Meile entfernt, sieht man die größere Insel in der Form
eines Hufeisens in einer Reihe steiler Hügel, die mit schönem
Wald und mit Mußkatnußgärten bedeckt sind; und gerade der
Stadt gegenüber liegt der Vulcan, ein fast vollkommener Kegel,
dessen unterer Theil nur mit hellgrünem, buschigem Pflanzenwuchse
bekleidet ist. An der Nordseite sind seine Umrisse unebener und
etwa auf ein Viertel des Weges nach unten befindet sich eine seichte
Höhlung oder Kluft, aus der beständig zwei Rauchsäulen aufsteigen und auch Viel von der zerrissenen Oberfläche rund herum aufgeworfen wird, ebenso wie an einigen Orten näher dem Gipfel.
Eine weiße Efflorescenz, wahrscheinlich Schwefel, ist dick über
die oberen Theile des Berges gestreut, von den schmalen schwarzen verticalen Linien der Wasserläufe durchschnitten. Der Rauch
vereinigt sich im Aufsteigen und bildet eine dichte Wolke, welche
sich bei ruhigem feuchtem Wetter als großer Baldachin aus-
breitet, der die Spitze des Berges verdeckt. Nachts und Morgens früh steigt sie oft gerade in die Höhe und läßt den ganzen
Umriß klar.

Nur wenn man in Wirklichkeit auf einen thätigen Vulcan
schaut, kann man sich die Ehrwürdigkeit und Erhabenheit eines
solchen vorstellen. Woher kommt jenes unauslöschbare Feuer,
dessen dichter und schwerfälliger Rauch stets aus dieser nackten und
verlassenen Spitze aufsteigt? Woher stammen die mächtigen Kräfte,
welche diese Spitze aufwarfen und sich noch von Zeit zu Zeit in

Erdbeben kund thun, die stets in der Nachbarschaft vulcanischer Luftlöcher vorkommen? Die seit der Kindheit gewonnene Kenntniß davon, daß Vulcane und Erdbeben existiren, hat ihnen Etwas von dem seltsamen und Ausnahme-Charakter genommen, der ihnen in Wirklichkeit gebührt. Der Bewohner der meisten Theile von Nord-Europa erblickt in der Erde das Zeichen der Stetigkeit und Ruhe. Seine ganze Lebenserfahrung und die seines ganzen Zeitalters und seiner Generation lehrt ihn, daß die Erde solide und fest sei, daß ihre massiven Felsen wohl Wasser in Menge enthalten können, aber nie Feuer; und diese wesentlichen Charakteristica der Erde manifestiren sich an jedem Berge, den sein Land besitzt. Ein Vulcan ist eine Thatsache, die sich in Widerspruch setzt mit dieser ganzen Masse von Erfahrung, eine Thatsache von so sehr Ehrfurcht gebietendem Charakter, daß, wenn es die Regel statt der Ausnahme wäre, es die Erde unbewohnbar machen würde; eine so seltsame und unberechenbare Thatsache, daß wir sicher sein können, sie würde auf menschliches Zeugniß hin nicht geglaubt werden, wenn sie uns jetzt zum ersten Male als ein Naturphänomen geboten würde, das in einem entfernten Lande sich ereignet hätte.

Der Gipfel der kleinen Insel ist aus schön krystallinischem Basalt zusammengesetzt; tiefer herab fand ich einen harten geschichteten schieferigen Sandstein, während am Seegestade ungeheuere Lavablöcke liegen und Massen von weißem korallinischem Kalkstein umhergestreut sind. Die größere Insel hat Korallenfelsen bis zu einer Höhe von drei- bis vierhundert Fuß, während darüber Lava und Basalt liegt. Es scheint daher wahrscheinlich, daß diese kleine Gruppe von vier Inseln das Bruchstück eines größern Districtes ist, welcher vielleicht einstmals mit Ceram in Verbindung gestanden hat, aber welcher durch dieselben

Kräfte getrennt und abgerissen wurde, welche den vulcanischen Kegel aufthürmten. Als ich die größere Insel bei einer anderen Gelegenheit besuchte, sah ich einen beträchtlichen Strich mit großen todten, aber noch aufrecht stehenden Waldbäumen bedeckt. Das war noch ein Zeichen von dem letzten großen Erdbeben vor nur zwei Jahren, als die See sich über diesen Theil der Insel ergoß und ihn so überfluthete, daß sie die Vegetation auf allen niedrigeren Landstrecken zerstörte. Fast jedes Jahr kommt hier ein Erdbeben vor und in Zwischenräumen von wenigen Jahren ein sehr heftiges, welches Häuser niederwirft und ganze Schiffe aus dem Hafen in die Straßen trägt.

Ungeachtet der Verluste, welche durch diese Erdheimsuchungen entstehen, und ungeachtet des geringen Umfanges und der isolirten Lage dieser kleinen Inseln sind sie der holländischen Regierung von beträchtlichem Werthe gewesen und sind es noch als Haupt-Muskatnußgärten der Erde. Fast die ganze Oberfläche ist mit Muskatnüssen bepflanzt, welche unter dem Schatten der hohen Kanarienbäume (Kanarium commune) wachsen. Der vulcanische Boden, der Schatten und die außerordentliche Feuchtigkeit dieser Inseln, wo es mehr oder weniger jeden Monat im Jahre regnet, scheinen dem Muskatnußbaum gerade zuzusagen, welcher keinen Dünger und kaum der Pflege bedarf. Das ganze Jahr hindurch findet man Blumen und reife Früchte und es kommen keine jener Krankheiten vor, welche unter einem gezwungenen und unnatürlichen Cultur-System die Muskatnußpflanzen auf Singapore und Pinang zu Grunde gerichtet haben.

Wenige cultivirte Pflanzen sind schöner als Muskatnußbäume. Sie sind hübsch geformt und glattblätterig, zwanzig bis dreißig Fuß hoch, und tragen kleine gelbliche Blumen.

Die Frucht ist von der Größe und der Farbe einer Pfirsich, aber etwas oval. Sie ist von einer zäh fleischigen Consistenz, springt in der Reife auf und zeigt die dunkelbraune Nuß inwendig von der carmoisinrothen Muskatblüthe bedeckt; sie bietet so einen sehr reizvollen Anblick dar. Innerhalb der dünnen harten Schale der Nuß liegt der Saame, welcher die Muskatnuß des Handels ist. Die Nüsse werden von den großen Tauben Banda's gegessen, welche die Blüthe verdauen, aber die Nuß mit dem Saamen unbeschädigt auswerfen.

Der Muskatnußhandel ist bis jetzt ein strenges Monopol der holländischen Regierung gewesen; aber seitdem ich das Land verlassen habe, glaube ich, hat es theilweise oder ganz aufgehört, eine Maßnahme, die außerordentlich unüberlegt und ganz unnöthig erscheint. Es giebt Fälle, in denen Monopole vollkommen gerechtfertigt sind, und ich glaube, daß der vorliegende ein solcher ist. Ein kleines Land wie Holland kann nicht entfernte und kostspielige Colonien mit Verlust erhalten; und wenn es eine sehr kleine Insel besitzt, auf der ein werthvolles Product, nicht ein Lebensbedürfniß, mit geringen Kosten, gezogen werden kann, so ist es fast die Pflicht des Staates, es zu monopolisiren. Es wird dadurch Niemandem ein Unrecht zugefügt, aber es wird der ganzen Bevölkerung von Holland und seinen Colonien eine große Wohlthat erwiesen, da der Ertrag der Staatsmonopole sie vor der Last einer schweren Besteuerung rettet. Hätte die Regierung den Muskatnußhandel von Banda nicht in die Hand genommen, so wären wahrscheinlich all' die Inseln schon längst das Eigenthum eines oder mehrer großer Kapitalisten geworden. Das Monopol wäre dann fast dasselbe gewesen, denn kein bekannter Ort der Erde kann Muskatnüsse so billig produciren wie Banda, aber die Vortheile des Monopols wären dann einigen wenigen Individuen statt der ganzen Nation zu Gute gekommen. Als Beispiel, wie ein Staatsmonopol eine Staatspflicht werden kann, wollen wir einmal annehmen, daß kein Gold in Australien existire, aber daß es in ungeheueren Mengen durch eins unserer Schiffe auf irgend einer kleinen und nackten Insel gefunden würde. In diesem Falle wäre es einfach die Pflicht des Staates, für das öffentliche Wohl die Minen zu bauen und zu bearbeiten, denn wenn der Staat es thut, so würde der Gewinn gerecht unter die ganze Bevölkerung durch die Verminderung der Steuern vertheilt werden, während, wenn er es dem Freihandel überließe und nur die Regierung der Insel übernähme, bei dem ersten Kampfe um das werthvolle Metall sicherlich innere Uebelstände hervorgerufen würden und schließlich das Monopol in die Hände einiger reicher Individuen oder großer Compagnien fiele, deren enorme Einkünfte nicht in gleicher Weise der Gemeinschaft zu Gute kämen. Die Muskatnüsse von Banda und das Zinn von Bangka sind bis zu einem gewissen Grade diesem supponirten Falle parallel, und ich glaube, die holländische Regierung würde sehr unweise handeln, wenn sie ihr Monopol aufgäbe.

Selbst die Zerstörung der Muskatnuß- und der Gewürz-nelken-Bäume auf vielen Inseln, um ihren Anbau auf eine oder zwei zu beschränken, auf denen das Monopol leicht aufrecht erhalten werden könnte, — ein gewöhnliches Thema großer tugendhafter Entrüstung gegen die Holländer, — kann mit ähnlichen Principien vertheidigt werden und ist sicherlich lange nicht so schlecht wie viele Monopole, welche wir selbst bis sehr vor Kurzem aufrecht erhalten haben. Muskatnüsse und Gewürznelken gehören nicht zu den Lebensbedürfnissen; sie werden selbst von den Eingeborenen der Molukken nicht als Gewürze gebraucht und nicht Einer war materiell oder auf die Dauer

durch die Zerstörung der Bäume geschädigt, da es hundert andere
Producte giebt, die auf denselben Inseln gedeihen und die ebenso
werthvoll und in socialer Hinsicht viel wohlthätiger sind. Es ist
ein Fall, der durchaus unserem Verbote des Tabackbauens in England parallel geht und er ist moralisch und öconomisch weder
besser noch schlechter. Das Salzmonopol, welches wir in Indien
so lange beibehalten haben, ist weit schlechter. So lange wir
ein System von Accise und Zoll auf Artikel, die zum täglichen
Gebrauche dienen, aufrecht halten, ein System, welches eine
kostspielige Armee von Beamten und Küstenwächtern erfordert, um wirksam zu sein, und welches eine Anzahl rein
gesetzlicher Verbrechen schafft, so lange ist es für uns die Höhe
der Absurdität, über das Betragen der Holländer eine Entrüstung
zu affectiren, welche ein viel gerechteres, weniger verletzendes
und ein gewinnbringenderes System in ihre östlichen Besitzungen hinausgetragen haben. Ich fordere die Gegner heraus, irgend
welche physische oder moralische Uebelstände zu bezeichnen, welche
thatsächlich aus der Handlungsweise der holländischen Regierung in
dieser Angelegenheit resultirten, da doch solche Uebelstände die zu-
gestandenen Folgen jedes unserer Monopole und jeder unserer
Handelsbeschränkungen sind. Die Bedingungen der beiden Ex-
perimente sind total verschiedene. Die wahre „politische Oeco-
nomie" einer höheren Race, wenn sie eine niedrigere regiert, ist
bis jetzt noch nie ausgearbeitet worden. Die Anwendung unserer „politischen Oekonomie" (Wirthschaftslehre) auf solche
Fälle hat unabänderlich das Aussterben und die Erniedrigung
der tiefer stehenden Race zur Folge; wonach wir es für wahrscheinlich halten sollten, daß eine der nothwendigen Bedingungen,
um ersprießlich wirken zu können, ein annähernd gleicher intellectueller und socialer Zustand der Gesellschaft, auf welche sie ihre

Anwendung finden soll, ist. Ich werde auf diesen Gegenstand in meinem Capitel über Ternate, eine der berühmtesten der alten Gewürzinseln, zurückkommen.

Die Eingeborenen von Banda sind sehr gemischter Race, und es ist wahrscheinlich, daß wenigstens drei Viertel der Bevölkerung aus Mischlingen besteht, in verschiedenen Graden von Malayen, Papuas, Arabern, Portugiesen und Holländern abstammend. Die beiden Erstgenannten bilden die Grundlage für den größeren Theil; es herrschen die dunkle Haut, die ausgeprägten Gesichtszüge und das mehr oder weniger krause Haar der Papuas vor. Sehr wahrscheinlich waren die Ureinwohner von Banda Papuas, und ein Theil derselben existirt auch noch auf den Kei Inseln, wohin sie auswanderten, als die Portugiesen zuerst von ihrer Heimathinsel Besitz ergriffen. Ein solches Volk sieht man oft als eine Uebergangsform zwischen zwei verschiedenen Racen an, zwischen Malayen und Papuas in unserem Falle, während es doch nur ein Beispiel der Vermischung ist.

Die thierischen Producte von Banda, obgleich gering an Zahl, sind interessant. Die Inseln haben vielleicht keine wahren einheimischen Säugethiere bis auf die Fledermäuse. Der Hirsch der Molukken und das Schwein sind wahrscheinlich eingeführt worden. Eine Art von Cuscus oder östlichen Opossums wird auch auf Banda gefunden, und dieses mag in dem Sinne wirklich einheimisch sein, als es nicht vom Menschen eingeführt worden ist. Von Vögeln sammelte ich während meiner drei Besuche, von ein bis zwei Tagen jeder, acht Arten, und die holländischen Sammler haben noch ein paar andere hinzugefügt. Die bemerkenswertheste ist eine feine und sehr hübsche Fruchttaube, Carpophaga concinna, welche Muskatnüsse frißt oder richtiger Muskatblüthe, und deren lauter, schreiender Ton fortwährend zu hören ist. Dieser Vogel kommt ebensowohl auf den Kei und Mattabello Inseln als auch auf Banda vor, aber nicht auf Ceram oder auf irgend einer der größeren Inseln, welche von verwandten, aber sehr distincten Arten bewohnt werden. Eine andere schöne kleine Fruchttaube, Ptilonopus diadematus, ist auch Banda eigenthümlich.

Zwanzigstes Capitel.

Amboina.

(December 1857, October 1859, Februar 1860.)

Zwanzig Stunden Fahrt von Banda aus brachten uns nach Amboina, dem Hauptpunkte der Molukken und einer der ältesten europäischen Ansiedelungen des Ostens. Die Insel besteht aus zwei Halbinseln, die durch Seebuchten fast gänzlich von einander getrennt sind, so daß nur ein sandiger Isthmus von etwa einer Meile Breite nahe ihrem östlichen Ende übrig bleibt. Die westliche Bucht ist mehre Meilen lang und bildet einen schönen Hafen, an dessen südlicher Seite die Stadt Amboina liegt. Ich hatte ein Einführungsschreiben an Dr. Mohnike, den ersten Medicinalbeamten der Molukken, einen Deutschen und Naturforscher. Ich fand, daß er Englisch schreiben und lesen, aber nicht sprechen konnte; er war wie ich selbst ein schlechter Linguist und wir mußten Französisch als Mittel zur Unterhaltung nehmen. Er bot mir freundlichst während meines Aufenthaltes auf Amboina ein Zimmer an und machte mich mit seinem jüngeren Collegen, Dr. Doleschall, einem Ungar und ebenfalls Entomologen, bekannt. Dieser war ein intelligenter und höchst liebenswürdiger junger Mann, aber ich erschrak als ich sah, wie er an der Auszehrung

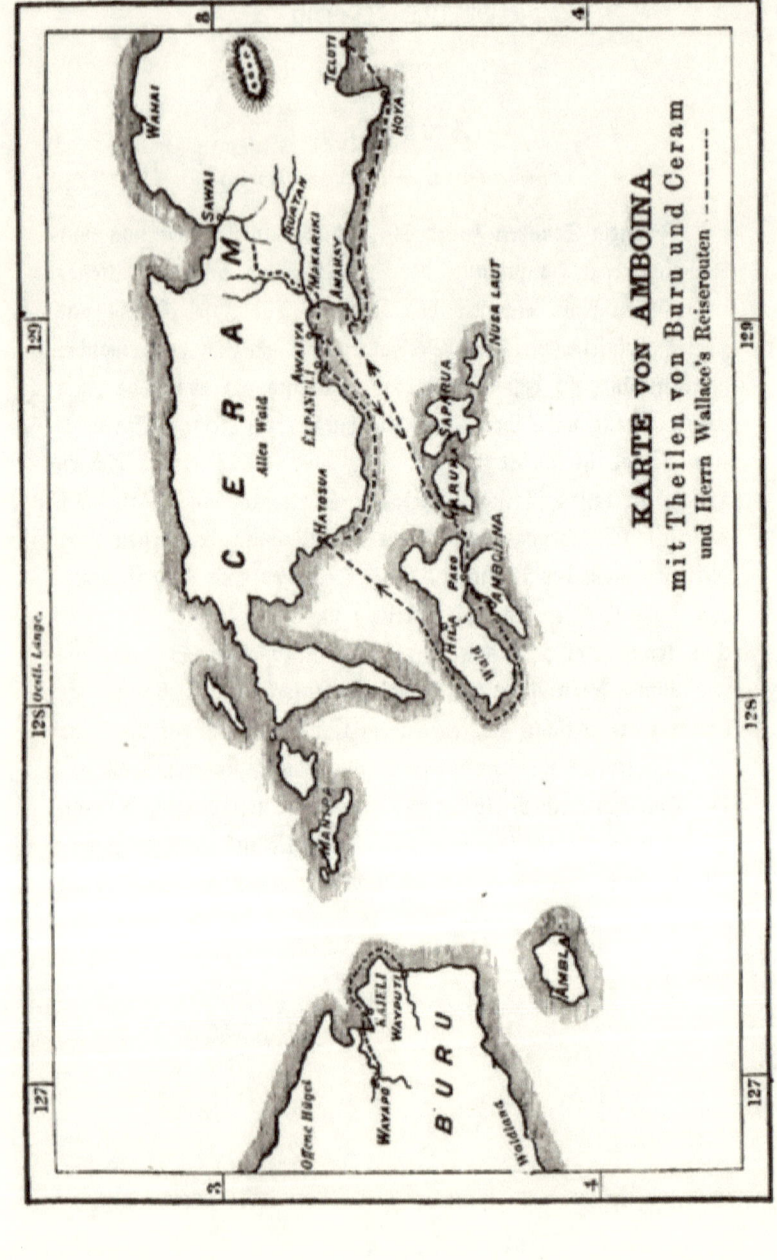

zu Grunde ging, obgleich er noch im Stande war seine Pflichten als Beamter zu erfüllen. Abends begleitete mich mein Wirth in die Wohnung des Gouverneurs, Herrn Goldmann, der mich in einer freundlichen und cordialen Weise aufnahm und mir jede Unterstützung anbot. Die Stadt Amboina besteht aus einigen wenigen Geschäftstraßen und einer Anzahl Landstraßen, welche rechtwinklich zu einander stehen, von Hecken blühender Sträucher eingefaßt sind und Landhäuser und Hütten einschließen, die in Palmen und Fruchtbäumen vergraben liegen. Hügel und Berge bilden fast nach allen Richtungen hin den Hintergrund, und es giebt wenige Plätze, die angenehmer zu einem Morgen- oder Abend-Spaziergange sind, als diese sandigen Straßen und schattigen Wege zwischen den Hecken in den Vorgärten der alten Stadt Amboina.

Es giebt keine thätigen Vulcane auf der Insel, noch ist sie jetzt häufigen Erdbeben unterworfen, obgleich sehr heftige vorgekommen sind und auch wieder erwartet werden können. Herr William Funnell sagt in seiner Reise mit Dampier in die Südsee im Jahre 1705: „Während wir hier (in Amboina) waren, erlebten wir ein großes Erdbeben, welches zwei Tage anhielt und sehr viel Unheil anrichtete; denn der Boden brach an vielen Stellen auf und verschlang mehre Häuser und ganze Familien. Mehre der Leute wurden wieder ausgegraben, aber die Meisten waren todt und Viele hatten Beine oder Arme beim Einsturz der Häuser gebrochen. Die Festungswälle wurden an verschiedenen Stellen auseinandergerissen und wir meinten diese und alle Häuser würden einstürzen. Der Boden, auf dem wir uns befanden, schwankte wie eine Meereswelle, aber in unserer Nähe kam keine Beschädigung vor." Es liegen auch zahlreiche Berichte von Ausbrüchen eines Vulcans an der Westseite der

Insel vor. Im Jahre 1674 zerstörte ein solcher Ausbruch ein Dorf. 1694 fand eine andere Eruption statt. 1797 kamen viel Dämpfe und eine starke Hitze heraus. Andere Ausbrüche erfolgten 1816 und 1820, und 1824 soll sich ein neuer Krater gebildet haben. Allein die Thätigkeit dieser unterirdischen Feuer ist so wunderlich, daß seit der zuletzt genannten Zeit alle eruptiven Symptome so vollständig aufgehört haben, daß mir von vielen der intelligentesten europäischen Einwohner Amboina's versichert wurde, daß sie nie etwas von einem Vulcan auf der Insel gehört hätten.

Während der wenigen Tage, welche verflossen bis ich Vorbereitungen treffen konnte, um das Innere zu besuchen, unterhielt ich mich vortrefflich in der Gesellschaft der beiden Doctoren, beide enthusiastische Entomologen, obgleich sie genöthigt waren ihre Sammlungen fast gänzlich vermittelst eingeborener Sammler zu vergrößern. Dr. Doleschall studirte hauptsächlich Fliegen und Spinnen, aber sammelte auch Tag- und Nachtfalter und in seinem Kasten sah ich große Exemplare des smaragdenen Ornithoptera priamus und des azurnen Papilio ulysses und viele andere der herrlichen Schmetterlinge dieser reichen Insel. Dr. Mohnike beschränkte sich hauptsächlich auf Käfer und hatte während eines vieljährigen Aufenthaltes in Java, Sumatra, Borneo, Japan und Amboina eine prachtvolle Sammlung angelegt. Die japanesische Sammlung war besonders interessant, da sie sowohl die schönen Carabi der nördlichen Gegenden, als auch die prächtigen Buprestidae und Longicornia der Tropen enthielt. Der Doctor hatte die Reise nach Jeddo zu Lande von Nagasaki aus gemacht und ist gut mit dem Charakter, den Sitten und Gebräuchen des japanesischen Volkes und mit der Geologie, den physischen Charakteren und der Naturgeschichte des Landes bekannt. Er zeigte mir Sammlungen von billigen Holzschnitten, die in Farben gedruckt waren, welche weniger als einen Pfennig das Stück kosten und eine endlose Menge von Skizzen japanischer Gegenden und Sitten darstellen. Wenn auch roh, so sind sie doch sehr charakteristisch und geben Proben von vielem Humor. Er besitzt auch eine große Sammlung von colorirten Skizzen der Pflanzen Japans, die von einer japanesischen Dame angefertigt sind und zu dem Meisterhaftesten gehören, was ich je gesehen habe. Jeder Stamm, jeder Zweig und jedes Blatt ist durch einmalige Pinselstriche gemalt, der Charakter und die Perspective sehr complicirter Pflanzen sind bewunderungswürdig wiedergegeben und die Articulation von Stamm und Blättern in einer sehr wissenschaftlichen Manier dargelegt.

Als ich nun Vorbereitungen getroffen hatte, drei Wochen in einer kleinen Hütte auf einer erst neuerlich gelichteten Plantage im Innern der nördlichen Hälfte der Insel zu bleiben, erhielt ich mit einiger Schwierigkeit ein Boot und Leute, um mich über das Wasser zu bringen; denn die Amboinesen sind furchtbar träge. Als ich den Hafen hinauffuhr, der wie ein schöner Fluß aussieht, bot mir die Durchsichtigkeit des Wassers einen der überraschendsten und schönsten Anblicke, die ich je gesehen. Der Grund war absolut verdeckt unter einer ununterbrochenen Reihe von Korallen, Schwämmen, Actinien und anderen Meeresproducten von prachtvoller Größe, von verschiedenen Formen und brillianten Farben. Die Tiefe variirte zwischen etwa zwanzig und fünfzig Fuß und der Grund war sehr uneben; Felsen und Klüfte und kleine Hügel und Thäler boten mannigfaltige Standorte für das Gedeihen dieser Thierwälder. Darin und darüber und zwischen denselben bewegten sich Mengen blauer, rother und gelber Fische, in der auffallendsten Weise gefleckt, gebändert und gezeichnet, und nahe der Oberfläche schwammen große, orangene oder rosige, durchsichtige Medusen entlang. Man konnte es stundenlang betrachten und keine Beschreibung kann der ausnehmenden Schönheit und dem Interesse, das es hervorruft, gerecht werden. Mit einem Worte: Die Wirklichkeit übertraf die glühendsten Schilderungen, die ich je von den Wundern einer Korallensee gelesen hatte. Es ist vielleicht kein Platz der Erde reicher an Meeresproducten, Korallen, Muscheln und Fischen, als der Hafen von Amboina.

Von der Nordseite des Hafens führt ein guter breiter Weg durch sumpfige Lichtungen und durch Wald, über Hügel und Thal auf die andere Seite der Insel; der Korallenfelsen durchbricht beständig die tiefe rothe Erde, welche alle Senkungen ausfüllt und mehr oder weniger auf den Ebenen und Hügelabhängen abgelagert ist. Die Waldvegetation ist hier von dem üppigsten Charakter; Farne und Palmen sind in Fülle vorhanden; der kletternde Rotang war häufiger, als ich ihn je irgendwo gesehen hatte und bildete verschlungene Guirlanden über fast jeden großen Waldbaum. Die Hütte, welche ich bewohnen sollte, lag in einer großen Lichtung von etwa hundert Acker, von denen man schon einen Theil mit jungen Kakaopflanzen und Pisang-Bäumen, welche ihnen Schatten geben sollten, bepflanzt hatte, während der Rest mit todten und halb verbrannten Waldbäumen bedeckt lag; und an einer Seite befand sich ein Strich, wo die Bäume erst vor Kurzem gefällt und noch nicht verbrannt waren. Der Weg, auf dem ich gekommen, ging an der einen Seite der Lichtung entlang, trat dann wieder in den Urwald ein und zog über Hügel und Thal an die Nordseite der Insel.

Meine Wohnung war nur eine kleine Stroh-bedachte Hütte aus einer offenen Veranda vorn und einem kleinen dunkelen Schlafzimmer hinten. Sie stand etwa fünf Fuß über dem Boden und man kam auf rohen Stufen in die Mitte der Veranda. Die

Mauer und der Fußboden waren von Bambus, und sie enthielt einen Tisch, zwei Bambusstühle und eine Lagerstätte. Ich machte es mir hier bald behaglich und begann meine Arbeit, indem ich nach Insecten jagte unter den hier vor Kurzem gefällten Bäumen, welche von schönen Curculionidae, Longicornia und Buprestidae umschwärmt waren, von denen die meisten wegen ihrer eleganten Form oder ihrer brillianten Farben bemerkenswerth und fast alle mir gänzlich neu. Nur ein Entomologe kann das Vergnügen abschätzen, mit dem ich stundenlang in dem heißen Sonnenscheine, zwischen den Aesten und Zweigen und der abgefallenen Rinde der gestürzten Bäume umherjagte und alle paar Minuten Insecten in Sicherheit brachte, welche zu jener Zeit fast alle selten oder neu für europäische Sammlungen waren.

Auf den schattigen Waldwegen finden sich viel schöne Schmetterlinge, unter denen der scheinende blaue Papilio ulysses, einer der Fürsten des Geschlechtes, sehr auffällig war. Obgleich zu jener Zeit in Europa selten, fand ich ihn auf Amboina durchaus gewöhnlich, wenn auch in schönem Zustande nicht leicht zu bekommen; eine große Zahl der gefangenen Exemplare hatte zerrissene oder abgebrochene Flügel. Er fliegt mit einer etwas schwachen, wellenförmigen Bewegung und ist wegen seiner bedeutenden Größe, wegen der Verlängerung an den Flügeln und wegen seiner brillianten Farbe eines der am meisten tropisch aussehenden Insecten, welche ein Naturforscher betrachten kann.

Zwischen den Käfern von Amboina und denen von Manglassar besteht ein bemerkenswerther Contrast, indem die Letzteren gewöhnlich klein und dunkel, die Ersteren groß und brilliant gefärbt sind. Im Ganzen gleichen die Insecten hier sehr denen der Aru Inseln, aber sie sind fast immer von andern Arten, und wenn sie einander sehr nahe verwandt sind, so haben die Arten von Amboina einen größeren Umfang und brilliantere Farben, so daß man geneigt sein könnte zu schließen, daß sie, als sie nach Osten und Westen auf einen weniger günstigen Boden und in weniger günstiges Klima übergingen, zu weniger auffallenden Formen degenerirten.

Abends saß ich gewöhnlich lesend in der Veranda, bereit die Insecten zu fangen, welche von dem Lichte angezogen wurden. Eines Abends, etwa um neun Uhr, hörte ich ein seltsames Geräusch und ein Rascheln über mir, als ob ein schweres Thier langsam über das Dach kröche. Das Geräusch hörte bald auf, ich dachte nicht mehr daran und ging bald darauf zu Bett. Am nächsten Nachmittage gerade vor dem Essen, als ich etwas müde von meinem Tagewerk auf der Lagerstätte mit einem Buch in der Hand lag, sah ich, als ich nach oben blickte, eine große Masse von irgend Etwas über mir, welche ich vorher nicht bemerkt hatte. Als ich genauer hinschaute, konnte ich gelbe und schwarze Flecken unterscheiden und hielt es für eine Schildkrötenschale, die dorthin, zwischen Giebelrücken und Dach, aus dem Weg gelegt sei. Als ich fortfuhr zu beobachten, entpuppte es sich plötzlich als eine große, vollständig in einen Knäuel aufgerollte Schlange, und ich konnte ihren Kopf und ihre glänzenden Augen gerade in der Mitte der Falten entdecken. Das Geräusch am Abend vorher war nun erklärt. Eine Python hatte einen der Pfosten des Hauses erklommen und hatte ihren Weg eine Elle über meinem Kopfe unter dem Dache gefunden und sich dort behaglich hingestreckt; ich hatte die ganze Nacht gesund direct unter ihr geschlafen. Ich rief meine beiden Knaben, welche unten Vögel abbalgten, und sagte: „Es ist eine dicke Schlange in dem Dach"; aber so wie ich sie ihnen gezeigt hatte, stürzten sie aus dem Hause und baten mich, auch gleich hinaus zu gehen. Als ich sah, daß sie zu furchtsam waren, um irgend etwas zu thun,

Hinaufwerfen eines Eindringlings.

rief ich einige der Arbeiter aus der Plantage und hatte bald ein halbes Dutzend Männer zusammengebracht, die Berathung hielten. Einer derselben, ein Eingeborner von Buru, wo es sehr viele Schlangen giebt, sagte, er wolle sie schon heransholen und ging in ganz geschäftsmäßiger Weise dabei zu Werke. Er machte eine starke Schlinge aus Rotang und stieß mit einem langen Pfahl in der andern Hand nach der Schlange, die sich darauf langsam abzuwickeln begann. Er operirte dann so lange bis die Schlinge über ihren Kopf kam, zog sie sorgsam über den Körper herab und dann zusammen und zerrte das Thier herunter. Es gab ein großes Getümmel, als die Schlange sich um die Stühle und Pfosten wand, um ihrem Feinde Widerstand zu leisten, aber zuletzt packte der Mann ihren Schwanz, stürzte aus dem Hause (er rannte so schnell, daß das Thier ganz überrascht zu sein schien) und versuchte ihren Kopf gegen einen Baum zu schlagen. Er verfehlte ihn jedoch und ließ sie fahren, worauf sie unter einen abgestorbenen Stamm dicht daneben kroch. Sie wurde wieder herausgestoßen, wieder packte der Mann aus Buru ihren Schwanz, und schleuderte, indem er schnell damit fortlief, ihren Kopf mit einem Schwung gegen einen Baum, worauf sie leicht mit einem Beile getödtet werden konnte. Sie war etwa zwölf Fuß lang, sehr dick und wäre im Stande gewesen, viel Unheil anzurichten, da sie einen Hund oder ein Kind verschlingen konnte.

Ich bekam hier nicht sehr viele Vögel. Der bemerkenswertheste war der schöne carmoisinrothe Lori, Eos rubra — ein Pinsel-züngiger Papagei von lebhaft carmoisinrother Farbe, der sehr viel vorkam. Große Flüge zogen über die Plantage und boten einen prachtvollen Anblick, wenn sie sich auf einen blühenden Baum niederließen, um den Blumensaft aufzusaugen. Ich erhielt auch ein oder zwei Exemplare des schönen Rackett-

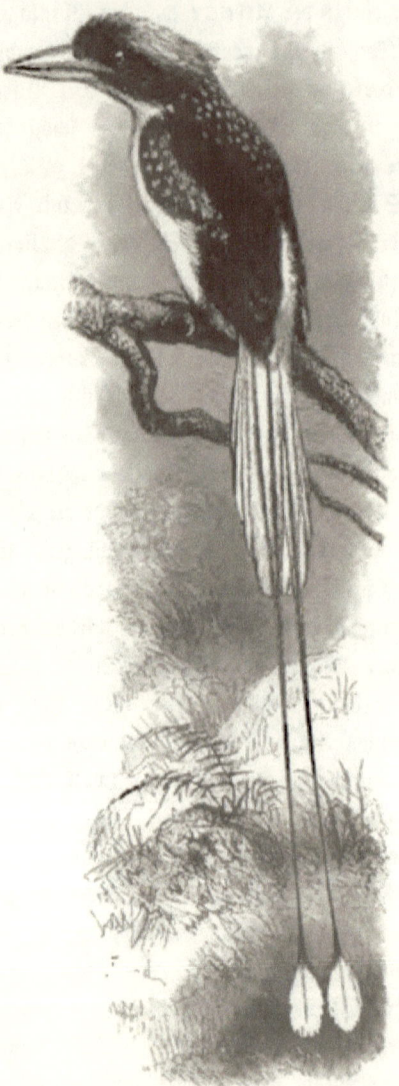

Radett-schwänziger Königsfischer.

schwänzigen Königfischers von Amboina, Tanysiptera nais, einen der sonderbarsten und schönsten Vögel jener schönen Familie. Diese Vögel unterscheiden sich von allen anderen Königfischern (welche gewöhnlich kurze Schwänze haben) dadurch, daß die beiden mittleren Schwanzfedern bedeutend verlängert und sehr verschmälert sind, aber am Ende eine Löffel-artige Verbreiterung tragen wie bei den Motmots* und bei einigen Kolibris. Sie gehören zu jener Abtheilung der Familie, welche Königjäger benannt wird, und hauptsächlich von Insecten und kleinen Landmollusken leben, auf welche sie herabstürzen und sie vom Boden aufpicken, gerade wie ein Königfischer einen Fisch aus dem Wasser zieht. Sie sind auf einen sehr begränzten District beschränkt, auf die Molukken, Neu Guinea und Nord-Australien. Etwa zehn Arten dieser Vögel sind jetzt bekannt, die sich alle sehr ähneln, aber doch an allen Orten genügend unterscheidbar sind. Die amboinesische Art, von der hier eine sehr genaue Abbildung gegeben, ist eine der größesten und hübschesten. Sie mißt voll siebenzehn Zoll bis zu den Enden der Schwanzfedern; der Schnabel ist Korallen-roth, die Unterseite rein weiß, der Rücken und die Flügel tief purpur, dagegen die Schultern, der Kopf und Nacken und einige Flecken an dem oberen Theile des Rückens und der Flügel rein azurblau. Der Schwanz weiß, die Federn desselben etwas blau gerändert, aber der schmale Theil der langen Federn schön blau. Es war eine ganz neue Art und sie ist von Herrn G. R. Gray passend nach einer oceanischen Gottheit benannt worden.

Am Weihnachtsabend kehrte ich nach Amboina zurück, wo ich etwa zehn Tage bei meinem liebenswürdigen Freunde Dr. Mohnike

---

* Prionites Momota. A. d. Uebers.

blieb. In Anbetracht davon, daß ich nur zwanzig Tage fortgewesen war und daß ich an fünf oder sechs davon durch nasses Wetter und leichte Fieberanfälle verhindert wurde, Etwas zu thun, hatte ich eine sehr hübsche Sammlung von Insecten zusammengebracht, die eine viel bedeutendere Zahl großer und brillianter Arten enthielt, als ich je vorher in so kurzer Zeit bekommen hatte. Von den schönen metallischen Buprestidae bekam ich etwa ein Dutzend hübscher Arten, doch in der Sammlung des Doctors bemerkte ich noch vier oder fünf andere sehr schöne, so daß Amboina an Arten aus dieser eleganten Gruppe sehr reich ist.

Während meines Aufenthaltes hier hatte ich eine gute Gelegenheit zu sehen, wie Europäer in den holländischen Colonien leben, wo sie Sitten angenommen haben, die weit mehr in Uebereinstimmung stehen mit dem Klima, als wir es in unseren tropischen Besitzungen gethan haben. Fast alle Geschäfte werden des Morgens zwischen sieben und zwölf Uhr abgemacht, den Nachmittag über ruht man und der Abend ist für Besuche. Im Hause tragen die Leute während der Hitze des Tages und selbst beim Essen eine lose baumwollene Bekleidung und nur draußen und des Abends legen sie einen Anzug von dünnen europäisch gemachten Kleidern an. Sie spazieren nach Sonnenuntergang oft barhaupt und benutzen den schwarzen Hut nur für ceremonielle Besuche. Man macht sich das Leben auf diese Weise viel angenehmer und die Ermüdung und Unbehaglichkeit, welche das Klima hervorruft, wird dadurch sehr gemindert. Um Weihnachten kümmert man sich nicht viel, aber am Neujahrstage werden officielle und Höflichkeits-Besuche abgestattet und mit Sonnenuntergang gingen wir zum Gouverneur, bei dem eine große Gesellschaft Damen und Herren versammelt waren. Thee und Kaffee wurden herumgereicht, wie es fast allgemein bei Besuchen Sitte ist, auch Cigarren, denn bei keiner Gelegenheit in den holländischen Colonien ist das Rauchen verboten; die Cigarren werden nach der Mahlzeit, ehe abgedeckt ist, angezündet, selbst wenn die halbe Gesellschaft aus Damen besteht. Ich sah hier zum ersten Male den seltenen schwarzen Lori von Neu Guinea, Chalcopsitta atra. Das Gefieder ist etwas glänzend und leicht gelblich und purpur gefärbt, der Schnabel und die Füße vollkommen schwarz.

Die eingeborenen Amboinesen, welche in der Stadt wohnen, sind ein seltsames, halb civilisirtes, halb barbarisches, faules Volk, und scheinen ein Gemisch von mindestens drei Racen, Portugiesen, Malayen und Papuas oder Ceramesen zu sein, mit gelegentlicher Kreuzung durch Chinesen oder Holländer. Das portugiesische Element herrscht entschieden in der alten christlichen Bevölkerung vor, wie es die Gesichtszüge, die Sitten und die Ueberbleibsel vieler portugiesischer Worte im Malayischen, welches jetzt ihre Sprache ist, beweisen. Sie haben eine besondere Art sich zu kleiden, wenn sie unter sich sind: ein eng anschließendes weißes Hemd mit schwarzen Hosen und ein schwarzer Kittel wie ein Oberhemd. Die Frauen scheinen ganz schwarze Kleidung zu lieben. Bei Festen und im Galaanzuge adoptirt man den Frack, den hohen Cylinder-Hut und was sonst noch dazu gehört und entfaltet alle Absurditäten unseres europäischen Gesellschaftsanzuges. Obgleich jetzt Protestanten, behalten die Amboinesen bei Festen und Hochzeiten die Processionen und die Musik der katholischen Kirche bei, die seltsam mit den Gongs und Tänzen der Ureinwohner des Landes vermischt werden. Ihre Sprache hat noch viel mehr Portugiesisches als Holländisches an sich, obgleich sie mit der letzteren Nation länger als 250 Jahre in naher Verbindung gestanden haben; selbst viele Namen von Vögeln, Bäumen und anderen Naturgegenständen, wie auch viele häusliche Ausdrücke sind ganz portugiesisch.* Dieses Volk scheint eine merkwürdige Kraft zur Colonisation und eine Fähigkeit gehabt zu haben, ihre nationalen Eigenthümlichkeiten jedem Lande, das sie eroberten oder in welchem sie nur eine zeitweilige Besitzung anlegten, aufzuprägen. In einer Vorstadt von Amboina giebt es ein Dorf von malayischen Ureinwohnern, welche Muhamedaner sind und eine besondere Sprache sprechen, die der von Ceram verwandt ist, ebenso wie dem Malayischen. Sie sind meist Fischer und sollen fleißiger und ehrlicher sein als die eingeborenen Christen.

Zum Sonntag war ich bei einem Herrn von Amboina eingeladen, um seine Muschel- und Fisch-Sammlung anzusehen. Die Fische stehen in Betreff ihrer Mannigfaltigkeit und Schönheit vielleicht einzig da. Der bekannte holländische Ichthyologe, Dr. Bleeker, hat einen Katalog von 780 bei Amboina gefundenen Arten veröffentlicht, eine Zahl, die fast gleich ist der von allen Meeren und Flüssen Europas zusammengenommen. Ein großer Theil derselben ist von den brillantesten Farben und mit Bändern und Flecken von den reinsten gelben, rothen und blauen Nüancen gezeichnet, und ihre Gestalten bieten alle jene seltsamen und endlosen Mannigfaltigkeiten, welche für die Bewohner des Oceans so charakteristisch sind. Muscheln finden sich

---

* Folgende sind einige portugiesische Wörter, welche von den Malayisch sprechenden Eingeborenen Amboina's und anderer molukkischen Inseln gewöhnlich gebraucht werden: Pombo (Taube); milo (Mais); testa (Stirn); horas (Stunden); alfinete (Stecknadel); cadeira (Stuhl); lenço (Handtuch); fresco (Kühle); trigo (Weizenmehl); sono (Schlaf); familia (Familie); histori (Gespräch); vosse (Sie); mesmo (eben); cuñhado (Schwager); senhor (Herr); nyora für signora (Madame). — Keiner von den Leuten aber hat die geringste Ahnung davon, daß diese Wörter einer europäischen Sprache angehören.

auch sehr zahlreich vor und enthalten eine Anzahl der schönsten Arten der Erde. Besonders die Mactras und Ostreas überraschten mich durch die Mannigfaltigkeit und Schönheit ihrer Farben. Muscheln sind seit lange ein Handelsartikel in Amboina gewesen; viele der Eingeborenen erwerben sich ihren Lebensunterhalt durch Sammeln und Reinigen derselben und fast jeder Besucher nimmt eine kleine Collection mit. Die Folge davon ist daß viele der gewöhnlicheren Sorten allen Werth in den Augen der Liebhaber verloren haben, eine Menge der hübschen aber, die sehr gewöhnlichen Tuten-, Porzellan- und Oliven-Schnecken werden in den Straßen Londons für einen Pfennig das Stück verkauft und kommen von der fernen Insel Amboina, wo sie nicht so billig zu haben sind. Die Fische in der Sammlung waren alle gut in klarem Spiritus aufbewahrt in Hunderten von Glasgefäßen und die Muscheln waren in großen flachen mit Papier ausgelegten Kasten aus Baummark angeordnet und jedes Exemplar mit Zwirnsfäden befestigt. Ich schätzte es auf fast 1000 verschiedene Arten von Muscheln und auf vielleicht 10,000 Exemplare, während die Sammlung amboinesischer Fische fast vollständig war.

Am 4. Januar verließ ich Amboina und ging nach Ternate; aber zwei Jahre später, im October 1859, kehrte ich wieder dorthin zurück nach meinem Aufenthalt in Menado und blieb einen Monat lang in der Stadt in einem kleinen Hause, welches ich gemiethet hatte, um eine große und mannigfaltige Sammlung, die ich von Nord-Celebes, Ternate und Dschilolo mitgebracht, zu ordnen und zu verpacken. Ich war genöthigt dies zu thun, weil der Postdampfer im folgenden Monat über Amboina nach Ternate kommen sollte, und es wären zwei Monate vergangen, bis ich den erstgenannten Ort wieder erreicht hätte. Ich stattete dann meinen ersten Besuch auf Ceram ab und nach der Rückkehr blieb ich, um mich für meine zweite vollständigere Durchforschung dieser Insel zu rüsten, (sehr gegen meinen Willen) zwei Monate in Paso, auf der Landenge, welche die zwei Theile der Insel Amboina mit einander verbindet. Dieses Dorf liegt an der Ostseite der Landenge, auf sandigem Grunde, mit einer sehr hübschen Aussicht über die See nach der Insel Harúka hin. An der Seite des Isthmus, die nach Amboina zu liegt, ist ein kleiner Fluß, welcher durch einen seichten Kanal bis auf dreißig Ellen zur Hochwasserlinie der anderen Seite verlängert worden ist. Ueber diese kleine Strecke, welche sandig und nicht sehr hoch ist, können alle kleinen Boote und Prauen leicht gezogen werden und aller kleiner Handel von Ceram und den Inseln Saparúa und Harúka passirt durch Paso. Der Kanal ist nur deshalb nicht ganz durchgelegt, weil jede Springfluth gerade solche Sandbank, wie jetzt da ist, wieder aufwerfen würde.

Man hatte mir gesagt, daß der schöne Schmetterling Ornithoptera priamus hier sehr viel vorkäme, ferner auch der Rackettschwänzige Königsfischer und der Ring=nackige Lori. Ich fand jedoch, daß ich die Zeit für den ersteren verpaßt hatte, und Vögel aller Sorten waren sehr spärlich vorhanden, obschon ich einige gute erhielt, darunter ein oder zwei der oben erwähnten Raritäten. Ich war sehr erfreut hier den schönen langarmigen Käfer, Euchirus longimanus, zu erhalten. Dieses außerordentliche Insect wird selten oder nie gefangen, außer wenn es zum Trinken des Zuckerpalmen=Saftes kommt, wo es von den Eingeborenen gefunden wird, wenn sie früh Morgens hingehen, um die Bambusen wegzunehmen, welche sich während der Nacht gefüllt haben. Eine Zeitlang wurden mir ein oder zwei jeden Tag gebracht, gewöhnlich lebend. Es sind schwerfällige Insecten und sie bringen sich langsam vermittelst ihrer ungeheuren Vorderbeine vorwärts. Eine Figur dieser und anderer moluckischer Käfer ist im siebenundzwanzigsten Capitel dieses Werkes gegeben.

Ich wurde in Pajo durch einen entzündlichen Ausschlag aufgehalten, der hervorgerufen worden war durch die beständigen Angriffe kleiner Milben, wegen welcher die Wälder vom Ceram berüchtigt sind und auch durch den Mangel an genügender Nahrung während meines Aufenthaltes auf dieser Insel. Eine Zeitlang war ich mit schlimmen Geschwüren bedeckt. Ich hatte sie am Auge, auf der Backe, unter den Achselgruben, am Ellbogen, auf dem Rücken, an den Schenkeln, Knieen und Knöcheln, so daß ich weder im Stande war zu sitzen, noch zu gehen und es mir schwer wurde, eine Stelle zu finden, auf der ich ohne Schmerzen liegen konnte. Es hielt einige Wochen an und es brachen frische auf, wenn die alten heilten; allein vernünftiges Leben und Seebäder machten mich zuletzt gesund.

Ende Januar stieß Charles Allen, der in Malaka und Borneo mein Assistent gewesen war, wieder zu mir und zwar ließ er sich wieder auf drei Jahre engagiren; sobald es mir wieder leiblich gut ging, hatten wir viel zu thun, die Vorräthe zu verpacken und Vorbereitungen für die bevorstehende Campagne zu treffen. Unsere größte Schwierigkeit bestand darin Männer zu bekommen, aber zuletzt gelang es uns, für Jeden zwei zu engagiren. Ein amboinesischer Christ, Namens Theodorus Matakena, der einige Zeit bei mir gewesen war und das Vögel-Abbalgen gut gelernt hatte, wollte mit Allen gehen und ferner ein sehr ruhiger und fleißiger Bursche, Namens Cornelius, der von Menado mit mir gekommen war. Ich selbst nahm zwei Amboinesen, Petrus Rehatta und Mesach Matakena; der letztere hatte zwei Brüder, Shadrach und Abednego benannt, in Uebereinstimmung mit der

Sitte dieser Leute, ihren Kindern nur Namen aus der heiligen Schrift zu geben.

Während der Zeit meines Aufenthaltes an diesem Platze erfreute ich mich eines Luxus, den ich weder vor noch nachher jemals genossen habe — der echten Brotfrucht. Es stehen viele Bäume in der Umgegend des Platzes und in den umliegenden Dörfern und fast täglich hätten wir Gelegenheit einige zu laufen, da alle Schiffe, welche nach Amboina bestimmt waren, gerade meiner Thür gegenüber ausgeladen wurden, um über die Landenge gezogen zu werden. Obgleich die Frucht in mehren anderen Theilen des Archipels gedeiht, so kommt sie doch nirgendwo in Ueberfluß vor und ihre Zeit ist nur eine kurze. Sie wird ganz in heißer Asche gebacken und das Innere mit einem Löffel ausgegessen. Ich verglich sie mit Yorkshire Pudding; Charles Allen fand sie wie Kartoffelbrei in Milch. Sie ist gewöhnlich von der Größe einer Melone, gegen die Mitte etwas faserig, aber sonst ganz durch weich und Pudding-artig, etwa von der Consistenz einer Mehlspeise oder eines Pudding von geschlagenem Teig. Wir aßen sie manchmal mit Curry* oder damit gedämpftem Fleisch oder geröstet in Scheiben; aber auf keine Weise zubereitet schmeckt sie so gut wie einfach gebacken. Sie kann süß oder pikant gegessen werden. Mit Fleisch und der natürlichen Sauce zusammen giebt sie ein Gemüse ab, das ich allen anderen in der gemäßigten Zone und in den Tropen vorziehe. Mit Zucker, Milch, Butter oder eingekochtem Zuckersaft wird sie zu einem vortrefflichen Pudding und hat dann einen sehr zarten und delicaten aber charakteristischen Geschmack, welcher ähnlich wie der

---

* Ein ostindisches Gewürz aus den pulverisirten Blättern verschiedener Gewürzpflanzen, besonders aus denen des kleinblüthigen Bitterdorns (Canthium parviflorum). A. d. Uebers.

von gutem Brot und Kartoffeln Einem nie zuwider wird. Der Grund ihres verhältnißmäßig seltenen Vorkommens liegt darin, daß die Frucht in der Cultur durchaus keinen Saamen giebt und der Baum daher nur durch Ableger vervielfältigt werden kann. Die Saamen-tragende Varietät ist überall in den Tropen gemein und obgleich die Saamen sehr gut zu essen sind, etwa wie Kastanien, so ist doch die Frucht als Gemüse ganz unbrauchbar. Jetzt wo der Dampf und die gelötheten Blechbüchsen den Transport junger Pflanzen so erleichtern, wäre es sehr zu wünschen, daß die besten Varietäten dieser Pflanzenspeise, die ihresgleichen nicht hat, auf unseren westindischen Inseln eingeführt und dort in großem Maßstabe verbreitet würden. Da die Frucht sich einige Zeit, nachdem sie gepflückt ist, hält, so würden wir dann in der Lage sein, diese tropische Delicatesse auf dem Covent Garden Markt zu finden.

Wenn auch die wenigen Monate, die ich zu verschiedenen Zeiten in Amboina verbrachte, in Betreff der Sammlungen nicht sehr ergiebig für mich waren, so wird dieser Aufenthalt doch stets ein lichter Punkt in den Erlebnissen meiner östlichen Reisen sein, da ich dort zuerst mit jenen herrlichen Vögeln und Insecten bekannt wurde, welche die Molukken in den Augen des Naturforschers zu einem classischen Boden machen und ihre Fauna als eine der bemerkenswerthesten und schönsten auf dem Erdenrund charakterisiren. Am 20. Februar verließ ich Amboina endgültig, ging nach Ceram und Wagen, und trennte mich von Charles Allen, der sich in einem Regierungsboote nach Wahai an der Nordküste von Ceram einschiffte und von da nach der unerforschten Insel Mysole.

Ende des ersten Bandes.

www.ingramcontent.com/pod-product-compliance
Lightning Source LLC
Chambersburg PA
CBHW032000300426
44117CB00008B/837